矩阵基本理论与应用

王　磊　编著

北京航空航天大学出版社

内容简介

本书共分五章，较全面系统地介绍了矩阵的基本理论、方法和典型应用。第1、2章是线性代数的基础理论，主要介绍线性空间与内积空间、线性映射与线性变换、矩阵与特征值等基本概念和性质。第3章矩阵分解，主要介绍九种典型的矩阵分解，这些内容是矩阵理论研究、计算及其应用中不可缺少的工具和手段。第4章矩阵分析，介绍了向量范数与矩阵范数、矩阵幂级数、矩阵函数及其应用等。第5章广义逆矩阵，介绍常用的四种广义逆及其在解线性方程组等方面的应用。

本书为北京航空航天大学电子信息类学术博士研究生的通用教材，也可作为电子信息类学术硕士和工程硕士的教材。

图书在版编目(CIP)数据

矩阵基本理论与应用 / 王磊编著. -- 北京 : 北京航空航天大学出版社，2021.1

ISBN 978-7-5124-3357-1

Ⅰ. ①矩… Ⅱ. ①王… Ⅲ. ①矩阵论－研究生－教材 Ⅳ. ①O151.21

中国版本图书馆CIP数据核字(2020)第173986号

矩阵基本理论与应用

王　磊　编著

责任编辑　王　实

*

北京航空航天大学出版社出版发行

北京市海淀区学院路37号(邮编100191)　http://www.buaapress.com.cn

发行部电话:(010)82317024　传真:(010)82328026

读者信箱:copyrights@buaacm.com.cn　邮购电话:(010)82316936

北京建宏印刷有限公司印装　各地书店经销

*

开本:710×1 000　1/16　印张:15.5　字数:330千字

2021年1月第1版　2023年9月第3次印刷

ISBN 978-7-5124-3357-1　定价:59.00元

前　言

矩阵理论是一门理论上高度抽象、又极具应用价值的数学基础课程。它不仅是数学的一个重要分支，而且已成为现代各种科学技术领域，如自动化与人工智能、计算机科学、力学与机械工程、管理科学与工程等处理大量有限维空间形式与数量关系的基础工具。因此，学习和掌握矩阵的基本理论和方法，对工科研究生是必不可少的。

本书的主要内容作为北京航空航天大学工科研究生的基础理论核心课程“矩阵理论”已讲授多年。该课程在讲授过程中，无论授课对象如何，课程设置和讲授内容基本保持不变，因此具有极强的“鲁棒性”。编者于2017年起独立承担自动化科学与电气工程学院的“矩阵理论”课程的教学，经过六轮次的课程探索与实践，对课程内容作了精心安排，并加入了诸多面向信息类专业的应用案例，深受广大学生喜爱。在编写本书的过程中，编者力求使其内容既具有一定的理论体系和理论深度，又注重深入浅出、简洁易懂，对大量较为抽象的概念赋予简明的几何意义或具体实例，帮助学生理解并掌握矩阵相关的基本概念、理论和方法，实现培养学生的数学思想与思维、应用与创新能力的目的。

本书共分5章，比较全面、系统地介绍了矩阵的基本理论、方法和典型应用。第1章线性代数引论是本书的基础理论，主要介绍线性空间与内积空间。第2章线性映射与矩阵是本书的理论核心，阐释了矩阵是有限维线性空间的线性变换的一种表达形式，并赋予矩阵以几何直观，使得在线性代数课程中难以理解的诸多疑问，如相似矩阵具有相同的特征值、矩阵乘法往往不可以交换等豁然开朗。第3章矩阵分解是应用最广的矩阵理论和方法，主要介绍广泛应用的满秩分解、三角分解、QR分解、Schur分解、谱分解和奇异值分解；此外，还介绍了相抵分解、对角化分解和Jordan分解问题，这些内容是矩阵理论研究、矩阵计算及应用不可缺少的工具和方法。第4章矩阵分析是矩阵理论对数学分析课程的推广，介绍了范数理论、矩阵级数理论、矩阵函数与函数矩阵，这些内容已广泛应用于诸多理论分析和工程问题。第5章广义逆矩阵是矩阵理论中比较现代的部分，主要介绍常见的4种广义逆矩阵及其在线性方程组中的应用，并分析了正交投影矩阵与广义逆矩阵之间的联系。

特别地，每章都单独用一节来展开矩阵理论研究与应用。比如，第1章讨论了多项式插值与多项式空间的基之间的关系；第2章研究了图的矩阵表示问题；第3章将诸多应用如线性方程组与线性常微分方程组求解、矩阵特征值与逆矩阵的计算、正交投影与图像压缩等融入各种矩阵分解中；第4章研究了主元分析法对数据降维的基本原理；第5章讨论了广义逆矩阵在区间线性规划中的应用问题。这些内容具有较强的针对性和应用性，为进一步理解矩阵的基本理论与方法，开展研究和解决工程问题提供了重要案例。

在本书编写过程中，考虑到授课的实际情况，将诸如投影与最佳逼近、Hermite矩阵、矩阵的Kronecker积、线性矩阵方程等问题以片段或应用的形式分散在一些章节中，希望读者在阅读过程中注意总结。

编者特别感谢北京航空航天大学数学科学学院杨小远教授和王永革副教授、自动化科学与电气工程学院林岩教授和秦世引教授、兰州大学数学与统计学院孙春友教授、中国科学院数学与系统科学学院李婵颖研究员，他们给予编者很大的鼓励和支持，并仔细审阅了全部书稿，提出了很多宝贵意见和建议。

编者感谢北京化工大学经济管理学院张强副教授、北京航空航天大学自动化科学与电气工程学院铁林副教授和刘克新副教授，他们仔细审阅了全部书稿，并提出了很多有益的建议。感谢王宏伟、张书源、高燕姗、秦鸿宇、丁祥涛、梁锦威、田挚昆、段安娜等研究生协助编辑和校对书稿。

由于编者水平有限，书中难免存在谬误与不当之处，敬请批评、指正。来信请寄：北京市海淀区学院路37号 北京航空航天大学自动化科学与电气工程学院 王磊。邮编：100191；电子邮箱：lwang@buaa.edu.cn。

编　者

2020年6月

主要符号表

0	数字零
$\mathbf{0}$	零向量
$\boldsymbol{O}$	零矩阵
$\varnothing$	空集
F	数域 F
$\mathbb{R}$	实数域
$\mathbb{C}$	复数域
$\mathbb{Q}$	有理数域
$\mathbb{N}$	自然数集
$\mathbb{R}^+$	正实数集
$\mathbb{R}^n$	实数域上 n 维有序数组构成的线性空间(n 维欧氏空间)
$\mathbb{C}^n$	复数域上 n 维有序数组构成的线性空间(n 维酉空间)
F^n	数域 F 上 n 维有序数组构成的线性空间
$F^{m\times n}$	数域 F 上全体 $m\times n$ 阶矩阵构成的线性空间
$\mathbb{R}^{m\times n}$	全体 $m\times n$ 阶实矩阵构成的线性空间
$\mathbb{C}^{m\times n}$	全体 $m\times n$ 阶复矩阵构成的线性空间
$\mathbb{C}_r^{m\times n}$	全体秩为 r 的 $m\times n$ 阶复矩阵集合
$P_n(x)$	定义在数域 F 上的多项式空间
$C[a,b]$	区间$[a,b]$上全体实变量连续函数构成的线性空间
$(V,\Vert\cdot\Vert)$	赋范线性空间 V
$\dim(W)$	线性空间 W 的维数
$R(f)$	映射 f 的值域
$R(\mathbf{A})$	矩阵 $\mathbf{A}$ 的列空间
$N(\mathbf{A})$	矩阵 $\mathbf{A}$ 的零空间
$R(T)$	线性映射 T 的像空间
$N(T)$	线性映射 T 的核空间
$V\cap W$	子空间 V 与 W 的交空间
$V+W$	子空间 V 与 W 的和空间
$V\dot{+}W$	子空间 V 与 W 的直和
$V\oplus W$	子空间 V 与 W 的正交直和
$W^{\perp}$	子空间 W 的正交补空间

$E(\lambda)$	特征值λ 的特征子空间
$L(V,W)$	从线性空间 V 到 W 的线性映射空间
$L(V)$	定义在线性空间 V 上的线性变换空间
i	虚数单位，$\mathrm{i}=\sqrt{-1}$
$\bar{z}$	复数 z 的共轭
$\lvert z \rvert$	复数 z 的模
$\deg(p(x))$	一元多项式 $p(x)$ 的次数
$f_{\boldsymbol{A}}(\lambda)$	矩阵 $\boldsymbol{A}$ 的特征多项式
$m_{\boldsymbol{A}}(\lambda)$	矩阵 $\boldsymbol{A}$ 的最小多项式
$\boldsymbol{\alpha}$	列向量 $\boldsymbol{\alpha}$
$\{\boldsymbol{x}_k\}$	向量序列 $\boldsymbol{x}_1,\boldsymbol{x}_2,\cdots,\boldsymbol{x}_k,\cdots$
$\boldsymbol{\theta}$	线性空间的零向量
$\boldsymbol{e}_i$	第 i 个分量为 1、其余为 0 的列向量
$(\boldsymbol{\alpha},\boldsymbol{\beta})$	向量 $\boldsymbol{\alpha}$ 与 $\boldsymbol{\beta}$ 的内积
$\langle\boldsymbol{\alpha},\boldsymbol{\beta}\rangle$	向量 $\boldsymbol{\alpha}$ 与 $\boldsymbol{\beta}$ 的夹角
$\mathrm{span}(\boldsymbol{\alpha}_1,\cdots,\boldsymbol{\alpha}_n)$	由向量 $\boldsymbol{\alpha}_1,\cdots,\boldsymbol{\alpha}_n$ 张成的线性子空间
$\lVert\boldsymbol{\alpha}\rVert$	向量 $\boldsymbol{\alpha}$ 的长度
$\lVert\boldsymbol{\alpha}\rVert_\sigma$	向量 $\boldsymbol{\alpha}$ 的 σ 范数
$\boldsymbol{\alpha}\perp\boldsymbol{\beta}$	向量 $\boldsymbol{\alpha}$ 与 $\boldsymbol{\beta}$ 正交
$\mathrm{Proj}_V\boldsymbol{b}$	向量 $\boldsymbol{b}$ 在线性空间 V 上的（正交）投影
$\boldsymbol{A}(\lambda)$	λ 的矩阵
$\{\boldsymbol{A}_k\}$	矩阵序列 $\boldsymbol{A}_1,\boldsymbol{A}_2,\cdots,\boldsymbol{A}_k,\cdots$
$\bar{\boldsymbol{A}}$	矩阵 $\boldsymbol{A}$ 的所有元素取共轭
$\boldsymbol{A}^{\mathrm{T}}$	矩阵 $\boldsymbol{A}$ 的转置
$\boldsymbol{A}^{\mathrm{H}}$	矩阵 $\boldsymbol{A}$ 的共轭转置
$\mathrm{rank}(\boldsymbol{A})$	矩阵 $\boldsymbol{A}$ 的秩
$\mathrm{tr}(\boldsymbol{A})$	方阵 $\boldsymbol{A}$ 的迹
$\boldsymbol{A}^*$	矩阵 $\boldsymbol{A}$ 的伴随矩阵
$\mathrm{vec}(\boldsymbol{A})$	矩阵 $\boldsymbol{A}$ 的列展开
$\rho(\boldsymbol{A})$	矩阵 $\boldsymbol{A}$ 的谱半径
$\boldsymbol{A}^{-1}$	矩阵 $\boldsymbol{A}$ 的逆
$\boldsymbol{A}^{+}$	矩阵 $\boldsymbol{A}$ 的伪逆
$\boldsymbol{A}^{-},\boldsymbol{A}^{(1)}$	矩阵 $\boldsymbol{A}$ 的减号逆
$\boldsymbol{A}_{\mathrm{l}}^{-},\boldsymbol{A}^{(1,3)}$	矩阵 $\boldsymbol{A}$ 的最小二乘广义逆
$\boldsymbol{A}_{\mathrm{m}}^{-},\boldsymbol{A}^{(1,4)}$	矩阵 $\boldsymbol{A}$ 的极小范数广义逆

$\boldsymbol{A}^{(i,j)}$	矩阵 $\boldsymbol{A}$ 的 $\{i,j\}$ 广义逆
$\boldsymbol{A}\otimes\boldsymbol{B}$	矩阵 $\boldsymbol{A}$ 与 $\boldsymbol{B}$ 的直积
$\mathrm{diag}(\lambda_1,\cdots,\lambda_n)$	对角线元素为 $\lambda_1,\cdots,\lambda_n$ 的 n 阶对角矩阵
$\mathrm{diag}(\boldsymbol{A}_1,\cdots,\boldsymbol{A}_s)$	对角线元素为矩阵 $\boldsymbol{A}_1,\cdots,\boldsymbol{A}_s$ 的对角块矩阵
$\boldsymbol{I}_r,\boldsymbol{I}$	r 阶单位矩阵,单位矩阵
$\boldsymbol{E}_{ij}$	在 (i,j) 处为 1、其余元素为零的矩阵
$\lvert\boldsymbol{A}\rvert$	矩阵 $\boldsymbol{A}$ 的行列式
$\lVert\boldsymbol{A}\rVert_\sigma$	矩阵 $\boldsymbol{A}$ 的 σ 范数
$\boldsymbol{A}(\lambda)\cong\boldsymbol{B}(\lambda)$	$\boldsymbol{A}(\lambda)$ 与 $\boldsymbol{B}(\lambda)$ 相抵
$\forall$	任意
$\Leftrightarrow$	当且仅当
$\stackrel{\mathrm{def}}{=}$	定义为
max,min	最大值,最小值
s. t.	受约束于
$\mathrm{argmax}\ f(\boldsymbol{x})$	当 $f(\boldsymbol{x})$ 取最大值时,$\boldsymbol{x}$ 的取值

目　录

第1章 线性代数引论

本章主要概述线性空间和内积空间的基础概念和基本理论. 这些概念是对常见的几何空间概念的推广与抽象. 本章内容是学习本书的基础.

1.1 线性空间

我们最熟悉的空间概念,莫过于生活在其间的三维空间. 实际上,三维空间是由无穷个点组成的,且点与点之间存在着相对位置关系. 为精确地刻画点与点之间的相对位置,需取定空间中的一点 O 作为起点,空间中的任一点 A 为终点,则以点 O 为起点、点 A 为终点的有向线段 $\overrightarrow{OA}$ 表示空间中的一个向量 $\boldsymbol{\alpha}$,其中向量 $\boldsymbol{\alpha}$ 的长度(或模)和方向由有向线段 $\overrightarrow{OA}$ 的长度和方向确定. 基于此,三维空间中的任一点与上述有向线段定义的向量之间存在着一一对应关系. 此时的三维空间就是一个三维向量空间.

为方便地表示三维空间中的任一向量,过点 O 作三条互相垂直的数轴,分别记为 Ox(x 轴)、Oy(y 轴)、Oz(z 轴),三条数轴均以 O 为原点且具有相同的长度单位. 由此构建了一个标准的空间直角坐标系,记为 $Oxyz$. 在确定坐标系 $Oxyz$ 后,空间中的任一点 A 均可由一个三元有序数组唯一表示. 由此,我们建立了三维空间的点、向量与三元有序数组之间的一一对应关系,用三元数组表示三维空间的向量. 特别地,在空间直角坐标系 $Oxyz$ 下,无论是一个三元数组,还是空间中某一点的坐标,都常用 $(\alpha_1, \alpha_2, \alpha_3)$ 来表示. 同理,n 维空间中的任一向量可用一个 n 元数组 $(\alpha_1, \alpha_2, \cdots, \alpha_n)$ 来表示. 当然,当 $n>3$ 时,n 维空间没有直观的几何意义.

定义 1.1.1(n 维向量) 若 n 维向量写成

$$[\alpha_1, \alpha_2, \cdots, \alpha_n]$$

的形式,则称为 n 维行向量;若 n 维向量写成

$$\begin{bmatrix} \alpha_1 \\ \alpha_2 \\ \vdots \\ \alpha_n \end{bmatrix}$$

的形式,则称为 n 维列向量. 这 n 个数称为该向量的 n 个分量,其中 α_i 称为第 i 个分量.

注 1: 当 $\alpha_1,\alpha_2,\cdots,\alpha_n$ 是复数时,n 维向量称为 n 维复向量;当 $\alpha_1,\alpha_2,\cdots,\alpha_n$ 是实数时,n 维向量称为 n 维实向量. n 维空间中的同一向量既可以写成行向量,又可以写成列向量. 在实际运算时,通常会根据运算的需要把 n 维向量写成行向量或列向量的形式.

显然,n 维行向量是一个 $1\times n$ 的矩阵,n 维列向量则是一个 $n\times 1$ 的矩阵. 因此,可以用矩阵的运算来定义向量的运算.

设 $\boldsymbol{\alpha}=[\alpha_1,\alpha_2,\cdots,\alpha_n]^{\mathrm{T}}$ 和 $\boldsymbol{\beta}=[\beta_1,\beta_2,\cdots,\beta_n]^{\mathrm{T}}$,$k\in\mathbb{R}$,则有

(1) 加法运算

$$\boldsymbol{\alpha}+\boldsymbol{\beta}=\begin{bmatrix} \alpha_1+\beta_1 \\ \alpha_2+\beta_2 \\ \vdots \\ \alpha_n+\beta_n \end{bmatrix} \tag{1.1.1}$$

(2) 数乘运算

$$k\boldsymbol{\alpha}=\begin{bmatrix} k\alpha_1 \\ k\alpha_2 \\ \vdots \\ k\alpha_n \end{bmatrix} \tag{1.1.2}$$

基于向量加法和数乘运算,对向量空间进行如下定义:

定义 1.1.2(向量空间) 设 V 是 n 维实向量的非空集合,若 V 对向量的加法和数乘两种运算都封闭,即对于任意向量 $\boldsymbol{\alpha},\boldsymbol{\beta}\in V$ 和 $k\in\mathbb{R}$,都有 $\boldsymbol{\alpha}+\boldsymbol{\beta}\in V$($V$ 对向量的加法封闭)和 $k\boldsymbol{\alpha}\in V$($V$ 对向量的数乘封闭),则称集合 V 为向量空间.

例 1.1.1 定义集合 $V_1=\{[0,a_2,\cdots,a_n]^{\mathrm{T}}\mid a_2,\cdots,a_n\in\mathbb{R}\}$,对集合 V_1 中的任意向量 $\boldsymbol{\alpha}=[0,\alpha_2,\cdots,\alpha_n]^{\mathrm{T}}$ 和 $\boldsymbol{\beta}=[0,\beta_2,\cdots,\beta_n]^{\mathrm{T}}$,以及任意 $k\in\mathbb{R}$,有

$$\boldsymbol{\alpha}+\boldsymbol{\beta}=\begin{bmatrix} 0 \\ \alpha_2+\beta_2 \\ \vdots \\ \alpha_n+\beta_n \end{bmatrix}\in V_1,\quad k\boldsymbol{\alpha}=\begin{bmatrix} 0 \\ k\alpha_2 \\ \vdots \\ k\alpha_n \end{bmatrix}\in V_1$$

所以,V_1 对向量的加法和数乘运算封闭. 由向量空间定义知,V_1 是向量空间.

例 1.1.2 集合 $V_2=\{[1,a_2,\cdots,a_n]^{\mathrm{T}}\mid a_2,\cdots,a_n\in\mathbb{R}\}$,对集合 V_2 中的任意向

量 $\boldsymbol{\alpha}=[1,\alpha_2,\cdots,\alpha_n]^{\mathrm{T}}$ 和 $\boldsymbol{\beta}=[1,\beta_2,\cdots,\beta_n]^{\mathrm{T}}$，有

$$\boldsymbol{\alpha}+\boldsymbol{\beta}=\begin{bmatrix}2\\ \alpha_2+\beta_2\\ \vdots\\ \alpha_n+\beta_n\end{bmatrix}\notin V_2$$

所以，集合 V_2 对向量的加法运算不封闭. 由向量空间定义可知，V_2 不是向量空间.

由定义 1.1.2 可知，n 维向量空间是一个集合，集合中的元素都是 n 维实向量，其定义的两种基本运算——加法运算和数乘运算都在实数域$\mathbb{R}$内满足指定的规则. 现将向量空间中的实数域扩展为一般的数域，将向量集合扩展为一般的非空集合，将向量加法和数乘运算扩展为一般的加法和数乘运算，由此可定义更一般的“向量空间”，即线性空间.

定义 1.1.3(数域)　设 F 是非空数集，若 F 中任意两个数的和、差、积、商(除数不为 0)仍在该数集，即对四则运算封闭，则称该数集 F 为一个数域.

常见的有理数集$\mathbb{Q}$、实数集$\mathbb{R}$和复数集$\mathbb{C}$都是数域，分别称为有理数域、实数域和复数域. 但数域并不限于它们. 例如，数集 $\mathbb{Q}(\sqrt{3})=\{a+b\sqrt{3}\mid a,b\in\mathbb{Q}\}$ 也是一个数域.

定义 1.1.4(线性空间)　设 V 是一个非空集合，F 是一个数域. 在 V 上定义了一种代数运算，称为加法，记为“+”，使得对 V 中任意两个元素 $\boldsymbol{\alpha},\boldsymbol{\beta}$ 都有 V 中唯一的元素 $\boldsymbol{\alpha}+\boldsymbol{\beta}$ 与之对应，称为 $\boldsymbol{\alpha}$ 与 $\boldsymbol{\beta}$ 的和；定义了 F 中的数与 V 中元素的一种代数运算，称为数乘，记为“·”，使得对 V 中任意元素 $\boldsymbol{\alpha}$ 和 F 中任意元素 k 有 V 中唯一的元素 $k\cdot\boldsymbol{\alpha}$(常简写为 $k\boldsymbol{\alpha}$)与之对应，称为 k 与 $\boldsymbol{\alpha}$ 的积. 如果加法和数乘满足如下性质：

(1) 交换律：$\boldsymbol{\alpha}+\boldsymbol{\beta}=\boldsymbol{\beta}+\boldsymbol{\alpha}$；

(2) 结合律：$(\boldsymbol{\alpha}+\boldsymbol{\beta})+\boldsymbol{\gamma}=\boldsymbol{\alpha}+(\boldsymbol{\beta}+\boldsymbol{\gamma})$；

(3) 存在零元素：存在元素 $\boldsymbol{\theta}\in V$，满足 $\forall\boldsymbol{\alpha}\in V,\boldsymbol{\alpha}+\boldsymbol{\theta}=\boldsymbol{\alpha}$；

(4) 存在负元素：$\forall\boldsymbol{\alpha}\in V$ 存在一个元素，记为 $-\boldsymbol{\alpha}$，满足 $\boldsymbol{\alpha}+(-\boldsymbol{\alpha})=\boldsymbol{\theta}$；

(5) 数乘的结合律：$k(l\boldsymbol{\alpha})=(kl)\boldsymbol{\alpha}$；

(6) 数乘对加法的分配律：$k(\boldsymbol{\alpha}+\boldsymbol{\beta})=k\boldsymbol{\alpha}+k\boldsymbol{\beta}$；

(7) 数乘对数的加法的分配律：$(k+l)\boldsymbol{\alpha}=k\boldsymbol{\alpha}+l\boldsymbol{\alpha}$；

(8) 数乘的初始条件：$1\cdot\boldsymbol{\alpha}=\boldsymbol{\alpha}$.

其中，$\boldsymbol{\alpha},\boldsymbol{\beta},\boldsymbol{\gamma}$ 是 V 的任一元素，k 和 l 是数域 F 的任意数，则称 V 是数域 F 上的线性空间，记为 $(V,+,\cdot)$，V 中的元素称为向量，F 中的元素称为标量. 特别地，当 $F=\mathbb{R}$ 时，称 V 为实线性空间；当 $F=\mathbb{C}$时，称 V 为复线性空间.

注 2： 满足加法性质(1)～(4)的集合 V，称为加群，记为 $(V,+)$. 我们熟知的有理数集$\mathbb{Q}$、实数集$\mathbb{R}$和复数集$\mathbb{C}$等均是加群，其中的加法都是指数的加法，但自然数集合$\mathbb{N}$不是加群(为什么?). 在高等数学中，闭区间$[a,b]$上的连续函数全体 $C[a,b]$在函数加法下(即$(f+g)(x)=f(x)+g(x)$)也构成一个加群.

注 3：定义 1.1.4 中的“加法”与“数乘”均不限于普通加法与普通乘法.

例 1.1.3 设 $V=\mathbb{R}^+$，$F=\mathbb{R}$，定义 V 中加法运算为 $x\oplus y=xy$；定义 V 中元素与 F 中数的数乘为 $k\cdot x=x^k$，其中，$x,y\in V$，$k\in F$. 证明 $(V,\oplus,\cdot)$ 是实线性空间.

解：对任意 $x,y\in V$ 和 $k\in F$，有 $x\oplus y\in V$ 和 $k\cdot x\in V$. 现根据定义 1.1.4 一一验证线性空间所须满足的 8 条性质.

(1) 交换律：$x\oplus y=xy=yx=y\oplus x$；

(2) 结合律：$(x\oplus y)\oplus z=xyz=x\oplus(y\oplus z)$；

(3) 存在零元素：存在元素 $1\in V$ 使得 $\forall x\in V$，$x\oplus 1=x$；

(4) 存在负元素：$\forall x\in V$，$\exists x^{-1}\in V$ 使得 $x\oplus x^{-1}=1$；

(5) 数乘的结合律：$\forall k,l\in F$，$k\cdot(l\cdot x)=(kl)\cdot x=x^{kl}$；

(6) 数乘对加法的分配律：$k\cdot(x\oplus y)=(k\cdot x)\oplus(k\cdot y)=x^k y^k$；

(7) 数乘对数的加法的分配律：$(k+l)x=(k\cdot x)\oplus(l\cdot x)=x^{k+l}$；

(8) 数乘的初始条件：$1\cdot x=x$.

因此，$(V,\oplus,\cdot)$ 是实线性空间.

例 1.1.4 常见的线性空间包括以下例子：

(1) 向量空间 $\mathbb{R}^n$ $(n\geqslant 1)$ 是线性空间的首个例子.

(2) 设 V 为 $\mathbb{C}$ 上所有 $m\times n$ 矩阵构成的集合，即

$$V=\{(a_{ij})_{m\times n}\mid a_{ij}\in\mathbb{C}\}$$

在矩阵加法和数乘运算下，集合 V 构成 $\mathbb{C}$ 上的线性空间，记为 $\mathbb{C}^{m\times n}$. 类似的可定义 $\mathbb{R}^{m\times n}$.

(3) 正弦函数集合

$$S_{[x]}=\{a\sin(x+b),a,b\in\mathbb{R}\}$$

在函数加法和乘法运算下，集合 $S_{[x]}$ 构成 $\mathbb{R}$ 上的线性空间.

(4) 一元多项式集合

$$P_n(x)=\left\{\sum_{i=0}^{n}a_i x^i\mid a_i\in\mathbb{C}\right\}$$

在多项式加法和数乘运算下，集合 $P_n(x)$ 构成 $\mathbb{C}$ 上的线性空间，称为多项式空间.

(5) 分别定义在区间 $[a,b]$ 上全体多项式集合 S_1，全体可微函数集合 S_2，全体连续函数集合 S_3，全体可积函数集合 S_4，全体实函数集合 S_5，则 $S_1\subset S_2\subset S_3\subset S_4\subset S_5$，且这 5 个集合均为 $\mathbb{R}$ 上的线性空间.

(6) 设 $\boldsymbol{A}\in\mathbb{C}^{m\times n}$，$\boldsymbol{x}\in\mathbb{C}^n$，齐次线性方程组 $\boldsymbol{Ax}=\boldsymbol{0}$ 的解集构成 $\mathbb{C}$ 上的线性空间，而非齐次线性方程组 $A\boldsymbol{x}=\boldsymbol{b}$ 的解集则不构成 $\mathbb{C}$ 上的线性空间.

(7) 设 S 是所有双边序列集合，其中双边序列 $\{x_k\mid x_k\in\mathbb{R},k=0,\pm1,\pm2,\cdots\}$ 表示工程中由测量或采样得到的某一离散时间信号（序列常采用行向量表示）. 若序列 $\{y_k\}$ 是集合 S 中的元素，定义 $\{x_k\}$ 与 $\{y_k\}$ 的和为 $\{x_k+y_k\}$，数乘 $c\{x_k\}$ 为 $\{cx_k\}$，则 S 是 $\mathbb{R}$ 上的线性空间，并称为离散时间信号空间.

注 4：设 V 是数域 F 上的线性空间，有

(1) 零向量是唯一的；

(2) 任一向量的负向量是唯一的；

(3) 对任意 $k\in F$ 和 $\boldsymbol{\alpha}\in V$，$0\boldsymbol{\alpha}=\boldsymbol{\theta}$，$(-1)\boldsymbol{\alpha}=-\boldsymbol{\alpha}$，$k\boldsymbol{\theta}=\boldsymbol{\theta}$；

(4) 若 $k\boldsymbol{\alpha}=\boldsymbol{\theta}$，则 $k=0$ 或 $\boldsymbol{\alpha}=\boldsymbol{\theta}$.

注 5：线性空间中的两种运算(加法和数乘)合称为线性运算. 若线性空间 V 的向量 $\boldsymbol{\alpha}$ 可由 V 的一组向量 $\boldsymbol{\alpha}_1,\cdots,\boldsymbol{\alpha}_n$ 通过线性运算获得，即存在 $k_i\in F$，$i=1,\cdots,n$，满足

$$\boldsymbol{\alpha}=k_1\boldsymbol{\alpha}_1+\cdots+k_n\boldsymbol{\alpha}_n$$

则称向量 $\boldsymbol{\alpha}$ 是向量组 $\boldsymbol{\alpha}_1,\cdots,\boldsymbol{\alpha}_n$ 的一个线性组合，或者说，$\boldsymbol{\alpha}$ 可由向量组 $\boldsymbol{\alpha}_1,\cdots,\boldsymbol{\alpha}_n$ 线性表示.

例 1.1.5　试判断矩阵 $\boldsymbol{A}^2$ 是否可以由 $\boldsymbol{A}$ 和 $\boldsymbol{I}$ 线性表示，其中

$$\boldsymbol{A}=\begin{bmatrix}1 & 1\\ 0 & 1\end{bmatrix}$$

解：由于

$$\boldsymbol{A}^2=\begin{bmatrix}1 & 2\\ 0 & 1\end{bmatrix}=2\boldsymbol{A}-\boldsymbol{I}$$

因此，矩阵 $\boldsymbol{A}^2$ 可以由 $\boldsymbol{A}$ 和 $\boldsymbol{I}$ 线性表示.

【思考】　对一般的 n 阶复方阵 $\boldsymbol{A}$，它的幂矩阵 $\boldsymbol{A}^n$ 是否可由 $\boldsymbol{I},\boldsymbol{A},\boldsymbol{A}^2,\cdots,\boldsymbol{A}^{n-1}$ 线性表示？

1.2　线性子空间

在很多实际问题中，我们关心的仅仅是$\mathbb{R}^n$(或$\mathbb{C}^n$)空间中适当向量所构成的子集. 此时，无需根据线性空间定义判定该子集是否为线性空间，只需验证子集中的线性运算是否封闭即可，这就是子空间的判别法.

定义 1.2.1(子空间)　设集合 V 是数域 F 上的线性空间，W 是 V 的一个非空子集. 若 W 的向量关于 V 的加法和数乘运算也构成 F 上的线性空间，则称 W 是 V 的子空间.

例 1.2.1　取定矩阵 $\boldsymbol{A}\in\mathbb{C}^{m\times n}$，集合 $W=\{\boldsymbol{x}\in\mathbb{C}^n\mid\boldsymbol{A}\boldsymbol{x}=\boldsymbol{0}\}$ 是$\mathbb{C}$上的线性空间. 注意到集合 W 是 n 维向量空间$\mathbb{C}^n$的子集，故 W 是$\mathbb{C}^n$的子空间.

例 1.2.2　仅由线性空间 V 的零向量组成的集合是 V 的一个子空间，称为零子空间，记为$\{\boldsymbol{\theta}\}$(注意与零元素 $\boldsymbol{\theta}$ 的区别)；线性空间 V 本身也是 V 的一个子空间. 子空间 V 和$\{\boldsymbol{\theta}\}$称为 V 的平凡子空间.

例 1.2.3　向量空间$\mathbb{R}^2$不是$\mathbb{R}^3$的子空间，因为$\mathbb{R}^2$不是$\mathbb{R}^3$的子集($\mathbb{R}^3$的向量是三元有序数组，而$\mathbb{R}^2$中的向量为二元有序数组). 集合 $W=\{[\alpha_1,\alpha_2,0]^{\mathrm{T}},\alpha_1,\alpha_2\in\mathbb{R}\}$是

$\mathbb{R}^3$ 的一个子集，尽管它很像 $\mathbb{R}^2$（见图 1.2.1），但可以证明 W 是 $\mathbb{R}^3$ 的一个子空间.

例 1.2.4 $\mathbb{R}^3$ 中不通过原点的平面不是 $\mathbb{R}^3$ 的子空间，这是因为此平面不包含 $\mathbb{R}^3$ 的零向量；类似地，$\mathbb{R}^2$ 中不通过原点的直线 L（见图 1.2.2）也不是 $\mathbb{R}^2$ 的子空间.

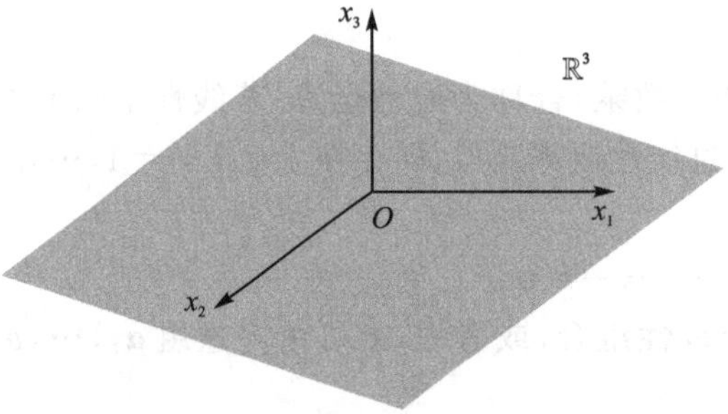

图 1.2.1 $\mathbb{R}^3$ 的子空间：x_1x_2 平面

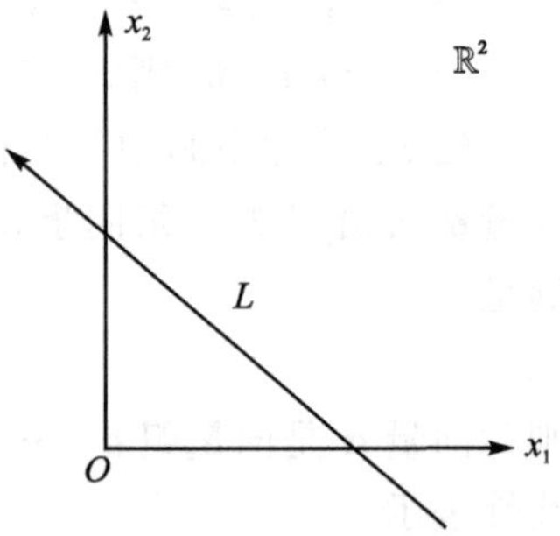

图 1.2.2 不是 $\mathbb{R}^2$ 空间的直线 L

定理 1.2.1（子空间判别法） 设集合 V 是数域 F 上的线性空间，W 是 V 的一个非空子集. 以下命题等价：

(1) W 是 V 的子空间.

(2) a. $\forall k \in F, \boldsymbol{\alpha} \in W$，有 $k\boldsymbol{\alpha} \in W$；

b. $\forall \boldsymbol{\alpha}, \boldsymbol{\beta} \in W$，有 $\boldsymbol{\alpha}+\boldsymbol{\beta} \in W$.

(3) $\forall k, l \in F$ 和 $\boldsymbol{\alpha}, \boldsymbol{\beta} \in W$，有 $k\boldsymbol{\alpha}+l\boldsymbol{\beta} \in W$.

例 1.2.1（续） 证明集合 $W=\{\boldsymbol{x} \in \mathbb{C}^n \mid \boldsymbol{A}\boldsymbol{x}=\boldsymbol{0}\}$ 是 $\mathbb{C}$ 上的线性空间.

解：注意到集合 W 是 n 维向量空间 $\mathbb{C}^n$ 的子集，且对任意 $k, l \in F$ 和 $\boldsymbol{\alpha}, \boldsymbol{\beta} \in W$，有

$$\boldsymbol{A}(k\boldsymbol{\alpha}+l\boldsymbol{\beta})=k\boldsymbol{A}\boldsymbol{\alpha}+l\boldsymbol{A}\boldsymbol{\beta}=\boldsymbol{0}$$

因此，$k\boldsymbol{\alpha}+l\boldsymbol{\beta} \in W$. 由定理 1.2.1 可知，$W$ 是 V 的子空间.

注 1： 若 W 是 V 的子空间，线性空间 V 的零向量也必在 W 中. 因此，检验子空间最好的方法是首先观察零向量是否属于 W. 请参考例 1.2.4.

例 1.2.5 在数字信号处理中，线性滤波器常用 n 阶线性差分方程描述

$$y_k=a_n u_{k+n}+a_{n-1}u_{k+n-1}+\cdots+a_1 u_{k+1}+a_0 u_k \tag{1.2.1}$$

式中：$k=0,\pm1,\pm2,\cdots$，$\{y_k\}$ 是输出信号，$\{u_k\}$ 是输入信号，$a_i \in \mathbb{R}(i=0,1,\cdots,n)$. 如果 $\{y_k\}$ 是零序列，则称差分方程(1.2.1)是齐次的.

考察齐次差分方程

$$u_{k+n}+a_{n-1}u_{k+n-1}+\cdots+a_1 u_{k+1}+a_0 u_k=0 \tag{1.2.2}$$

定义方程(1.2.2)的解集为 $\widetilde{S}$，则 $\widetilde{S}$ 是非空集合（零序列是方程(1.2.2)的一个解）且它是信号空间 S（S 的定义见例 1.1.4）的子集. 对任意输入信号 $\{u_k\}, \{v_k\} \in \widetilde{S}$ 和 $\mu, \lambda \in \mathbb{R}$，$\{\mu u_k+\lambda v_k\}$ 也是差分方程(1.2.2)的解. 因此，差分方程(1.2.2)的解集 $\widetilde{S}$ 是信号空间 S 的子空间.

例 1.2.6　设 W_1 和 W_2 是线性空间 V 的子空间，定义 3 个集合

$$W_1 \cap W_2 = \{x \in V \mid x \in W_1 \text{ 且 } x \in W_2\}$$
$$W_1 \cup W_2 = \{x \in V \mid x \in W_1 \text{ 或 } x \in W_2\}$$
$$W_1 + W_2 = \{x_1 + x_2 \mid x_1 \in W_1, x_2 \in W_2\}$$

试判断它们是否是 V 的子空间.

解：由于 W_1 和 W_2 是 V 的子空间，则 $\boldsymbol{\theta} \in W_1$ 且 $\boldsymbol{\theta} \in W_2$. 故 $W_1 \cap W_2$ 是 V 的非空子集. 又知对任意 $k, l \in F$ 和 $\boldsymbol{\alpha}, \boldsymbol{\beta} \in W_1 \cap W_2$，有

$$k\boldsymbol{\alpha} + l\boldsymbol{\beta} \in W_1 \text{ 且 } k\boldsymbol{\alpha} + l\boldsymbol{\beta} \in W_2$$

根据定理 1.2.1 可知，$W_1 \cap W_2$ 是 V 的子空间. 同理，$W_1 + W_2$ 也是 V 的子空间.

对于集合 $W_1 \cup W_2$ 而言，若 $\boldsymbol{\alpha} \in W_1, \boldsymbol{\beta} \in W_2$，则 $\boldsymbol{\alpha}, \boldsymbol{\beta} \in W_1 \cup W_2$. 而 $\boldsymbol{\alpha} + \boldsymbol{\beta}$ 却无法保证仍在集合 $W_1 \cup W_2$ 中. 因此，$W_1 \cup W_2$ 不是线性空间.

注 2：关于例 1.2.6 的一个具体示例. 设 V 是 $\mathbb{R}$ 上的三维向量空间，W_1 是 xOy 平面，W_2 是 Oz 轴，则 $W_1 \cap W_2 = \{\boldsymbol{\theta}\}$ 是零子空间，$W_1 + W_2 = V$ 是三维空间；而 $W_1 \cup W_2$ 表示的是位于 xOy 平面和 Oz 轴所有向量的集合，这显然不是一个线性空间.

定理 1.2.2（交空间与和空间）　设 W_1 和 W_2 是数域 F 上线性空间 V 的子空间，则集合 $W_1 \cap W_2 \xlongequal{\text{def}} \{\boldsymbol{\alpha} \mid \boldsymbol{\alpha} \in (W_1 \cap W_2)\}$ 和 $W_1 + W_2 \xlongequal{\text{def}} \{\boldsymbol{\alpha}_1 + \boldsymbol{\alpha}_2 \mid \boldsymbol{\alpha}_1 \in W_1, \boldsymbol{\alpha}_2 \in W_2\}$ 是 V 的子空间，分别称为 W_1 与 W_2 的交（或交空间）与和（或和空间）.

证明：因为 $\boldsymbol{\theta} \in W_1 \cap W_2$，所以 $W_1 \cap W_2$ 非空. 对任意 $\boldsymbol{\alpha}, \boldsymbol{\beta} \in W_1 \cap W_2$，有 $\boldsymbol{\alpha}, \boldsymbol{\beta} \in W_1$ 且 $\boldsymbol{\alpha}, \boldsymbol{\beta} \in W_2$.

又知 W_1 和 W_2 是 V 的子空间，则对任意 $k \in F$ 有

$$\boldsymbol{\alpha} + \boldsymbol{\beta} \in W_1, \quad k\boldsymbol{\alpha} \in W_1$$
$$\boldsymbol{\alpha} + \boldsymbol{\beta} \in W_2, \quad k\boldsymbol{\alpha} \in W_2$$

从而有 $\boldsymbol{\alpha} + \boldsymbol{\beta} \in W_1 \cap W_2, k\boldsymbol{\alpha} \in W_1 \cap W_2$. 因此，$W_1 \cap W_2$ 是 V 的子空间.

因为 $\boldsymbol{\theta} \in W_1 + W_2$，所以 $W_1 + W_2$ 非空. 对任意 $\boldsymbol{\alpha}, \boldsymbol{\beta} \in W_1 + W_2$，必有

$$\boldsymbol{\alpha} = \boldsymbol{\alpha}_1 + \boldsymbol{\alpha}_2, \quad \boldsymbol{\beta} = \boldsymbol{\beta}_1 + \boldsymbol{\beta}_2$$

式中：$\boldsymbol{\alpha}_1, \boldsymbol{\beta}_1 \in W_1, \boldsymbol{\alpha}_2, \boldsymbol{\beta}_2 \in W_2$.

那么，对任意 $k \in F$ 有

$$\boldsymbol{\alpha} + \boldsymbol{\beta} = (\boldsymbol{\alpha}_1 + \boldsymbol{\beta}_1) + (\boldsymbol{\alpha}_2 + \boldsymbol{\beta}_2) \in W_1 + W_2$$
$$k\boldsymbol{\alpha} = k\boldsymbol{\alpha}_1 + k\boldsymbol{\alpha}_2 \in W_1 + W_2$$

因此，$W_1 + W_2$ 是 V 的子空间. 证毕.

注 3：$W_1 \cap W_2$ 是包含于 W_1 与 W_2 的最大子空间，$W_1 + W_2$ 是包含 W_1 与 W_2 的最小子空间. 同样地，可定义多个子空间的交与和.

【思考】　如何衡量这里的“最大子空间”与“最小子空间”？

例 1.2.7　取 $V = \mathbb{R}^{n \times n}$，$W_1 = \{\boldsymbol{A} \in V \mid \boldsymbol{A}^{\mathrm{T}} = \boldsymbol{A}\}$，$W_2 = \{\boldsymbol{A} \in V \mid \boldsymbol{A}^{\mathrm{T}} = -\boldsymbol{A}\}$. 验证

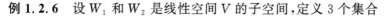

W_1 和 W_2 是 V 的线性子空间，且 $V=W_1+W_2$.

解：对任意 $k,l\in\mathbb{R}$和 $\boldsymbol{A},\boldsymbol{B}\in W_1$，有 $(k\boldsymbol{A}+l\boldsymbol{B})^{\mathrm{T}}=k\boldsymbol{A}+l\boldsymbol{B}$. 故 W_1 是 V 的线性子空间. 同理可证 W_2 是 V 的线性子空间.

又知对 V 的任一矩阵 $\boldsymbol{A}$ 可分解为

$$\boldsymbol{A}=\frac{1}{2}(\boldsymbol{A}^{\mathrm{T}}+\boldsymbol{A})+\frac{1}{2}(-\boldsymbol{A}^{\mathrm{T}}+\boldsymbol{A}) \tag{1.2.3}$$

式中：$\frac{1}{2}(\boldsymbol{A}^{\mathrm{T}}+\boldsymbol{A})\in W_1$，$\frac{1}{2}(-\boldsymbol{A}^{\mathrm{T}}+\boldsymbol{A})\in W_2$. 故 $V=W_1+W_2$.

例 1.2.7 表明任一实(复)方阵可分解为对称矩阵和反对称矩阵之和. 实际上，该分解是唯一的(为什么?).

为刻画子空间，令 $\boldsymbol{\alpha}_1,\cdots,\boldsymbol{\alpha}_n$ 是线性空间 V 的一组向量，并记

$$W=\{k_1\boldsymbol{\alpha}_1+\cdots+k_n\boldsymbol{\alpha}_n \mid k_i\in F, i=1,\cdots,n\} \tag{1.2.4}$$

则有如下定理：

定理 1.2.3 若 $\boldsymbol{\alpha}_1,\cdots,\boldsymbol{\alpha}_n$ 是线性空间 V 的一组向量，由式(1.2.4)定义的集合 W 是 V 的一个线性子空间，并称 W 是由向量组 $\boldsymbol{\alpha}_1,\cdots,\boldsymbol{\alpha}_n$ 张成(或生成)的子空间，记为 $\mathrm{span}(\boldsymbol{\alpha}_1,\cdots,\boldsymbol{\alpha}_n)$.

下面介绍两个与矩阵相关的重要子空间：矩阵的零空间和列空间.

定义 1.2.2(矩阵零空间) 设矩阵 $\boldsymbol{A}\in\mathbb{C}^{m\times n}$，则矩阵 $\boldsymbol{A}$ 的零空间(或核空间)定义为齐次线性方程组 $\boldsymbol{A}\boldsymbol{x}=\boldsymbol{0}$ 的解集，记为

$$N(\boldsymbol{A})=\{\boldsymbol{x}\in\mathbb{C}^n \mid \boldsymbol{A}\boldsymbol{x}=\boldsymbol{0}\}$$

定义 1.2.3(矩阵列空间) 设矩阵 $\boldsymbol{A}\in\mathbb{C}^{m\times n}$，则矩阵 $\boldsymbol{A}$ 的列空间(或值空间)是由 $\boldsymbol{A}$ 的列的所有线性组合组成的集合，即

$$R(\boldsymbol{A})=\{\boldsymbol{y}\in\mathbb{C}^m \mid \boldsymbol{y}=\boldsymbol{A}\boldsymbol{x},\forall\,\boldsymbol{x}\in\mathbb{C}^n\}$$

若将矩阵 $\boldsymbol{A}$ 进行列分块，并记为 $\boldsymbol{A}=[\boldsymbol{\alpha}_1,\cdots,\boldsymbol{\alpha}_n]$，则 $\boldsymbol{A}$ 的列空间可表示为

$$R(\boldsymbol{A})=\mathrm{span}(\boldsymbol{\alpha}_1,\cdots,\boldsymbol{\alpha}_n)$$

注 4：矩阵 $\boldsymbol{A}$ 的零空间是$\mathbb{C}^n$的子空间，矩阵 $\boldsymbol{A}$ 的列空间是$\mathbb{C}^m$的子空间. 矩阵 $\boldsymbol{A}$ 的零空间是隐式定义的，通常求解方程 $\boldsymbol{A}\boldsymbol{x}=\boldsymbol{0}$ 以获得它的显式表达. 与零空间不同，矩阵的列空间是显式定义的.

例 1.2.8 求矩阵 $\boldsymbol{A}=\begin{bmatrix}1 & 1 & 2\\ -2 & 3 & 1\end{bmatrix}$的零空间和列空间.

解：$R(\boldsymbol{A})=\mathrm{span}(\boldsymbol{\alpha}_1,\boldsymbol{\alpha}_2,\boldsymbol{\alpha}_3)$，其中 $\boldsymbol{\alpha}_1=[1,-2]^{\mathrm{T}}$，$\boldsymbol{\alpha}_2=[1,3]^{\mathrm{T}}$，$\boldsymbol{\alpha}_3=[2,1]^{\mathrm{T}}$.

对矩阵 $\boldsymbol{A}$ 进行初等变换得

$$\begin{bmatrix}1 & 1 & 2\\ -2 & 3 & 1\end{bmatrix}\to\begin{bmatrix}1 & 0 & 1\\ 0 & 1 & 1\end{bmatrix}$$

由此，$\boldsymbol{A}\boldsymbol{x}=\boldsymbol{0}$ 的一个基础解系为 $\boldsymbol{\beta}=[1,1,-1]^{\mathrm{T}}$，故 $N(\boldsymbol{A})=\mathrm{span}(\boldsymbol{\beta})$.

【思考】 设 $\boldsymbol{A}\in\mathbb{C}^{n\times n}$，其零空间和列空间有可能相同吗？若这两个空间相同，则

矩阵 **A** 具有何性质?

1.3 基与坐标

采用 span($\boldsymbol{\alpha}_1,\cdots,\boldsymbol{\alpha}_n$)描述线性(子)空间意味着已知该(子)空间的所有向量均可由向量组 $\boldsymbol{\alpha}_1,\cdots,\boldsymbol{\alpha}_n$ 线性表示. 那么如何找到一组包含向量数目最小的向量组用于描述线性(子)空间? 这就涉及线性相关和线性无关这对概念了. 实际上,线性空间中的线性相关和线性无关的定义与向量空间中的定义并无区别. 这里作简单回顾.

定义 1.3.1(线性相关与线性无关) 设 V 是数域 F 上的线性空间,$\boldsymbol{\alpha}_1,\cdots,\boldsymbol{\alpha}_n$ 是 V 中一组向量. 若向量方程

$$k_1\boldsymbol{\alpha}_1+\cdots+k_n\boldsymbol{\alpha}_n=\boldsymbol{\theta},\quad k_1,\cdots,k_n\in F$$

只有平凡解,即 $k_1=k_2=\cdots=k_n=0$,则称向量组 $\boldsymbol{\alpha}_1,\cdots,\boldsymbol{\alpha}_n$ 线性无关;否则称向量组 $\boldsymbol{\alpha}_1,\cdots,\boldsymbol{\alpha}_n$ 线性相关.

从几何意义上看,两个向量线性相关当且仅当它们落在通过原点的同一条直线上.

例 1.3.1 考察多项式空间 $P_1(x)$,并令 $p_1(x)=1,p_2(x)=x,p_3(x)=4-x$. 由于 $p_3=4p_1-p_2$,即 $4p_1-p_2-p_3=0$,从而 p_1,p_2,p_3 是线性相关的.

例 1.3.2 设信号子空间 $\widetilde{S}=\text{span}(\{x_k\},\{y_k\},\{z_k\})$,其中 $x_k=(-1)^k,y_k=2^k,z_k=3^k$. 试判断信号 $\{x_k\},\{y_k\},\{z_k\}$ 是否线性无关.

解:假设存在常数 l_1,l_2,l_3 对 $k=0,\pm1,\pm2,\cdots$ 均满足

$$l_1x_k+l_2y_k+l_3z_k=0$$

显然,当且仅当 $l_1=l_2=l_3=0$ 时上式成立,则信号 $\{x_k\},\{y_k\},\{z_k\}$ 线性无关.

实际上,由于上式有 3 个未知数,可建立如下方程组:

$$\begin{bmatrix} x_k & y_k & z_k \\ x_{k+1} & y_{k+1} & z_{k+1} \\ x_{k+2} & y_{k+2} & z_{k+2} \end{bmatrix}\begin{bmatrix} l_1 \\ l_2 \\ l_3 \end{bmatrix}=\boldsymbol{0},\quad \forall k=0,\pm1,\pm2,\cdots$$

这个方程组的系数矩阵称为信号的 Casorati 矩阵,其行列式称为 $\{x_k\},\{y_k\},\{z_k\}$ 的 Casorati 行列式. 显然,如果对至少一个 k 值有 Casorati 行列式非零,则说明这 3 个信号是线性无关的.

当 $x_k=(-1)^k,y_k=2^k,z_k=3^k$ 时,取 $k=0$ 时的 Casorati 矩阵为

$$\boldsymbol{C}=\begin{bmatrix} 1 & 1 & 1 \\ -1 & 2 & 3 \\ 1 & 4 & 9 \end{bmatrix}$$

该矩阵可逆. 因此,信号 $\{x_k\},\{y_k\},\{z_k\}$ 线性无关.

注 1: 线性无关向量组的任一子集是线性无关的;线性相关向量组的任一扩集仍

是线性相关的.

注 2: 单个零向量线性相关;单个非零向量线性无关.

定理 1.3.1 设线性空间 V 的向量组 $\boldsymbol{\alpha}_1,\cdots,\boldsymbol{\alpha}_n$ 线性无关,而向量组 $\boldsymbol{\alpha}_1,\cdots,\boldsymbol{\alpha}_n$, $\boldsymbol{\beta}$ 线性相关($\boldsymbol{\beta}\neq\boldsymbol{\theta}$),则 $\boldsymbol{\beta}$ 可由向量组 $\boldsymbol{\alpha}_1,\cdots,\boldsymbol{\alpha}_n$ 线性表示且表示法唯一.

证明:由向量组 $\boldsymbol{\alpha}_1,\cdots,\boldsymbol{\alpha}_n,\boldsymbol{\beta}$ 线性相关知,必存在不全为零的数 $k_1,\cdots,k_n,k_{n+1}$ 使得

$$k_1\boldsymbol{\alpha}_1+\cdots+k_n\boldsymbol{\alpha}_n+k_{n+1}\boldsymbol{\beta}=\boldsymbol{\theta} \tag{1.3.1}$$

若 $k_{n+1}=0$,则式(1.3.1)退化为

$$k_1\boldsymbol{\alpha}_1+\cdots+k_n\boldsymbol{\alpha}_n=\boldsymbol{\theta} \tag{1.3.2}$$

又知向量组 $\boldsymbol{\alpha}_1,\cdots,\boldsymbol{\alpha}_n$ 线性无关,则式(1.3.2)成立的充分必要条件是 $k_1=\cdots=k_n=0$. 此时,向量组 $\boldsymbol{\alpha}_1,\cdots,\boldsymbol{\alpha}_n,\boldsymbol{\beta}$ 线性无关,这与已知条件矛盾. 故 $k_{n+1}\neq 0$,即 $\boldsymbol{\beta}$ 可由向量组 $\boldsymbol{\alpha}_1,\cdots,\boldsymbol{\alpha}_n$ 线性表示,且有

$$\boldsymbol{\beta}=-\frac{k_1}{k_{n+1}}\boldsymbol{\alpha}_1-\cdots-\frac{k_n}{k_{n+1}}\boldsymbol{\alpha}_n$$

下面证明唯一性. 假设向量 $\boldsymbol{\beta}$ 的表示法不唯一,不妨设 $\boldsymbol{\beta}$ 有两种不同表示:

$$\boldsymbol{\beta}=a_1\boldsymbol{\alpha}_1+\cdots+a_n\boldsymbol{\alpha}_n=b_1\boldsymbol{\alpha}_1+\cdots+b_n\boldsymbol{\alpha}_n \tag{1.3.3}$$

其中,a_i 和 $b_i(i=1,\cdots,n)$不同时为零.

对式(1.3.3)处理,得

$$(a_1-b_1)\boldsymbol{\alpha}_1+\cdots+(a_n-b_n)\boldsymbol{\alpha}_n=\boldsymbol{\theta}$$

由于 $\boldsymbol{\alpha}_1,\cdots,\boldsymbol{\alpha}_n$ 线性无关,故 $a_i=b_i(i=1,\cdots,n)$,即 $\boldsymbol{\beta}$ 表示法唯一. 证毕.

在考察向量组时,我们不仅关心向量之间是否线性无关,而且关心这组向量中最多线性无关的向量个数. 为此,引入定义:

定义 1.3.2(极大线性无关组与秩) 设 $\boldsymbol{\alpha}_1,\cdots,\boldsymbol{\alpha}_n$ 是线性空间 V 中的一组向量. 若 $\boldsymbol{\alpha}_1,\cdots,\boldsymbol{\alpha}_n$ 中存在 r 个线性无关的向量 $\boldsymbol{\alpha}_{i_1},\cdots,\boldsymbol{\alpha}_{i_r}$ $(1\leqslant i_j\leqslant n,j=1,\cdots,r)$,并且 $\alpha_1,\cdots,\alpha_n$ 中任一向量均可由向量组 $\boldsymbol{\alpha}_{i_1},\cdots,\boldsymbol{\alpha}_{i_r}$ 线性表示,则称向量组 $\boldsymbol{\alpha}_{i_1},\cdots,\boldsymbol{\alpha}_{i_r}$ 为向量组 $\boldsymbol{\alpha}_1,\cdots,\boldsymbol{\alpha}_n$ 的极大线性无关组,数 r 称为向量组 $\boldsymbol{\alpha}_1,\cdots,\boldsymbol{\alpha}_n$ 的秩,记为 $\text{rank}[\boldsymbol{\alpha}_1,\cdots,\boldsymbol{\alpha}_n]=r$.

注 3: 任一 $m\times n$ 阶矩阵均可看成包含 n 个 m 维列向量的向量组,此时矩阵的(列)秩就是这一向量组的秩. 同理,任一 $m\times n$ 阶矩阵也可看成包含 m 个 n 维行向量的向量组,此时矩阵的(行)秩即是这一向量组的秩.

例 1.3.3 求向量组 $\boldsymbol{\alpha}_1,\boldsymbol{\alpha}_2,\boldsymbol{\alpha}_3$ 的极大线性无关组,其中

$$\boldsymbol{\alpha}_1=\begin{bmatrix}1\\-1\end{bmatrix},\quad \boldsymbol{\alpha}_2=\begin{bmatrix}\mathrm{i}\\1\end{bmatrix},\quad \boldsymbol{\alpha}_3=\begin{bmatrix}\mathrm{i}-1\\0\end{bmatrix}$$

解:令 $k_1\boldsymbol{\alpha}_1+k_2\boldsymbol{\alpha}_2=\mathbf{0}$,其中 $k_1,k_2\in\mathbb{C}$. 将 $\boldsymbol{\alpha}_1,\boldsymbol{\alpha}_2$ 代入向量方程得 $k_1=0,k_2=0$. 由此,$\boldsymbol{\alpha}_1,\boldsymbol{\alpha}_2$ 线性无关. 又知 $\boldsymbol{\alpha}_3=\mathrm{i}\boldsymbol{\alpha}_1+\mathrm{i}\boldsymbol{\alpha}_2$,故 $\boldsymbol{\alpha}_3$ 可由 $\boldsymbol{\alpha}_1,\boldsymbol{\alpha}_2$ 线性表示. 因此,$\boldsymbol{\alpha}_1,\boldsymbol{\alpha}_2,\boldsymbol{\alpha}_3$ 线性相关且 $\boldsymbol{\alpha}_1,\boldsymbol{\alpha}_2$ 是向量组 $\boldsymbol{\alpha}_1,\boldsymbol{\alpha}_2,\boldsymbol{\alpha}_3$ 的一个极大线性无关组.

注 4：向量组 $\boldsymbol{\alpha}_1,\cdots,\boldsymbol{\alpha}_n$ 的极大线性无关组一般不唯一.

【思考】 两组极大线性无关组之间有什么关系？

类比于向量组的极大线性无关组的定义,我们对线性空间引入基的概念.

定义 1.3.3(基)　设 V 是数域 F 上的线性空间,$\boldsymbol{\alpha}_1,\cdots,\boldsymbol{\alpha}_n$ 是 V 中的一组向量.若

(1) 向量组 $\boldsymbol{\alpha}_1,\cdots,\boldsymbol{\alpha}_n$ 线性无关;

(2) V 中任一向量均可由 $\boldsymbol{\alpha}_1,\cdots,\boldsymbol{\alpha}_n$ 线性表示,

则称 $\boldsymbol{\alpha}_1,\cdots,\boldsymbol{\alpha}_n$ 是 V 的一个基底(或一组基).

例 1.3.4　单位矩阵 $\boldsymbol{I}$ 的 n 列可构成$\mathbb{R}^n$(或$\mathbb{C}^n$)的一组基.特别地,令 $\boldsymbol{e}_1,\cdots,\boldsymbol{e}_n$ 是单位矩阵的 n 列,则 $\boldsymbol{e}_1,\cdots,\boldsymbol{e}_n$ 称为$\mathbb{R}^n$的标准基.

例 1.3.5　已知 $\boldsymbol{A}=\begin{bmatrix}1&0&1\\1&1&1\end{bmatrix}$,求 $N(\boldsymbol{A})$的一组基.

解:对矩阵 $\boldsymbol{A}$ 作初等变换,得

$$\boldsymbol{A}=\begin{bmatrix}1&0&1\\1&1&1\end{bmatrix}\to\begin{bmatrix}1&0&1\\0&1&0\end{bmatrix}$$

因此,方程组 $\boldsymbol{Ax}=\boldsymbol{0}$ 的解为 $x_1=-x_3,x_2=0$,其基础解系取为 $[-1,0,1]^{\mathrm{T}}$.这意味着 $[-1,0,1]^{\mathrm{T}}$ 是零空间 $N(\boldsymbol{A})$的一组基.

【思考】 明确线性空间 V 的一组基的重要意义是什么?

以$\mathbb{R}^2$平面为例,我们之所以能够明确平面上每一点的原因在于平面上每一点与其坐标一一对应,因此可采用点的坐标来表示点本身.从线性空间的角度看,坐标轴 xOy 表明$\mathbb{R}^2$空间通过选定标准基 $\boldsymbol{e}_1,\boldsymbol{e}_2$ 来构建坐标系,由此空间中的任一点都可由这组基唯一确定.因此,对于一般的线性空间,明确一组基的重要原因在于强加一个"坐标系".在这个强加的坐标系下,空间中的每个向量都可以唯一表示,即向量的唯一表示定理.

定理 1.3.2(唯一表示定理)　设 $\boldsymbol{x}_1,\cdots,\boldsymbol{x}_n$ 是线性空间 V 的一组基,则 V 中任一向量 $\boldsymbol{x}$ 都可由基 $\boldsymbol{x}_1,\cdots,\boldsymbol{x}_n$ 唯一表示.

定义 1.3.4(坐标)　设 $\boldsymbol{x}_1,\cdots,\boldsymbol{x}_n$ 是数域 F 上线性空间 V 的一组基,对任意向量 $\boldsymbol{x}\in V$,令

$$\boldsymbol{x}=\sum_{i=1}^{n}\alpha_i\boldsymbol{x}_i=[\boldsymbol{x}_1,\cdots,\boldsymbol{x}_n]\begin{bmatrix}\alpha_1\\\vdots\\\alpha_n\end{bmatrix}$$

称有序数组 $[\alpha_1,\cdots,\alpha_n]^{\mathrm{T}}\in F^n$ 是 $\boldsymbol{x}$ 在基 $\boldsymbol{x}_1,\cdots,\boldsymbol{x}_n$ 下的坐标,它由 $\boldsymbol{x}$ 与基 $\boldsymbol{x}_1,\cdots,\boldsymbol{x}_n$ 唯一确定.

例 1.3.6　证明$\boldsymbol{E}_{ij}\in\mathbb{R}^{2\times 2}(i,j=1,2)$是$\mathbb{R}^{2\times 2}$的一组基,并求矩阵 $\boldsymbol{A}=\begin{bmatrix}1&2\\1&1\end{bmatrix}$在该组基下的坐标.

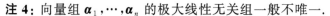

解：考察方程

$$k_1\boldsymbol{E}_{11}+k_2\boldsymbol{E}_{12}+k_3\boldsymbol{E}_{21}+k_4\boldsymbol{E}_{22}=\boldsymbol{O}$$

解得 $k_1=k_2=k_3=k_4=0$. 从而$\boldsymbol{E}_{11},\boldsymbol{E}_{12},\boldsymbol{E}_{21},\boldsymbol{E}_{22}$ 线性无关.

对任意矩阵 $\boldsymbol{A}=(a_{ij})\in\mathbb{R}^{2\times2}$，有

$$\boldsymbol{A}=a_{11}\boldsymbol{E}_{11}+a_{12}\boldsymbol{E}_{12}+a_{21}\boldsymbol{E}_{21}+a_{22}\boldsymbol{E}_{22}$$

根据基的定义知，$\boldsymbol{E}_{11},\boldsymbol{E}_{12},\boldsymbol{E}_{21},\boldsymbol{E}_{22}$ 是$\mathbb{R}^{2\times2}$的一组基.

又知 $\boldsymbol{A}=\boldsymbol{E}_{11}+2\boldsymbol{E}_{12}+\boldsymbol{E}_{21}+\boldsymbol{E}_{22}$，因此，矩阵 $\boldsymbol{A}$ 在$\boldsymbol{E}_{11},\boldsymbol{E}_{12},\boldsymbol{E}_{21},\boldsymbol{E}_{22}$ 下的坐标为 $[1,2,1,1]^{\mathrm{T}}$.

定义 1.3.5(过渡矩阵) 设 $\boldsymbol{x}_1,\cdots,\boldsymbol{x}_n$ 和 $\boldsymbol{y}_1,\cdots,\boldsymbol{y}_n$ 是数域F 上线性空间V 的两组基，令

$$\boldsymbol{y}_i=a_{1i}\boldsymbol{x}_1+\cdots+a_{ni}\boldsymbol{x}_n=[\boldsymbol{x}_1,\cdots,\boldsymbol{x}_n]\begin{bmatrix}a_{1i}\\ \vdots\\ a_{ni}\end{bmatrix},\quad i=1,\cdots,n$$

引入矩阵表示：

$$[\boldsymbol{y}_1,\cdots,\boldsymbol{y}_n]=[\boldsymbol{x}_1,\cdots,\boldsymbol{x}_n]\boldsymbol{A}$$

式中：$\boldsymbol{A}=(a_{ij})_{n\times n}\in F^{n\times n}$，称 $\boldsymbol{A}$ 是由基 $\boldsymbol{x}_1,\cdots,\boldsymbol{x}_n$ 到基 $\boldsymbol{y}_1,\cdots,\boldsymbol{y}_n$ 的过渡矩阵(或变换矩阵).

命题 1.3.1(过渡矩阵的性质) 设 V 是数域 F 上的线性空间，$\boldsymbol{A}\in F^{n\times n}$ 是由基 $\boldsymbol{x}_1,\cdots,\boldsymbol{x}_n$ 到基 $\boldsymbol{y}_1,\cdots,\boldsymbol{y}_n$ 的过渡矩阵，则以下命题成立：

(1) 过渡矩阵 $\boldsymbol{A}$ 可逆；

(2) 由基 $\boldsymbol{y}_1,\cdots,\boldsymbol{y}_n$ 到基 $\boldsymbol{x}_1,\cdots,\boldsymbol{x}_n$ 的过渡矩阵为 $\boldsymbol{A}^{-1}$；

(3) 任取 $\boldsymbol{x}\in V$，设 $\boldsymbol{x}=\sum\limits_{i=1}^{n}\alpha_i\boldsymbol{x}_i=\sum\limits_{i=1}^{n}\beta_i\boldsymbol{y}_i$，则

$$\begin{bmatrix}\beta_1\\ \vdots\\ \beta_n\end{bmatrix}=\boldsymbol{A}^{-1}\begin{bmatrix}\alpha_1\\ \vdots\\ \alpha_n\end{bmatrix}\text{ 或 }\begin{bmatrix}\alpha_1\\ \vdots\\ \alpha_n\end{bmatrix}=\boldsymbol{A}\begin{bmatrix}\beta_1\\ \vdots\\ \beta_n\end{bmatrix}$$

例 1.3.7 设 $f(x)\in P_n(x)$，且 $f(x)$在基 $1,x,\cdots,x^n$ 下的坐标为

$$\left[f(0),f'(0),\cdots,\frac{f^{(n)}(0)}{n!}\right]^{\mathrm{T}}$$

即 $f(x)$的表达式为

$$f(x)=f(0)+f'(0)x+\cdots+\frac{f^{(n)}(0)}{n!}x^n$$

另一方面，向量组 $1,x-x_0,\cdots,(x-x_0)^n$ 也构成$P_n(x)$的一组基，则 $f(x)$在该组基下的坐标为

$$\left[f(x_0),f'(x_0),\cdots,\frac{f^{(n)}(x_0)}{n!}\right]^{\mathrm{T}}$$

设由基 $1,x,\cdots,x^n$ 到基 $1,x-x_0,\cdots,(x-x_0)^n$ 的过渡矩阵为 $\boldsymbol{A}=(a_{ij})_{(n+1)\times(n+1)}$，则有

$$[1,x-x_0,\cdots,(x-x_0)^n]=[1,x,\cdots,x^n]\begin{bmatrix}1 & -x_0 & \cdots & (-x_0)^n\\ 0 & 1 & \cdots & n(-x_0)^{n-1}\\ \vdots & \vdots & & \vdots\\ 0 & 0 & \cdots & 1\end{bmatrix}$$

式中：矩阵 $\boldsymbol{A}$ 的元素可根据二项式定理确定.

实际上，例 1.3.7 说明了数学分析中泰勒公式和麦克劳林公式仅仅是由于选取的基不同而导致的公式形式不同，本质上都是对同一空间中向量的表达.

定义 1.3.6(维数)　在线性空间 V 中，不同线性无关组中向量个数最大者叫作 V 的维数，记为 $\dim V$. 当 $\dim V<\infty$，称 V 为有限维空间，否则称为无限维空间，记为 $\dim V=\infty$.

例 1.3.8　离散时间信号空间 $S=\{\{x_k\}=[\cdots,x_{-2},x_{-1},x_0,x_1,x_2,\cdots]\mid x_i\in\mathbb{R}\}$ 是$\mathbb{R}$上的无限维线性空间. 原因在于向量组 $\{1^k,2^k,\cdots\}$ 是线性无关向量组，该集合包含无穷个线性无关的向量.

【思考】　由例 1.2.5 知，齐次线性差分方程(1.2.2)的解集 $\tilde{S}$ 是离散时间信号空间 S 的子空间. 请读者思考 $\tilde{S}$ 的维数是多少.

定理 1.3.3(维数与基的关系)　设 V 是有限维线性空间，则 $\dim V=n$ 当且仅当 V 的任一组基有 n 个线性无关的向量.

证明：必要性. 由 $\dim V=n$ 知，线性空间 V 中必存在一组线性无关的向量 $\boldsymbol{x}_1,\cdots,\boldsymbol{x}_n$. 假设对任意向量 $\boldsymbol{y}\in V$，有

$$k_1\boldsymbol{x}_1+\cdots+k_n\boldsymbol{x}_n+k_{n+1}\boldsymbol{y}=\boldsymbol{\theta}$$

若 $k_{n+1}=0$，则必有 $k_1=\cdots=k_n=0$. 由此，$\boldsymbol{x}_1,\cdots,\boldsymbol{x}_n,\boldsymbol{y}$ 线性无关，这表明线性空间 V 的维数大于 n，故与 $\dim V=n$ 矛盾. 因此，$k_{n+1}\neq 0$ 且有

$$\boldsymbol{y}=-\frac{k_1}{k_{n+1}}\boldsymbol{x}_1-\cdots-\frac{k_n}{k_{n+1}}\boldsymbol{x}_n$$

即：V 中任一向量均可由 $\boldsymbol{x}_1,\cdots,\boldsymbol{x}_n$ 线性表示，所以 $\boldsymbol{x}_1,\cdots,\boldsymbol{x}_n$ 是 V 的一组基.

充分性. 设 $\boldsymbol{x}_1,\cdots,\boldsymbol{x}_n$ 是 V 的一组基，则 $\dim V\geqslant n$. 现假设 $\dim V=m>n$，则存在一组线性无关的向量 $\boldsymbol{y}_1,\cdots,\boldsymbol{y}_m$，它们可由基 $\boldsymbol{x}_1,\cdots,\boldsymbol{x}_n$ 表示，即

$$\begin{cases}\boldsymbol{y}_1=a_{11}\boldsymbol{x}_1+a_{12}\boldsymbol{x}_2\cdots+a_{1n}\boldsymbol{x}_n\\ \qquad\vdots\\ \boldsymbol{y}_m=a_{m1}\boldsymbol{x}_1+a_{m2}\boldsymbol{x}_2\cdots+a_{mn}\boldsymbol{x}_n\end{cases}$$

由于 $\boldsymbol{y}_1,\cdots,\boldsymbol{y}_m$ 是线性无关的，所以 $k_1\boldsymbol{y}_1+\cdots+k_m\boldsymbol{y}_m=\boldsymbol{\theta}$ 只有零解，即

$$(k_1a_{11}+\cdots+k_ma_{m1})\boldsymbol{x}_1+\cdots+(k_1a_{1n}+\cdots+k_ma_{mn})\boldsymbol{x}_n=\boldsymbol{\theta}$$

又知 $\boldsymbol{x}_1,\cdots,\boldsymbol{x}_n$ 线性无关，所以

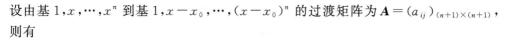

$$\begin{bmatrix} a_{11} & a_{21} & \cdots & a_{m1} \\ a_{12} & a_{22} & \cdots & a_{m2} \\ \vdots & \vdots & & \vdots \\ a_{1n} & a_{2n} & \cdots & a_{mn} \end{bmatrix} \begin{bmatrix} k_1 \\ k_2 \\ \vdots \\ k_m \end{bmatrix} = \mathbf{0} \tag{1.3.4}$$

注意到 $\text{rank}(\boldsymbol{A}) \leqslant n < m$，故方程组(1.3.4)必有非零解，这与方程 $k_1\boldsymbol{y}_1 + \cdots + k_m\boldsymbol{y}_m = \boldsymbol{\theta}$ 只有零解矛盾. 因此，$\dim V = n$. 证毕.

例 1.3.9 求线性空间$\mathbb{C}$在实数域$\mathbb{R}$和复数域$\mathbb{C}$上的维数.

解：复数域$\mathbb{C}$中任一复数均可由复数 1 和 i 线性表示. 现考察方程

$$k_1 \cdot 1 + k_2 \cdot \mathrm{i} = 0$$

若 $k_1, k_2 \in \mathbb{R}$，则上式成立当且仅当 $k_1 = k_2 = 0$，这意味着 1 和 i 线性无关. 换言之，向量组 1 和 i 构成$\mathbb{C}$的一组基. 此时，实数域$\mathbb{R}$上的线性空间$\mathbb{C}$的维数为 2. 若 k_1，$k_2 \in \mathbb{C}$，则有 $k_1 = \mathrm{i}, k_2 = -1$ 时，$k_1 \cdot 1 + k_2 \cdot \mathrm{i} = 0$. 这意味着 1 和 i 线性相关. 也就是说，复数 1 和复数 i 分别构成$\mathbb{C}$的一组基. 此时，复数域$\mathbb{C}$上的线性空间$\mathbb{C}$的维数为 1.

例 1.3.10 设矩阵 $\boldsymbol{A} \in \mathbb{C}^{m \times n}$，求 $N(\boldsymbol{A})$ 和 $R(\boldsymbol{A})$ 的维数.

解：$\dim N(\boldsymbol{A}) = n - \text{rank}(\boldsymbol{A})$. $\dim R(\boldsymbol{A}) = \text{rank}(\boldsymbol{A})$.

推论 1.3.1(基扩充定理) n 维线性空间中任意 n 个线性无关的向量均为 V 的一个基底，且任一线性无关向量组 $\boldsymbol{x}_1, \cdots, \boldsymbol{x}_r$ $(1 \leqslant r < n)$ 可扩充为 V 的一个基底.

注 5：基扩充定理是分析多个线性子空间与基或维数相关结果的重要理论基础. 特别注意的是，在构造子空间的一组基时，优先利用“加法”原则(即可依据基的扩充定理增加线性无关的向量)，尽量避免“减法”原则(即由空间的一组基通过删除某些向量后作为另一空间的一组基).

定理 1.3.4(维数定理) 设 W_1 和 W_2 是线性空间 V 的两个子空间，则

$$\dim(W_1 + W_2) = \dim W_1 + \dim W_2 - \dim(W_1 \cap W_2)$$

证明：设 W_1, W_2 和 $W_1 \cap W_2$ 的维数分别为 n_1, n_2 和 r. 取 $W_1 \cap W_2$ 的一组基为 $\boldsymbol{x}_1, \cdots, \boldsymbol{x}_r$(优先利用“加法”原则)，并将这组向量分别扩充成为 W_1 和 W_2 的一组基，记为

$$\boldsymbol{x}_1, \cdots, \boldsymbol{x}_r, \boldsymbol{y}_{r+1}, \cdots, \boldsymbol{y}_{n_1}; \quad \boldsymbol{x}_1, \cdots, \boldsymbol{x}_r, \boldsymbol{z}_{r+1}, \cdots, \boldsymbol{z}_{n_2}$$

于是

$$W_1 = \text{span}(\boldsymbol{x}_1, \cdots, \boldsymbol{x}_r, \boldsymbol{y}_{r+1}, \cdots, \boldsymbol{y}_{n_1})$$

$$W_2 = \text{span}(\boldsymbol{x}_1, \cdots, \boldsymbol{x}_r, \boldsymbol{z}_{r+1}, \cdots, \boldsymbol{z}_{n_2})$$

$$W_1 + W_2 = \text{span}(\boldsymbol{x}_1, \cdots, \boldsymbol{x}_r, \boldsymbol{y}_{r+1}, \cdots, \boldsymbol{y}_{n_1}, \boldsymbol{z}_{r+1}, \cdots, \boldsymbol{z}_{n_2})$$

现考察方程

$$\lambda_1\boldsymbol{x}_1 + \cdots + \lambda_r\boldsymbol{x}_r + \mu_{r+1}\boldsymbol{y}_{r+1} + \cdots + \mu_{n_1}\boldsymbol{y}_{n_1} + \xi_{r+1}\boldsymbol{z}_{r+1} + \cdots + \xi_{n_2}\boldsymbol{z}_{n_2} = \boldsymbol{\theta} \tag{1.3.5}$$

式中：$\lambda_1, \cdots, \lambda_r, \mu_{r+1}, \cdots, \mu_{n_1}, \xi_{r+1}, \cdots, \xi_{n_2} \in F$ 为待定系数.

令 $w=\lambda_1 x_1+\cdots+\lambda_r x_r+\mu_{r+1} y_{r+1}+\cdots+\mu_{n_1} y_{n_1}$，则 $w\in W_1$. 又由式(1.3.5)知

$$w=-(\xi_{r+1} z_{r+1}+\cdots+\xi_{n_2} z_{n_2})\in W_2$$

所以，$w\in W_1\cap W_2$. 这表明 w 可由基 $x_1,x_2,\cdots,x_r$ 线性表示.

由于向量 w 可由线性无关向量组 $x_1,\cdots,x_r,y_{r+1},\cdots,y_{n_1}$ 线性表示，故

$$\mu_{r+1}=\cdots=\mu_{n_1}=0$$

进一步，式(1.3.5)可改写为

$$\lambda_1 x_1+\cdots+\lambda_r x_r+\xi_{r+1} z_{r+1}+\cdots+\xi_{n_2} z_{n_2}=\boldsymbol{\theta}$$

又知 $x_1,\cdots,x_r,z_{r+1},\cdots,z_{n_2}$ 线性无关，故上式成立条件为

$$\lambda_1=\cdots=\lambda_r=\xi_{r+1}=\cdots=\xi_{n_2}=0$$

这表明方程(1.3.5)成立的条件为 $\lambda_1=\cdots=\lambda_r=\mu_{r+1}=\cdots=\mu_{n_1}=\xi_{r+1}=\cdots=\xi_{n_2}=0$，即 $x_1,\cdots,x_r,y_{r+1},\cdots,y_{n_1},z_{r+1},\cdots,z_{n_2}$ 线性无关. 注意到 W_1+W_2 的任一向量均可由向量组 $x_1,\cdots,x_r,y_{r+1},\cdots,y_{n_1},z_{r+1},\cdots,z_{n_2}$ 线性表示，故该向量组是 W_1+W_2 的一组基，即

$$\dim(W_1+W_2)=n_1+n_2-r$$

即维数定理成立. 证毕.

例 1.3.11　设 $W_1=\mathrm{span}(\boldsymbol{\alpha}_1,\boldsymbol{\alpha}_2,\boldsymbol{\alpha}_3)$，$W_2=\mathrm{span}(\boldsymbol{\beta}_1,\boldsymbol{\beta}_2)$，其中

$$\boldsymbol{\alpha}_1=[1,2,1,0]^{\mathrm{T}},\quad \boldsymbol{\alpha}_2=[1,1,1,0]^{\mathrm{T}},\quad \boldsymbol{\alpha}_3=[1,0,1,1]^{\mathrm{T}}$$

$$\boldsymbol{\beta}_1=[2,1,0,0]^{\mathrm{T}},\quad \boldsymbol{\beta}_2=[0,1,0,0]^{\mathrm{T}}$$

求 $\dim(W_1+W_2)$ 和 $\dim(W_1\cap W_2)$.

解：观察易知，$\boldsymbol{\alpha}_1,\boldsymbol{\alpha}_2,\boldsymbol{\alpha}_3$ 线性无关，$\boldsymbol{\beta}_1,\boldsymbol{\beta}_2$ 线性无关，故有

$$\dim(W_1)=3,\quad \dim(W_2)=2$$

再对以下矩阵进行初等变换，得

$$[\boldsymbol{\alpha}_1,\boldsymbol{\alpha}_2,\boldsymbol{\alpha}_3,\boldsymbol{\beta}_1,\boldsymbol{\beta}_2]=\begin{bmatrix}1&1&1&2&0\\2&1&0&1&1\\1&1&1&0&0\\0&0&1&0&0\end{bmatrix}\to\begin{bmatrix}1&0&0&0&1\\0&1&0&0&-1\\0&0&1&0&0\\0&0&0&1&0\end{bmatrix}$$

于是，

$$\dim(W_1+W_2)=\mathrm{rank}(\boldsymbol{\alpha}_1,\boldsymbol{\alpha}_2,\boldsymbol{\alpha}_3,\boldsymbol{\beta}_1,\boldsymbol{\beta}_2)=4$$

由维数定理可知，$\dim(W_1\cap W_2)=3+2-4=1$.

1.4　内积空间

我们已熟知二维空间和三维空间中的长度、距离和垂直等几何概念，本节将在实(复)线性空间中引入类似的定义，这些定义可为解决诸多实际问题提供有力的几何工具. 在实(复)线性空间中，长度、距离和垂直这三个概念都是建立在内积基础上的.

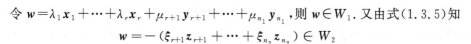

定义 1.4.1(内积空间) 设 F 是实数域或复数域,V 是 F 上的线性空间,若对 V 中任意两个向量 $\boldsymbol{\alpha}$ 和 $\boldsymbol{\beta}$ 定义了一个数$(\boldsymbol{\alpha},\boldsymbol{\beta})\in F$,使得对任意向量 $\boldsymbol{x},\boldsymbol{y},\boldsymbol{z}\in V$ 和 $k\in F$ 满足以下性质:

(1) 共轭对称性:$(\boldsymbol{x},\boldsymbol{y})=\overline{(\boldsymbol{y},\boldsymbol{x})}$;

(2) 可加性:$(\boldsymbol{x}+\boldsymbol{y},\boldsymbol{z})=(\boldsymbol{x},\boldsymbol{z})+(\boldsymbol{y},\boldsymbol{z})$;

(3) 齐次性:$(k\boldsymbol{x},\boldsymbol{y})=k(\boldsymbol{x},\boldsymbol{y})$;

(4) 正定性:$(\boldsymbol{x},\boldsymbol{x})\geqslant 0$,当且仅当 $\boldsymbol{x}=\boldsymbol{\theta}$ 时有$(\boldsymbol{x},\boldsymbol{x})=0$.

此时,V 称为一个内积空间,数$(\boldsymbol{x},\boldsymbol{y})$称为 $\boldsymbol{x}$ 与 $\boldsymbol{y}$ 的内积.有限维的实内积空间称为欧几里得空间(或欧氏空间).有限维的复内积空间称为酉空间.

注 1: 欧氏(酉)空间的维数指它作为线性空间的维数;欧氏(酉)空间的线性子空间仍是欧氏(酉)子空间.

注 2: 定义 1.4.1 中性质(3)齐次性仅对第一个向量成立,对第二个向量则是“共轭齐次性”.

例 1.4.1 设 V 是数域 F 上的内积空间,$\forall\,\boldsymbol{x},\boldsymbol{y},\boldsymbol{z}\in V$ 和 $k\in F$,有

$$\begin{aligned}(\boldsymbol{x},\boldsymbol{y}+\boldsymbol{z})&=\overline{(\boldsymbol{y}+\boldsymbol{z},\boldsymbol{x})}\\&=\overline{(\boldsymbol{y},\boldsymbol{x})}+\overline{(\boldsymbol{z},\boldsymbol{x})}=(\boldsymbol{x},\boldsymbol{y})+(\boldsymbol{x},\boldsymbol{z})\\(\boldsymbol{x},k\boldsymbol{y})&=\bar{k}\,\overline{(\boldsymbol{y},\boldsymbol{x})}=\bar{k}(\boldsymbol{x},\boldsymbol{y})\end{aligned}$$

【思考】 $\forall\,\boldsymbol{y}\in V$,$(\boldsymbol{\theta},\boldsymbol{y})=$?

分析:$(\boldsymbol{\theta},\boldsymbol{y})=(0\cdot\boldsymbol{\theta},\boldsymbol{y})=0(\boldsymbol{\theta},\boldsymbol{y})=0$.

例 1.4.2 在$\mathbb{R}^n$空间中,取 $\boldsymbol{x}=[x_1,\cdots,x_n]^{\mathrm{T}}$,$\boldsymbol{y}=[y_1,\cdots,y_n]^{\mathrm{T}}$,令

$$(\boldsymbol{x},\boldsymbol{y})=\boldsymbol{y}^{\mathrm{T}}\boldsymbol{x}=x_1y_1+\cdots+x_ny_n \tag{1.4.1}$$

易验证式(1.4.1)满足内积的四条性质,故$\mathbb{R}^n$是欧氏空间,仍记为$\mathbb{R}^n$.

例 1.4.3 在$\mathbb{C}^n$空间中,取 $\boldsymbol{x}=[x_1,\cdots,x_n]^{\mathrm{T}}$,$\boldsymbol{y}=[y_1,\cdots,y_n]^{\mathrm{T}}$,令

$$(\boldsymbol{x},\boldsymbol{y})=\boldsymbol{y}^{\mathrm{H}}\boldsymbol{x}=x_1\bar{y}_1+\cdots+x_n\bar{y}_n \tag{1.4.2}$$

式中:$\boldsymbol{y}^{\mathrm{H}}=[\bar{y}_1,\cdots,\bar{y}_n]$表示为向量 $\boldsymbol{y}$ 的共轭转置.易验证式(1.4.2)满足内积四条性质,故$\mathbb{C}^n$为酉空间,仍记为$\mathbb{C}^n$.

为讨论方便,这里引入 Hermite 矩阵和正定矩阵的定义.

定义 1.4.2(Hermite 矩阵) 设矩阵 $\boldsymbol{A}=(a_{ij})\in\mathbb{C}^{n\times n}$,若 $\boldsymbol{A}^{\mathrm{H}}=\boldsymbol{A}$,则称矩阵 $\boldsymbol{A}$ 是 Hermite 矩阵;若 $\boldsymbol{A}^{\mathrm{H}}=-\boldsymbol{A}$,则称 $\boldsymbol{A}$ 是反 Hermite 矩阵,其中 $\boldsymbol{A}^{\mathrm{H}}=(\bar{\boldsymbol{A}})^{\mathrm{T}}$.

定义 1.4.3(正定矩阵) 设 $\boldsymbol{x}=[x_1,\cdots,x_n]^{\mathrm{T}}\in\mathbb{C}^n$是未定元向量,$\boldsymbol{A}=(a_{ij})\in\mathbb{C}^{n\times n}$ 是 Hermite 矩阵,定义关于 $x_1,\cdots,x_n,\bar{x}_1,\cdots,\bar{x}_n$ 的复系数二次多项式

$$f(\boldsymbol{x})=\sum_{i=1}^{n}\sum_{j=1}^{n}a_{ij}\bar{x}_ix_j$$

或等价写成

$$f(\boldsymbol{x})=\boldsymbol{x}^{\mathrm{H}}\boldsymbol{A}\boldsymbol{x}$$

称为复二次型，$\boldsymbol{A}$ 称为复二次型 $f(\boldsymbol{x})$ 的矩阵. 若对任意向量 $\boldsymbol{x}\in\mathbb{C}^n$，有 $f(\boldsymbol{x})\geqslant 0$，且有 $f(\boldsymbol{x})=0$ 当且仅当 $\boldsymbol{x}=\boldsymbol{0}$，则称 $f(\boldsymbol{x})$ 是正定二次型，$\boldsymbol{A}$ 是正定矩阵. 若 $\forall\,\boldsymbol{x}\in\mathbb{C}^n$，有 $f(\boldsymbol{x})\geqslant 0$，则称 $f(\boldsymbol{x})$ 是半正定二次型，$\boldsymbol{A}$ 是半正定矩阵. 类似地，可定义"负定二次型"、"负定矩阵"、"半负定二次型"和"半负定矩阵".

注 3： 与实对称矩阵相对应的复矩阵不是复对称矩阵，而是复共轭对称矩阵，习惯上称为 Hermite 矩阵. 实对称矩阵可以看成 Hermite 矩阵的特例，也可以定义正定矩阵、半正定矩阵等.

例 1.4.4　设复二次型 $f(\boldsymbol{x})=\boldsymbol{x}^{\mathrm{H}}\boldsymbol{A}\boldsymbol{x}$，其中，$\boldsymbol{x}=[x_1,x_2]^{\mathrm{T}}\in\mathbb{C}^2$，复二次型 $f(\boldsymbol{x})$ 的矩阵 $\boldsymbol{A}$ 为

$$\boldsymbol{A}=\begin{bmatrix}1 & \mathrm{i}\\ -\mathrm{i} & 2\end{bmatrix}$$

则 $f(\boldsymbol{x})=|x_1+\mathrm{i}x_2|^2+|x_2|^2$. 显然，$f(\boldsymbol{x})\geqslant 0$；当且仅当 $\boldsymbol{x}=\boldsymbol{0}$ 时，$f(\boldsymbol{x})=0$. 因此，$f(\boldsymbol{x})$ 是正定二次型，$\boldsymbol{A}$ 是正定矩阵.

若复二次型 $f(\boldsymbol{x})$ 的矩阵 $\boldsymbol{A}$ 为

$$\boldsymbol{A}=\begin{bmatrix}1 & \mathrm{i}\\ -\mathrm{i} & 1\end{bmatrix}$$

则 $f(\boldsymbol{x})=|x_1+\mathrm{i}x_2|^2$. 显然，$f(\boldsymbol{x})\geqslant 0$；当且仅当 $x_1+\mathrm{i}x_2=0$ 时，$f(\boldsymbol{x})=0$. 因此，$f(\boldsymbol{x})$ 是半正定二次型，$\boldsymbol{A}$ 是半正定矩阵.

【思考】　设实二次型 $f(\boldsymbol{x})=\boldsymbol{x}^{\mathrm{H}}\boldsymbol{A}\boldsymbol{x}$，$\boldsymbol{x}=[x_1,\cdots,x_n]^{\mathrm{T}}\in\mathbb{R}^n$ 是未定元向量. 是否存在非实对称阵矩阵 $\boldsymbol{A}$ 使得 $f(\boldsymbol{x})$ 是正定二次型？

例 1.4.5　在 $\mathbb{C}^n$ 空间中，取 $\boldsymbol{x}=[x_1,\cdots,x_n]^{\mathrm{T}}$，$\boldsymbol{y}=[y_1,\cdots,y_n]^{\mathrm{T}}$，并设 Hermite 矩阵 $\boldsymbol{A}\in\mathbb{C}^{n\times n}$ 是正定的. 令

$$(\boldsymbol{x},\boldsymbol{y})=\boldsymbol{y}^{\mathrm{H}}\boldsymbol{A}\boldsymbol{x}\tag{1.4.3}$$

则易验证式(1.4.3)满足内积的四条性质，故 $\mathbb{C}^n$ 是酉空间.

注 4： 同一线性空间可定义不同的内积. 若无特殊说明，$\mathbb{R}^n$ 空间的内积采用式(1.4.1)，$\mathbb{C}^n$ 空间的内积采用式(1.4.2).

【思考】　为什么在酉空间中采用共轭转置而不用普通的向量转置？

【分析】　例如，若 $\boldsymbol{x}=[\mathrm{i},\mathrm{i}]^{\mathrm{T}}\in\mathbb{C}^2$，则 $\boldsymbol{x}^{\mathrm{T}}\boldsymbol{x}=-2<0$. 显然，$(\boldsymbol{x},\boldsymbol{y})=\boldsymbol{y}^{\mathrm{T}}\boldsymbol{x}$ 不满足内积的正定性要求. 而采用共轭转置，则保证了内积正定性要求.

例 1.4.6　设函数 $f,g\in C[a,b]$，定义内积 $(f,g)=\int_a^b f(x)g(x)\,\mathrm{d}x$，则 $C[a,b]$ 为欧氏空间.

定义 1.4.4(度量矩阵)　设 $\boldsymbol{\zeta}_1,\cdots,\boldsymbol{\zeta}_n$ 是内积空间 V 中的一组基，称 n 阶矩阵

$$\boldsymbol{A}=((\boldsymbol{\zeta}_i,\boldsymbol{\zeta}_j))_{n\times n}=\begin{bmatrix}(\boldsymbol{\zeta}_1,\boldsymbol{\zeta}_1) & (\boldsymbol{\zeta}_1,\boldsymbol{\zeta}_2) & \cdots & (\boldsymbol{\zeta}_1,\boldsymbol{\zeta}_n)\\ (\boldsymbol{\zeta}_2,\boldsymbol{\zeta}_1) & (\boldsymbol{\zeta}_2,\boldsymbol{\zeta}_2) & \cdots & (\boldsymbol{\zeta}_2,\boldsymbol{\zeta}_n)\\ \vdots & \vdots & & \vdots\\ (\boldsymbol{\zeta}_n,\boldsymbol{\zeta}_1) & (\boldsymbol{\zeta}_n,\boldsymbol{\zeta}_2) & \cdots & (\boldsymbol{\zeta}_n,\boldsymbol{\zeta}_n)\end{bmatrix}$$

为 V 关于基 $\boldsymbol{\zeta}_1,\cdots,\boldsymbol{\zeta}_n$ 的度量矩阵(或 Gram 矩阵),常记为 $\boldsymbol{G}(\boldsymbol{\zeta}_1,\cdots,\boldsymbol{\zeta}_n)$.

注 5: 内积空间中内积(已确定基)与度量矩阵是一一对应的.

设 $\boldsymbol{\zeta}_1,\cdots,\boldsymbol{\zeta}_n$ 是内积空间 V 中的一组基,对 V 中任意向量 $\boldsymbol{x}$ 和 $\boldsymbol{y}$ 有

$$\boldsymbol{x}=\sum_{i=1}^{n}\xi_i\boldsymbol{\zeta}_i$$

$$\boldsymbol{y}=\sum_{i=1}^{n}\eta_i\boldsymbol{\zeta}_i$$

$$(\boldsymbol{x},\boldsymbol{y})=\sum_{i,j=1}^{n}\xi_i\bar{\eta}_j(\boldsymbol{\zeta}_i,\boldsymbol{\zeta}_j)$$

式中: $\boldsymbol{\xi}=[\xi_1,\cdots,\xi_n]^{\mathrm{T}}$ 和 $\boldsymbol{\eta}=[\eta_1,\cdots,\eta_n]^{\mathrm{T}}$ 分别是向量 $\boldsymbol{x}$ 和 $\boldsymbol{y}$ 在基 $\boldsymbol{\zeta}_1,\cdots,\boldsymbol{\zeta}_n$ 下的坐标.

于是

$$(\boldsymbol{x},\boldsymbol{y})=\boldsymbol{\eta}^{\mathrm{H}}\boldsymbol{A}\boldsymbol{\xi}\tag{1.4.4}$$

式中: $\boldsymbol{A}=((\boldsymbol{\zeta}_j,\boldsymbol{\zeta}_i))_{n\times n}$ 为度量矩阵.

将式(1.4.4)代入 $(\boldsymbol{x},\boldsymbol{y})=\overline{(\boldsymbol{y},\boldsymbol{x})}$,得

$$\boldsymbol{\eta}^{\mathrm{H}}\boldsymbol{A}\boldsymbol{\xi}=\boldsymbol{\eta}^{\mathrm{H}}\boldsymbol{A}^{\mathrm{H}}\boldsymbol{\xi}\tag{1.4.5}$$

由于式(1.4.5)对任意向量 $\boldsymbol{\xi}$ 和 $\boldsymbol{\eta}$ 都成立,因此 $\boldsymbol{A}=\boldsymbol{A}^{\mathrm{H}}$,即 $\boldsymbol{A}$ 是 Hermite 矩阵.

再由内积正定性知,$(\boldsymbol{x},\boldsymbol{x})=\boldsymbol{\xi}^{\mathrm{H}}\boldsymbol{A}\boldsymbol{\xi}\geqslant 0$,当且仅当 $\boldsymbol{\xi}=\boldsymbol{0}$ 时取等号. 因此,$\boldsymbol{A}$ 是正定矩阵.

命题 1.4.1(度量矩阵的性质) 设 $\boldsymbol{G}(\boldsymbol{\varepsilon}_1,\cdots,\boldsymbol{\varepsilon}_n)$ 和 $\boldsymbol{G}(\boldsymbol{\zeta}_1,\cdots,\boldsymbol{\zeta}_n)$ 均为内积空间 V 的度量矩阵,则有

(1) $\boldsymbol{G}(\boldsymbol{\varepsilon}_1,\cdots,\boldsymbol{\varepsilon}_n)$ 和 $\boldsymbol{G}(\boldsymbol{\zeta}_1,\cdots,\boldsymbol{\zeta}_n)$ 是正定 Hermite 矩阵;

(2) $\boldsymbol{G}(\boldsymbol{\varepsilon}_1,\cdots,\boldsymbol{\varepsilon}_n)$ 和 $\boldsymbol{G}(\boldsymbol{\zeta}_1,\cdots,\boldsymbol{\zeta}_n)$ 合同(或相合),即存在非奇异矩阵 $\boldsymbol{P}$ 使得

$$\boldsymbol{P}^{\mathrm{H}}\boldsymbol{G}(\boldsymbol{\varepsilon}_1,\cdots,\boldsymbol{\varepsilon}_n)\boldsymbol{P}=\boldsymbol{G}(\boldsymbol{\zeta}_1,\cdots,\boldsymbol{\zeta}_n)$$

式中: $\boldsymbol{P}$ 是由基 $\boldsymbol{\varepsilon}_1,\cdots,\boldsymbol{\varepsilon}_n$ 到基 $\boldsymbol{\zeta}_1,\cdots,\boldsymbol{\zeta}_n$ 的过渡矩阵.

证明: 性质(1)由上述分析整理可得;这里仅证明性质(2).

设 V 中任意向量 $\boldsymbol{x}$ 和 $\boldsymbol{y}$ 分别表示为

$$\boldsymbol{x}=\sum_{i=1}^{n}\xi_i\boldsymbol{\varepsilon}_i=\sum_{i=1}^{n}\xi'_i\boldsymbol{\zeta}_i$$

$$\boldsymbol{y}=\sum_{i=1}^{n}\eta_i\boldsymbol{\varepsilon}_i=\sum_{i=1}^{n}\eta'_i\boldsymbol{\zeta}_i$$

式中: $\boldsymbol{\xi}=[\xi_1,\cdots,\xi_n]^{\mathrm{T}}$ 和 $\boldsymbol{\xi}'=[\xi'_1,\cdots,\xi'_n]^{\mathrm{T}}$ 是向量 $\boldsymbol{x}$ 分别在基 $\boldsymbol{\varepsilon}_1,\cdots,\boldsymbol{\varepsilon}_n$ 和基 $\boldsymbol{\zeta}_1,\cdots,\boldsymbol{\zeta}_n$ 下的坐标,$\boldsymbol{\eta}=[\eta_1,\cdots,\eta_n]^{\mathrm{T}}$ 和 $\boldsymbol{\eta}'=[\eta'_1,\cdots,\eta'_n]^{\mathrm{T}}$ 是向量 $\boldsymbol{y}$ 在基 $\boldsymbol{\varepsilon}_1,\cdots,\boldsymbol{\varepsilon}_n$ 和基 $\boldsymbol{\zeta}_1,\cdots,\boldsymbol{\zeta}_n$ 下的坐标.

由此,

$$(\boldsymbol{x},\boldsymbol{y})=\boldsymbol{\eta}^{\mathrm{H}}\boldsymbol{A}\boldsymbol{\xi}=(\boldsymbol{\eta}')^{\mathrm{H}}\boldsymbol{A}'\boldsymbol{\xi}'\tag{1.4.6}$$

式中：$\boldsymbol{A}=\boldsymbol{G}(\boldsymbol{\varepsilon}_1,\cdots,\boldsymbol{\varepsilon}_n)$，$\boldsymbol{A}'=\boldsymbol{G}(\boldsymbol{\zeta}_1,\cdots,\boldsymbol{\zeta}_n)$.

再设 $\boldsymbol{P}$ 是由基 $\boldsymbol{\varepsilon}_1,\cdots,\boldsymbol{\varepsilon}_n$ 到基 $\boldsymbol{\zeta}_1,\cdots,\boldsymbol{\zeta}_n$ 的过渡矩阵，则有 $\boldsymbol{\xi}=\boldsymbol{P}\boldsymbol{\xi}'$ 和 $\boldsymbol{\eta}=\boldsymbol{P}\boldsymbol{\eta}'$. 将其代入式(1.4.6)得

$$(\boldsymbol{\eta}')^{\mathrm{H}}\boldsymbol{P}^{\mathrm{H}}\boldsymbol{A}\boldsymbol{P}\boldsymbol{\xi}'=(\boldsymbol{\eta}')^{\mathrm{H}}\boldsymbol{A}'\boldsymbol{\xi}'$$

由于度量矩阵是由基唯一确定的，故 $\boldsymbol{P}^{\mathrm{H}}\boldsymbol{A}\boldsymbol{P}=\boldsymbol{A}'$，即度量矩阵 $\boldsymbol{G}(\boldsymbol{\varepsilon}_1,\cdots,\boldsymbol{\varepsilon}_n)$ 和 $\boldsymbol{G}(\boldsymbol{\zeta}_1,\cdots,\boldsymbol{\zeta}_n)$ 合同. 证毕.

定义 1.4.5(长度)　设 F 是实数域或复数域，V 是内积空间，对任意向量 $\boldsymbol{x}\in V$，非负实数 $\sqrt{(\boldsymbol{x},\boldsymbol{x})}$ 称为向量 $\boldsymbol{x}$ 的长度(模)，记为 $\|\boldsymbol{x}\|$. 长度为1的向量称为单位向量.

命题 1.4.2(长度性质)　设 V 是内积空间，则 $\forall\,\boldsymbol{x},\boldsymbol{y}\in V$ 和 $k\in F$ 有

(1) 正定性：$\|\boldsymbol{x}\|\geqslant 0$，$\|\boldsymbol{x}\|=0$ 当且仅当 $\boldsymbol{x}=\boldsymbol{\theta}$；

(2) 齐次性：$\|k\boldsymbol{x}\|=|k|\,\|\boldsymbol{x}\|$；

(3) 三角不等式：$\|\boldsymbol{x}+\boldsymbol{y}\|\leqslant\|\boldsymbol{x}\|+\|\boldsymbol{y}\|$；

(4) 平行四边形法则：$\|\boldsymbol{x}+\boldsymbol{y}\|^2+\|\boldsymbol{x}-\boldsymbol{y}\|^2=2(\|\boldsymbol{x}\|^2+\|\boldsymbol{y}\|^2)$.

定理 1.4.1(Cauchy - Schwarz 不等式)　设 V 是数域 F 上的内积空间，对任意 $\boldsymbol{x},\boldsymbol{y}\in V$，

$$|(\boldsymbol{x},\boldsymbol{y})|\leqslant\|\boldsymbol{x}\|\,\|\boldsymbol{y}\|$$

式中：$|(\boldsymbol{x},\boldsymbol{y})|=\|\boldsymbol{x}\|\,\|\boldsymbol{y}\|$ 当且仅当 $\boldsymbol{x},\boldsymbol{y}$ 线性相关时成立.

证明：当 $\boldsymbol{x}=\boldsymbol{\theta}$ 时，该不等式显然成立. 当 $\boldsymbol{x}\neq\boldsymbol{\theta}$ 时，对任意向量 $\boldsymbol{x},\boldsymbol{y}\in V$ 和 $a\in F$，有 $a\boldsymbol{x}+\boldsymbol{y}\in V$ 且 $(a\boldsymbol{x}+\boldsymbol{y},a\boldsymbol{x}+\boldsymbol{y})\geqslant 0$. 由此，

$$|a|^2\|\boldsymbol{x}\|^2+\bar{a}(\boldsymbol{x},\boldsymbol{y})+a\overline{(x,y)}+\|\boldsymbol{y}\|^2\geqslant 0$$

取 $a=-\dfrac{(x,y)}{\|x\|^2}$，并代入上式可得

$$|(x,y)|\leqslant\|x\|\,\|y\|$$

现考虑等号成立条件. 当 $\boldsymbol{x},\boldsymbol{y}$ 线性相关时，存在数 $k\in F$ 使得 $\boldsymbol{x}=k\boldsymbol{y}$，那么有 $|(\boldsymbol{x},\boldsymbol{y})|=\|\boldsymbol{x}\|\,\|\boldsymbol{y}\|$. 反之，当 $|(\boldsymbol{x},\boldsymbol{y})|=\|\boldsymbol{x}\|\,\|\boldsymbol{y}\|$ 时，若 $\boldsymbol{x}=\boldsymbol{\theta}$ 或 $\boldsymbol{y}=\boldsymbol{\theta}$ 时，$\boldsymbol{x},\boldsymbol{y}$ 线性相关；若 $\boldsymbol{x},\boldsymbol{y}$ 均为非零向量，且假设 $\boldsymbol{x},\boldsymbol{y}$ 线性无关，则对任意 $a\in F$ 有 $a\boldsymbol{x}+\boldsymbol{y}\neq\boldsymbol{\theta}$，即

$$(a\boldsymbol{x}+\boldsymbol{y},a\boldsymbol{x}+\boldsymbol{y})>0$$

取 $a=-\dfrac{(\boldsymbol{x},\boldsymbol{y})}{\|\boldsymbol{x}\|^2}$，并代入上式可得

$$|(\boldsymbol{x},\boldsymbol{y})|^2<(\boldsymbol{x},\boldsymbol{x})(\boldsymbol{y},\boldsymbol{y})=\|\boldsymbol{x}\|^2\|\boldsymbol{y}\|^2$$

与假设 $|(\boldsymbol{x},\boldsymbol{y})|=\|\boldsymbol{x}\|\,\|\boldsymbol{y}\|$ 矛盾，故假设 $\boldsymbol{x},\boldsymbol{y}$ 线性无关不成立，即 $\boldsymbol{x},\boldsymbol{y}$ 线性相关. 证毕.

推论 1.4.1(三角不等式)　设 V 是内积空间，则 $\forall\,\boldsymbol{x},\boldsymbol{y}\in V$，有

$$\|\boldsymbol{x}+\boldsymbol{y}\|\leqslant\|\boldsymbol{x}\|+\|\boldsymbol{y}\|$$

注 6： Cauchy - Schwarz 不等式有着广泛的应用. 在根据内积空间定义不同内积可得到不同的 Cauchy 不等式.

(1) 对 $\mathbb{R}^n$ 中任意两向量 $\boldsymbol{x}=[x_1,\cdots,x_n]^{\mathrm{T}}$ 和 $\boldsymbol{y}=[y_1,\cdots,y_n]^{\mathrm{T}}$，有

$$\left|\sum_{i=1}^{n} x_i y_i\right| \leqslant \sqrt{\sum_{i=1}^{n} x_i^2}\sqrt{\sum_{i=1}^{n} y_i^2}$$

(2) 对 $C[a,b]$ 中任意两函数 $f(x)$ 和 $g(x)$，有

$$\left|\int_a^b f(x)g(x)\,\mathrm{d}x\right| \leqslant \sqrt{\int_a^b f^2(x)\,\mathrm{d}x}\sqrt{\int_a^b g^2(x)\,\mathrm{d}x}$$

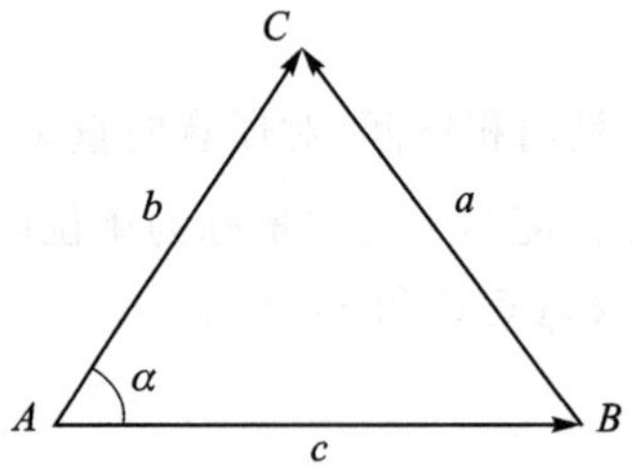

图 1.4.1 △ABC 示意图

在平面几何中，利用余弦定理可建立夹角和边长间的关系. 若将$\triangle ABC$（见图 1.4.1）的两边用$\mathbb{R}^2$空间的两个向量 $\overrightarrow{AC}$ 和 $\overrightarrow{AB}$ 表示，则向量 $\overrightarrow{AC}$ 和 $\overrightarrow{AB}$ 间的夹角 α 满足

$$\cos\alpha = \frac{\|\overrightarrow{AC}\|^2 + \|\overrightarrow{AB}\|^2 - \|\overrightarrow{AC} - \overrightarrow{AB}\|^2}{2\|\overrightarrow{AC}\|\|\overrightarrow{AB}\|}$$

利用平行四边形公式整理得

$$\cos\alpha = \frac{(\overrightarrow{AC},\overrightarrow{AB})}{\|\overrightarrow{AC}\|\|\overrightarrow{AB}\|}$$

上式是$\mathbb{R}^2$空间两向量的夹角. 基于此，可将平面中向量的夹角定义扩展至一般的内积空间.

定义 1.4.6（向量夹角） 设 V 是欧氏空间，对 V 中任意向量 $\boldsymbol{x}$ 和 $\boldsymbol{y}$，定义向量 $\boldsymbol{x}$ 和 $\boldsymbol{y}$ 的夹角为

$$\alpha = \langle \boldsymbol{x},\boldsymbol{y}\rangle = \arccos\frac{(\boldsymbol{x},\boldsymbol{y})}{\|\boldsymbol{x}\|\|\boldsymbol{y}\|} \in [0,\pi]$$

【思考】 若 V 是酉空间，则向量夹角可采用定义 1.4.6 中的表达式吗？

正是内积定义的引入才有了向量长度和向量夹角的概念，也带来了线性空间“图形化”的理解，这使得线性空间的结构更加丰富多彩.

例 1.4.7 设 $\boldsymbol{x}_1,\boldsymbol{x}_2$ 是$\mathbb{R}^2$的一组基，则$\mathbb{R}^2$关于 $\boldsymbol{x}_1,\boldsymbol{x}_2$ 的度量矩阵为

$$\boldsymbol{G}(\boldsymbol{x}_1,\boldsymbol{x}_2) = \begin{bmatrix} (\boldsymbol{x}_1,\boldsymbol{x}_1) & (\boldsymbol{x}_2,\boldsymbol{x}_1) \\ (\boldsymbol{x}_1,\boldsymbol{x}_2) & (\boldsymbol{x}_2,\boldsymbol{x}_2) \end{bmatrix}$$

考察 $\boldsymbol{G}(\boldsymbol{x}_1,\boldsymbol{x}_2)$ 的行列式 $|\boldsymbol{G}(\boldsymbol{x}_1,\boldsymbol{x}_2)|$ 得

$$|\boldsymbol{G}(\boldsymbol{x}_1,\boldsymbol{x}_2)| = \|\boldsymbol{x}_1\|^2\|\boldsymbol{x}_2\|^2 - (\boldsymbol{x}_1,\boldsymbol{x}_2)^2$$

令向量 $\boldsymbol{x}_1$ 与 $\boldsymbol{x}_2$ 的夹角为 α，则上式可改写为

$$|\boldsymbol{G}(\boldsymbol{x}_1,\boldsymbol{x}_2)| = \|\boldsymbol{x}_1\|^2\|\boldsymbol{x}_2\|^2 - \|\boldsymbol{x}_1\|^2\|\boldsymbol{x}_2\|^2\cos^2\alpha = \|\boldsymbol{x}_1\|^2\|\boldsymbol{x}_2\|^2\sin^2\alpha$$

上式表明，行列式 $|\boldsymbol{G}(\boldsymbol{x}_1,\boldsymbol{x}_2)|$ 恰好是以向量 $\boldsymbol{x}_1$ 与 $\boldsymbol{x}_2$ 为邻边的平行四边形的面积的平方.

实际上，若设 $\boldsymbol{x}_1,\cdots,\boldsymbol{x}_k$ 是 n 维欧氏空间的一组线性无关向量，并记 k 维子空间 $W = \mathrm{span}(\boldsymbol{x}_1,\cdots,\boldsymbol{x}_k)$ 关于基 $\boldsymbol{x}_1,\cdots,\boldsymbol{x}_k$ 的度量矩阵为 $\boldsymbol{G}(\boldsymbol{x}_1,\cdots,\boldsymbol{x}_k)$，则该矩阵的行列式 $|\boldsymbol{G}(\boldsymbol{x}_1,\cdots,\boldsymbol{x}_k)|$ 的几何含义为 k 维超平行体体积的平方.

在二维或三维欧氏空间中,若两个非零向量夹角满足 $\cos\alpha=0$ 即 $\alpha=\frac{\pi}{2}$,则称两向量垂直(几何空间)."垂直"关系在几何空间尤为重要,在内积空间有如下定义.

定义 1.4.7(正交向量和正交向量组) 设 V 是内积空间,对 V 中向量 $\boldsymbol{x}$ 和 $\boldsymbol{y}$,若 $(\boldsymbol{x},\boldsymbol{y})=0$,则称向量 $\boldsymbol{x}$ 与 $\boldsymbol{y}$ 正交(或垂直),记为 $\boldsymbol{x}\perp\boldsymbol{y}$.若一组非零向量两两正交,则称为正交向量组.单位向量构成的正交向量组称为标准正交向量组.

注 7:零向量 $\boldsymbol{\theta}$ 与任何向量均正交.正交向量组要求向量均为非零向量.

注 8:向量 $\boldsymbol{x}$ 与 $\boldsymbol{y}$ 正交当且仅当 $\boldsymbol{y}$ 与 $\boldsymbol{x}$ 正交,当且仅当 $\|\boldsymbol{x}+\boldsymbol{y}\|^2=\|\boldsymbol{x}\|^2+\|\boldsymbol{y}\|^2$,这就是广为熟知的勾股定理.该结果可推广至一般情形:若 $\boldsymbol{x}_1,\cdots,\boldsymbol{x}_k$ 是 V 中正交向量组,则

$$\|\boldsymbol{x}_1+\cdots+\boldsymbol{x}_k\|^2=\|\boldsymbol{x}_1\|^2+\cdots+\|\boldsymbol{x}_k\|^2$$

例 1.4.8 求$\mathbb{R}^4$中的单位向量 $\boldsymbol{x}$ 使它与 $\boldsymbol{\alpha}_1=[1,1,-1,1]^{\mathrm{T}}$,$\boldsymbol{\alpha}_2=[1,-1,-1,1]^{\mathrm{T}}$,$\boldsymbol{\alpha}_3=[2,1,1,3]^{\mathrm{T}}$ 均正交.

解:设 $\boldsymbol{x}=[x_1,x_2,x_3,x_4]^{\mathrm{T}}$,则有

$$\begin{cases}x_1^2+x_2^2+x_3^2+x_4^2=1\\ x_1+x_2-x_3+x_4=0\\ x_1-x_2-x_3+x_4=0\\ 2x_1+x_2+x_3+3x_4=0\end{cases}$$

解得 $\boldsymbol{x}=\left[\frac{2\sqrt{26}}{13},0,\frac{\sqrt{26}}{26},-\frac{3\sqrt{26}}{26}\right]^{\mathrm{T}}$.

定理 1.4.2 正交向量组线性无关.

证明:设向量组 $\boldsymbol{x}_1,\boldsymbol{x}_2,\cdots,\boldsymbol{x}_s$ 是内积空间 V 的正交向量组,现考察方程

$$k_1\boldsymbol{x}_1+k_2\boldsymbol{x}_2+\cdots+k_s\boldsymbol{x}_s=\boldsymbol{\theta}\tag{1.4.7}$$

式中:$k_1,k_2,\cdots,k_s\in F$ 为待定系数.

用 $\boldsymbol{x}_i(i=1,2,\cdots,s)$与式(1.4.7)两端作内积得

$$(k_1\boldsymbol{x}_1+k_2\boldsymbol{x}_2+\cdots+k_s\boldsymbol{x}_s,\boldsymbol{x}_i)=(\boldsymbol{\theta},\boldsymbol{x}_i)=0\tag{1.4.8}$$

由于 $\boldsymbol{x}_1,\boldsymbol{x}_2,\cdots,\boldsymbol{x}_s$ 是正交向量组,所以当 $j\neq i$ 时,有$(\boldsymbol{x}_j,\boldsymbol{x}_i)=0$;当 $j=i$ 时,有$(\boldsymbol{x}_j,\boldsymbol{x}_i)\neq0(j,i=1,2,\cdots,s)$.因此,由式(1.4.7)可得

$$k_i(\boldsymbol{x}_i,\boldsymbol{x}_i)=0$$

即 $k_i=0(i=1,2,\cdots,s)$.因此,$\boldsymbol{x}_1,\boldsymbol{x}_2,\cdots,\boldsymbol{x}_s$ 线性无关.

推论 1.4.2 在 n 维内积空间中,正交向量组中的向量不会超过 n 个.

定义 1.4.8(标准正交基) 在 n 维内积空间中,由 n 个向量组成的正交向量组称为正交基.由单位向量组成的正交基称为标准正交基.

例 1.4.9 考察$[-\pi,\pi]$上的三角函数组 $1,\cos t,\sin t,\cdots,\cos kt,\sin kt,\cdots$是否为正交向量组.

解:事实上,对任意 $m,n,l\in\mathbb{N}$且 $m\neq n$ 有

$$\int_{-\pi}^{\pi}\cos mt\cdot\cos nt\,\mathrm{d}t=0$$

$$\int_{-\pi}^{\pi}\sin mt\cdot\sin nt\,\mathrm{d}t=0$$

$$\int_{-\pi}^{\pi}\cos mt\cdot\sin lt\,\mathrm{d}t=0$$

因此,在区间$[-\pi,\pi]$上的三角函数组$1,\cos t,\sin t,\cdots,\cos kt,\sin kt,\cdots$,是正交向量组.我们将$[-\pi,\pi]$上的光滑函数$f(x)$展开为

$$f(x)=\frac{a_0}{2}+\sum_{n=1}^{\infty}(a_n\cos nx+b_n\sin nx)$$

式中:

$$a_n=\frac{1}{\pi}\int_{-\pi}^{\pi}f(x)\cos nx\,\mathrm{d}x,\quad n=0,1,\cdots$$

$$b_n=\frac{1}{\pi}\int_{-\pi}^{\pi}f(x)\sin nx\,\mathrm{d}x,\quad n=1,2,\cdots$$

上述展开称为傅里叶三角级数.由此可知,$1,\cos t,\sin t,\cdots,\cos kt,\sin kt,\cdots$是线性空间$C[-\pi,\pi]$的一组正交基.

注9:将内积空间的一组正交基进行单位化处理即可得到标准正交基.线性空间V的向量组$\boldsymbol{\zeta}_1,\cdots,\boldsymbol{\zeta}_n$是标准正交基,当且仅当$V$关于基$\boldsymbol{\zeta}_1,\cdots,\boldsymbol{\zeta}_n$的度量矩阵为单位矩阵.在标准正交基下,内积的运算变得更加简单.

例1.4.10 设$\boldsymbol{\zeta}_1,\cdots,\boldsymbol{\zeta}_n$是线性空间$V$的标准正交基,并定义$\boldsymbol{\alpha}=[\alpha_1,\alpha_2,\cdots,\alpha_n]^{\mathrm{T}}$和$\boldsymbol{\beta}=[\beta_1,\beta_2,\cdots,\beta_n]^{\mathrm{T}}$分别是$V$中向量$\boldsymbol{x}$和$\boldsymbol{y}$在基$\boldsymbol{\zeta}_1,\cdots,\boldsymbol{\zeta}_n$下的坐标,则

$$(\boldsymbol{x},\boldsymbol{y})=\boldsymbol{\beta}^{\mathrm{H}}\boldsymbol{\alpha}$$

定义1.4.9(向量正交于集合) 设V是内积空间,W是V的子集,若对任意向量$\boldsymbol{y}\in W$和$\boldsymbol{x}\in V$有$\boldsymbol{x}\perp\boldsymbol{y}$,则称$\boldsymbol{x}$正交(或垂直)于集合$W$,记为$\boldsymbol{x}\perp W$.

定义1.4.10(两集合正交) 设W_1与W_2是内积空间V的两个子集,若对任意向量$\boldsymbol{x}\in W_1$和任意向量$\boldsymbol{y}\in W_2$有$\boldsymbol{x}\perp\boldsymbol{y}$,则称$W_1$与$W_2$是正交的,记为$W_1\perp W_2$.

特别地,当上述定义中的子集是内积空间V的线性子空间,则有向量正交于子空间和两子空间正交的定义.

例1.4.11 在直角坐标系$Oxyz$中,定义过坐标原点的直线$\boldsymbol{x}$和过坐标原点的平面W_1和W_2.若直线$\boldsymbol{x}$在几何意义下垂直于平面W_1,则有$\boldsymbol{x}\perp W_1$(几何和内积意义下);若平面W_1与W_2在几何意义下相互垂直,则W_1不正交于W_2.

定义1.4.11(子空间正交补) 设W是线性空间V的线性子空间,则集合$W^{\perp}=\{\boldsymbol{x}\in V|\boldsymbol{x}\perp W\}$称为$W$的正交补.

定理1.4.3 设W是线性空间V的子空间,则集合$W^{\perp}$是V的线性子空间.

证明:对任意向量$\boldsymbol{x},\boldsymbol{y}\in W^{\perp},\boldsymbol{z}\in W$和$\lambda,\mu\in F$,有

$$(\lambda\boldsymbol{x}+\mu\boldsymbol{y},\boldsymbol{z})=\lambda(\boldsymbol{x},\boldsymbol{z})+\mu(\boldsymbol{y},\boldsymbol{z})=0$$

故 $(\lambda \boldsymbol{x}+\mu \boldsymbol{y}) \in W^{\perp}$，因此 $W^{\perp}$ 是 V 的线性子空间.

【思考】 与线性子空间 W 正交的子空间是 W 的正交补空间吗？

分析：在直角坐标系 $Oxyz$ 中，假设 W 是位于 Ox 轴上所有向量的集合，V_1 是位于 Oy 轴上所有向量的集合，V_2 是 yOz 平面. 显然，$W \perp V_1$，但 V_1 并不是 W 的正交补空间，V_2 才是 W 的正交补空间. 因此，在说明子空间 V 是另一子空间 W 的正交补空间时不仅须说明子空间 V 和 W 是正交的，还须说明所有与子空间 W 正交的向量都在子空间 V 中. 或者用如下定理表达.

定理 1.4.4 设 W 是线性空间 V 的线性子空间，则 $V=W+W^{\perp}$.

证明：设 $\dim(W)=m$，并且 $\boldsymbol{x}_1, \cdots, \boldsymbol{x}_m$ 是 W 的一组标准正交基. 对任意 $\boldsymbol{x} \in V$，令

$$\boldsymbol{\alpha}_1=(\boldsymbol{x}, \boldsymbol{x}_1)\boldsymbol{x}_1+\cdots+(\boldsymbol{x}, \boldsymbol{x}_m)\boldsymbol{x}_m$$

$$\boldsymbol{\alpha}_2=\boldsymbol{x}-\boldsymbol{\alpha}_1$$

则 $\boldsymbol{\alpha}_1 \in W$，且

$$\begin{aligned}(\boldsymbol{\alpha}_2, \boldsymbol{x}_i) &=(\boldsymbol{x}-\boldsymbol{\alpha}_1, \boldsymbol{x}_i)=(\boldsymbol{x}, \boldsymbol{x}_i)-\Big(\sum_{j=1}^{m}(\boldsymbol{x}, \boldsymbol{x}_j)\boldsymbol{x}_j, \boldsymbol{x}_i\Big) \\ &=(\boldsymbol{x}, \boldsymbol{x}_i)-(\boldsymbol{x}, \boldsymbol{x}_i)(\boldsymbol{x}_i, \boldsymbol{x}_i)=0, i=1,2, \cdots, m\end{aligned}$$

故 $\boldsymbol{\alpha}_2$ 与 W 中每个向量都正交，即 $\boldsymbol{\alpha}_2 \perp W$，从而 $\boldsymbol{\alpha}_2 \in W^{\perp}$.

因为 $\boldsymbol{x}$ 是 V 中任意向量，且 $\boldsymbol{x}=\boldsymbol{\alpha}_1+\boldsymbol{\alpha}_2$，所以 $V=W+W^{\perp}$.

证毕.

注 10：我们在说明线性空间 V 的两个子空间 W_1 和 W_2 相等时，常采用以下两种方法：

(1) W_1 和 W_2 均是由同一向量组所张成的子空间，或更确定地说明它们有相同的一组基；

(2) W_1 是 W_2 的子集(或 W_2 是 W_1 的子集)且 W_1 和 W_2 的维数相等.

1.5 直和与投影

由定理 1.4.4 知，和空间可分解为子空间与它的正交补空间之和. 这一分解极具特殊性：

(1) 子空间与它的正交补空间正交(定义 1.4.11)；

(2) 和空间中的任一向量唯一地分解为子空间的一个向量和它的正交补空间的一个向量.

特别是(2)中的向量唯一表示法是向量(正交)投影的理论基础. 本节将具体阐述这一问题.

定义 1.5.1(直和与正交直和) 设 W_1 与 W_2 是线性空间 V 的子空间，若和空间 W_1+W_2 中任意向量均唯一地表示成 W_1 中的一个向量与 W_2 中的一个向量之和，

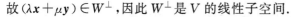

则称 W_1+W_2 是 W_1 与 W_2 的直和，记为 $W_1\dot{+}W_2$. 进一步，若 $W_1\perp W_2$，则称直和 $W_1\dot{+}W_2$ 是 W_1 与 W_2 的正交直和，记为 $W_1\oplus W_2$.

例 1.5.1 在直角坐标系 $Oxyz$ 中，若 $W_1=xOy$ 平面，$W_2=yOz$ 平面，试判断 W_1+W_2 是否为直和.

解：设 y 轴上任一点坐标为 $[0,\beta,0]^{\mathrm{T}}$，对于任意 $\mu\in\mathbb{R}$且 $\mu\neq 0$ 有

$$\begin{bmatrix}0\\ \beta\\ 0\end{bmatrix}=\begin{bmatrix}0\\ \mu+\beta\\ 0\end{bmatrix}+\begin{bmatrix}0\\ -\mu\\ 0\end{bmatrix}$$

式中：$[0,\mu+\beta,0]^{\mathrm{T}}\in W_1$，$[0,-\mu,0]^{\mathrm{T}}\in W_2$. 这说明 y 轴上的点的表示方法不唯一. 故 W_1+W_2 不是直和.

若 $W_1=x$ 轴，$W_2=yOz$ 平面，则对 W_1+W_2 空间任一点 $[\alpha,\beta,\gamma]^{\mathrm{T}}$ 有

$$\begin{bmatrix}\alpha\\ \beta\\ \gamma\end{bmatrix}=\begin{bmatrix}\alpha\\ 0\\ 0\end{bmatrix}+\begin{bmatrix}0\\ \beta\\ \gamma\end{bmatrix}$$

上式表示唯一，故 W_1+W_2 是直和.

定理 1.5.1（直和判定定理） 设 W_1 与 W_2 是线性空间 V 的两个子空间，则以下命题等价：

(1) W_1+W_2 是直和；

(2) W_1+W_2 中零元素表示法唯一；

(3) $W_1\cap W_2=\{\boldsymbol{\theta}\}$；

(4) $\dim(W_1+W_2)=\dim W_1+\dim W_2$.

证明：(1)⇒(2). 由于 $\boldsymbol{\theta}\in W_1+W_2$，则根据定义 1.5.1 知，表达式

$$\boldsymbol{\theta}=\boldsymbol{\theta}_1+\boldsymbol{\theta}_2,\quad \boldsymbol{\theta}_1\in W_1,\boldsymbol{\theta}_2\in W_2$$

唯一，即 W_1+W_2 中零元素表示法唯一.

(2)⇒(3). 对任意向量 $\boldsymbol{\alpha}\in W_1\cap W_2$，有

$$\boldsymbol{\theta}=\boldsymbol{\alpha}+(-\boldsymbol{\alpha})$$

式中：$\boldsymbol{\alpha}\in W_1$，$-\boldsymbol{\alpha}\in W_2$.

又知 $\boldsymbol{\theta}\in W_1+W_2$ 且零元素表示法唯一，故 $\boldsymbol{\alpha}=\boldsymbol{\theta}$. 因此，$W_1\cap W_2=\{\boldsymbol{\theta}\}$.

(3)⇒(4). 若 $W_1\cap W_2=\{\boldsymbol{\theta}\}$，则根据维数定理得

$$\dim(W_1+W_2)=\dim W_1+\dim W_2$$

(4)⇒(1). 采用反证法证明. 假设存在向量 $\boldsymbol{\alpha}\in W_1+W_2$ 的表示法不唯一，即

$$\boldsymbol{\alpha}=\boldsymbol{\alpha}_1+\boldsymbol{\alpha}_2=\boldsymbol{\beta}_1+\boldsymbol{\beta}_2$$

式中：$\boldsymbol{\alpha}_1,\boldsymbol{\beta}_1\in W_1$，$\boldsymbol{\alpha}_2,\boldsymbol{\beta}_2\in W_2$.

根据线性子空间定义知，$-\boldsymbol{\beta}_1\in W_1$，$-\boldsymbol{\alpha}_2\in W_2$. 于是

$$\boldsymbol{\alpha}_1-\boldsymbol{\beta}_1\in W_1,\quad -\boldsymbol{\alpha}_2+\boldsymbol{\beta}_2\in W_2$$

且有

$$\boldsymbol{\alpha}_1-\boldsymbol{\beta}_1=\boldsymbol{\alpha}_1+\boldsymbol{\alpha}_2-\boldsymbol{\beta}_1-\boldsymbol{\alpha}_2=\boldsymbol{\beta}_2-\boldsymbol{\alpha}_2$$

于是

$$\boldsymbol{\alpha}_1-\boldsymbol{\beta}_1\in W_1\cap W_2$$
$$\boldsymbol{\beta}_2-\boldsymbol{\alpha}_2\in W_1\cap W_2$$

根据 $\dim(W_1+W_2)=\dim W_1+\dim W_2$ 得，$\dim(W_1\cap W_2)=0$，即 $W_1\cap W_2=\{\boldsymbol{\theta}\}$. 进而 $\boldsymbol{\alpha}_1=\boldsymbol{\beta}_1$ 且 $\boldsymbol{\beta}_2=\boldsymbol{\alpha}_2$. 这表明 $\boldsymbol{\alpha}$ 表示法唯一，即 W_1+W_2 是直和.

例 1.5.2 取 $V=\mathbb{R}^{n\times n}$，$W_1=\{\boldsymbol{A}\in V\,|\,\boldsymbol{A}^{\mathrm{T}}=\boldsymbol{A}\}$，$W_2=\{\boldsymbol{A}\in V\,|\,\boldsymbol{A}^{\mathrm{T}}=-\boldsymbol{A}\}$，则 $V=W_1\dot{+}W_2$.

解：由例 1.2.7 知，$V=W_1+W_2$. 设 $\boldsymbol{B}\in(W_1\cap W_2)$，则 $\boldsymbol{B}=-\boldsymbol{B}$，即 $\boldsymbol{B}=\boldsymbol{O}$. 根据定理 1.5.1 知，$V=W_1\dot{+}W_2$.

例 1.5.3 定义$\mathbb{R}^{2\times 2}$的两个线性子空间分别为

$$W_1=\left\{\begin{bmatrix}x_1 & x_2\\ x_3 & x_4\end{bmatrix}\in\mathbb{R}^{2\times 2}\;\middle|\;\begin{matrix}2x_1+3x_2-x_3=0\\ x_1+2x_2+3x_3-x_4=0\end{matrix}\right\}$$

$$W_2=\operatorname{span}\left(\begin{bmatrix}2 & -1\\ a+2 & 1\end{bmatrix},\begin{bmatrix}-1 & 2\\ 4 & a+8\end{bmatrix}\right)$$

(1) 求 W_1 的一组基；

(2) 当 a 取何值时，W_1+W_2 是直和.

解：(1) 根据齐次线性方程组

$$\begin{cases}2x_1+3x_2-x_3=0\\ x_1+2x_2+3x_3-x_4=0\end{cases}$$

得到方程组的基础解系为 $\boldsymbol{\alpha}_1=[1,-1,-1,4]^{\mathrm{T}}$ 和 $\boldsymbol{\alpha}_2=[-3,2,0,1]^{\mathrm{T}}$. 因此，$W_1$ 的一组基为

$$\begin{bmatrix}1 & -1\\ -1 & -4\end{bmatrix},\quad\begin{bmatrix}-3 & 2\\ 0 & 1\end{bmatrix}$$

(2) 若要求 W_1+W_2 是直和，则须满足 $\dim(W_1+W_2)=4$. 又知 $\dim W_1=2$ 和 $\dim W_2=2$，因此，向量组

$$\begin{bmatrix}1 & -1\\ -1 & -4\end{bmatrix},\begin{bmatrix}-3 & 2\\ 0 & 1\end{bmatrix},\begin{bmatrix}2 & -1\\ a+2 & 1\end{bmatrix},\begin{bmatrix}-1 & 2\\ 4 & a+8\end{bmatrix}$$

须线性无关，即如下矩阵非奇异：

$$\boldsymbol{A}=\begin{bmatrix}1 & -3 & 2 & -1\\ -1 & 2 & -1 & 2\\ -1 & 0 & a+2 & 4\\ -4 & 1 & 1 & a+8\end{bmatrix}$$

经计算知，当 $a\neq -1$ 且 $a\neq 7$ 时，$|\boldsymbol{A}|\neq 0$，即 W_1+W_2 是直和.

例 1.5.4 设 $\boldsymbol{A}\in\mathbb{C}^{n\times n}$ 且满足 $\boldsymbol{A}^2=\boldsymbol{A}$，试证明 $\mathbb{C}^n=R(\boldsymbol{A})\dot{+}R(\boldsymbol{I}-\boldsymbol{A})$.

解：对任意向量 $\boldsymbol{x}\in\mathbb{C}^n$，有

$$\boldsymbol{x}=\boldsymbol{A}\boldsymbol{x}+(\boldsymbol{I}-\boldsymbol{A})\boldsymbol{x}$$

式中：$\boldsymbol{A}\boldsymbol{x}\in R(\boldsymbol{A})$，$(\boldsymbol{I}-\boldsymbol{A})\boldsymbol{x}\in R(\boldsymbol{I}-\boldsymbol{A})$. 故 $\mathbb{C}^n=R(\boldsymbol{A})+R(\boldsymbol{I}-\boldsymbol{A})$.

设 $\boldsymbol{y}\in(R(\boldsymbol{A})\cap R(\boldsymbol{I}-\boldsymbol{A}))$，则必存在向量 $\boldsymbol{x},\boldsymbol{z}\in\mathbb{C}^n$ 满足

$$\boldsymbol{y}=\boldsymbol{A}\boldsymbol{x}=(\boldsymbol{I}-\boldsymbol{A})\boldsymbol{z}$$

对上式左右两端乘以 $\boldsymbol{A}$ 得

$$\boldsymbol{A}^2\boldsymbol{x}=\boldsymbol{A}(\boldsymbol{I}-\boldsymbol{A})\boldsymbol{z}$$

整理得 $\boldsymbol{y}=\boldsymbol{0}$. 故 $R(\boldsymbol{A})\cap R(\boldsymbol{I}-\boldsymbol{A})=\{\boldsymbol{0}\}$. 因此，$R(\boldsymbol{A})+R(\boldsymbol{I}-\boldsymbol{A})$ 是直和.

定理 1.5.2 若 W_1 与 W_2 是线性空间 V 的两个子空间，且 $W_1\perp W_2$，则

$$W_1+W_2=W_1\dot{+}W_2$$

证明：因为 $W_1\perp W_2$，所以对任意向量 $\boldsymbol{\alpha}\in W_1$ 和 $\boldsymbol{\beta}\in W_2$，有 $(\boldsymbol{\alpha},\boldsymbol{\beta})=0$. 假设存在向量 $\boldsymbol{x}\in W_1\cap W_2$，则必有 $(\boldsymbol{x},\boldsymbol{x})=0$，即 $\boldsymbol{x}=\boldsymbol{\theta}$. 这表明 $W_1\cap W_2=\{\boldsymbol{\theta}\}$，即 $W_1+W_2=W_1\dot{+}W_2$.

定义 1.5.2（直和分解与正交直和分解） 设 W_1 与 W_2 是线性空间 V 的两个子空间，且 $V=W_1\dot{+}W_2$，则称表达式 $V=W_1\dot{+}W_2$ 为直和分解. 若 $V=W_1\oplus W_2$，则称表达式 $V=W_1\oplus W_2$ 为正交直和分解，且有 $W_2=W_1^{\perp}$.

注 1：在直和分解中，若子空间 W_1 给定，则 W_2 不唯一；在正交直和分解中，若子空间 W_1 给定，则 W_2 是唯一的且只能等于 $W_1^{\perp}$. 因此，正交直和分解是唯一的.

例 1.5.5 在直角坐标系 $Oxyz$ 中，假设 W_1 是位于 Ox 轴上所有向量的集合，W_2 是过坐标原点且不包括 Ox 轴的任一平面，则 $\mathbb{R}^3=W_1\dot{+}W_2$（直和分解不唯一）. 假若定义 $W_1^{\perp}=yOz$ 平面. 此时，$V=W_1\oplus W_1^{\perp}$（正交直和分解）.

定理 1.5.3 设 $\boldsymbol{A}=(a_{ij})\in\mathbb{R}^{n\times n}$，则 $N(\boldsymbol{A})\oplus R(\boldsymbol{A}^{\mathrm{T}})=\mathbb{R}^n$ 且 $R(\boldsymbol{A}^{\mathrm{T}})=[N(\boldsymbol{A})]^{\perp}$.

证明：对任意向量 $\boldsymbol{y}\in R(\boldsymbol{A}^{\mathrm{T}})$，存在向量 $\boldsymbol{z}\in\mathbb{R}^n$ 使得 $\boldsymbol{y}=\boldsymbol{A}^{\mathrm{T}}\boldsymbol{z}$. 那么对任意向量 $\boldsymbol{x}\in N(\boldsymbol{A})$ 和 $\boldsymbol{y}\in R(\boldsymbol{A}^{\mathrm{T}})$，有

$$(\boldsymbol{x},\boldsymbol{y})=\boldsymbol{y}^{\mathrm{T}}\boldsymbol{x}=\boldsymbol{z}^{\mathrm{T}}\boldsymbol{A}\boldsymbol{x}=0$$

即 $N(\boldsymbol{A})\perp R(\boldsymbol{A}^{\mathrm{T}})$.

另一方面，$N(\boldsymbol{A})$ 和 $R(\boldsymbol{A}^{\mathrm{T}})$ 均是 $\mathbb{R}^n$ 的子空间，故 $N(\boldsymbol{A})+R(\boldsymbol{A}^{\mathrm{T}})$ 也是 $\mathbb{R}^n$ 的子空间. 又知

$$\dim[N(\boldsymbol{A})+R(\boldsymbol{A}^{\mathrm{T}})]=\dim[N(\boldsymbol{A})]+\dim[R(\boldsymbol{A}^{\mathrm{T}})]$$

$$\dim[R(\boldsymbol{A}^{\mathrm{T}})]=\operatorname{rank}(\boldsymbol{A})$$

故有

$$\dim[N(\boldsymbol{A})+R(\boldsymbol{A}^{\mathrm{T}})]=\dim V$$

上式表明 $N(\boldsymbol{A})+R(\boldsymbol{A}^{\mathrm{T}})=V$. 综上所述，$N(\boldsymbol{A})\oplus R(\boldsymbol{A}^{\mathrm{T}})=\mathbb{R}^n$ 且 $R(\boldsymbol{A}^{\mathrm{T}})=[N(\boldsymbol{A})]^{\perp}$.

注 2：说明两子空间是正交直和常有如下思路：首先说明这两个子空间正交(由定理 1.5.2 知,两子空间正交意味着它们的和空间必为直和),然后再说明它们的和空间是 V 空间,或说明两个子空间的维数之和等于 V 空间的维数. 请读者尝试采用不同方法证明本章的习题 21 和习题 22,以加深对直和与正交直和的理解.

基于子空间的直和分解和正交直和分解,我们可以定义向量在子空间的投影和正交投影.

定义 1.5.3(投影和正交投影)　设 W_1 和 W_2 是线性空间 V 的两个子空间且 $V=W_1\dot{+}W_2$,对任意向量 $\boldsymbol{x}\in V$ 均可唯一地分解成 $\boldsymbol{x}=\boldsymbol{y}+\boldsymbol{z}$,其中 $\boldsymbol{y}\in W_1$,$\boldsymbol{z}\in W_2$,此时称向量 $\boldsymbol{y}$ 为向量 $\boldsymbol{x}$ 在 W_1 上的投影. 特别地,若 $V=W_1\oplus W_2$,则称向量 $\boldsymbol{y}$ 为向量 $\boldsymbol{x}$ 在 W_1 上的正交投影.

注 3：能利用(正交)直和分解定义向量(正交)投影核心的原因就在于向量分解的唯一性.

例 1.5.6　定义 $\mathbb{R}^3$ 的线性子空间 $W=\mathrm{span}(\boldsymbol{x}_1,\boldsymbol{x}_2)$,其中,$\boldsymbol{x}_1=[2,5,-1]^{\mathrm{T}}$,$\boldsymbol{x}_2=[-2,1,1]^{\mathrm{T}}$. 求向量 $\boldsymbol{y}=[1,2,3]^{\mathrm{T}}$ 在 W 和 $W^{\perp}$ 的正交投影.

解：

方法 1：由 $\dim W=2$ 知,$\dim W^{\perp}=1$,则 $W^{\perp}=\mathrm{span}(\boldsymbol{x}_3)$,其中 $\boldsymbol{x}_3$ 满足 $(\boldsymbol{x}_1,\boldsymbol{x}_3)=(\boldsymbol{x}_2,\boldsymbol{x}_3)=0$. 经计算得 $\boldsymbol{x}_3=[1,0,2]^{\mathrm{T}}$.

又知,向量 $\boldsymbol{y}$ 在 $W^{\perp}$ 上的正交投影可利用向量 $\boldsymbol{y}$ 与 $\boldsymbol{x}_3$ 的夹角 α 求得,即

$$\mathrm{Proj}_{W^{\perp}}\ \boldsymbol{y}=\|\boldsymbol{y}\|\cos\alpha\frac{\boldsymbol{x}_3}{\|\boldsymbol{x}_3\|}=\frac{(\boldsymbol{y},\boldsymbol{x}_3)}{\|\boldsymbol{x}_3\|}\frac{\boldsymbol{x}_3}{\|\boldsymbol{x}_3\|}=\left[\frac{7}{5},0,\frac{14}{5}\right]^{\mathrm{T}}$$

利用直和分解的唯一性知,

$$\mathrm{Proj}_W\boldsymbol{y}=\boldsymbol{y}-\mathrm{Proj}_{W^{\perp}}\ \boldsymbol{y}=\left[-\frac{2}{5},2,\frac{1}{5}\right]^{\mathrm{T}}$$

方法 2：向量 $\boldsymbol{y}$ 在向量 $\boldsymbol{x}_1$ 和 $\boldsymbol{x}_2$ 的正交投影分别为

$$\mathrm{Proj}_{\boldsymbol{x}_1}\boldsymbol{y}=\frac{(\boldsymbol{y},\boldsymbol{x}_1)}{\|\boldsymbol{x}_1\|^2}\boldsymbol{x}_1,\quad \mathrm{Proj}_{\boldsymbol{x}_2}\boldsymbol{y}=\frac{(\boldsymbol{y},\boldsymbol{x}_2)}{\|\boldsymbol{x}_2\|^2}\boldsymbol{x}_2$$

由于 $\boldsymbol{x}_1$ 和 $\boldsymbol{x}_2$ 正交(见图 1.5.1),故

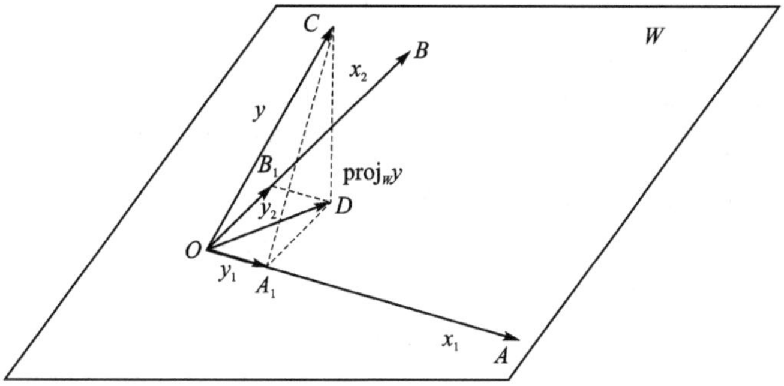

图 1.5.1

$$\text{Proj}_W\boldsymbol{y}=\frac{(\boldsymbol{y},\boldsymbol{x}_1)}{\|\boldsymbol{x}_1\|^2}\boldsymbol{x}_1+\frac{(\boldsymbol{y},\boldsymbol{x}_2)}{\|\boldsymbol{x}_2\|^2}\boldsymbol{x}_2=\left[-\frac{2}{5},2,\frac{1}{5}\right]^{\mathrm{T}}$$

利用直和分解的唯一性求得

$$\text{Proj}_{W^{\perp}}\boldsymbol{y}=\boldsymbol{y}-\text{Proj}_W\boldsymbol{y}=\left[\frac{7}{5},0,\frac{14}{5}\right]^{\mathrm{T}}$$

命题 1.5.1 若 W 是线性空间 V 的子空间，$\boldsymbol{x}_1,\cdots,\boldsymbol{x}_n$ 是 W 的一组正交基. 对于 V 中任一向量 $\boldsymbol{y}$ 均可唯一地表示为

$$\boldsymbol{y}=\text{Proj}_W\boldsymbol{y}+\text{Proj}_{W^{\perp}}\boldsymbol{y}\tag{1.5.1}$$

式中：$\text{Proj}_W\boldsymbol{y}$ 和 $\text{Proj}_{W^{\perp}}\boldsymbol{y}$ 分别为向量 $\boldsymbol{y}$ 在空间 W 和补空间 $W^{\perp}$ 上的正交投影，且

$$\text{Proj}_W\boldsymbol{y}=\frac{(\boldsymbol{y},\boldsymbol{x}_1)}{(\boldsymbol{x}_1,\boldsymbol{x}_1)}\boldsymbol{x}_1+\cdots+\frac{(\boldsymbol{y},\boldsymbol{x}_n)}{(\boldsymbol{x}_n,\boldsymbol{x}_n)}\boldsymbol{x}_n\tag{1.5.2}$$

特别地，若 $\boldsymbol{x}_1,\cdots,\boldsymbol{x}_n$ 是 W 的一组标准正交基，则

$$\text{Proj}_W\boldsymbol{y}=(\boldsymbol{y},\boldsymbol{x}_1)\boldsymbol{x}_1+\cdots+(\boldsymbol{y},\boldsymbol{x}_n)\boldsymbol{x}_n\tag{1.5.3}$$

【应用】 现利用正交投影研究内积空间中的标准正交基的存在性问题. 已知 n 维内积空间的一组基，能否利用这组基找到空间的一组标准正交基？

定理 1.5.4 有限维内积空间必存在标准正交基.

证明：采用构造方法证明. 设 $\boldsymbol{x}_1,\cdots,\boldsymbol{x}_n$ 是内积空间 V 的一组基，现依次构造正交向量组 $\boldsymbol{y}_1,\cdots,\boldsymbol{y}_n$，并将其单位化得 $\boldsymbol{z}_1,\cdots,\boldsymbol{z}_n$ 使它们成为 V 的一组标准正交基.

为此，定义

$$\boldsymbol{y}_1=\boldsymbol{x}_1$$

$$\boldsymbol{z}_1=\frac{\boldsymbol{y}_1}{\|\boldsymbol{y}_1\|}$$

则 $\boldsymbol{z}_1$ 是单位向量.

设向量 $\boldsymbol{x}_2$ 在 $\boldsymbol{z}_1$ 的正交投影为 $\text{Proj}_{\boldsymbol{z}_1}\boldsymbol{x}_2$，则有

$$\text{Proj}_{\boldsymbol{z}_1}\boldsymbol{x}_2=(\boldsymbol{x}_2,\boldsymbol{z}_1)\boldsymbol{z}_1$$

于是，向量 $(\boldsymbol{x}_2-\text{Proj}_{\boldsymbol{z}_1}\boldsymbol{x}_2)$ 必正交于向量 $\boldsymbol{z}_1$. 为此，定义

$$\boldsymbol{y}_2=\boldsymbol{x}_2-\text{Proj}_{\boldsymbol{z}_1}\boldsymbol{x}_2$$

$$\boldsymbol{z}_2=\frac{\boldsymbol{y}_2}{\|\boldsymbol{y}_2\|}$$

则 $\boldsymbol{z}_1,\boldsymbol{z}_2$ 是单位正交向量组.

假设根据向量组 $\boldsymbol{x}_1,\cdots,\boldsymbol{x}_{k-1}$ 已求得向量组 $\boldsymbol{z}_1,\cdots,\boldsymbol{z}_{k-1}$ 是单位正交向量组. 现计算向量 $\boldsymbol{z}_k$ 使得 $\boldsymbol{z}_1,\cdots,\boldsymbol{z}_{k-1},\boldsymbol{z}_k$ 是单位正交向量组. 设向量 $\boldsymbol{x}_k$ 在 $\boldsymbol{z}_1,\cdots,\boldsymbol{z}_{k-1}$ 的正交投影分别为 $\text{Proj}_{\boldsymbol{z}_1}\boldsymbol{x}_k,\cdots,\text{Proj}_{\boldsymbol{z}_{k-1}}\boldsymbol{x}_k$，则有

$$\text{Proj}_{\boldsymbol{z}_i}\boldsymbol{x}_k=(\boldsymbol{x}_k,\boldsymbol{z}_i)\boldsymbol{z}_i,\quad i=1,\cdots,k-1$$

由此可定义向量

$$\boldsymbol{y}_k=\boldsymbol{x}_k-\sum_{i=1}^{k-1}(\boldsymbol{x}_k,\boldsymbol{z}_i)\boldsymbol{z}_i$$

$$z_k=\frac{y_k}{\|y_k\|}$$

则 $z_1,\cdots,z_k$ 是单位正交向量组.

以此类推,可构造单位正交向量组 $z_1,\cdots,z_n$,它们即是 V 的一组标准正交基.证毕.

注 4: 上述证明方法提供了一种线性空间标准正交基的计算方法,我们称为 Gram-Schmidt 正交化方法.

注 5: 设向量组 $x_1,\cdots,x_n$ 和 $z_1,\cdots,z_n$ 均是 n 维内积空间 V 的一组基,且由 Gram-Schmidt 正交化方法知,$y_k=x_k-\sum_{i=1}^{k-1}(x_k,z_i)z_i,k=1,\cdots,n$. 将其改写成矩阵形式

$$[x_1,\cdots,x_n]=[z_1,\cdots,z_n]A \tag{1.5.4}$$

式中:A 是由 $z_1,\cdots,z_n$ 到基 $x_1,\cdots,x_n$ 的过渡矩阵,定义为

$$A=\begin{bmatrix}\|y_1\| & (x_2,z_1) & \cdots & (x_n,z_1)\\ & \|y_2\| & \cdots & (x_n,z_2)\\ & & \ddots & \vdots\\ 0 & & & \|y_n\|\end{bmatrix}$$

例 1.5.7 已知$\mathbb{R}^4$中的一组基 $x_1=[1,1,0,0]^{\mathrm{T}},x_2=[1,0,1,0]^{\mathrm{T}},x_3=[-1,0,0,1]^{\mathrm{T}},x_4=[1,-1,-1,1]^{\mathrm{T}}$,求$\mathbb{R}^4$的一组标准正交基.

解:令 $y_1=x_1=[1,1,0,0]^{\mathrm{T}}$,则

$$z_1=\frac{1}{\|y_1\|}y_1=\left[\frac{1}{\sqrt{2}},\frac{1}{\sqrt{2}},0,0\right]^{\mathrm{T}}$$

根据 Gram-Schmidt 正交化方法知

$$y_2=x_2-\frac{(x_2,y_1)}{(y_1,y_1)}y_1=\left[\frac{1}{2},-\frac{1}{2},1,0\right]^{\mathrm{T}}$$

$$y_3=x_3-\frac{(x_3,y_2)}{(y_2,y_2)}y_2-\frac{(x_3,y_1)}{(y_1,y_1)}y_1=\left[-\frac{1}{3},\frac{1}{3},\frac{1}{3},1\right]^{\mathrm{T}}$$

$$y_4=x_4-\frac{(x_4,y_3)}{(y_3,y_3)}y_3-\frac{(x_4,y_2)}{(y_2,y_2)}y_2-\frac{(x_4,y_1)}{(y_1,y_1)}y_1=[1,-1,-1,1]^{\mathrm{T}}$$

再依次进行单位化,得

$$z_2=\left[\frac{1}{\sqrt{6}},-\frac{1}{\sqrt{6}},\frac{2}{\sqrt{6}},0\right]^{\mathrm{T}}$$

$$z_3=\left[-\frac{1}{\sqrt{12}},\frac{1}{\sqrt{12}},\frac{1}{\sqrt{12}},\frac{3}{\sqrt{12}}\right]^{\mathrm{T}}$$

$$z_4=\left[\frac{1}{2},-\frac{1}{2},-\frac{1}{2},\frac{1}{2}\right]^{\mathrm{T}}$$

因此,z_1,z_2,z_3,z_4 是$\mathbb{R}^4$的一组标准正交基.

【应用】 正交直和分解的另一典型应用是求解最佳逼近问题.

定义 1.5.4(最佳逼近) 设 W 是线性空间 V 的非空子集,$\boldsymbol{\alpha}\in V$ 为给定向量,若存在 $\boldsymbol{x}\in W$ 满足如下不等式:

$$\|\boldsymbol{\alpha}-\boldsymbol{x}\|\leqslant\|\boldsymbol{\alpha}-\boldsymbol{y}\|,\quad \forall\, \boldsymbol{y}\in W$$

则称向量 $\boldsymbol{x}$ 是向量 $\boldsymbol{\alpha}$ 在 W 的最佳逼近(最佳近似)向量.

定理 1.5.5(最佳逼近定理) 设 W 是有限维线性空间 V 的线性子空间,则 V 中任一向量 $\boldsymbol{x}$ 在 W 上都有唯一的最佳逼近,且 $\boldsymbol{x}$ 在 W 上的最佳逼近是 $\boldsymbol{x}$ 在 W 上的正交投影.

证明:设 $\boldsymbol{x}$ 是 V 中任一向量,$\boldsymbol{z}$ 是 W 中任一向量,$\boldsymbol{y}$ 是 $\boldsymbol{x}$ 在 W 上的正交投影,则

$$\|\boldsymbol{x}-\boldsymbol{z}\|^2=\|(\boldsymbol{x}-\boldsymbol{y})+(\boldsymbol{y}-\boldsymbol{z})\|^2$$

注意到$(\boldsymbol{y}-\boldsymbol{z})\in W$ 且$(\boldsymbol{x}-\boldsymbol{y})\in W^{\perp}$,故$(\boldsymbol{x}-\boldsymbol{y},\boldsymbol{y}-\boldsymbol{z})=0$,即

$$\|\boldsymbol{x}-\boldsymbol{z}\|^2=\|\boldsymbol{x}-\boldsymbol{y}\|^2+\|\boldsymbol{y}-\boldsymbol{z}\|^2\geqslant\|\boldsymbol{x}-\boldsymbol{y}\|^2$$

因此,$\boldsymbol{y}$ 是 $\boldsymbol{x}$ 在 W 上的最佳逼近.

现采用反证法证明最佳逼近的唯一性.假设 $\boldsymbol{x}^*\in W$ 也是 $\boldsymbol{x}$ 在 W 上的最佳逼近,则 $\boldsymbol{x}^*$ 不是 $\boldsymbol{x}$ 在 W 上的正交投影(因为 $\boldsymbol{x}$ 在 W 上的正交投影是唯一的).显然,W 中必存在一非零单位向量 $\boldsymbol{\alpha}$ 使得$(\boldsymbol{x}-\boldsymbol{x}^*,\boldsymbol{\alpha})\neq 0$.不妨设$(\boldsymbol{x}-\boldsymbol{x}^*,\boldsymbol{\alpha})=a$,并定义 $\boldsymbol{\gamma}=\boldsymbol{x}^*+a\boldsymbol{\alpha}$,则 $\boldsymbol{\gamma}\in W$ 且有

$$\|\boldsymbol{x}-\boldsymbol{\gamma}\|^2=(\boldsymbol{x}-\boldsymbol{x}^*-a\boldsymbol{\alpha},\boldsymbol{x}-\boldsymbol{x}^*-a\boldsymbol{\alpha})=\|\boldsymbol{x}-\boldsymbol{x}^*\|^2-|a|^2$$

又知 $\boldsymbol{y}$ 也是 $\boldsymbol{x}$ 在 W 上的最佳逼近,且 $\forall\,\boldsymbol{z}\in W$,有$\|\boldsymbol{x}-\boldsymbol{z}\|^2\geqslant\|\boldsymbol{x}-\boldsymbol{y}\|^2$.故当 $\boldsymbol{\gamma}\in W$ 时,

$$\|\boldsymbol{x}-\boldsymbol{\gamma}\|^2\geqslant\|\boldsymbol{x}-\boldsymbol{y}\|^2$$

显然,$\|\boldsymbol{x}-\boldsymbol{x}^*\|^2\geqslant\|\boldsymbol{x}-\boldsymbol{y}\|^2+|a|^2$.注意到 $a\neq 0$,故$\|\boldsymbol{x}-\boldsymbol{x}^*\|>\|\boldsymbol{x}-\boldsymbol{y}\|^2$.因此,$\boldsymbol{x}^*$ 不是 $\boldsymbol{x}$ 在 W 上的最佳逼近,即 $\boldsymbol{x}$ 在 W 上的最佳逼近是唯一的.证毕.

例 1.5.8(最小二乘问题) 在许多实际观测数据的处理问题中,若已知变量 y 与变量 $x_1,\cdots,x_n$ 间呈线性关系,即

$$y=\lambda_1x_1+\cdots+\lambda_nx_n$$

但不知道系数 $\lambda_1,\cdots,\lambda_n$.为确定这些系数,通常做 $m\geqslant n$ 次试验,得到 m 组观测数据

$$(x_1^{(k)},x_2^{(k)},\cdots,x_n^{(k)},y^{(k)}),\quad k=1,\cdots,m$$

通常按如下意义确定系数:求 $\lambda_1,\cdots,\lambda_n$ 使得

$$\min_{c_k\in F}\sum_{k=1}^{m}\left|y^{(k)}-\sum_{i=1}^{n}c_ix_i^{(k)}\right|^2=\sum_{k=1}^{m}\left|y^{(k)}-\sum_{i=1}^{n}\lambda_ix_i^{(k)}\right|^2$$

这就是最小二乘问题.

定义

$$a_i=\begin{bmatrix}x_i^{(1)}\\x_i^{(2)}\\\vdots\\x_i^{(m)}\end{bmatrix}\in F^m,\quad b=\begin{bmatrix}y^{(1)}\\y^{(2)}\\\vdots\\y^{(m)}\end{bmatrix}\in F^m$$

$$x=\begin{bmatrix}c_1\\c_2\\\vdots\\c_n\end{bmatrix}\in F^n,\quad \lambda=\begin{bmatrix}\lambda_1\\\lambda_2\\\vdots\\\lambda_n\end{bmatrix}\in F^n$$

并记$\boldsymbol{A}=[\boldsymbol{a}_1,\boldsymbol{a}_2,\cdots,\boldsymbol{a}_n]\in F^{m\times n}$,则最小二乘问题的矩阵形式为

$$\min_{x\in F^n}\|\boldsymbol{Ax}-\boldsymbol{b}\|^2=\|\boldsymbol{A\lambda}-\boldsymbol{b}\|^2 \tag{1.5.5}$$

最小二乘问题也可以看作求解向量$\boldsymbol{b}$在$R(\boldsymbol{A})$空间上的最佳逼近问题.后续章节将对这一问题从不同角度进行阐述.

【思考】 在最小二乘问题1.5.8中,我们已知变量y与变量$x_1,\cdots,x_n$间呈线性关系.若已知变量y与变量$x_1,\cdots,x_n$间呈非线性关系,比如

$$y=\lambda_1x_1+\cdots+\lambda_nx_n+\mu_1x_1^2+\cdots+\mu_nx_n^2$$

此时,能否利用式(1.5.5)求解待定系数$\lambda_1,\cdots,\lambda_n$和$\mu_1,\cdots,\mu_n$?

1.6 应用:多项式插值

在科学研究和工程中,如汽车制造、机械工业等常常会遇到计算函数值等一类问题:通过观测或实验得到一组数据,确定了与自变量的某些点相应的函数值,而需要获得未观察到的点的函数值.当然,这类问题的函数关系往往难以得到明显的解析表达式,这需要我们构造一个适当的、比较简单的函数近似地代替寻求的函数.这就是插值法,用数学语言可表述如下:

设函数$y=f(x)$定义在区间$[a,b]$上,$x_0,x_1,\cdots,x_n$是$[a,b]$上取定的$(n+1)$个互异点,且仅在这些点处的函数值$y_i=f(x_i)$已知,要构造一个函数$g(x)$使得

$$g(x_i)=y_i,\quad i=0,1,\cdots,n \tag{1.6.1}$$

且要求误差

$$r(x)=f(x)-g(x)$$

的绝对值在区间$[a,b]$上比较小,即函数$g(x)$能较好地逼近$f(x)$.点$x_0,x_1,\cdots,x_n$称为插值基点,由插值基点确定的区间(即以$\min(x_0,x_1,\cdots,x_n)$,$\max(x_0,x_1,\cdots,x_n)$为端点的区间)称为插值区间,$f(x)$称为求插函数,$g(x)$称为插值函数,$r(x)$称为插值余项.

我们已知$C[a,b]$是无限维线性空间,要线性表示$C[a,b]$中的一个连续函数

$f(x)$，需给定该空间的一组基. 最常见的基莫过于 $1,x,x^2,\cdots,x^n,\cdots$. 对于足够光滑的函数 $f(x)$，它总可以进行泰勒展开，并可以用有限维多项式空间 $P_n(x)$ 中的一个多项式进行逼近. 基于此，我们同样考虑用 $P_n(x)$ 的一个多项式化函数作为插值函数. 若选定 $P_n(x)$ 中的一组基为 $1,x,x^2,\cdots,x^n$，则

$$g(x)=a_0+a_1x+a_2x^2+\cdots+a_nx^n \tag{1.6.2}$$

将约束条件式(1.6.1)代入式(1.6.2)，得如下方程组：

$$\boldsymbol{D}^{\mathrm{T}}\boldsymbol{a}=\boldsymbol{y} \tag{1.6.3}$$

式中：$\boldsymbol{a}=[a_0,a_1,\cdots,a_n]^{\mathrm{T}}$ 为待定向量，$\boldsymbol{y}=[y_0,y_1,\cdots,y_n]^{\mathrm{T}}$ 为给定向量，系数矩阵 $\boldsymbol{D}$ 定义为

$$\boldsymbol{D}=\begin{bmatrix}1 & x_0 & \cdots & x_0^n\\ 1 & x_1 & \cdots & x_1^n\\ \vdots & \vdots & & \vdots\\ 1 & x_n & \cdots & x_n^n\end{bmatrix}$$

在线性代数中，形如 $\boldsymbol{D}$ 的矩阵称为 Vardermonde 矩阵，它的行列式称为 Vardermonde 行列式. 已知 $x_0,x_1,\cdots,x_n$ 是 $[a,b]$ 上取定的 $n+1$ 个互异点且

$$|\boldsymbol{D}^{\mathrm{T}}|=|\boldsymbol{D}|=\prod_{0\leqslant j<i\leqslant n}(x_i-x_j)$$

则 $\boldsymbol{D}$ 是可逆矩阵. 相应地，方程组(1.6.3)有唯一解 $\boldsymbol{a}=(\boldsymbol{D}^{\mathrm{T}})^{-1}\boldsymbol{y}$. 因此，根据约束条件式(1.6.1)，可以唯一地确定插值函数 $g(x)$.

上述插值法看似简单，但涉及矩阵求逆，故计算比较烦琐. 为了避开矩阵求逆计算，重新选取 $P_n(x)$ 空间中的一组基(本章的习题10)：

$$l_i(x)=\prod_{\substack{j=0,\\ j\neq i}}^{n}\frac{(x-x_j)}{(x_i-x_j)},\quad i=0,1,\cdots,n \tag{1.6.4}$$

它们都是 n 次多项式，称为 Lagrange 基本多项式. 显然，$l_i(x)$ 满足关系

$$l_i(x_k)=\begin{cases}0, & k\neq i\\ 1, & k=i\end{cases}$$

令插值函数 $g(x)$ 满足如下表达：

$$g(x)=\sum_{i=0}^{n}b_il_i(x) \tag{1.6.5}$$

并将约束条件式(1.6.1)代入式(1.6.5)，得

$$b_i=y_i,\quad i=1,\cdots,n$$

因此，将

$$p_n(x)=\sum_{i=0}^{n}f(x_i)l_i(x)$$

称为 Lagrange 插值多项式. 显然，Lagrange 插值法比由式(1.6.2)确定的插值法简单得多.

采用多项式插值在低次时是比较简单方便的，在高次时则有数值不稳定的特点. 因此，当插值基点较多时，自然设想将插值区间分段，然后采用低次插值并须保证在分点处的连续性，这就是局部化的分段插值. 局部化的分段插值的一个严重缺点是插值函数在子区间的端点处不光滑，即导数不连续. 对于一些实际问题，如汽车、飞机、船体外形的流线型设计，不但要求一阶导数连续，还要求二阶导数连续. 此时就要采用样条插值.

样条本来是工程设计中用来描绘光滑曲线的简单工具，是一条富有弹性的细长木条. 使用时，将它固定在一些给定点处，在其地方任其自然弯曲，并稍作调整，使样条具有满意的形状，然后沿样条画出曲线，称为样条曲线. 样条函数就是对样条曲线进行数学模拟得到的. 最常见的就是三次样条插值，即采用 $P_3(x)$ 空间的多项式函数作为插值函数.

设 $f(x)$ 是定义在区间 $[a,b]$ 上的二次连续可微函数，给定区间 $[a,b]$ 的一个划分(可由插值基点确定)：

$$a = x_0 < x_1 < \cdots < x_n = b$$

则插值函数 $g(x)$ 在区间 $[a,b]$ 上可表示为

$$g(x) = \begin{cases} g_1(x), x \in [x_0, x_1] \\ \vdots \\ g_i(x), x \in [x_{i-1}, x_i] \\ \vdots \\ g_n(x), x \in [x_{n-1}, x_n] \end{cases}$$

式中：$g_i(x) \in P_3(x)$ 且 $g(x)$ 满足式(1.6.1). 此时，插值函数 $g(x)$ 称为三次样条插值函数，简称三次样条.

由于三次样条 $g(x)$ 的二阶导数 $g''(x)$ 在每一个区间 $[x_{i-1}, x_i]$ $(i=0,1,\cdots,n)$ 上都是线性函数. 为讨论方便，我们采用 Lagrange 基本多项式定义 $g''(x)$，得

$$g''_i(x) = m_{i-1}\frac{x_i - x}{h_i} + m_i\frac{x - x_{i-1}}{h_i}, \quad x \in [x_{i-1}, x_i] \tag{1.6.6}$$

式中：$h_i = x_i - x_{i-1}$，m_{i-1} 和 m_i 是待定系数.

根据要求，$g(x)$ 须满足以下条件：对 $i=0,1,\cdots,n$，

$$\begin{cases} g(x_i) = f(x_i) \\ g(x_i^-) = g(x_i^+) \\ g'(x_i^-) = g'(x_i^+) \\ g''(x_i^-) = g''(x_i^+) \end{cases} \tag{1.6.7}$$

由于 $g(x)$ 在每个区间上都是一个三次多项式，故须确定 4 个参数；由于一共有 n 个区间，故应确定 $4n$ 个参数. 由式(1.6.7)中的 4 个等式可依次确定 $n+1$、$n-1$、$n-1$ 和 $n-1$ 个方程，因此还须补充两个条件. 通常会根据具体问题，在区间的两个端点

处给出条件，称为边界条件.

例 1.6.1 观测得函数 $f(x)$ 在若干点的值见表 1.6.1.求 $f(x)$ 的三次样条函数及 $f(3)$ 的近似值.

表 1.6.1 已有观测值

i	x_i	$f(x_i)$	$f'(x_i)$
1	0	0	8
2	2	16	—
3	4	36	—
4	6	54	—
5	10	82	7

解：由式(1.6.7)列出方程组

$$\begin{bmatrix} 4 & 2 & 0 & 0 & 0 \\ 2 & 8 & 8 & 0 & 0 \\ 0 & 2 & 2 & 2 & 0 \\ 0 & 0 & 0 & 12 & 4 \\ 0 & 0 & 0 & 4 & 8 \end{bmatrix} \begin{bmatrix} m_1 \\ m_2 \\ m_3 \\ m_4 \\ m_5 \end{bmatrix} = \begin{bmatrix} 0 \\ 2 \\ -1 \\ -2 \\ 0 \end{bmatrix}$$

解得 $m_1=-1, m_2=2, m_3=-1, m_4=-1, m_5=\dfrac{1}{2}$.因此可得

$$g(x)=\begin{cases} 8-\dfrac{1}{2}x^2+\dfrac{1}{4}x^3, & x\in[0,2] \\ 16+9(x-2)+(x-2)^2-\dfrac{1}{4}(x-2)^3, & x\in[2,4] \\ 36+10(x-4)-\dfrac{1}{2}(x-4)^2, & x\in[4,6] \\ 54+8(x-6)-\dfrac{1}{2}(x-6)^2+\dfrac{1}{16}(x-6)^3, & x\in[6,10] \end{cases}$$

相应地，$g(3)=25.75$.

对插值法感兴趣的读者，可阅读参考文献[15-16].

本章习题

1. 设 V 是数域 F 上的线性空间，证明：

(1) 零向量是唯一的；

(2) 任一向量的负向量是唯一的；

(3) 对任意 $k\in F$ 和 $\boldsymbol{\alpha}\in V$，$0\boldsymbol{\alpha}=\boldsymbol{\theta}$，$(-1)\boldsymbol{\alpha}=-\boldsymbol{\alpha}$，$k\boldsymbol{\theta}=\boldsymbol{\theta}$；

(4) 若 $k\boldsymbol{\alpha}=\boldsymbol{\theta}$，则 $k=0$ 或 $\boldsymbol{\alpha}=\boldsymbol{\theta}$.

2. 设 $\boldsymbol{A}$ 是 n 阶实方阵，若在实数域上定义通常实矩阵的加法和数乘运算，则下列集合不是实线性空间的是：

a. $\{\boldsymbol{A}\mid\boldsymbol{A}$ 的行列式为 $0\}$　　b. $\{\boldsymbol{A}\mid\boldsymbol{A}$ 是对角元素为 0 的矩阵$\}$

c. $\{\boldsymbol{A}\mid\boldsymbol{A}$ 是上三角矩阵$\}$　　d. $\{\boldsymbol{A}\mid\boldsymbol{A}$ 是对称矩阵$\}$

3. 定义$\mathbb{R}^+$上的加法与数乘运算如下：

$$\oplus:\alpha,\beta\in\mathbb{R}^+,\alpha\oplus\beta=\alpha\beta$$

$$\circ:\alpha\in\mathbb{R}^+,k\in\mathbb{R},k\circ\alpha=\alpha^k$$

试判断$(\mathbb{R}^+,\oplus,\circ)$是否为线性空间.

4. 证明数集$\mathbb{Q}(\sqrt{3})$是其自身上的线性空间.

5. 若 W 是有限维线性空间 V 的子空间，且 $\dim W=\dim V$，证明 $W=V$.

6. 令 H 是所有形如 $[a-3b,b-a,a,b]^{\mathrm{T}}$ 的向量的集合，其中，a 和 b 是任意实数，证明 H 是$\mathbb{C}^4$的一个线性子空间.

7. 在$\mathbb{R}^{2\times 3}$中，求子空间 $W=\left\{\begin{bmatrix}x & y & 0\\ z & 0 & t\end{bmatrix}\middle| x+y+z=0,x,y,z,t\in\mathbb{R}\right\}$的维数和一组基.

8. 设 $\boldsymbol{A}\in\mathbb{C}^{n\times n}$，记集合 $W=\{\boldsymbol{X}\in\mathbb{C}^{n\times n}\mid\boldsymbol{AX}=\boldsymbol{XA}\}$.

(1) 证明 W 是$\mathbb{C}^{n\times n}$的一个子空间；

(2) 当 $\boldsymbol{A}=\mathrm{diag}(1,2,\cdots,n)$时，求 W 的维数和一组基.

9. 设 $\boldsymbol{A}=\begin{bmatrix}1 & 2 & 3\\ 4 & 5 & 6\\ 7 & 8 & 9\end{bmatrix}$，求 $N(\boldsymbol{A})\cap R(\boldsymbol{A})$和 $N(\boldsymbol{A})+R(\boldsymbol{A})$.

10. 设 $x_0,x_1,\cdots,x_n$ 是$[a,b]$上取定的 $n+1$ 个已知互异点，定义

$$l_i(x)=\prod_{\substack{j=0,\\ j\neq i}}^{n}\frac{(x-x_j)}{(x_i-x_j)},\quad i=0,1,\cdots,n$$

则 $l_i(x),i=0,1,\cdots,n$ 是 $P_n(x)$空间中的一组基.

11. 取 $P_2(t)$的一组基为 $1+t,t-2,t^2$，求多项式 $p(t)=2t^2-t+1$ 在该组基下的坐标.

12. 在$\mathbb{R}^{2\times 2}$中求向量 $\boldsymbol{A}=\begin{bmatrix}1 & 2\\ 1 & 0\end{bmatrix}$在基$\begin{bmatrix}1 & 1\\ 1 & 1\end{bmatrix}$，$\begin{bmatrix}1 & 1\\ 1 & 0\end{bmatrix}$，$\begin{bmatrix}1 & 0\\ 0 & 1\end{bmatrix}$，$\begin{bmatrix}1 & 0\\ 1 & 1\end{bmatrix}$下的坐标.

13. 设多项式空间 $P_2(x)$，证明 $1,(x-1),(x-1)^2$ 是 $P_2(x)$的一组基；并求从基 $1,x,x^2$ 到基 $1,(x-1),(x-1)^2$ 的过渡矩阵.

14. 设 $\boldsymbol{A}=\begin{bmatrix}0 & 22 & 2\\ -1 & 45 & 3\end{bmatrix}$，求 $N(\boldsymbol{A})$和 $R(\boldsymbol{A})$的维数与基.

15. 设齐次线性方程组 $\boldsymbol{Ax}=\mathbf{0}$，其中 $\boldsymbol{A}\in\mathbb{R}^{40\times 42}$，$\boldsymbol{x}\in\mathbb{R}^{42}$. 若该方程组的基础解系由两个线性无关的解向量构成，请判断非齐次线性方程组 $\boldsymbol{Ax}=\boldsymbol{b}$ 是否有解？

16. 证明命题 1.3.1.

17. 设 $P_2(x)$ 是 $\mathbb{R}$ 上的线性空间，定义函数

$$(f,g)=\int_{-1}^{1}f(x)g(x)\,\mathrm{d}x,\quad f(x),g(x)\in P_2(x)$$

(1) 证明 $P_2(x)$ 是欧氏空间；

(2) 求 $P_2(x)$ 关于基 $1,x,x^2$ 的度量矩阵；

(3) 试计算 $f(x)=1-x+x^2$ 和 $g(x)=1-4x-5x^2$ 的内积.

18. 设 $t_0,\cdots,t_n$ 是不同实数，$P_n(x)$ 是 $\mathbb{R}$ 上的多项式空间. 定义

$$(f,g)=\sum_{i=0}^{n}f(t_i)g(t_i),\quad f(x),g(x)\in P_n(x)$$

(1) 证明 $P_n(x)$ 是欧氏空间；

(2) 设 $t_0=-2,t_1=-1,t_2=0,t_3=1,t_4=2$，求 $\mathrm{span}(1,x,x^2)$ 的一组标准正交基；

(3) 求 $f(x)=5-\dfrac{1}{2}x^4$ 到空间 $\mathrm{span}(1,x,x^2)$ 的最佳逼近向量.

19. 设 $\boldsymbol{A}\in\mathbb{C}^{n\times n}$ 是 Hermite 矩阵，证明：

(1) $\boldsymbol{A}$ 的所有特征值均为实数；

(2) 若 $\boldsymbol{A}$ 是正定矩阵，则 $\boldsymbol{A}$ 的所有特征值均为正实数.

20. 设 $V=\{a\cos t+b\sin t\,|\,a,b\in\mathbb{R}\}$. 对任意 $f,g\in V$，定义

$$(f,g)=f(0)g(0)+f\left(\frac{\pi}{2}\right)g\left(\frac{\pi}{2}\right)$$

(1) 证明 V 是二维实线性空间；

(2) 证明 (f,g) 是 V 上的内积；

(3) 求 $h(t)=3\cos(t+7)+4\sin(t+9)$ 的长度.

21. 设 $\boldsymbol{A}\in\mathbb{C}^{n\times n}$ 且满足 $\boldsymbol{A}^2=\boldsymbol{A}$，证明 $\mathbb{C}^n=N(\boldsymbol{A})\dot{+}N(\boldsymbol{A}-\boldsymbol{I})$.

22. 设 $\boldsymbol{A}\in\mathbb{C}^{n\times n}$ 且满足 $\boldsymbol{A}^2=\boldsymbol{A}=\boldsymbol{A}^{\mathrm{H}}$，证明 $\mathbb{C}^n=N(\boldsymbol{A})\oplus N(\boldsymbol{A}-\boldsymbol{I})$.

23. $\mathbb{R}^n$ 中的点 $\boldsymbol{y}$ 到 $\mathbb{R}^n$ 的子空间 W 的距离定义为从 $\boldsymbol{y}$ 到空间 W 中的点的最小距离. 试求 $\boldsymbol{y}$ 到空间 $W=\{\boldsymbol{x}_1,\boldsymbol{x}_2\}$ 的距离，其中

$$\boldsymbol{y}=\begin{bmatrix}-1\\-5\\10\end{bmatrix},\quad \boldsymbol{x}_1=\begin{bmatrix}5\\-2\\1\end{bmatrix},\quad \boldsymbol{x}_2=\begin{bmatrix}1\\2\\-1\end{bmatrix}$$

若选取 $\boldsymbol{x}_2=[1,2,1]^{\mathrm{T}}$，则重新求该距离.

24. 设 $\boldsymbol{\zeta}_1,\boldsymbol{\zeta}_2,\boldsymbol{\zeta}_3,\boldsymbol{\zeta}_4,\boldsymbol{\zeta}_5$ 是欧氏空间 $\mathbb{R}^5$ 的一组标准正交基，令 $\boldsymbol{\alpha}_1=\boldsymbol{\zeta}_1+\boldsymbol{\zeta}_5$，$\boldsymbol{\alpha}_2=\boldsymbol{\zeta}_1-\boldsymbol{\zeta}_2+\boldsymbol{\zeta}_4$，$\boldsymbol{\alpha}_3=2\boldsymbol{\zeta}_1+\boldsymbol{\zeta}_2+\boldsymbol{\zeta}_3$. 求 $W=\mathrm{span}(\boldsymbol{\alpha}_1,\boldsymbol{\alpha}_2,\boldsymbol{\alpha}_3)$ 的一组标准正交基.

25. 已知数据点(2,1),(5,2),(7,3),(8,3),求最小二乘直线方程 $y=\mu_0+\mu_1 t$.

26. 为测量飞机起飞性能,飞机的水平位置从 $t=0$ 到 $t=10$ s 每秒测量一次,具体位置(英尺)是:0,8.8,29.9,62.0,104.7,159.1,222.0,294.5,380.4,471.1,571.7.求出这组数据的最小二乘立方曲线

$$y=\mu_0+\mu_1 t+\mu_2 t^2+\mu_3 t^3$$

27. 请编写三次样条函数的程序.

28. 酒精测试仪通过测量驾驶员呼出的气体酒精含量来判断是否饮酒.半导体传感器因响应速度快、驱动简单、成本低而在酒精测试仪中应用.但它通常受环境温度影响较大.这需要在实际应用中通过算法进行补偿.已知环境温度为 30 ℃时的酒精浓度值为 0.211 mg/L.在不同温度下的浓度值如表 1-1 所列,试给出温度为 30 ℃、酒精浓度值为 0.211 mg/L 在 20～50 ℃间的浓度值.

表 1-1　不同温度下的酒精浓度值

温度/℃	浓度/(mg·L^{-1})	温度/℃	浓度/(mg·L^{-1})
20	0.301	35	0.189
25	0.248	40	0.163
30	0.211	50	0.037

第 2 章 线性映射与矩阵

在线性代数中，我们引入矩阵简洁地表示线性方程组 $\boldsymbol{A}\boldsymbol{x}=\boldsymbol{b}$，$\boldsymbol{A}\in F^{m\times n}$. 对于二元或三元线性方程组，其解集有直观的几何意义，即若干直线或平面的交集；多元情况也有类似的意义. 当然，我们也可以从映射角度重新理解线性方程组 $\boldsymbol{A}\boldsymbol{x}=\boldsymbol{b}$：将 $\boldsymbol{x}\rightarrow\boldsymbol{A}\boldsymbol{x}$ 看成是一种从 F^n 到 F^m 的映射，向量 $\boldsymbol{b}$ 是映射的像，向量 $\boldsymbol{x}$ 是向量 $\boldsymbol{b}$ 的原像. 由此，解方程 $\boldsymbol{A}\boldsymbol{x}=\boldsymbol{b}$ 就是求 F^m 中像为 $\boldsymbol{b}$ 的原像 $\boldsymbol{x}$. 显然，矩阵 $\boldsymbol{A}$ 与映射 $T:F^n\rightarrow F^m$ 之间有着特殊的天然联系. 本章的目的之一就是揭示二者之间的关系.

2.1 预备知识

定义 2.1.1(映射) 设 V 和 W 是两个非空集合，如果存在一个 V 到 W 的对应法则 f，使得 V 中每一个元素 x 都有 W 中唯一的一个元素 y 与之对应，则称 f 是 V 到 W 的一个映射，记为 $y=f(x)$. 元素 $y\in W$ 称为元素 $x\in V$ 在映射 f 下的像，称 x 为 y 的原像. 集合 V 称为映射 f 的定义域. 当 V 中元素改变时，x 在映射 f 下的像的全体作为 W 的一个子集，称为映射 f 的值域，记为 $R(f)$.

我们通常用记号

$$f:V\rightarrow W$$

抽象地表示 f 是 V 到 W 的一个映射；而用记号

$$f:x\rightarrow f(x)$$

表示映射 f 所规定的元素之间的具体对应关系.

定义 2.1.2(单射、满射与双射) 设 V 和 W 是两个非空集合，f 是 V 到 W 的一个映射. 若对任意 $x_1,x_2\in V$，当 $x_1\neq x_2$ 时有 $f(x_1)\neq f(x_2)$，则称 f 是 V 到 W 的单映射(简称单射)；若对任意 $y\in W$ 都有一个元素 $x\in V$ 使得 $f(x)=y$(即 $R(f)=W$)，则称 f 是 V 到 W 的满映射(简称满射)；若映射 f 既是单映射又是满映射，则称 f 是 V 到 W 的一一映射或双映射(简称双射).

定义 2.1.3(映射相等)　设 f_1 是集合 V_1 到集合 W_1 的一个映射,f_2 是集合 V_2 到集合 W_2 的一个映射. 若 $V_1=V_2$,$W_1=W_2$,并且对任意 $x\in V_1$ 有 $f_1(x)=f_2(x)$,则称映射 f_1 和 f_2 相等,记为 $f_1=f_2$.

定义 2.1.4(映射乘积)　设 V_1,V_2 和 V_3 是三个非空集合,并设 f_1 是 V_1 到 V_2 的一个映射,f_2 是 V_2 到 V_3 的一个映射. 由 f_1 和 f_2 确定的 V_1 到 V_3 的映射 f_3:$x\rightarrow f_2(f_1(x))$,$x\in V_1$,称为映射 f_1 和 f_2 的乘积,记为 $f_3=f_2\cdot f_1$,或简写为 $f_3=f_2f_1$.

一般而言,映射 f_1 和 f_2 的乘积不具有交换律,即映射 f_1 和 f_2 的乘积与映射 f_2 和 f_1 的乘积不同.

定义 2.1.5(可逆映射)　设有映射 f_1:$V\rightarrow W$,若存在映射 f_2:$W\rightarrow V$ 使得

$$f_2\cdot f_1=I_V,\quad f_1\cdot f_2=I_W$$

式中:I_V:$x\rightarrow x$,$x\in V$ 为 V 上的恒等映射,I_W 是 W 上的恒等映射. 我们称 f_2 为 f_1 的逆映射,记为 f_1^{-1}. 若映射 f_1 有逆映射,则称 f_1 为可逆映射.

定理 2.1.1　设映射 f:$V\rightarrow W$ 是可逆的,则 f 的逆映射 f^{-1} 是唯一的.

定理 2.1.2　设映射 f:$V\rightarrow W$ 是可逆映射的充分必要条件是 f 是双射.

定义 2.1.6(变换)　设 V 是一个非空集合,V 到自身的映射称为 V 的变换;V 到自身的双射称为 V 的一一变换;若 V 是有限集,V 的一一变换称为 V 的置换.

定义 2.1.7(一元多项式)　设 F 是数域,n 是自然数,λ 是一个文字(或符号),形式表达式

$$g(\lambda)=a_n\lambda^n+a_{n-1}\lambda^{n-1}+\cdots+a_1\lambda+a_0 \tag{2.1.1}$$

式中:$a_i\in F(i=0,1,\cdots,n)$,称为数域 F 上的一元多项式. 如果 $a_n\neq 0$,则称 $a_n\lambda^n$ 为多项式的首项,n 称为 $g(\lambda)$ 的次数,记为 $\deg(g(\lambda))=n$,a_n 称为 $g(\lambda)$ 的首项系数. 若 $a_n=1$,则称 $g(\lambda)$ 为首 1 多项式.

对于多项式 $g(\lambda)=\sum\limits_{i=0}^{n}a_{n-i}\lambda^{n-i}$ 和 $h(\lambda)=\sum\limits_{i=0}^{m}b_{m-i}\lambda^{m-i}$ $(n\geqslant m)$,则 $g(\lambda)$ 与 $h(\lambda)$ 的加减、乘积分别定义为

$$g(\lambda)\pm h(\lambda)=\sum_{i=0}^{n}(a_{n-i}+b_{n-i})\lambda^{n-i}$$

$$g(\lambda)h(\lambda)=\sum_{i=0}^{n+m}c_{n+m-i}\lambda^{n+m-i}$$

式中:$c_k=\sum\limits_{i+j=k}a_ib_j$,$b_n=b_{n-1}=\cdots=b_{m+1}=0$.

由上述定义易知,两多项式经过加、减、乘运算后所得结果仍是数域 F 上的多项式,且加法和乘法分别适合交换律、结合律,乘法对加法的分配律和乘法消去律. 一般来说,两多项式不能随便作除法,但有如下定理.

定理 2.1.3　设 $g(\lambda)$ 和 $h(\lambda)$ 是数域 F 上的多项式且 $h(\lambda)\neq 0$,则存在唯一的多项式 $p(\lambda)$ 和 $q(\lambda)$ 使得

$$g(\lambda)=p(\lambda)h(\lambda)+q(\lambda)$$

式中，$q(\lambda)=0$ 或 $\deg(q(\lambda))<\deg(h(\lambda))$.

定义 2.1.8(多项式整除) 设 $g(\lambda)$ 和 $h(\lambda)$ 是数域 F 上的多项式，如果存在多项式 $p(\lambda)$ 使得 $g(\lambda)=p(\lambda)h(\lambda)$，则称多项式 $h(\lambda)$ 整除 $g(\lambda)$，记为 $h(\lambda)\mid g(\lambda)$，$h(\lambda)$ 是 $g(\lambda)$ 的因式，$g(\lambda)$ 是 $h(\lambda)$ 的倍式.

定义 2.1.9(公因式) 设 $g(\lambda)$ 和 $h(\lambda)$ 是数域 F 上的多项式，若多项式 $p(\lambda)$ 既是 $g(\lambda)$ 的因式，又是 $h(\lambda)$ 的因式，则称 $p(\lambda)$ 是 $g(\lambda)$ 与 $h(\lambda)$ 的公因式. 若 $d(\lambda)$ 是 $g(\lambda)$ 与 $h(\lambda)$ 的公因式，且 $g(\lambda)$ 与 $h(\lambda)$ 的任一公因式都是 $d(\lambda)$ 的因式，则称 $d(\lambda)$ 是 $g(\lambda)$ 与 $h(\lambda)$ 的一个最大公因式.

定义 2.1.10(公倍式) 设 $g(\lambda)$ 和 $h(\lambda)$ 是数域 F 上的多项式，若多项式 $p(\lambda)$ 既是 $g(\lambda)$ 的倍式，又是 $h(\lambda)$ 的倍式，则称 $p(\lambda)$ 是 $g(\lambda)$ 与 $h(\lambda)$ 的公倍式. 若 $d(\lambda)$ 是 $g(\lambda)$ 与 $h(\lambda)$ 的公倍式，且 $g(\lambda)$ 与 $h(\lambda)$ 的任一公倍式都是 $d(\lambda)$ 的倍式，则称 $d(\lambda)$ 是 $g(\lambda)$ 与 $h(\lambda)$ 的一个最小公倍式.

若无特殊说明，最大公因式和最小公倍式都是指首 1 多项式.

定义 2.1.11(友矩阵) 设 $f(\lambda)$ 是数域 F 上的首 1 多项式，其表达式为

$$f(\lambda)=\lambda^n+a_{n-1}\lambda^{n-1}+\cdots+a_1\lambda+a_0$$

定义 n 阶矩阵

$$\boldsymbol{A}=\begin{bmatrix} 0 & 1 & 0 & \cdots & 0 \\ 0 & 0 & 1 & \cdots & 0 \\ \vdots & \vdots & \vdots & & \vdots \\ 0 & 0 & 0 & \cdots & 1 \\ -a_0 & -a_1 & -a_2 & \cdots & -a_{n-1} \end{bmatrix} \text{或} \boldsymbol{A}=\begin{bmatrix} 0 & 0 & \cdots & 0 & -a_0 \\ 1 & 0 & \cdots & 0 & -a_1 \\ 0 & 1 & \cdots & 0 & -a_2 \\ \vdots & \vdots & & \vdots & \vdots \\ 0 & 0 & \cdots & 1 & -a_{n-1} \end{bmatrix}$$

称为多项式 $f(\lambda)$ 的友矩阵(或伴侣矩阵).

定理 2.1.4 设多项式 $f(\lambda)$ 的友矩阵为 $\boldsymbol{A}$，则 $\boldsymbol{A}$ 的特征多项式为 $f(\lambda)$.

2.2 线性映射

定义 2.2.1(线性映射) 设 V 和 W 是数域 F 上的线性空间，如果映射 $T:V\to W$ 满足下述性质：

(1) 可加性：$\forall\, \boldsymbol{x},\boldsymbol{y}\in V, T(\boldsymbol{x}+\boldsymbol{y})=T(\boldsymbol{x})+T(\boldsymbol{y})$；

(2) 齐次性：$\forall\, \lambda\in F, T(\lambda\boldsymbol{x})=\lambda T(\boldsymbol{x})$，

则称 T 为 V 到 W 的一个线性映射. 特别地，当 $V=W$ 时，映射 T 为 V 到自身的线性映射，称 T 为 V 上的线性变换(或线性算子).

例 2.2.1 设 V 是数域 F 上的线性空间，定义映射 $T:V\to V$，分别满足

(1) $T(\boldsymbol{x})=\boldsymbol{\theta}, \forall\, \boldsymbol{x}\in V$；

(2) $T(\boldsymbol{x})=\boldsymbol{x}, \forall\, \boldsymbol{x}\in V$；

(3) $T(\boldsymbol{x})=-\boldsymbol{x}, \forall \boldsymbol{x}\in V$,

则以上三个映射均为线性变换,分别称为零变换、恒等变换和负变换.

例 2.2.2　定义映射 $T:\mathbb{R}^2\to\mathbb{R}^2$, $\forall \boldsymbol{x}=[x_1,x_2]^{\mathrm{T}}\in\mathbb{R}^2$,它分别满足

(1) $T(\boldsymbol{x})=\begin{bmatrix}k_1 & 0\\ 0 & k_2\end{bmatrix}\boldsymbol{x}$, k_1 和 k_2 为正常数;

(2) $T(\boldsymbol{x})=[x_1,-x_2]$;

(3) $T(\boldsymbol{x})=\begin{bmatrix}\cos\varphi & -\sin\varphi\\ \sin\varphi & \cos\varphi\end{bmatrix}\boldsymbol{x}$, φ 为旋转角(逆时针取正),

则以上三个映射均为线性变换,分别称为平面伸压变换、平面反射变换和平面旋转变换,它们是常见的图形变换.

例 2.2.3　在多项式空间 $P_n(x)$中,定义映射 $T:P_n\to P_n$ 满足

$$T(p(x))=\frac{\mathrm{d}p(x)}{\mathrm{d}x},\quad \forall p(x)\in P_n(x)$$

则映射 T 是 $P_n(x)$上的线性变换,称为微分变换(或微分算子).

例 2.2.4　在 $C[a,b]$空间中,定义映射 $T:C[a,b]\to C[a,b]$满足

$$T(f(x))=\int_a^x f(t)\,\mathrm{d}t,\quad \forall f(x)\in C[a,b]$$

则映射 T 是$C[a,b]$上的线性变换,称为积分变换(或积分算子).

例 2.2.5　设 W 是线性空间 V 的非平凡子空间,定义映射 T 为

$$T(\boldsymbol{x})=\mathrm{Proj}_W\boldsymbol{x},\quad \forall \boldsymbol{x}\in V$$

则映射 T 是 V 上的线性变换,称为正交投影变换.

解:设向量组 $\boldsymbol{\alpha}_1,\cdots,\boldsymbol{\alpha}_p$ 是 W 的一组标准正交基,则 V 中任一向量 $\boldsymbol{x}$ 在 W 上的正交投影为

$$\mathrm{Proj}_W\boldsymbol{x}=(\boldsymbol{x},\boldsymbol{\alpha}_1)\boldsymbol{\alpha}_1+\cdots+(\boldsymbol{x},\boldsymbol{\alpha}_p)\boldsymbol{\alpha}_p$$

因此,

$$T(\boldsymbol{x})=\sum_{i=1}^{p}(\boldsymbol{x},\boldsymbol{\alpha}_i)\boldsymbol{\alpha}_i$$

那么,对任意向量 $\boldsymbol{x},\boldsymbol{y}\in V$ 和 $\lambda,\mu\in F$ 有

$$\begin{aligned}T(\lambda\boldsymbol{x}+\mu\boldsymbol{y})&=\sum_{i=1}^{p}(\lambda\boldsymbol{x}+\mu\boldsymbol{y},\boldsymbol{\alpha}_i)\boldsymbol{\alpha}_i\\&=\lambda\sum_{i=1}^{p}(\boldsymbol{x},\boldsymbol{\alpha}_i)\boldsymbol{\alpha}_i+\mu\sum_{i=1}^{p}(\boldsymbol{y},\boldsymbol{\alpha}_i)\boldsymbol{\alpha}_i\\&=\lambda T(\boldsymbol{x})+\mu T(\boldsymbol{y})\end{aligned}$$

综上可知,映射 T 是 V 上的线性变换.

例 2.2.6　设 V 是数域 F 上的线性空间,$\boldsymbol{\varepsilon}_1,\cdots,\boldsymbol{\varepsilon}_n$ 和 $\boldsymbol{\eta}_1,\cdots,\boldsymbol{\eta}_n$ 是 V 的两组基,定义映射 $T:V\to V$ 为

$$T(\boldsymbol{x})=[\boldsymbol{\eta}_1,\cdots,\boldsymbol{\eta}_n]\,[x_1,\cdots,x_n]^{\mathrm{T}},\quad \forall \boldsymbol{x}\in V$$

式中：$[x_1,\cdots,x_n]^{\mathrm{T}}$ 是向量 $\boldsymbol{x}$ 在基 $\boldsymbol{\varepsilon}_1,\cdots,\boldsymbol{\varepsilon}_n$ 下的坐标. 根据定义 2.2.1 易证，映射 T 是 V 上的线性变换.

例 2.2.7 设 $\boldsymbol{\alpha}_1,\boldsymbol{\alpha}_2,\boldsymbol{\alpha}_3$ 是线性空间 V 的一组基，定义映射 T 为

$$T(k_1\boldsymbol{\alpha}_1+k_2\boldsymbol{\alpha}_2+k_3\boldsymbol{\alpha}_3)=(k_1+k_2+k_3)\boldsymbol{\alpha}_1+(k_2+k_3)\boldsymbol{\alpha}_2+k_3\boldsymbol{\alpha}_3$$

式中：$k_1,k_2,k_3\in F$.

(1) 证明映射 T 是 $V\to V$ 的线性变换.

(2) 若 $\boldsymbol{\beta}_0=2\boldsymbol{\alpha}_1+\boldsymbol{\alpha}_2+3\boldsymbol{\alpha}_3$，求 $T(\boldsymbol{\beta}_0)$.

解：(1) 首先证明映射 T 是 $V\to V$ 的线性变换. 对任意向量 $\boldsymbol{x},\boldsymbol{y}\in V$，令 $\boldsymbol{x}=x_1\boldsymbol{\alpha}_1+x_2\boldsymbol{\alpha}_2+x_3\boldsymbol{\alpha}_3$，$\boldsymbol{y}=y_1\boldsymbol{\alpha}_1+y_2\boldsymbol{\alpha}_2+y_3\boldsymbol{\alpha}_3$，则有

$$\begin{aligned}T(\boldsymbol{x}+\boldsymbol{y})&=T\left[(x_1+y_1)\boldsymbol{\alpha}_1+(x_2+y_2)\boldsymbol{\alpha}_2+(x_3+y_3)\boldsymbol{\alpha}_3\right]\\&=\left[(x_1+y_1)+(x_2+y_2)+(x_3+y_3)\right]\boldsymbol{\alpha}_1+\\&\quad\left[(x_2+y_2)+(x_3+y_3)\right]\boldsymbol{\alpha}_2+(x_3+y_3)\boldsymbol{\alpha}_3\\&=T(\boldsymbol{x})+T(\boldsymbol{y})\end{aligned}$$

对任意向量 $\boldsymbol{x}\in V$ 和 $k\in F$，有

$$\begin{aligned}T(k\boldsymbol{x})&=T(kx_1\boldsymbol{\alpha}_1+kx_2\boldsymbol{\alpha}_2+kx_3\boldsymbol{\alpha}_3)\\&=(kx_1+kx_2+kx_3)\boldsymbol{\alpha}_1+(kx_2+kx_3)\boldsymbol{\alpha}_2+kx_3\boldsymbol{\alpha}_3\\&=kT(\boldsymbol{x})\end{aligned}$$

因此，映射 T 是 $V\to V$ 的线性变换.

(2) 求解 $T(\boldsymbol{\beta}_0)$.

方法一：令 $x_1=2,x_2=1,x_3=3$，则

$$\begin{aligned}T(\boldsymbol{\beta}_0)&=(2+1+3)\boldsymbol{\alpha}_1+(1+3)\boldsymbol{\alpha}_2+3\boldsymbol{\alpha}_3\\&=6\boldsymbol{\alpha}_1+4\boldsymbol{\alpha}_2+3\boldsymbol{\alpha}_3\end{aligned}$$

方法二：对任意 $\boldsymbol{x}=[x_1,x_2,x_3]^{\mathrm{T}}\in F^3$，有

$$T(x_1\boldsymbol{\alpha}_1+x_2\boldsymbol{\alpha}_2+x_3\boldsymbol{\alpha}_3)=[\boldsymbol{\alpha}_1,\boldsymbol{\alpha}_2,\boldsymbol{\alpha}_3]\begin{bmatrix}1&1&1\\0&1&1\\0&0&1\end{bmatrix}\boldsymbol{x}$$

由于 $\boldsymbol{\beta}_0$ 在基 $\boldsymbol{\alpha}_1,\boldsymbol{\alpha}_2,\boldsymbol{\alpha}_3$ 下的坐标为 $\boldsymbol{x}=[2,1,3]^{\mathrm{T}}$，将其代入上式得

$$T(\boldsymbol{\beta}_0)=[\boldsymbol{\alpha}_1,\boldsymbol{\alpha}_2,\boldsymbol{\alpha}_3]\begin{bmatrix}1&1&1\\0&1&1\\0&0&1\end{bmatrix}\begin{bmatrix}2\\1\\3\end{bmatrix}=6\boldsymbol{\alpha}_1+4\boldsymbol{\alpha}_2+3\boldsymbol{\alpha}_3$$

例 2.2.8 考察在其自身的线性空间$\mathbb{Q}(\sqrt{3})$，定义映射 T 为

$$T(x+y\sqrt{3})=x,\quad \forall x,y\in\mathbb{Q}$$

则映射 T 不是线性变换. 这是因为 $T(\sqrt{3}\cdot\sqrt{3})=3\neq\sqrt{3}\,T(\sqrt{3})$.

定理 2.2.1 设 T 是数域 F 上线性空间 V 到 W 的线性映射，若 $\boldsymbol{\alpha}_1,\cdots,\boldsymbol{\alpha}_p$ 是 V

的一组向量，$k_1,\cdots,k_p\in F$，则

$$T(k_1\boldsymbol{\alpha}_1+\cdots+k_p\boldsymbol{\alpha}_p)=k_1T(\boldsymbol{\alpha}_1)+\cdots+k_pT(\boldsymbol{\alpha}_p)$$

该定理可由定义 2.2.1 直接得到，并有如下推论：

推论 2.2.1　设 T 是线性空间 V 到 W 的线性映射，则

(1) $T(\boldsymbol{\theta})=\boldsymbol{\theta}'$，$\boldsymbol{\theta}\in V$，$\boldsymbol{\theta}'\in W$；

(2) $T(-\boldsymbol{x})=-T(\boldsymbol{x})$，$\forall\,\boldsymbol{x}\in V$；

(3) 若 $\boldsymbol{\alpha}_1,\cdots,\boldsymbol{\alpha}_p$ 是 V 中一组线性相关向量，则 $T(\boldsymbol{\alpha}_1),\cdots,T(\boldsymbol{\alpha}_p)$ 是 W 中一组线性相关向量；

(4) 若 $T(\boldsymbol{\alpha}_1),\cdots,T(\boldsymbol{\alpha}_p)$ 是 W 的一组线性无关向量，则 $\boldsymbol{\alpha}_1,\cdots,\boldsymbol{\alpha}_p$ 是 V 中一组线性无关向量.

注 1：推论 2.2.1 性质(1)的几何意义是线性映射必须保持原点不动. 因此解析几何中常见的平移变换一般不是线性变换.

定理 2.2.2　设 T 是数域 F 上线性空间 V 到 W 的线性映射，当且仅当 T 是单射时，V 中线性无关向量组的像是 W 中线性无关向量组.

证明：充分性. 设 $\boldsymbol{\alpha}_1,\cdots,\boldsymbol{\alpha}_p$ 是 V 中一组线性无关向量，则对任一不全为零的数组 $k_1,\cdots,k_p\in F$，有 $k_1\boldsymbol{\alpha}_1+\cdots+k_p\boldsymbol{\alpha}_p\neq\boldsymbol{\theta}$. 由于 T 是单射且 $T(\boldsymbol{\theta})=\boldsymbol{\theta}$，从而

$$T(k_1\boldsymbol{\alpha}_1+\cdots+k_p\boldsymbol{\alpha}_p)=k_1T(\boldsymbol{\alpha}_1)+\cdots+k_pT(\boldsymbol{\alpha}_p)\neq\boldsymbol{\theta}$$

上式说明 $T(\boldsymbol{\alpha}_1),\cdots,T(\boldsymbol{\alpha}_p)$ 是 W 的一组线性无关向量.

必要性. 设 $\boldsymbol{\zeta}_1,\cdots,\boldsymbol{\zeta}_n$ 是 V 中一组基，则 V 中任意向量 $\boldsymbol{\alpha}$ 和 $\boldsymbol{\beta}$ 可表示为

$$\boldsymbol{\alpha}=a_1\boldsymbol{\zeta}_1+\cdots+a_n\boldsymbol{\zeta}_n,\quad \boldsymbol{\beta}=b_1\boldsymbol{\zeta}_1+\cdots+b_n\boldsymbol{\zeta}_n$$

式中，$\boldsymbol{a}=[a_1,\cdots,a_n]^{\mathrm{T}}$ 和 $\boldsymbol{b}=[b_1,\cdots,b_n]^{\mathrm{T}}$ 分别是向量 $\boldsymbol{\alpha}$ 和 $\boldsymbol{\beta}$ 在基 $\boldsymbol{\zeta}_1,\cdots,\boldsymbol{\zeta}_n$ 下的坐标. 于是

$$T(\boldsymbol{\alpha})=a_1T(\boldsymbol{\zeta}_1)+\cdots+a_nT(\boldsymbol{\zeta}_n)$$
$$T(\boldsymbol{\beta})=b_1T(\boldsymbol{\zeta}_1)+\cdots+b_nT(\boldsymbol{\zeta}_n)$$

且有

$$T(\boldsymbol{\alpha})-T(\boldsymbol{\beta})=(a_1-b_1)T(\boldsymbol{\zeta}_1)+\cdots+(a_n-b_n)T(\boldsymbol{\zeta}_n)$$

当 $\boldsymbol{\alpha}\neq\boldsymbol{\beta}$ 时，若有 $T(\boldsymbol{\alpha})=T(\boldsymbol{\beta})$，则根据上式得

$$(a_1-b_1)a_1T(\boldsymbol{\zeta}_1)+\cdots+(a_n-b_n)T(\boldsymbol{\zeta}_n)=\boldsymbol{\theta}$$

由于 $T(\boldsymbol{\zeta}_1),\cdots,T(\boldsymbol{\zeta}_n)$ 线性无关，故 $a_i=b_i$，$i=1,\cdots,n$，即 $\boldsymbol{a}=\boldsymbol{b}$. 由于 $\boldsymbol{\alpha}\neq\boldsymbol{\beta}$，故其坐标 $\boldsymbol{a}\neq\boldsymbol{b}$. 因此，当 $\boldsymbol{\alpha}\neq\boldsymbol{\beta}$ 时，$T(\boldsymbol{\alpha})\neq T(\boldsymbol{\beta})$. 这表明映射 T 是单射. 证毕.

推论 2.2.2　设线性空间 V 和 W 的维数相同，且 T 是线性空间 V 到 W 的线性映射，当且仅当 T 是单射时，V 中一组基的像是 W 中一组基. 此时映射 T 是双射.

若无特殊说明，我们用 $\mathcal{L}(V,W)$ 表示线性空间 V 到 W 的所有线性映射的集合；用 $\mathcal{L}(V,V)$ 表示定义在线性空间 V 的所有线性变换的集合，简记为 $\mathcal{L}(V)$.

定义 2.2.2(线性映射的加法运算)　设 $T_1,T_2\in L(V,W)$，定义 T_1 与 T_2 的和为

$$(T_1+T_2)(\boldsymbol{x})=T_1(\boldsymbol{x})+T_2(\boldsymbol{x}),\quad \forall \boldsymbol{x}\in V$$

式中：等式右端的“+”表示线性空间 W 的加法运算.

定义 2.2.3（线性映射的数乘运算） 设 $T\in\mathcal{L}(V,W)$，$\lambda\in F$，定义 λ 与 T 的数乘 $\lambda\cdot T$ 为

$$(\lambda T)(\boldsymbol{x})=\lambda\cdot T(\boldsymbol{x}),\quad \forall \boldsymbol{x}\in V$$

式中：等式右端的“·”表示线性空间 W 的数乘运算，常省略.

定理 2.2.3 集合 $\mathcal{L}(V,W)$ 对定义 2.2.2 的加法和定义 2.2.3 的数乘构成数域 F 上的线性空间，称为线性映射空间. 特别地，$\mathcal{L}(V)$ 称为线性变换空间.

证明：对任意映射 $T_1,T_2\in\mathcal{L}(V,W)$，任意向量 $\boldsymbol{x},\boldsymbol{y}\in V$ 和 $\lambda,\mu\in F$，有

$$\begin{aligned}(T_1+T_2)(\lambda\boldsymbol{x}+\mu\boldsymbol{y})&=T_1(\lambda\boldsymbol{x}+\mu\boldsymbol{y})+T_2(\lambda\boldsymbol{x}+\mu\boldsymbol{y})\\&=\lambda T_1(\boldsymbol{x})+\mu T_1(\boldsymbol{y})+\lambda T_2(\boldsymbol{x})+\mu T_2(\boldsymbol{y})\\&=\lambda[T_1(\boldsymbol{x})+T_2(\boldsymbol{x})]+\mu[T_1(\boldsymbol{y})+T_2(\boldsymbol{y})]\\&=\lambda(T_1+T_2)(\boldsymbol{x})+\mu(T_1+T_2)(\boldsymbol{y})\end{aligned}$$

因此，T_1+T_2 是 V 到 W 的线性映射. 同理可证，对任意 $T\in\mathcal{L}(V,W)$ 和 $\lambda\in F$，λT 是 V 到 W 的线性映射.

我们还可验证线性映射的加法符合交换律和结合律，零映射是零元，$(-T)$ 是映射 T 的负元；并容易验证线性映射的数乘运算满足四条规则，即对任意映射 T_1,T_2，$T\in\mathcal{L}(V,W)$ 和 $\lambda,\mu\in F$，有：(1) $\lambda(T_1+T_2)=\lambda T_1+\lambda T_2$；(2) $(\lambda+\mu)T=\lambda T+\mu T$；(3) $\lambda(\mu T)=(\lambda\mu)T$；(4) $1\cdot T=T$. 综上所述，$\mathcal{L}(V,W)$ 是数域 F 上的线性空间.

【思考】 线性空间 $\mathcal{L}(V,W)$ 的维数是多少？

此处请读者自行思考，下一节将给出详细解答.

有两类重要的线性子空间伴随线性映射，分别为线性映射的值空间和核空间.

定理 2.2.4（线性映射值空间和核空间） 设 $T\in\mathcal{L}(V,W)$，定义

$$N(T)=\{\boldsymbol{x}\in V\mid T(\boldsymbol{x})=\boldsymbol{\theta}\}$$

$$R(T)=\{\boldsymbol{y}\in W\mid \boldsymbol{y}=T(\boldsymbol{x}),\forall \boldsymbol{x}\in V\}$$

则 $N(T)$ 是 V 的子空间，$R(T)$ 是 W 的子空间. 我们称 $N(T)$ 是线性映射 T 的核空间（或零空间），$R(T)$ 是线性映射 T 的像空间（或值空间）；并称 $\dim N(T)$ 为线性映射 T 的零度（或亏），$\dim R(T)$ 为线性映射 T 的秩.

证明：(1) 当 $\boldsymbol{x}=\boldsymbol{\theta}$ 时，$T\boldsymbol{x}=\boldsymbol{\theta}$. 故 $\boldsymbol{\theta}\in R(T)$，即 $R(T)$ 是 W 的非空子集.

对任意向量 $\boldsymbol{\alpha},\boldsymbol{\beta}\in R(T)$ 和 $k\in F$，有

$$T(\boldsymbol{\alpha})+T(\boldsymbol{\beta})=T(\boldsymbol{\alpha}+\boldsymbol{\beta})\in R(T)$$

$$kT(\boldsymbol{\alpha})=T(k\boldsymbol{\alpha})\in R(T)$$

由线性子空间定义可知，$R(T)$ 为 W 的子空间.

(2) 因为 $T(\boldsymbol{\theta})=\boldsymbol{\theta}$，故 $\boldsymbol{\theta}\in N(T)$，即 $N(T)$ 是 V 的非空子集. 对任意向量 $\boldsymbol{\alpha}$，$\boldsymbol{\beta}\in N(T)$ 和 $k\in F$，有

$$T(\boldsymbol{\alpha}+\boldsymbol{\beta})=T(\boldsymbol{\alpha})+T(\boldsymbol{\beta})=\boldsymbol{\theta}$$
$$T(k\boldsymbol{\alpha})=kT(\boldsymbol{\alpha})=k\boldsymbol{\theta}=\boldsymbol{\theta}$$

因此，$N(T)$是 V 的子空间.

定理 2.2.5(亏加秩定理)　设 $T\in\mathcal{L}(V,W)$，则

$$\dim N(T)+\dim R(T)=\dim V$$

即线性映射 T 的亏加秩等于其定义域 V 空间的维数.

证明：设线性空间 V 的维数为 n，其子空间 $N(T)$的维数为 m. 在 $N(T)$中取一组基 $\boldsymbol{\alpha}_1,\cdots,\boldsymbol{\alpha}_m$，并把它扩充为 V 的基 $\boldsymbol{\alpha}_1,\cdots,\boldsymbol{\alpha}_m,\boldsymbol{\alpha}_{m+1},\cdots,\boldsymbol{\alpha}_n$，则对任意向量 $\boldsymbol{x}\in V$ 有

$$\boldsymbol{x}=\sum_{i=1}^{n}k_i\boldsymbol{\alpha}_i,\quad k_i\in F$$

从而

$$T\boldsymbol{x}=\sum_{i=1}^{n}k_iT(\boldsymbol{\alpha}_i)$$

即

$$R(T)=\mathrm{span}(T(\boldsymbol{\alpha}_1),\cdots,T(\boldsymbol{\alpha}_m),T(\boldsymbol{\alpha}_{m+1}),\cdots,T(\boldsymbol{\alpha}_n))\tag{2.2.1}$$

注意到 $\boldsymbol{\alpha}_1,\cdots,\boldsymbol{\alpha}_m\in N(T)$，故 $T(\boldsymbol{\alpha}_1)=\cdots=T(\boldsymbol{\alpha}_m)=\boldsymbol{\theta}$. 由此，式(2.2.1)可改写为

$$R(T)=\mathrm{span}(T(\boldsymbol{\alpha}_{m+1}),\cdots,T(\boldsymbol{\alpha}_n))\tag{2.2.2}$$

现只需证明 $T(\boldsymbol{\alpha}_{m+1}),\cdots,T(\boldsymbol{\alpha}_n)$线性无关，即可说明 $T(\boldsymbol{\alpha}_{m+1}),\cdots,T(\boldsymbol{\alpha}_n)$是 $R(T)$的一组基.

假设存在一组数 $l_i\in F,i=m+1,\cdots,n$，使得

$$\sum_{i=m+1}^{n}l_iT(\boldsymbol{\alpha}_i)=\boldsymbol{\theta}$$

则根据线性映射定义知

$$T\left(\sum_{i=m+1}^{n}l_i\boldsymbol{\alpha}_i\right)=\boldsymbol{\theta}$$

即

$$\sum_{i=m+1}^{n}l_i\boldsymbol{\alpha}_i\in N(T)$$

又知向量组 $\boldsymbol{\alpha}_1,\cdots,\boldsymbol{\alpha}_m$ 是 $N(T)$的一组基，故向量 $\sum\limits_{i=m+1}^{n}l_i\boldsymbol{\alpha}_i$ 一定可由向量组 $\boldsymbol{\alpha}_1,\cdots,\boldsymbol{\alpha}_m$ 线性表示，即

$$\sum_{i=m+1}^{n}l_i\boldsymbol{\alpha}_i=\sum_{i=1}^{m}l_i\boldsymbol{\alpha}_i$$

整理得

$$\sum_{i=1}^{n} l_i \boldsymbol{\alpha}_i = \boldsymbol{\theta}$$

已知向量组 $\boldsymbol{\alpha}_1,\cdots,\boldsymbol{\alpha}_m,\boldsymbol{\alpha}_{m+1},\cdots,\boldsymbol{\alpha}_n$ 线性无关，故上式成立的充分必要条件为 $l_i=0,i=1,\cdots,n$. 因此，我们推断出 $T(\boldsymbol{\alpha}_{m+1}),\cdots,T(\boldsymbol{\alpha}_n)$线性无关，即 $\dim R(T)=n-m$. 证毕.

【思考】 $\forall \mathbf{A}\in\mathbb{R}^{m\times n}$，定义映射 $T:\mathbb{R}^{m\times n}\to\mathbb{R}^{n\times m}$ 使得

$$T(\mathbf{A})=\mathbf{A}^{\mathrm{T}}$$

问：映射 T 是线性映射吗？请读者思考并说明原因.

2.3 矩阵与同构

现引入矩阵来研究线性映射和线性变换.

定义 2.3.1(矩阵) 设 V 和 W 均是数域 F 上的线性空间，向量组 $\boldsymbol{\varepsilon}_1,\cdots,\boldsymbol{\varepsilon}_n$ 和向量组 $\boldsymbol{\eta}_1,\cdots,\boldsymbol{\eta}_m$ 分别是 V 和 W 的一组基，且 $T\in\mathcal{L}(V,W)$. 由此，$T(\boldsymbol{\varepsilon}_i)$一定可以由基 $\boldsymbol{\eta}_1,\cdots,\boldsymbol{\eta}_m$ 线性表示. 不妨设为

$$\begin{cases} T(\boldsymbol{\varepsilon}_1)=a_{11}\boldsymbol{\eta}_1+a_{21}\boldsymbol{\eta}_2+\cdots+a_{m1}\boldsymbol{\eta}_m \\ T(\boldsymbol{\varepsilon}_2)=a_{12}\boldsymbol{\eta}_1+a_{22}\boldsymbol{\eta}_2+\cdots+a_{m2}\boldsymbol{\eta}_m \\ \quad\vdots \\ T(\boldsymbol{\varepsilon}_n)=a_{1n}\boldsymbol{\eta}_1+a_{2n}\boldsymbol{\eta}_2+\cdots+a_{mn}\boldsymbol{\eta}_m \end{cases}$$

上式可形式地记为

$$T(\boldsymbol{\varepsilon}_1,\cdots,\boldsymbol{\varepsilon}_n)\overset{\text{def}}{=\!=}[T(\boldsymbol{\varepsilon}_1),\cdots,T(\boldsymbol{\varepsilon}_n)]=[\boldsymbol{\eta}_1,\cdots,\boldsymbol{\eta}_m]\mathbf{A} \tag{2.3.1}$$

其中

$$\mathbf{A}=\begin{bmatrix} a_{11} & a_{12} & \cdots & a_{1n} \\ a_{21} & a_{22} & \cdots & a_{2n} \\ \vdots & \vdots & & \vdots \\ a_{m1} & a_{m2} & \cdots & a_{mn} \end{bmatrix}\in F^{m\times n}$$

矩阵 $\mathbf{A}$ 称为线性映射 T 在 V 的基 $\boldsymbol{\varepsilon}_1,\cdots,\boldsymbol{\varepsilon}_n$ 和 W 的基 $\boldsymbol{\eta}_1,\cdots,\boldsymbol{\eta}_m$ 下的矩阵. 特别地，若 $V=W$，式(2.3.1)改写为

$$T(\boldsymbol{\varepsilon}_1,\cdots,\boldsymbol{\varepsilon}_n)\overset{\text{def}}{=\!=}[T(\boldsymbol{\varepsilon}_1),\cdots,T(\boldsymbol{\varepsilon}_n)]=[\boldsymbol{\varepsilon}_1,\cdots,\boldsymbol{\varepsilon}_n]\mathbf{A} \tag{2.3.2}$$

其中

$$\mathbf{A}=\begin{bmatrix} a_{11} & a_{12} & \cdots & a_{1n} \\ a_{21} & a_{22} & \cdots & a_{2n} \\ \vdots & \vdots & & \vdots \\ a_{n1} & a_{n2} & \cdots & a_{nn} \end{bmatrix}\in F^{n\times n}$$

矩阵 $\mathbf{A}$ 称为线性变换 T 在 V 的基 $\boldsymbol{\varepsilon}_1,\cdots,\boldsymbol{\varepsilon}_n$ 下的矩阵.

例 2.3.1 定义平面旋转变换 $T:\mathbb{R}^2\to\mathbb{R}^2$,满足

$$T(\boldsymbol{x})=\begin{bmatrix}\cos\varphi & -\sin\varphi\\ \sin\varphi & \cos\varphi\end{bmatrix}\boldsymbol{x},\quad \forall\,\boldsymbol{x}=[x_1,x_2]^{\mathrm{T}}\in\mathbb{R}^2$$

取定$\mathbb{R}^2$中的标准基 $\boldsymbol{e}_1,\boldsymbol{e}_2$,则有

$$T(\boldsymbol{e}_1)=\begin{bmatrix}\cos\varphi & -\sin\varphi\\ \sin\varphi & \cos\varphi\end{bmatrix}\begin{bmatrix}1\\0\end{bmatrix}=\begin{bmatrix}\cos\varphi\\ \sin\varphi\end{bmatrix}=[\boldsymbol{e}_1,\boldsymbol{e}_2]\begin{bmatrix}\cos\varphi\\ \sin\varphi\end{bmatrix}$$

$$T(\boldsymbol{e}_2)=\begin{bmatrix}\cos\varphi & -\sin\varphi\\ \sin\varphi & \cos\varphi\end{bmatrix}\begin{bmatrix}0\\1\end{bmatrix}=\begin{bmatrix}-\sin\varphi\\ \cos\varphi\end{bmatrix}=[\boldsymbol{e}_1,\boldsymbol{e}_2]\begin{bmatrix}-\sin\varphi\\ \cos\varphi\end{bmatrix}$$

根据式(2.3.2)得

$$T(\boldsymbol{e}_1,\boldsymbol{e}_2)=[\boldsymbol{e}_1,\boldsymbol{e}_2]\begin{bmatrix}\cos\varphi & -\sin\varphi\\ \sin\varphi & \cos\varphi\end{bmatrix}$$

因此,平面旋转变换 T 在标准基 $\boldsymbol{e}_1,\boldsymbol{e}_2$ 下的矩阵为

$$\boldsymbol{A}=\begin{bmatrix}\cos\varphi & -\sin\varphi\\ \sin\varphi & \cos\varphi\end{bmatrix}$$

例 2.3.2 在多项式空间 $P_n(x)$中,定义微分变换 $T:P_n\to P_n$:

$$T(p(x))=\frac{\mathrm{d}p(x)}{\mathrm{d}x},\quad \forall\,p(x)\in P_n(x)$$

取定 $P_n(x)$的一组基 $1,x,x^2,\cdots,x^n$,则有

$$T(1)=0=[1,x,x^2,\cdots,x^n]\,[0,0,\cdots,0]^{\mathrm{T}}$$
$$T(x)=1=[1,x,x^2,\cdots,x^n]\,[1,0,\cdots,0]^{\mathrm{T}}$$
$$T(x^2)=2x=[1,x,x^2,\cdots,x^n]\,[0,2,\cdots,0]^{\mathrm{T}}$$
$$\vdots$$
$$T(x^n)=nx^{n-1}=[1,x,x^2,\cdots,x^n]\,[0,0,\cdots,n,0]^{\mathrm{T}}$$

于是在微分变换 T 基 $1,x,x^2,\cdots,x^n$ 下的矩阵为

$$\boldsymbol{A}=\begin{bmatrix}0 & 1 & 0 & \cdots & 0\\ 0 & 0 & 2 & \cdots & 0\\ \vdots & \vdots & \vdots & & \vdots\\ 0 & 0 & 0 & \cdots & n\\ 0 & 0 & 0 & \cdots & 0\end{bmatrix}$$

例 2.3.3 设 V 是数域 F 上的线性空间,$\boldsymbol{\varepsilon}_1,\cdots,\boldsymbol{\varepsilon}_n$ 和 $\boldsymbol{\eta}_1,\cdots,\boldsymbol{\eta}_n$ 是 V 的两组基,定义线性变换 $T:V\to V$ 为

$$T(\boldsymbol{x})=[\boldsymbol{\eta}_1,\cdots,\boldsymbol{\eta}_n]\,[x_1,\cdots,x_n]^{\mathrm{T}},\quad \forall\,\boldsymbol{x}\in V$$

式中:$[x_1,\cdots,x_n]^{\mathrm{T}}$ 是 $\boldsymbol{x}$ 在基 $\boldsymbol{\varepsilon}_1,\cdots,\boldsymbol{\varepsilon}_n$ 下的坐标. 求 T 在基 $\boldsymbol{\varepsilon}_1,\cdots,\boldsymbol{\varepsilon}_n$ 下的矩阵.

解:由 T 的定义式知

$$T(\boldsymbol{\varepsilon}_i)=[\boldsymbol{\eta}_1,\cdots,\boldsymbol{\eta}_n]\,\boldsymbol{e}_i$$

于是

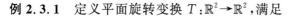

$$T(\boldsymbol{\varepsilon}_1,\cdots,\boldsymbol{\varepsilon}_n)=[\boldsymbol{\eta}_1,\cdots,\boldsymbol{\eta}_m]\begin{bmatrix}1 & & 0\\ & \ddots & \\ 0 & & 1\end{bmatrix}$$

即 $T(\boldsymbol{\varepsilon}_1,\cdots,\boldsymbol{\varepsilon}_n)=[\boldsymbol{\eta}_1,\cdots,\boldsymbol{\eta}_m]$.

设矩阵 $\boldsymbol{A}$ 是基 $\boldsymbol{\varepsilon}_1,\cdots,\boldsymbol{\varepsilon}_n$ 到基 $\boldsymbol{\eta}_1,\cdots,\boldsymbol{\eta}_n$ 的过渡矩阵,则

$$[\boldsymbol{\eta}_1,\cdots,\boldsymbol{\eta}_m]=[\boldsymbol{\varepsilon}_1,\cdots,\boldsymbol{\varepsilon}_n]\boldsymbol{A}$$

因此,

$$T(\boldsymbol{\varepsilon}_1,\cdots,\boldsymbol{\varepsilon}_n)=[\boldsymbol{\varepsilon}_1,\cdots,\boldsymbol{\varepsilon}_n]\boldsymbol{A}$$

上式表明,T 在基 $\boldsymbol{\varepsilon}_1,\cdots,\boldsymbol{\varepsilon}_n$ 下的矩阵恰好为基 $\boldsymbol{\varepsilon}_1,\cdots,\boldsymbol{\varepsilon}_n$ 到基 $\boldsymbol{\eta}_1,\cdots,\boldsymbol{\eta}_n$ 的过渡矩阵.

显然,矩阵 $\boldsymbol{A}$ 由线性映射 T 唯一确定.或者说,矩阵是线性映射在某组基下的表达(或坐标化的线性变换).反过来,若给定 $m\times n$ 阶矩阵 $\boldsymbol{A}$,是否存在线性映射 $T\in\mathcal{L}(V,W)$ 使其在给定基下的矩阵恰为 $\boldsymbol{A}$?若存在,我们可以找到多少个线性映射?

定理 2.3.1 设 V 和 W 是数域 F 上的线性空间,取定 $\boldsymbol{\varepsilon}_1,\cdots,\boldsymbol{\varepsilon}_n$ 和 $\boldsymbol{\eta}_1,\cdots,\boldsymbol{\eta}_m$ 分别是 V 和 W 的一组基.任取 $\boldsymbol{A}=(a_{ij})\in F^{m\times n}$,则有且仅有一个线性映射 $T\in\mathcal{L}(V,W)$ 使其在 V 的基 $\boldsymbol{\varepsilon}_1,\cdots,\boldsymbol{\varepsilon}_n$ 和 W 的基 $\boldsymbol{\eta}_1,\cdots,\boldsymbol{\eta}_m$ 下的矩阵恰为 $\boldsymbol{A}$.

证明:V 中任意向量 $\boldsymbol{x}$ 均可由基 $\boldsymbol{\varepsilon}_1,\cdots,\boldsymbol{\varepsilon}_n$ 线性表示,不妨设

$$\boldsymbol{x}=\sum_{j=1}^{n}\alpha_j\boldsymbol{\varepsilon}_j$$

式中:$\boldsymbol{\alpha}=[\alpha_1,\cdots,\alpha_n]^{\mathrm{T}}$ 是向量 $\boldsymbol{x}$ 在基 $\boldsymbol{\varepsilon}_1,\cdots,\boldsymbol{\varepsilon}_n$ 下的坐标.

定义映射 $T:V\to W$ 使得对 V 中任意向量 $\boldsymbol{x}$ 满足

$$T(\boldsymbol{x})=\sum_{j=1}^{n}\sum_{i=1}^{m}\alpha_j a_{ij}\boldsymbol{\eta}_i$$

则对任意向量 $\boldsymbol{x},\boldsymbol{y}\in V$ 和 $\lambda,\mu\in F$,有

$$\begin{aligned}T(\lambda\boldsymbol{x}+\mu\boldsymbol{y})&=\sum_{j=1}^{n}\sum_{i=1}^{m}(\lambda\alpha_j+\mu\beta_j)a_{ij}\boldsymbol{\eta}_i\\&=\lambda\sum_{j=1}^{n}\sum_{i=1}^{m}\alpha_j a_{ij}\boldsymbol{\eta}_i+\mu\sum_{j=1}^{n}\sum_{i=1}^{m}\beta_j a_{ij}\boldsymbol{\eta}_i\\&=\lambda T(\boldsymbol{x})+\mu T(\boldsymbol{y})\end{aligned}$$

式中:$\boldsymbol{\beta}=[\beta_1,\cdots,\beta_n]^{\mathrm{T}}$ 是向量 $\boldsymbol{y}$ 在基 $\boldsymbol{\varepsilon}_1,\cdots,\boldsymbol{\varepsilon}_n$ 下的坐标.

因此,T 是线性映射.现证明映射 T 在 V 的基 $\boldsymbol{\varepsilon}_1,\cdots,\boldsymbol{\varepsilon}_n$ 和 W 的基 $\boldsymbol{\eta}_1,\cdots,\boldsymbol{\eta}_m$ 下的矩阵为 $\boldsymbol{A}$.由映射 T 定义式知,$\forall k=1,\cdots,n$,则

$$T(\boldsymbol{\varepsilon}_k)=\sum_{i=1}^{m}a_{ik}\boldsymbol{\eta}_i=[\boldsymbol{\eta}_1,\cdots,\boldsymbol{\eta}_m]\begin{bmatrix}a_{1k}\\ \vdots\\ a_{mk}\end{bmatrix}$$

于是

$$[T(\boldsymbol{\varepsilon}_1),\cdots,T(\boldsymbol{\varepsilon}_n)]=[\boldsymbol{\eta}_1,\cdots,\boldsymbol{\eta}_m]\boldsymbol{A}$$

上式表明映射 T 在 V 的基 $\boldsymbol{\varepsilon}_1,\cdots,\boldsymbol{\varepsilon}_n$ 和 W 的基 $\boldsymbol{\eta}_1,\cdots,\boldsymbol{\eta}_m$ 下的矩阵为 $\boldsymbol{A}$.

为证明线性映射 T 的唯一性,假设存在另一个线性映射 $\widetilde{T}$,且它在 V 的基 $\boldsymbol{\varepsilon}_1,\cdots,\boldsymbol{\varepsilon}_n$ 和 W 的基 $\boldsymbol{\eta}_1,\cdots,\boldsymbol{\eta}_m$ 下的矩阵也为 $\boldsymbol{A}$. 根据矩阵 $\boldsymbol{A}$ 的定义,有

$$\widetilde{T}(\boldsymbol{\varepsilon}_k)=[\boldsymbol{\eta}_1,\cdots,\boldsymbol{\eta}_m]\begin{bmatrix}a_{1k}\\ \vdots\\ a_{mk}\end{bmatrix},\quad \forall k=1,\cdots,n$$

即 $T(\boldsymbol{\varepsilon}_k)=\widetilde{T}(\boldsymbol{\varepsilon}_k),k=1,\cdots,n$. 因此,$T=\widetilde{T}$(本章的习题5),即线性映射 T 是唯一的. 证毕.

定理2.3.1表明线性映射 $T\in\mathcal{L}(V,W)$ 和 $\boldsymbol{A}=(a_{ij})\in F^{m\times n}$ 存在着一一对应的关系,即存在着双射 $f:\mathcal{L}(V,W)\to F^{m\times n}$ 满足

$$f(T)=\boldsymbol{A}$$

实际上,映射 f 不仅是双射,还是线性映射,具体原因如下:

设 $T_1,T_2\in\mathcal{L}(V,W)$,并令 T_1 和 T_2 在 V 的基 $\boldsymbol{\varepsilon}_1,\cdots,\boldsymbol{\varepsilon}_n$ 和 W 的基 $\boldsymbol{\eta}_1,\cdots,\boldsymbol{\eta}_m$ 下的矩阵分别为 $\boldsymbol{A}_1$ 和 $\boldsymbol{A}_2$,则对任意 $\lambda,\mu\in F$,有 $\lambda T_1+\mu T_2$ 是线性映射,且

$$\begin{aligned}(\lambda T_1+\mu T_2)(\boldsymbol{\varepsilon}_1,\cdots,\boldsymbol{\varepsilon}_n)&=[(\lambda T_1+\mu T_2)(\boldsymbol{\varepsilon}_1),\cdots,(\lambda T_1+\mu T_2)(\boldsymbol{\varepsilon}_n)]\\&=[\lambda T_1(\boldsymbol{\varepsilon}_1)+\mu T_2(\boldsymbol{\varepsilon}_1),\cdots,\lambda T_1(\boldsymbol{\varepsilon}_n)+\mu T_2(\boldsymbol{\varepsilon}_n)]\\&=\lambda[T_1(\boldsymbol{\varepsilon}_1),\cdots,T_1(\boldsymbol{\varepsilon}_n)]+\mu[T_1(\boldsymbol{\varepsilon}_1),\cdots,T_1(\boldsymbol{\varepsilon}_n)]\\&=\lambda[\boldsymbol{\eta}_1,\cdots,\boldsymbol{\eta}_m]\boldsymbol{A}_1+\mu[\boldsymbol{\eta}_1,\cdots,\boldsymbol{\eta}_m]\boldsymbol{A}_2\\&=[\boldsymbol{\eta}_1,\cdots,\boldsymbol{\eta}_m](\lambda\boldsymbol{A}_1+\mu\boldsymbol{A}_2)\end{aligned}$$

上式表明线性映射 $\lambda T_1+\mu T_2$ 在 V 的基 $\boldsymbol{\varepsilon}_1,\cdots,\boldsymbol{\varepsilon}_n$ 和 W 的基 $\boldsymbol{\eta}_1,\cdots,\boldsymbol{\eta}_m$ 下的矩阵为 $\lambda\boldsymbol{A}_1+\mu\boldsymbol{A}_2$,即

$$f(\lambda T_1+\mu T_2)=\lambda\boldsymbol{A}_1+\mu\boldsymbol{A}_2$$

基于此,我们引入同构映射定义.

定义2.3.2(同构映射) 设 V 和 W 是数域 F 上的线性空间,若存在双射 $f:V\to W$ 满足

(1) $f(\boldsymbol{x}+\boldsymbol{y})=f(\boldsymbol{x})+f(\boldsymbol{y})$;

(2) $f(\lambda\boldsymbol{x})=\lambda f(\boldsymbol{x})$.

式中:$\boldsymbol{x}$ 和 $\boldsymbol{y}$ 是 V 中任意向量,λ 是数域 F 的任意数,则称 f 是 V 到 W 的同构映射,并称线性空间 V 与 W 同构.

定理2.3.2 设 V 和 W 是数域 F 上的线性空间,它们的维数分别为 n 和 m,则线性映射空间 $\mathcal{L}(V,W)$ 和矩阵空间 $F^{m\times n}$ 同构.

命题2.3.1(同构映射的性质) 设 V 和 W 是数域 F 上的线性空间,$T:V\to W$ 是同构映射,则

(1) $T(\boldsymbol{\theta})=\boldsymbol{\theta}',\boldsymbol{\theta}\in V,\boldsymbol{\theta}'\in W$;

(2) $T(-\boldsymbol{x})=-T(\boldsymbol{x}), \forall \boldsymbol{x}\in V$;

(3) $T\left(\sum\alpha_i\boldsymbol{x}_i\right)=\sum\alpha_iT(\boldsymbol{x}_i), \forall \alpha_i\in F$ 和 $\boldsymbol{x}_i\in V$;

(4) V 的向量组 $\boldsymbol{x}_1,\cdots,\boldsymbol{x}_r$ 线性相关,当且仅当其像 $T(\boldsymbol{x}_1),\cdots,T(\boldsymbol{x}_r)$ 线性相关;

(5) 若 $\boldsymbol{\varepsilon}_1,\cdots,\boldsymbol{\varepsilon}_n$ 是 V 的一组基,则 $T(\boldsymbol{\varepsilon}_1),\cdots,T(\boldsymbol{\varepsilon}_n)$ 是 W 的一组基;

(6) T 的逆映射 $T^{-1}:W\to V$ 存在且是同构映射.

证明:由于同构映射 T 是线性映射,故性质(1)~(4)由推论 2.2.1 可得.现证明性质(5).由定理 2.2.2 知,若 $\boldsymbol{\varepsilon}_1,\cdots,\boldsymbol{\varepsilon}_n$ 是 V 的一组基,则向量组 $T(\boldsymbol{\varepsilon}_1),\cdots,T(\boldsymbol{\varepsilon}_n)$ 必线性无关.又知对任意向量 $\boldsymbol{y}\in W$,必存在 $\boldsymbol{x}\in V$ 使得 $T(\boldsymbol{x})=\boldsymbol{y}$,其中 $\boldsymbol{x}$ 可由基 $\boldsymbol{\varepsilon}_1,\cdots,\boldsymbol{\varepsilon}_n$ 线性表示为 $\boldsymbol{x}=\sum\limits_{j=1}^{n}\alpha_j\boldsymbol{\varepsilon}_j$. 由此,

$$\boldsymbol{y}=T\left(\sum_{j=1}^{n}\alpha_j\boldsymbol{\varepsilon}_j\right)=\sum_{j=1}^{n}\alpha_jT(\boldsymbol{\varepsilon}_j)$$

即 W 中任意向量 $\boldsymbol{y}$ 总可由向量组 $T(\boldsymbol{\varepsilon}_1),\cdots,T(\boldsymbol{\varepsilon}_n)$ 线性表示.于是,$T(\boldsymbol{\varepsilon}_1),\cdots,T(\boldsymbol{\varepsilon}_n)$ 是 W 的一组基.这同时表明线性空间 W 的维数与线性空间 V 的维数相同.

性质(6).由定理 2.1.1 和定理 2.1.2 知,同构映射存在唯一的逆映射 T^{-1} 且它也是双射.于是,对任意向量 $\boldsymbol{x},\boldsymbol{y}\in V$ 和 $\lambda,\mu\in F$,有

$$T^{-1}(T(\boldsymbol{x}))=\boldsymbol{x}$$
$$T^{-1}(T(\boldsymbol{y}))=\boldsymbol{y}$$
$$T^{-1}(T(\lambda\boldsymbol{x}+\mu\boldsymbol{y}))=\lambda\boldsymbol{x}+\mu\boldsymbol{y}$$

进一步,得

$$T^{-1}(\lambda T(\boldsymbol{x})+\mu T(\boldsymbol{y}))=\lambda T^{-1}(T(\boldsymbol{x}))+\mu T^{-1}(T(\boldsymbol{y}))$$

即 T^{-1} 是线性映射.因此,T^{-1} 是同构映射.

定理 2.3.3 线性空间同构当且仅当它们的维数相等.

证明:必要性由命题 2.3.1 性质(5)证得.这里只证明充分性.设 V 和 W 均是数域 F 上的 n 维线性空间,向量组 $\boldsymbol{\varepsilon}_1,\cdots,\boldsymbol{\varepsilon}_n$ 和 $\boldsymbol{\eta}_1,\cdots,\boldsymbol{\eta}_n$ 分别是 V 和 W 的一组基.

定义映射 $T:V\to W$ 满足

$$T(\boldsymbol{x})=\sum_{i=1}^{n}\alpha_i\boldsymbol{\eta}_i,\quad \forall \boldsymbol{x}\in V$$

式中:$\boldsymbol{\alpha}=[\alpha_1,\cdots,\alpha_n]^{\mathrm{T}}$ 是向量 $\boldsymbol{x}$ 在基 $\boldsymbol{\varepsilon}_1,\cdots,\boldsymbol{\varepsilon}_n$ 下的坐标.

由此,对任意向量 $\boldsymbol{x},\boldsymbol{y}\in V$ 和 $\lambda,\mu\in F$,有

$$T(\lambda\boldsymbol{x}+\mu\boldsymbol{y})=\sum_{i=1}^{n}(\lambda\alpha_i+\mu\beta_i)\boldsymbol{\eta}_i=\lambda T(\boldsymbol{x})+\mu T(\boldsymbol{y})$$

式中:$\boldsymbol{\beta}=[\beta_1,\cdots,\beta_n]^{\mathrm{T}}$ 是向量 $\boldsymbol{y}$ 在基 $\boldsymbol{\varepsilon}_1,\cdots,\boldsymbol{\varepsilon}_n$ 下的坐标.上式表明 T 是线性映射.

若 $T(\boldsymbol{x})=T(\boldsymbol{y})$,即

$$T(\boldsymbol{x})-T(\boldsymbol{y})=\sum_{i=1}^{n}(\alpha_i-\beta_i)\boldsymbol{\eta}_i=\boldsymbol{\theta}$$

则有 $\boldsymbol{\alpha}=\boldsymbol{\beta}$,即 $\boldsymbol{x}=\boldsymbol{y}$. 于是当 $\boldsymbol{x}\neq\boldsymbol{y}$ 时,$T(\boldsymbol{x})\neq T(\boldsymbol{y})$,这表明线性映射 T 是单射.

对任意向量 $\boldsymbol{z}\in W$ 有

$$\boldsymbol{z}=\sum_{i=1}^{n}\gamma_i\boldsymbol{\eta}_i$$

式中:$\boldsymbol{\gamma}=[\gamma_1,\cdots,\gamma_n]^{\mathrm{T}}$ 是向量 $\boldsymbol{z}$ 在基 $\boldsymbol{\eta}_1,\cdots,\boldsymbol{\eta}_n$ 下的坐标.

定义

$$\tilde{\boldsymbol{x}}=\sum_{j=1}^{n}\gamma_j\boldsymbol{\varepsilon}_j$$

则有 $\tilde{\boldsymbol{x}}\in V$,且 $T(\tilde{\boldsymbol{x}})=\boldsymbol{z}$. 这表明线性映射 T 是满射.

综上所述,映射 T 是同构映射,即线性空间 V 和 W 是同构的. 证毕.

推论 2.3.1　任一实(复)n 维线性空间均与$\mathbb{R}^n$($\mathbb{C}^n$)同构.

推论 2.3.2　设 V 和 W 是数域 F 上的线性空间,它们维数分别为 n 和 m,则

$$\dim(L(V,W))=\dim(F^{m\times n})=mn.$$

推论 2.3.3　设 V 是数域$\mathbb{R}$(或$\mathbb{C}$)上的 n 维线性空间,则线性变换空间 $L(V)$ 与$\mathbb{R}^{n\times n}$(或$\mathbb{C}^{n\times n}$)同构.

线性空间同构的概念比较抽象,下面我们分别用定理并结合实例说明线性空间同构的意义.

定理 2.3.4　设映射 T 是 n 维线性空间 V 到 m 维线性空间 W 的线性映射,T 在 V 的基 $\boldsymbol{\varepsilon}_1,\cdots,\boldsymbol{\varepsilon}_n$ 和 W 的基 $\boldsymbol{\eta}_1,\cdots,\boldsymbol{\eta}_m$ 下的矩阵为 $\boldsymbol{A}$. 对任意向量 $\boldsymbol{x}\in V$,有

$$\boldsymbol{\beta}=\boldsymbol{A}\boldsymbol{\alpha}$$

式中:$\boldsymbol{\beta}\in F^m$ 和 $\boldsymbol{\alpha}\in F^n$ 分别是原像 $\boldsymbol{x}$ 和像 $T(\boldsymbol{x})$ 在 V 的基 $\boldsymbol{\varepsilon}_1,\cdots,\boldsymbol{\varepsilon}_n$ 和 W 的基 $\boldsymbol{\eta}_1,\cdots,\boldsymbol{\eta}_m$ 下的坐标.

证明:对任意向量 $\boldsymbol{x}\in V$,定义

$$\boldsymbol{x}=\sum_{j=1}^{n}\alpha_j\boldsymbol{\varepsilon}_j$$

式中:$\boldsymbol{\alpha}=[\alpha_1,\cdots,\alpha_n]^{\mathrm{T}}$ 是向量 $\boldsymbol{x}$ 在基 $\boldsymbol{\varepsilon}_1,\cdots,\boldsymbol{\varepsilon}_n$ 下的坐标.

根据矩阵 $\boldsymbol{A}$ 的定义知

$$\begin{aligned}T(\boldsymbol{x})&=\sum_{j=1}^{n}\alpha_jT(\boldsymbol{\varepsilon}_j)=[T(\boldsymbol{\varepsilon}_1),\cdots,T(\boldsymbol{\varepsilon}_n)]\boldsymbol{\alpha}\\&=[\boldsymbol{\eta}_1,\cdots,\boldsymbol{\eta}_m]\boldsymbol{A}\boldsymbol{\alpha}\end{aligned}$$

即向量 $\boldsymbol{A}\boldsymbol{\alpha}$ 是像 $T(\boldsymbol{x})$ 在基 $\boldsymbol{\eta}_1,\cdots,\boldsymbol{\eta}_m$ 下的坐标. 由于向量在同一组基下的坐标是唯一的,故 $\boldsymbol{\beta}=\boldsymbol{A}\boldsymbol{\alpha}$.

例 2.3.4　考察$\mathbb{R}$上的多项式空间,定义微分映射 $T:P_3\to P_2$:

$$T(p(x))=\frac{\mathrm{d}p(x)}{\mathrm{d}x},\quad\forall p(x)\in P_3(x)$$

取定 $P_3(x)$ 的一组基 $1,x,x^2,x^3$，则 T 在 $P_3(x)$ 的一组基 $1,x,x^2,x^3$ 和 $P_2(x)$ 的一组基 $1,x,x^2$ 下的矩阵为

$$\boldsymbol{A}=\begin{bmatrix}0&1&0&0\\0&0&2&0\\0&0&0&3\end{bmatrix}_{3\times4}$$

对于多项式空间 $P_3(x)$ 中任一多项式 $p(x)=a_0+a_1x+a_2x^2+a_3x^3$，$a_i\in\mathbb{R}(i=0,1,2,3)$，则有

$$T(p(x))=a_1+2a_2x+3a_3x^2=[1,x,x^2]\begin{bmatrix}a_1\\2a_2\\3a_3\end{bmatrix}$$

由于 $\dim(P_3(x))=4$，故多项式空间 $P_3(x)$ 和 $\mathbb{R}^4$ 同构. 不妨设 f 是 $P_3(x)$ 到 $\mathbb{R}^4$ 的同构映射，则

$$f(p(x))=\begin{bmatrix}a_0\\a_1\\a_2\\a_3\end{bmatrix}\xlongequal{\text{def}}\boldsymbol{\alpha}$$

式中：$\boldsymbol{\alpha}\in\mathbb{R}^4$ 是向量 $p(x)$ 在 $P_3(x)$ 的一组基 $1,x,x^2,x^3$ 下的坐标.

又知

$$\boldsymbol{A\alpha}=\begin{bmatrix}0&1&0&0\\0&0&2&0\\0&0&0&3\end{bmatrix}\begin{bmatrix}a_0\\a_1\\a_2\\a_3\end{bmatrix}=\begin{bmatrix}a_1\\2a_2\\3a_3\end{bmatrix}\xlongequal{\text{def}}\boldsymbol{\beta}\in\mathbb{R}^3$$

式中：$\boldsymbol{\beta}\in\mathbb{R}^3$ 是 $p(x)$ 的像 $T(p(x))$ 在 $P_2(x)$ 的一组基 $1,x,x^2$ 下的坐标.

上述过程如图 2.3.1 所示.

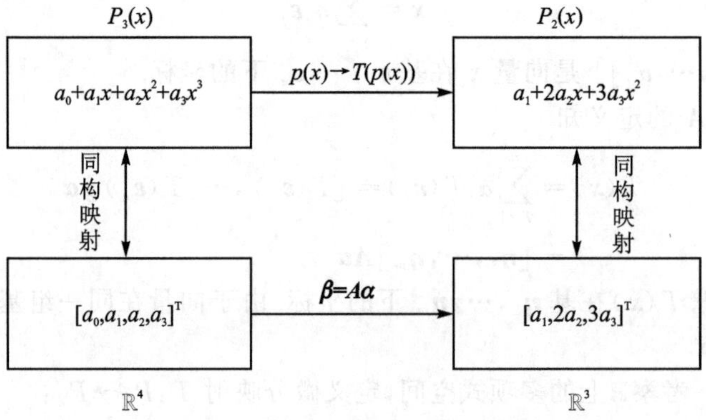

图 2.3.1 线性映射与矩阵的关系

由此，$m\times n$ 阶矩阵和 n 维向量相乘意味着某一 n 维线性空间的向量在进行线性变换；反过来，任一 n 维线性空间内的线性运算都可以等价为 $\mathbb{R}^n(\mathbb{C}^n)$ 空间的向量的线性运算（n 维线性空间与 $\mathbb{R}^n$ 或 $\mathbb{C}^n$ 同构）；任两线性空间定义的线性映射都可以等价为 $\mathbb{R}^{m\times n}(\mathbb{C}^{m\times n})$ 中的矩阵与 $\mathbb{R}^n(\mathbb{C}^n)$ 空间的向量作乘法运算（线性映射空间与其对应的矩阵空间同构）. 基于此，我们可视同构空间为同一个线性空间.

我们已经了解到若取定线性空间中一组基，则矩阵和线性映射是一一对应的. 一般而言，同一线性映射在不同基下的矩阵是不同的. 下面回答同一线性映射在不同基下的矩阵之间的关系.

定理 2.3.5　设 V 和 W 是数域 F 上的 n 维和 m 维线性空间，$\boldsymbol{\varepsilon}_1,\cdots,\boldsymbol{\varepsilon}_n$ 和 $\boldsymbol{\varepsilon}'_1,\cdots,\boldsymbol{\varepsilon}'_n$ 是 V 的两组基，由 $\boldsymbol{\varepsilon}_1,\cdots,\boldsymbol{\varepsilon}_n$ 到 $\boldsymbol{\varepsilon}'_1,\cdots,\boldsymbol{\varepsilon}'_n$ 的过渡矩阵为 $\boldsymbol{Q}$；$\boldsymbol{\eta}_1,\cdots,\boldsymbol{\eta}_m$ 和 $\boldsymbol{\eta}'_1,\cdots,\boldsymbol{\eta}'_m$ 是 W 的两组基，由 $\boldsymbol{\eta}_1,\cdots,\boldsymbol{\eta}_m$ 到 $\boldsymbol{\eta}'_1,\cdots,\boldsymbol{\eta}'_m$ 的过渡矩阵为 $\boldsymbol{P}$；设线性映射 $T\in\mathcal{L}(V,W)$ 在 V 的基 $\boldsymbol{\varepsilon}_1,\cdots,\boldsymbol{\varepsilon}_n$ 和 W 的基 $\boldsymbol{\eta}_1,\cdots,\boldsymbol{\eta}_m$ 下的矩阵为 $\boldsymbol{A}$，T 在 V 的基 $\boldsymbol{\varepsilon}'_1,\cdots,\boldsymbol{\varepsilon}'_n$ 和 W 的基 $\boldsymbol{\eta}'_1,\cdots,\boldsymbol{\eta}'_m$ 下的矩阵为 $\boldsymbol{B}$，则

$$\boldsymbol{B}=\boldsymbol{P}^{-1}\boldsymbol{A}\boldsymbol{Q}$$

证明：根据已知条件知

$$T(\boldsymbol{\varepsilon}_1,\cdots,\boldsymbol{\varepsilon}_n)=[\boldsymbol{\eta}_1,\cdots,\boldsymbol{\eta}_m]\boldsymbol{A}$$
$$T(\boldsymbol{\varepsilon}'_1,\cdots,\boldsymbol{\varepsilon}'_n)=[\boldsymbol{\eta}'_1,\cdots,\boldsymbol{\eta}'_m]\boldsymbol{B}$$
$$[\boldsymbol{\varepsilon}'_1,\cdots,\boldsymbol{\varepsilon}'_n]=[\boldsymbol{\varepsilon}_1,\cdots,\boldsymbol{\varepsilon}_n]\boldsymbol{Q}$$
$$[\boldsymbol{\eta}'_1,\cdots,\boldsymbol{\eta}'_m]=[\boldsymbol{\eta}_1,\cdots,\boldsymbol{\eta}_m]\boldsymbol{P}$$

又知（见本章的习题 7）

$$T(\boldsymbol{\varepsilon}'_1,\cdots,\boldsymbol{\varepsilon}'_n)=T(\boldsymbol{\varepsilon}_1,\cdots,\boldsymbol{\varepsilon}_n)\boldsymbol{Q}$$

则

$$T(\boldsymbol{\varepsilon}'_1,\cdots,\boldsymbol{\varepsilon}'_n)=[\boldsymbol{\eta}_1,\cdots,\boldsymbol{\eta}_m]\boldsymbol{A}\boldsymbol{Q}=[\boldsymbol{\eta}'_1,\cdots,\boldsymbol{\eta}'_m]\boldsymbol{P}^{-1}\boldsymbol{A}\boldsymbol{Q}$$

由于线性映射 T 的矩阵由基唯一确定，所以

$$\boldsymbol{B}=\boldsymbol{P}^{-1}\boldsymbol{A}\boldsymbol{Q}$$

注 1：矩阵 $\boldsymbol{A}\in F^{m\times n}$ 经过有限次初等行变换或初等列变换变成矩阵 $\boldsymbol{B}$，则称矩阵 $\boldsymbol{A}$ 与 $\boldsymbol{B}$ 相抵（或等价），记为 $\boldsymbol{A}\cong\boldsymbol{B}$. 上式表明线性映射在不同基下的矩阵是相抵的；反过来，若两矩阵相抵，则意味着它们是同一线性映射在不同基下的矩阵.

推论 2.3.4　设 V 是数域 F 上的 n 维线性空间，$\boldsymbol{\varepsilon}_1,\cdots,\boldsymbol{\varepsilon}_n$ 和 $\boldsymbol{\varepsilon}'_1,\cdots,\boldsymbol{\varepsilon}'_n$ 是 V 的两组基，由 $\boldsymbol{\varepsilon}_1,\cdots,\boldsymbol{\varepsilon}_n$ 到 $\boldsymbol{\varepsilon}'_1,\cdots,\boldsymbol{\varepsilon}'_n$ 的过渡矩阵为 $\boldsymbol{P}$，线性变换 $T\in\mathcal{L}(V)$ 在基 $\boldsymbol{\varepsilon}_1,\cdots,\boldsymbol{\varepsilon}_n$ 和基 $\boldsymbol{\varepsilon}'_1,\cdots,\boldsymbol{\varepsilon}'_n$ 下的矩阵分别为 $\boldsymbol{A}$ 和 $\boldsymbol{B}$，则

$$\boldsymbol{B}=\boldsymbol{P}^{-1}\boldsymbol{A}\boldsymbol{P}$$

注 2：相似矩阵反映的是同一个线性变换. 故相似矩阵所具有的共同性质是线性变换所具有的.

例 2.3.5 设平面旋转变换 $T\in\mathcal{L}(\mathbb{R}^2)$，其定义为

$$T(\boldsymbol{x})=\begin{bmatrix}\cos\varphi & -\sin\varphi\\ \sin\varphi & \cos\varphi\end{bmatrix}\boldsymbol{x},\quad \forall\,\boldsymbol{x}\in\mathbb{R}^2$$

式中：φ 为旋转角.经计算知，

$$T(\boldsymbol{e}_1,\boldsymbol{e}_2)=[\boldsymbol{e}_1,\boldsymbol{e}_2]\begin{bmatrix}\cos\varphi & -\sin\varphi\\ \sin\varphi & \cos\varphi\end{bmatrix}$$

故 T 在$\mathbb{R}^2$标准基 $\boldsymbol{e}_1,\boldsymbol{e}_2$ 下的矩阵为

$$\boldsymbol{A}=\begin{bmatrix}\cos\varphi & -\sin\varphi\\ \sin\varphi & \cos\varphi\end{bmatrix}$$

若选取向量 $\boldsymbol{\zeta}_1=[\cos\varphi,-\sin\varphi]^{\mathrm{T}}$ 和 $\boldsymbol{\zeta}_2=[\sin\varphi,\cos\varphi]^{\mathrm{T}}$ 为$\mathbb{R}^2$的一组基，则有

$$T(\boldsymbol{\zeta}_1)=\begin{bmatrix}1\\0\end{bmatrix}$$

$$T(\boldsymbol{\zeta}_2)=\begin{bmatrix}0\\1\end{bmatrix}$$

$$T(\boldsymbol{\zeta}_1,\boldsymbol{\zeta}_2)=\boldsymbol{I}_2=[\boldsymbol{\zeta}_1,\boldsymbol{\zeta}_2]\begin{bmatrix}\cos\varphi & -\sin\varphi\\ \sin\varphi & \cos\varphi\end{bmatrix}$$

故 T 在$\mathbb{R}^2$基 $\boldsymbol{\zeta}_1,\boldsymbol{\zeta}_2$ 下的矩阵为

$$\boldsymbol{B}=\begin{bmatrix}\cos\varphi & -\sin\varphi\\ \sin\varphi & \cos\varphi\end{bmatrix}$$

定义从基 $\boldsymbol{e}_1,\boldsymbol{e}_2$ 到$\mathbb{R}^2$基 $\boldsymbol{\zeta}_1,\boldsymbol{\zeta}_2$ 的过渡矩阵 $\boldsymbol{P}$ 为

$$\boldsymbol{P}=\begin{bmatrix}\cos\varphi & -\sin\varphi\\ \sin\varphi & \cos\varphi\end{bmatrix}$$

则 $\boldsymbol{B}=\boldsymbol{P}^{-1}\boldsymbol{AP}$ 成立.

我们引入两个重要的子空间：线性映射的值空间和核空间.在线性映射空间的同构空间——矩阵空间 $F^{m\times n}$ 中，我们同样有矩阵的值空间(列空间)和核空间(零空间)，这里讨论它们之间的关系.

定理 2.3.6 设 V 和 W 是数域 F 上的 n 维和 m 维线性空间，若 $T\in\mathcal{L}(V,W)$ 在 V 的基 $\boldsymbol{\varepsilon}_1,\cdots,\boldsymbol{\varepsilon}_n$ 和 W 的基 $\boldsymbol{\eta}_1,\cdots,\boldsymbol{\eta}_m$ 下的矩阵为 $\boldsymbol{A}$，则

(1) $\dim N(T)=\dim N(\boldsymbol{A})$；

(2) $\dim R(T)=\dim R(\boldsymbol{A})=\mathrm{rank}(\boldsymbol{A})$；

(3) $\dim N(\boldsymbol{A})+\dim R(\boldsymbol{A})=n$.(亏加秩)

证明：任意向量 $\boldsymbol{x}\in V$ 均可由基 $\boldsymbol{\varepsilon}_1,\cdots,\boldsymbol{\varepsilon}_n$ 线性表示，不妨设为

$$\boldsymbol{x}=\sum_{j=1}^{n}\alpha_j\boldsymbol{\varepsilon}_j$$

式中：$\boldsymbol{\alpha}=[\alpha_1,\cdots,\alpha_n]^{\mathrm{T}}$ 是向量 $\boldsymbol{x}$ 在基 $\boldsymbol{\varepsilon}_1,\cdots,\boldsymbol{\varepsilon}_n$ 下的坐标.

注意到

$$T(\boldsymbol{x})=[T(\boldsymbol{\varepsilon}_1),\cdots,T(\boldsymbol{\varepsilon}_n)]\boldsymbol{\alpha}=[\boldsymbol{\eta}_1,\cdots,\boldsymbol{\eta}_n]\boldsymbol{A\alpha}$$

故 $T(\boldsymbol{x})=\boldsymbol{\theta}$ 当且仅当 $\boldsymbol{A\alpha}=\boldsymbol{0}$. 基于此，定义映射 $f_1:N(T)\to N(\boldsymbol{A})$满足

$$f_1(\boldsymbol{x})=\boldsymbol{\alpha},\quad \forall \boldsymbol{x}\in V$$

不难证明，f_1 是 $N(T)$到 $N(\boldsymbol{A})$的同构映射，因此 $\dim N(T)=\dim N(\boldsymbol{A})$.

同理，定义映射 $f_2:R(T)\to R(\boldsymbol{A})$满足

$$f_2(\boldsymbol{y})=\boldsymbol{A\alpha},\quad \forall \boldsymbol{y}\in W$$

是 $R(T)$到 $R(\boldsymbol{A})$的同构映射，即 $\dim R(T)=\dim R(\boldsymbol{A})$.

再根据性质(1)(2)以及定理 2.2.5 即得性质(3).

例 2.3.6　考察齐次线性差分方程

$$u_{k+n}+a_{n-1}u_{k+n-1}+\cdots+a_1u_{k+1}+a_0u_k=0 \tag{2.3.3}$$

$k=0,\pm1,\pm2,\cdots$. 方程(2.3.3)的解集 $\tilde{S}$ 是 S 的一个线性子空间. 若定义

$$\boldsymbol{x}_k=\begin{bmatrix}u_k\\u_{k+1}\\\vdots\\u_{k+n-1}\end{bmatrix}\in\mathbb{R}^n,\quad \boldsymbol{A}=\begin{bmatrix}0&1&0&\cdots&0\\0&0&1&\cdots&0\\\vdots&\vdots&\vdots&&\vdots\\0&0&0&\cdots&1\\-a_0&-a_1&-a_2&\cdots&-a_{n-1}\end{bmatrix}\in\mathbb{R}^{n\times n}$$

则式(2.3.3)可改写为

$$\boldsymbol{x}_{k+1}=\boldsymbol{A}\boldsymbol{x}_k,\quad k=0,\pm1,\pm2,\cdots \tag{2.3.4}$$

此时，矩阵 $\boldsymbol{A}$ 恰好是多项式 $g(\lambda)=\lambda^n+a_{n-1}\lambda^{n-1}+\cdots+a_1\lambda+a_0$ 的友矩阵.

由式(2.3.4)易验证，当 $\boldsymbol{x}_0$ 给定，序列$\{u_k\}$唯一确定. 因此，定义映射 $T:\tilde{S}\to\mathbb{R}^n$ 满足

$$T(\{u_k\})=\boldsymbol{x}_0$$

易证 T 是同构映射. 因此，$\dim(\tilde{S})=\dim(\mathbb{R}^n)=n$，即 $\tilde{S}$ 是 S 的一个 n 维线性子空间.

2.4　特征值与特征向量

考察线性变换 $T:\boldsymbol{x}\to\boldsymbol{Ax}$，其中 $\boldsymbol{A}=\begin{bmatrix}3&-2\\1&0\end{bmatrix}$. 若原像 $\boldsymbol{x}$ 分别取为 $\boldsymbol{u}=[-1,1]^{\mathrm{T}}$ 和 $\boldsymbol{v}=[2,1]^{\mathrm{T}}$，则其像分别为

$$\boldsymbol{Au}=\begin{bmatrix}-5\\-1\end{bmatrix},\quad \boldsymbol{Av}=\begin{bmatrix}4\\2\end{bmatrix}$$

如图 2.4.1 所示，像 $\boldsymbol{Au}$ 与它的原像 $\boldsymbol{u}$ 存在一定的夹角，而像 $\boldsymbol{Av}$ 与它的原像 $\boldsymbol{v}$ 是线性相关的，即向量 $\boldsymbol{v}$ 在线性变换前后仅其长度发生了伸缩，方向保持不变. 这表明存在着一些向量在线性变换前后方位保持不变(或变换前后向量始终在一条直线上)，这就是我们常提到的特征向量.

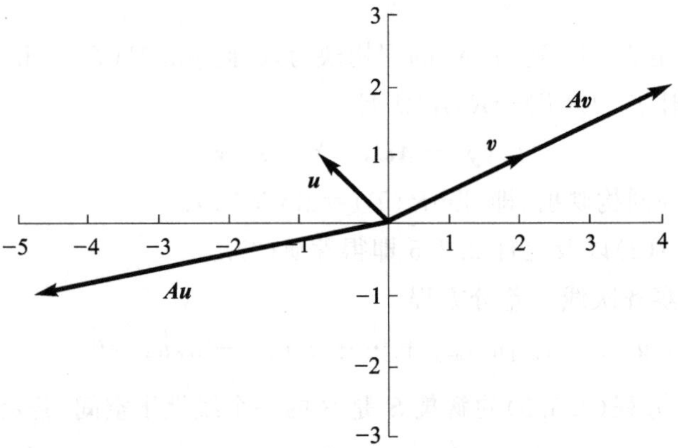

图 2.4.1 像与原像示意图

定义 2.4.1(线性变换的特征值和特征向量) 设线性变换 $T\in\mathcal{L}(V)$，若存在 $\lambda_0\in F$ 及 V 的非零向量 $\boldsymbol{\xi}$ 使得 $T\boldsymbol{\xi}=\lambda_0\boldsymbol{\xi}$，则称 λ_0 是 T 的一个特征值，称 $\boldsymbol{\xi}$ 为 T 的属于特征值 λ_0 的一个特征向量.

例 2.4.1 设 V 是数域 F 上的 n 维线性空间，定义恒等变换 $T_1\boldsymbol{x}=\boldsymbol{x}$，$\forall\,\boldsymbol{x}\in V$ 和零变换 $T_2(\boldsymbol{x})=\boldsymbol{\theta}$，$\forall\,\boldsymbol{x}\in V$，则 V 的任意非零向量 $\boldsymbol{\xi}$ 都是 T_1 的属于特征值 $\lambda_0=1$ 的特征向量和 T_2 的属于特征值 $\lambda_0=0$ 的特征向量.

注 1：从几何角度看，特征向量在线性变换作用下保持共线，即在同一直线上(有可能反向).

注 2：设 $\boldsymbol{\xi}$ 是 T 的属于特征值 λ_0 的一个特征向量，则 $k\boldsymbol{\xi}$ 也是 T 的属于特征值 λ_0 的特征向量，其中 $k\in F$ 且 $k\neq 0$.

注 3：若 $\boldsymbol{\xi}\in N(T)$ 且 $\boldsymbol{\xi}\neq\boldsymbol{\theta}$，则 $\boldsymbol{\xi}$ 是属于 0 的特征向量.

注 4：设 $T\in\mathcal{L}(V)$，$\boldsymbol{\xi}_1,\cdots,\boldsymbol{\xi}_n$ 是 V 的一组基，且 $T\boldsymbol{\xi}_i=\lambda_i\boldsymbol{\xi}_i\ (i=1,\cdots,n)$，则 T 在基 $\boldsymbol{\xi}_1,\cdots,\boldsymbol{\xi}_n$ 下的矩阵为对角阵.

考察一般情况：取定线性空间 V 的一组基 $\boldsymbol{\xi}_1,\cdots,\boldsymbol{\xi}_n$，并有

$$T(\boldsymbol{\xi}_1,\cdots,\boldsymbol{\xi}_n)=[\boldsymbol{\xi}_1,\cdots,\boldsymbol{\xi}_n]\boldsymbol{A}$$

式中：$\boldsymbol{A}\in F^{n\times n}$ 是 T 在基 $\boldsymbol{\xi}_1,\cdots,\boldsymbol{\xi}_n$ 下的矩阵.

再设 λ 是 T 的一个特征值，$\boldsymbol{\xi}$ 为 T 的属于特征值 λ 的一个特征向量，则

$$T\boldsymbol{\xi}=\lambda\boldsymbol{\xi}$$

且 $\boldsymbol{\xi}$ 可由基 $\boldsymbol{\xi}_1,\cdots,\boldsymbol{\xi}_n$ 线性表示，即 $\boldsymbol{\xi}=[\boldsymbol{\xi}_1,\cdots,\boldsymbol{\xi}_n]\boldsymbol{\alpha}$，$\boldsymbol{\alpha}\in F^n$. 由此，

$$T\boldsymbol{\xi}=T\left[\boldsymbol{\xi}_1,\cdots,\boldsymbol{\xi}_n\right]\boldsymbol{\alpha}=\left[\boldsymbol{\eta}_1,\cdots,\boldsymbol{\eta}_n\right]\boldsymbol{A}\boldsymbol{\alpha}$$

$$\lambda\boldsymbol{\xi}=\lambda\left[\boldsymbol{\xi}_1,\cdots,\boldsymbol{\xi}_n\right]\boldsymbol{\alpha}$$

由 $T\boldsymbol{\xi}=\lambda\boldsymbol{\xi}$ 得

$$\lambda\left[\boldsymbol{\xi}_1,\cdots,\boldsymbol{\xi}_n\right]\boldsymbol{\alpha}=\left[\boldsymbol{\xi}_1,\cdots,\boldsymbol{\xi}_n\right]\boldsymbol{A}\boldsymbol{\alpha}$$

由向量坐标的唯一性知,$\lambda\boldsymbol{\alpha}=\boldsymbol{A}\boldsymbol{\alpha}$. 这说明,特征向量 $\boldsymbol{\xi}$ 在基 $\boldsymbol{\xi}_1,\cdots,\boldsymbol{\xi}_n$ 下的坐标满足齐次线性方程组

$$(\lambda\boldsymbol{I}-\boldsymbol{A})\boldsymbol{\alpha}=\boldsymbol{0} \tag{2.4.1}$$

因为 $\boldsymbol{\xi}\neq\boldsymbol{0}$,所以 $\boldsymbol{\alpha}\neq\boldsymbol{0}$,即齐次线性方程组(2.4.1)有非零解. 方程组(2.4.1)有非零解的充分必要条件是它的系数矩阵行列式为零,即

$$|\lambda\boldsymbol{I}-\boldsymbol{A}|=0 \tag{2.4.2}$$

定义 2.4.2(矩阵的特征值和特征向量) 设 $\boldsymbol{A}\in F^{n\times n}$,$\lambda$ 为一文字,矩阵 $\lambda\boldsymbol{I}-\boldsymbol{A}$ 称为 $\boldsymbol{A}$ 的特征矩阵,其行列式 $|\lambda\boldsymbol{I}-\boldsymbol{A}|$ 称为 $\boldsymbol{A}$ 的特征多项式,方程 $|\lambda\boldsymbol{I}-\boldsymbol{A}|=0$ 的根称为 $\boldsymbol{A}$ 的特征值(或特征根). 方程 $(\lambda\boldsymbol{I}-\boldsymbol{A})\boldsymbol{\alpha}=\boldsymbol{0}$ 的非零解向量 $\boldsymbol{\alpha}$ 称为属于特征值 λ 的特征向量.

注 5: λ 是线性变换 T 的特征值当且仅当 λ 是 $\boldsymbol{A}$ 的特征值;向量 $\boldsymbol{\xi}$ 是线性变换 T 的特征向量当且仅当 $\boldsymbol{\alpha}$ 是 $\boldsymbol{A}$ 的特征向量,其中 $\boldsymbol{\xi}=[\boldsymbol{\xi}_1,\cdots,\boldsymbol{\xi}_n]\boldsymbol{\alpha}$,$\boldsymbol{\alpha}$ 是 $\boldsymbol{\xi}$ 在线性空间 V 的基 $\boldsymbol{\xi}_1,\cdots,\boldsymbol{\xi}_n$ 下的坐标.

例 2.4.2 设 $T\in\mathscr{L}(\mathbb{R}^3)$,它在基 $\boldsymbol{\xi}_1,\boldsymbol{\xi}_2,\boldsymbol{\xi}_3$ 下的矩阵 $\boldsymbol{A}$ 为

$$\begin{bmatrix}2 & -2 & 2\\ -2 & -1 & 4\\ 2 & 4 & -1\end{bmatrix}$$

求 T 的全部特征值和特征向量.

解:经计算得,$\boldsymbol{A}$ 的特征多项式为

$$f_{\boldsymbol{A}}(\lambda)=|\lambda\boldsymbol{I}-\boldsymbol{A}|=(\lambda-3)^2(\lambda+6)$$

解得 $\lambda_1=\lambda_2=3$,$\lambda_3=-6$.

对于特征值 $\lambda_1=\lambda_2=3$,齐次方程组 $(3\boldsymbol{I}-\boldsymbol{A})\boldsymbol{\alpha}=\boldsymbol{0}$ 的基础解系为

$$\boldsymbol{\alpha}_1=[-2,1,0]^{\mathrm{T}},\quad \boldsymbol{\alpha}_2=[2,0,1]^{\mathrm{T}}$$

因此,线性变换 T 属于特征值 $\lambda_1=\lambda_2=3$ 的有两个线性无关的特征向量,分别为 $\boldsymbol{\xi}_1=-2\boldsymbol{\zeta}_1+\boldsymbol{\zeta}_2$ 和 $\boldsymbol{\xi}_2=2\boldsymbol{\zeta}_1+\boldsymbol{\zeta}_3$.

同理,有 $\boldsymbol{\xi}_3=\boldsymbol{\zeta}_1+2\boldsymbol{\zeta}_2-2\boldsymbol{\zeta}_3$. 因此,$T$ 的全部特征向量进而表示为

$$\boldsymbol{\xi}=k_1\boldsymbol{\xi}_1+k_2\boldsymbol{\xi}_2+k_3\boldsymbol{\xi}_3$$

式中:$k_1,k_2,k_3\in\mathbb{R}$ 且 k_1,k_2,k_3 不同时为零.

【思考】 矩阵 $\boldsymbol{A}\in F^{n\times n}$ 有 n 个特征值吗?

例 2.4.3 考察矩阵 $\boldsymbol{A}=\begin{bmatrix}0 & -1\\ 1 & 0\end{bmatrix}$,其特征多项式为 $f_{\boldsymbol{A}}(\lambda)=\begin{vmatrix}\lambda & 1\\ -1 & \lambda\end{vmatrix}=\lambda^2+1$. 若 $F=\mathbb{C}$,则矩阵 $\boldsymbol{A}$ 有两个特征值,分别为 $\pm\mathrm{i}$;若 $F=\mathbb{R}$,则方程 $\lambda^2+1=0$ 无实根,即

矩阵 $\boldsymbol{A}$ 在数域$\mathbb{R}$上无特征值. 因此，矩阵的特征值依赖于 V 所在的数域 F.

定理 2.4.1 设 $\lambda_1,\cdots,\lambda_n$ 是矩阵 $\boldsymbol{A}=(a_{ij})\in\mathbb{C}^{n\times n}$ 的特征值，则

$$\prod_{i=1}^{n}\lambda_i=|\boldsymbol{A}|$$

$$\sum_{i=1}^{n}\lambda_i=\sum_{i=1}^{n}a_{ii}=\mathrm{tr}(\boldsymbol{A})$$

式中：$\mathrm{tr}(\boldsymbol{A})$称为矩阵 $\boldsymbol{A}$ 的迹.

例 2.4.4 设 λ 是可逆复方阵 $\boldsymbol{A}$ 的特征值，试证明

(1) λ^{-1} 是 $\boldsymbol{A}^{-1}$ 的特征值；

(2) $\lambda^{-1}|\boldsymbol{A}|$ 是 $\boldsymbol{A}^*$ 的特征值.

证明：(1) 当 $\boldsymbol{A}$ 可逆时，$\lambda\neq 0$. 令 $\boldsymbol{x}$ 是属于特征值 λ 的特征向量，则有

$$\boldsymbol{A}\boldsymbol{x}=\lambda\boldsymbol{x}$$

对上式左右两端乘以 $\boldsymbol{A}^{-1}$，并整理得

$$\boldsymbol{A}^{-1}\boldsymbol{x}=\lambda^{-1}\boldsymbol{x}$$

故 λ^{-1} 是 $\boldsymbol{A}^{-1}$ 的特征值.

(2) 根据 $\boldsymbol{A}\boldsymbol{A}^*=|\boldsymbol{A}|\boldsymbol{I}$ 知，$\boldsymbol{A}^*=|\boldsymbol{A}|\boldsymbol{A}^{-1}$，故 $\lambda^{-1}|\boldsymbol{A}|$ 是 $\boldsymbol{A}^*$ 的特征值.

定义 2.4.3(特征子空间) 设 λ 是矩阵 $\boldsymbol{A}\in\mathbb{C}^{n\times n}$ 的一个特征值，定义集合

$$E(\lambda)=\{\boldsymbol{x}\in\mathbb{C}^n\,|\,\boldsymbol{A}\boldsymbol{x}=\lambda\boldsymbol{x}\}$$

则 $E(\lambda)$是$\mathbb{C}^n$的线性子空间，称为属于特征值 λ 的特征子空间，$\dim(E(\lambda))$为特征值 λ 的几何重数.

注 6：特征子空间 $E(\lambda)$也是齐次线性方程组$(\lambda\boldsymbol{I}-\boldsymbol{A})\boldsymbol{x}=\boldsymbol{0}$ 的解空间，还是矩阵$(\lambda\boldsymbol{I}-\boldsymbol{A})$的零空间.

注 7：由一元 n 次多项式方程在复数域内有且仅有 n 个根知，n 阶矩阵 $\boldsymbol{A}$ 在复数域内必有 n 个特征值，记为 $\lambda_1,\cdots,\lambda_n$，其中 λ_i 作为特征方程根的重数，称为 λ_i 的代数重数.

例 2.4.5 求如下矩阵特征值的代数重数和几何重数：

$$\boldsymbol{J}_1=\begin{bmatrix}1&0&0\\0&1&0\\0&0&1\end{bmatrix},\quad \boldsymbol{J}_2=\begin{bmatrix}1&1&0\\0&1&0\\0&0&1\end{bmatrix},\quad \boldsymbol{J}_3=\begin{bmatrix}1&1&0\\0&1&1\\0&0&1\end{bmatrix}$$

解：根据代数重数定义知，$\boldsymbol{J}_1$，$\boldsymbol{J}_2$ 和 $\boldsymbol{J}_3$ 的特征值 1 的代数重数均为 3.

又知 $\mathrm{rank}(\boldsymbol{I}-\boldsymbol{J}_1)=0$，$\mathrm{rank}(\boldsymbol{I}-\boldsymbol{J}_2)=1$，$\mathrm{rank}(\boldsymbol{I}-\boldsymbol{J}_3)=2$，故由亏加秩定理知，$\boldsymbol{J}_1$，$\boldsymbol{J}_2$ 和 $\boldsymbol{J}_3$ 的特征值 1 的几何重数分别为 3，2 和 1.

定理 2.4.2 复方阵的任一特征值的几何重数不超过它的代数重数.

证明：设 λ_0 为 n 阶矩阵 $\boldsymbol{A}\in\mathbb{C}^{n\times n}$ 的一个特征值，其代数重数和几何重数分别为 m 和 k. 由此，设 $\boldsymbol{p}_1,\cdots,\boldsymbol{p}_k$ 是特征子空间 $E(\lambda_0)$的一组基. 由基扩充定理知，可将它扩充为$\mathbb{C}^n$的一组基，记为 $\boldsymbol{p}_1,\cdots,\boldsymbol{p}_k,\boldsymbol{p}_{k+1},\cdots,\boldsymbol{p}_n$.

定义 $\boldsymbol{P}=[\boldsymbol{p}_1,\cdots,\boldsymbol{p}_k,\boldsymbol{p}_{k+1},\cdots,\boldsymbol{p}_n]\in\mathbb{C}^{n\times n}$，则 $\boldsymbol{P}$ 必可逆且有

$$\boldsymbol{P}^{-1}\boldsymbol{A}\boldsymbol{P}=\begin{bmatrix}\boldsymbol{\Lambda}_0 & \boldsymbol{B}_1\\ \boldsymbol{O} & \boldsymbol{B}_2\end{bmatrix}\overset{\text{def}}{=}\boldsymbol{B}$$

式中：$\boldsymbol{\Lambda}_0$ 为以 λ_0 为对角元素的 k 阶矩阵，$\boldsymbol{B}_2$ 为 $(n-k)$ 阶矩阵.

由于 $\boldsymbol{A}$ 与 $\boldsymbol{B}$ 相似，故它们有相同的特征值. 注意到 $\boldsymbol{B}$ 的特征多项式为

$$|\lambda\boldsymbol{I}_n-\boldsymbol{B}|=(\lambda-\lambda_0)^k\ |\lambda\boldsymbol{I}_{n-k}-\boldsymbol{B}_2|$$

即 λ_0 在 $\boldsymbol{B}$ 中的代数重数至少为 k，故它在 $\boldsymbol{A}$ 中的代数重数也至少为 k，于是有 $m\geqslant k$. 证毕.

对于相似矩阵有如下结论.

命题 2.4.1　若 n 阶方阵 $\boldsymbol{A}$ 与 $\boldsymbol{B}$ 相似，则

(1) $\boldsymbol{A}$ 与 $\boldsymbol{B}$ 有相同的特征多项式与特征值；

(2) $\boldsymbol{A}$ 与 $\boldsymbol{B}$ 有相同的秩与行列式；

(3) $\boldsymbol{A}$ 与 $\boldsymbol{B}$ 有相同的迹.

注 8： 线性变换的矩阵的特征多项式与基的选取无关，它直接由线性变换决定，故可称之为线性变换的特征多项式.

关于矩阵的特征向量有如下结论.

定理 2.4.3　矩阵 $\boldsymbol{A}$ 的属于不同特征值的特征向量线性无关.

证明：设 $\lambda_1,\cdots,\lambda_r$ 是 n 阶矩阵 $\boldsymbol{A}$ 的 $r(2\leqslant r\leqslant n)$ 个互不相同的特征值，$\boldsymbol{\alpha}_1,\cdots,\boldsymbol{\alpha}_r$ 是分别属于特征值 $\lambda_1,\cdots,\lambda_r$ 的特征向量.

考察向量方程

$$k_1\boldsymbol{\alpha}_1+\cdots+k_r\boldsymbol{\alpha}_r=\boldsymbol{0} \tag{2.4.3}$$

式中：$k_1,\cdots,k_r\in F$ 为待定系数.

对式(2.4.3)两端左乘矩阵 $\boldsymbol{A},\boldsymbol{A}^2,\cdots,\boldsymbol{A}^{n-1}$，得如下方程组：

$$\begin{gathered}k_1\lambda_1\boldsymbol{\alpha}_1+\cdots+k_r\lambda_r\boldsymbol{\alpha}_r=\boldsymbol{0}\\ k_1\lambda_1^2\boldsymbol{\alpha}_1+\cdots+k_r\lambda_r^2\boldsymbol{\alpha}_r=\boldsymbol{0}\\ \vdots\\ k_1\lambda_1^{n-1}\boldsymbol{\alpha}_1+\cdots+k_r\lambda_r^{n-1}\boldsymbol{\alpha}_r=\boldsymbol{0}\end{gathered}$$

联合式(2.4.3)，有

$$[k_1\boldsymbol{\alpha}_1,\cdots,k_r\boldsymbol{\alpha}_r]\boldsymbol{D}^{\mathrm{T}}=\boldsymbol{0} \tag{2.4.4}$$

其中

$$\boldsymbol{D}=\begin{bmatrix}1 & 1 & \cdots & 1\\ \lambda_1 & \lambda_2 & \cdots & \lambda_r\\ \vdots & \vdots & & \vdots\\ \lambda_1^{n-1} & \lambda_2^{n-1} & \cdots & \lambda_r^{n-1}\end{bmatrix}$$

由于 $|\boldsymbol{D}|=\prod\limits_{1\leqslant j<i\leqslant n}(\lambda_i-\lambda_j)$ 知，$\boldsymbol{D}$ 为可逆矩阵. 对式(2.4.4) 两端右乘矩阵

$(\boldsymbol{D}^{\mathrm{T}})^{-1}$ 得

$$[k_1\boldsymbol{\alpha}_1,\cdots,k_r\boldsymbol{\alpha}_r]=\mathbf{0}$$

即 $k_i\boldsymbol{\alpha}_i=\mathbf{0}(i=1,\cdots,n)$. 由于 $\boldsymbol{\alpha}_i$ 为非零向量，故 $k_i=0(i=1,\cdots,n)$. 因此，$\boldsymbol{\alpha}_1,\cdots,\boldsymbol{\alpha}_r$ 线性无关. 证毕.

注 9：形如 $\boldsymbol{D}$ 的矩阵称为 Vardermonde 矩阵，它的行列式称为 Vardermonde 行列式.

【应用】 在力学和工程技术中的很多问题都可归结为求解矩阵的最大特征值和相应的特征向量. 为讨论方便，假设 $\boldsymbol{A}\in\mathbb{R}^{n\times n}$ 的 n 个特征值满足 $|\lambda_1|>|\lambda_2|\geqslant|\lambda_3|\geqslant\cdots\geqslant|\lambda_n|\geqslant 0$，且属于它们的特征向量 $\boldsymbol{x}_1,\cdots,\boldsymbol{x}_n$ 线性无关. 则对任意向量 $\boldsymbol{x}\in\mathbb{R}^n$，有

$$\boldsymbol{x}=a_1\boldsymbol{x}_1+a_2\boldsymbol{x}_2+\cdots+a_n\boldsymbol{x}_n$$

于是

$$\boldsymbol{A}\boldsymbol{x}=a_1\lambda_1\boldsymbol{x}_1+a_2\lambda_2\boldsymbol{x}_2+\cdots+a_n\lambda_n\boldsymbol{x}_n$$

同理，对任意 $k\in\mathbb{N}$有

$$\boldsymbol{A}^k\boldsymbol{x}=a_1\lambda_1^k\boldsymbol{x}_1+a_2\lambda_2^k\boldsymbol{x}_2+\cdots+a_n\lambda_n^k\boldsymbol{x}_n \tag{2.4.5}$$

对式(2.4.5)左右两端除以 λ_1^k 得，

$$\frac{1}{\lambda_1^k}\boldsymbol{A}^k\boldsymbol{x}=a_1\boldsymbol{x}_1+a_2\left(\frac{\lambda_2}{\lambda_1}\right)^k\boldsymbol{x}_2+\cdots+a_n\left(\frac{\lambda_n}{\lambda_1}\right)^k\boldsymbol{x}_n$$

当 k 趋于无穷大，且当 $a_1\neq 0$ 时，

$$\lim_{k\to\infty}\frac{1}{\lambda_1^k}\boldsymbol{A}^k\boldsymbol{x}=a_1\boldsymbol{x}_1$$

上式表明对于足够大的的 k 值，向量 $\boldsymbol{A}^k\boldsymbol{x}$ 与特征向量 $\boldsymbol{x}_1$ 在几何上几乎共线. 因此，可以通过计算 $\boldsymbol{A}^k\boldsymbol{x}$ 估计特征向量 $\boldsymbol{x}_1$. 基于此，我们可设计如下算法：

---

(1) 选择初始向量 $\boldsymbol{x}^{(0)}$ 且其最大分量为 1.

(2) 对 $k=0,1,\cdots$,

i. 计算 $\boldsymbol{A}\boldsymbol{x}^{(k)}$;

ii. 计算 $\boldsymbol{x}^{(k+1)}=\boldsymbol{A}\boldsymbol{x}^{(k)}/\mu_k$，其中 μ_k 是 $\boldsymbol{A}\boldsymbol{x}^{(k)}$ 模值最大的分量.

(3) 序列 $\{\mu_k\}$ 收敛于特征值 λ_1，序列 $\{\boldsymbol{x}^{(k)}\}$ 收敛于特征向量 $\boldsymbol{x}_1$.

上述方法就是近似计算实矩阵绝对值最大的特征值及其特征向量的方法，我们常称之为幂法.

例 2.4.6 设 $\boldsymbol{A}=\begin{bmatrix}1 & 2\\ 3 & 4\end{bmatrix}$，$\boldsymbol{x}^{(0)}=\begin{bmatrix}0\\ 1\end{bmatrix}$，试利用幂法求 $\boldsymbol{A}$ 的绝对值最大的特征值及其特征向量的近似值(k 取到 5).

解：由幂法算法知

$$Ax^{(0)}=\begin{bmatrix}1\\3\end{bmatrix},\quad \mu_0=3$$

$$x^{(1)}=\begin{bmatrix}0.333\ 3\\1\end{bmatrix}$$

$$Ax^{(1)}=\begin{bmatrix}2.333\ 3\\5\end{bmatrix},\quad \mu_1=5$$

$$x^{(1)}=\begin{bmatrix}0.466\ 7\\1\end{bmatrix}$$

$$Ax^{(2)}=\begin{bmatrix}2.466\ 7\\5.4\end{bmatrix},\quad \mu_2=5.4$$

$$x^{(3)}=\begin{bmatrix}0.456\ 8\\1\end{bmatrix}$$

$$Ax^{(2)}=\begin{bmatrix}2.456\ 8\\5.370\ 4\end{bmatrix},\quad \mu_3=5.370\ 4$$

$$x^{(4)}=\begin{bmatrix}0.457\ 6\\1\end{bmatrix}$$

$$Ax^{(4)}=\begin{bmatrix}2.457\ 5\\5.372\ 4\end{bmatrix},\quad \mu_4=5.372\ 4$$

$$x^{(5)}=\begin{bmatrix}0.457\ 4\\1\end{bmatrix}$$

$$Ax^{(5)}=\begin{bmatrix}2.457\ 4\\5.372\ 3\end{bmatrix},\quad \mu_5=5.372\ 3$$

$$x^{(6)}=\begin{bmatrix}0.457\ 4\\1\end{bmatrix}$$

因此,$\mu_5=5.372\ 3$ 是矩阵 $\boldsymbol{A}$ 的绝对值最大的特征值估计,其特征向量估计为 $\boldsymbol{x}^{(6)}$. 这一结果与 MATLAB 计算结果一致.

幂法的优点是方法简单,但其收敛速度与矩阵模值最大与次大特征值的比值有关,因此对于某些矩阵其收敛速度较慢.

【思考】 若初试向量 $\boldsymbol{x}^{(0)}$ 与 $\boldsymbol{x}_1$ 正交对结果会有影响吗?

【思考】 在知道特征值的一个较好的估计值后,如何进一步提高精度?

我们常用反幂法进行求解.设矩阵 $\boldsymbol{A}$ 的特征值 λ_i 的估计值为 α_i,则令

$$\boldsymbol{B}=(\boldsymbol{A}-\alpha_i\boldsymbol{I})^{-1}$$

根据例 2.4.4 知,$\boldsymbol{B}$ 的特征值为

$$\frac{1}{\lambda_1-\alpha_i},\cdots,\frac{1}{\lambda_n-\alpha_i}$$

且 $\boldsymbol{A}$ 的属于特征值 $\lambda_1,\cdots,\lambda_n$ 的特征向量恰是 $\boldsymbol{B}$ 的属于上式这些特征值的特征向量

(本章的习题15). 假设 α_i 更接近特征值 λ_i,而不接近矩阵 $\boldsymbol{A}$ 的其他特征值. 那么 $(\lambda_i-\alpha_i)^{-1}$ 就成为矩阵 $\boldsymbol{B}$ 的模值最大的特征值. 此时利用幂法求解会快速地逼近 λ_i. 这就是反幂法的基本原理,具体算法如下:

---

(1) 选择特征值 λ 的估计值 α 和初始向量 $\boldsymbol{x}^{(0)}$ 且其最大分量为1.

(2) 对 $k=0,1,\cdots$,

i. 从 $(\boldsymbol{A}-\alpha\boldsymbol{I})\boldsymbol{y}^{(k)}=\boldsymbol{x}^{(k)}$ 解出 $\boldsymbol{y}^{(k)}$;

ii. 计算 $\boldsymbol{x}^{(k+1)}=\boldsymbol{y}^{(k)}/\mu_k$,其中 $v_k=\alpha+\dfrac{1}{\mu_k}$,$\mu_k$ 是 $\boldsymbol{y}^{(k)}$ 模值最大的分量.

(3) 序列 $\{v_k\}$ 收敛于特征值 λ,序列 $\{\boldsymbol{x}^{(k)}\}$ 收敛于特征向量 $\boldsymbol{x}$.

对于多数简单情况,幂法和反幂法是实用的,另一个更全面、更广泛使用的迭代算法是QR算法,详见3.4节内容.

【思考】 请阅读参考文献[19]"Eigenvectors from eigencalues",试比较文献中所提及的计算矩阵特征向量的方法与定义法、幂法的优劣.

2.5 酉变换与酉矩阵

定义2.5.1(正交变换和酉变换) 若欧氏(酉)空间中的线性变换 T 保持向量的内积不变,即对 V 的任意向量 $\boldsymbol{x}$ 与 $\boldsymbol{y}$ 有

$$(T(\boldsymbol{x}),T(\boldsymbol{y}))=(\boldsymbol{x},\boldsymbol{y})$$

则称 T 为正交(酉)变换.

定义2.5.2(正交矩阵和酉矩阵) 若 n 阶实方阵 $\boldsymbol{A}$ 满足 $\boldsymbol{A}^{\mathrm{T}}\boldsymbol{A}=\boldsymbol{I}$ 或 $\boldsymbol{A}\boldsymbol{A}^{\mathrm{T}}=\boldsymbol{I}$,则称 $\boldsymbol{A}$ 为正交矩阵;若 n 阶复方阵 $\boldsymbol{A}$ 满足 $\boldsymbol{A}^{\mathrm{H}}\boldsymbol{A}=\boldsymbol{I}$ 或 $\boldsymbol{A}\boldsymbol{A}^{\mathrm{H}}=\boldsymbol{I}$,则称 $\boldsymbol{A}$ 为酉矩阵.

定理2.5.1 设 V 是 n 维欧氏(酉)空间,$T\in L(V)$,则以下命题等价:

(1) T 是正交(酉)变换;

(2) T 保持长度不变,即 $\|T(\boldsymbol{x})\|=\|\boldsymbol{x}\|$;

(3) 若 $\boldsymbol{\xi}_1,\cdots,\boldsymbol{\xi}_n$ 是 V 中一组标准正交基,则 $T(\boldsymbol{\xi}_1),\cdots,T(\boldsymbol{\xi}_n)$ 也是 V 中一组标准正交基;

(4) T 在 V 的任一标准正交基下的矩阵 $\boldsymbol{A}$ 为正交(酉)矩阵.

证明:(1)⇒(2). 由于 T 是正交(酉)变换,故 $(T(\boldsymbol{x}),T(\boldsymbol{x}))=(\boldsymbol{x},\boldsymbol{x})$,两边开方得 $\|T\boldsymbol{x}\|=\|\boldsymbol{x}\|$,即正交(酉)变换 T 保持长度不变;

(2)⇒(3). 设 $\boldsymbol{\xi}_1,\cdots,\boldsymbol{\xi}_n$ 是 V 中一组标准正交基,则对 $i=1,\cdots,n$,有 $\|T(\boldsymbol{\xi}_i)\|=\|\boldsymbol{\xi}_i\|=1$. 当 $i\neq j$ 时,有

$$\|\boldsymbol{\xi}_i+\boldsymbol{\xi}_j\|^2=\|\boldsymbol{\xi}_i\|^2+\|\boldsymbol{\xi}_j\|^2$$

$$\|T(\boldsymbol{\xi}_i+\boldsymbol{\xi}_j)\|^2=(T(\boldsymbol{\xi}_i+\boldsymbol{\xi}_j),T(\boldsymbol{\xi}_i+\boldsymbol{\xi}_j))$$

$$=\|T(\boldsymbol{\xi}_i)\|^2+(T(\boldsymbol{\xi}_i),T(\boldsymbol{\xi}_j))+$$
$$(T(\boldsymbol{\xi}_j),T(\boldsymbol{\xi}_i))+\|T(\boldsymbol{\xi}_j)\|^2$$

又知 $\|T(\boldsymbol{\xi}_i+\boldsymbol{\xi}_j)\|=\|\boldsymbol{\xi}_i+\boldsymbol{\xi}_j\|$ 和 $\|T(\boldsymbol{\xi}_i)\|=\|\boldsymbol{\xi}_i\|$,故

$$(T(\boldsymbol{\xi}_i),T(\boldsymbol{\xi}_j))+(T(\boldsymbol{\xi}_j),T(\boldsymbol{\xi}_i))=0 \tag{2.5.1}$$

用 $\mathrm{i}\boldsymbol{\xi}_j$ 替换式(2.5.1)中的 $\boldsymbol{\xi}_j$,得

$$-(T(\boldsymbol{\xi}_i),T(\boldsymbol{\xi}_j))+(T(\boldsymbol{\xi}_j),T(\boldsymbol{\xi}_i))=0 \tag{2.5.2}$$

联立式(2.5.1)和式(2.5.2),得

$$(T(\boldsymbol{\xi}_i),T(\boldsymbol{\xi}_j))=0$$

所以,向量组 $T(\boldsymbol{\xi}_1),\cdots,T(\boldsymbol{\xi}_n)$ 是 V 的一组标准正交基.

(3)⇒(4). 设矩阵 $\boldsymbol{A}=(a_{ij})_{n\times n}$ 是由标准正交基 $\boldsymbol{\xi}_1,\cdots,\boldsymbol{\xi}_n$ 到标准正交基 $T(\boldsymbol{\xi}_1),\cdots,T(\boldsymbol{\xi}_n)$ 的过渡矩阵,则对 $i=1,\cdots,n$,有

$$T(\boldsymbol{\xi}_i)=[\boldsymbol{\xi}_1,\cdots,\boldsymbol{\xi}_n]\begin{bmatrix}a_{1i}\\ \vdots \\ a_{ni}\end{bmatrix}$$

于是,

$$(T(\boldsymbol{\xi}_i),T(\boldsymbol{\xi}_j))=\sum_{k=1}^{n}\bar{a}_{ik}a_{kj}=\begin{cases}1, & i=j\\ 0, & i\neq j\end{cases} \tag{2.5.3}$$

所以,$\boldsymbol{A}^{\mathrm{H}}\boldsymbol{A}=\boldsymbol{I}$,即 $\boldsymbol{A}$ 为正交(酉)矩阵.

(4)⇒(1). 设 $T(\boldsymbol{\xi}_1,\cdots,\boldsymbol{\xi}_n)=[\boldsymbol{\xi}_1,\cdots,\boldsymbol{\xi}_n]\boldsymbol{A}$,其中 $\boldsymbol{A}$ 为酉(正交)矩阵. 由式(2.5.3)知,$T(\boldsymbol{\xi}_1),\cdots,T(\boldsymbol{\xi}_n)$ 是 V 的一组标准正交基.

对 V 中任意向量 $\boldsymbol{x},\boldsymbol{y}$,定义 $\boldsymbol{x}=\sum_{i=1}^{n}a_i\boldsymbol{\xi}_i$,$\boldsymbol{y}=\sum_{i=1}^{n}b_i\boldsymbol{\xi}_i$,有

$$(T(\boldsymbol{x}),T(\boldsymbol{y}))=\left(\sum_{i=1}^{n}a_i\boldsymbol{\xi}_i,\sum_{i=1}^{n}b_i\boldsymbol{\xi}_i\right)$$
$$=\sum_{i,j=1}^{n}a_i\bar{b}_j(T(\boldsymbol{\xi}_i),T(\boldsymbol{\xi}_j))=\sum_{i=1}^{n}a_i\bar{b}_i=(\boldsymbol{x},\boldsymbol{y})$$

即 T 是正交(酉)变换. 证毕.

【思考】 正交矩阵 $\boldsymbol{A}$ 的特征值一定是±1 吗?

分析:设 λ 是 $\boldsymbol{A}$ 的任一特征值,$\boldsymbol{x}$ 是属于 λ 的特征向量,则有

$$\boldsymbol{A}\boldsymbol{x}=\lambda\boldsymbol{x} \tag{2.5.4}$$

对式(2.5.4)两端取转置,得

$$\boldsymbol{x}^{\mathrm{T}}\boldsymbol{A}^{\mathrm{T}}=\lambda\boldsymbol{x}^{\mathrm{T}} \tag{2.5.5}$$

将式(2.5.4)和式(2.5.5)相乘得

$$\boldsymbol{x}^{\mathrm{T}}\boldsymbol{A}^{\mathrm{T}}\boldsymbol{A}\boldsymbol{x}=\lambda^2\boldsymbol{x}^{\mathrm{T}}\boldsymbol{x} \tag{2.5.6}$$

由 $\boldsymbol{A}^{\mathrm{T}}\boldsymbol{A}=\boldsymbol{I}$ 得,

$$(\lambda^2-1)\boldsymbol{x}^{\mathrm{T}}\boldsymbol{x}=0 \tag{2.5.7}$$

注意到 $x^Tx\neq 0$，故 $\lambda^2=1$，即 $\lambda=\pm 1$.

上述分析是错误的.这是在矩阵分析中极易犯的一个错误.错误原因在于 $x^Tx\neq 0$. 尽管 x^Tx 看起来是向量内积的形式，但这是在欧氏空间定义的，在酉空间没有这种定义.例如，令 $x=[1,\mathrm{i}]^T$，则 $x^Tx=0$. 在上述分析中，若特征值 λ 不是实数，则特征向量 x 一定不是实向量.在上例中，我们利用 $x^Tx\neq 0$ 这一结论实际上就已经认定了 x 是实向量，自然也就得出了 λ 是实特征值这一结论.因此，上面的证明过程应该改为：

对式(2.5.4)两端取共轭转置，得

$$x^HA^H=\bar{\lambda}x^H \tag{2.5.8}$$

将式(2.5.4)与式(2.5.8)相乘得

$$x^HA^HAx=|\lambda|^2x^Hx$$

由 $A^TA=I$ 得，

$$(|\lambda|^2-1)x^Hx=\mathbf{0}$$

注意到 $x^Hx\neq\mathbf{0}$，故 $|\lambda|^2=1$，即 $|\lambda|=1$.

例如，$A=\begin{bmatrix}0&0&1\\1&0&0\\0&1&0\end{bmatrix}$ 是正交矩阵，但其特征值为 $-\dfrac{1}{2}\pm\mathrm{i}\dfrac{\sqrt{3}}{2}$ 和 1.

命题 2.5.1 正交(酉)矩阵 A 满足如下性质：

(1) 正交矩阵的行列式必为 ± 1，酉矩阵的行列式的模值为 1；

(2) $A^{-1}=A^H$ 均为正交(酉)矩阵；

(3) 正交(酉)矩阵的乘积仍为正交(酉)矩阵；

(4) A 的所有特征值的模值为 1.

定理 2.5.2 矩阵 A 是 n 阶正交(酉)矩阵当且仅当矩阵 A 的 n 个列(行)向量构成 n 维欧氏(酉)空间的一组标准正交基.

证明：必要性.设酉矩阵 $A\in\mathbb{C}^{n\times n}$，对 A 进行列分块，并记为 $A=[\boldsymbol{\alpha}_1,\cdots,\boldsymbol{\alpha}_n]$，其中 $\boldsymbol{\alpha}_i\in\mathbb{C}^n$. 由等式 $A^HA=I$ 得

$$\begin{bmatrix}\boldsymbol{\alpha}_1^H\\ \vdots\\ \boldsymbol{\alpha}_n^H\end{bmatrix}[\boldsymbol{\alpha}_1,\cdots,\boldsymbol{\alpha}_n]=I$$

进而

$$\boldsymbol{\alpha}_i^H\boldsymbol{\alpha}_j=\begin{cases}1, & i=j\\ 0, & i\neq j\end{cases} \tag{2.5.9}$$

上式表明 $\boldsymbol{\alpha}_1,\cdots,\boldsymbol{\alpha}_n$ 是酉空间 $\mathbb{C}^n$ 的一组单位正交向量组，它们也构成了 n 维酉空间的一组标准正交基.

充分性.设 $A=[\boldsymbol{\alpha}_1,\cdots,\boldsymbol{\alpha}_n]$，其中 $\boldsymbol{\alpha}_i\in\mathbb{C}^n$. 若矩阵 A 的这 n 个列向量构成 $\mathbb{C}^n$ 的

一组标准正交基，则式(2.5.9)成立，进而 $\boldsymbol{A}^{\mathrm{H}}\boldsymbol{A}=\boldsymbol{I}$. 证毕.

例 2.5.1 平面旋转变换 $T:\mathbb{R}^2\to\mathbb{R}^2$，$\forall \boldsymbol{x}=[x_1,x_2]^{\mathrm{T}}\in\mathbb{R}^2$，满足 $T(\boldsymbol{x})=\begin{bmatrix}\cos\varphi & -\sin\varphi\\ \sin\varphi & \cos\varphi\end{bmatrix}\boldsymbol{x}$，$\varphi$ 为旋转角(逆时针取正). T 在标准基 $\boldsymbol{e}_1,\boldsymbol{e}_2$ 下的矩阵为

$$\boldsymbol{A}=\begin{bmatrix}\cos\varphi & -\sin\varphi\\ \sin\varphi & \cos\varphi\end{bmatrix}$$

由于 $\boldsymbol{A}$ 是正交矩阵，故 T 是正交变换. 在一般的 n 维欧氏空间中，定义

$$\boldsymbol{T}(i,j)=(t_{kl}(i,j))_{n\times n}=\begin{bmatrix}1 &&&&&&&&\\ &\ddots&&&&&&&\\ &&1&&&&&&\\ &&&\cos\varphi & 0 & \cdots & 0 & \sin\varphi &&\\ &&&0&1&&&0&&\\ &&&\vdots&&\ddots&&\vdots&&\\ &&&0&&&1&0&&\\ &&&-\sin\varphi&0&\cdots&0&\cos\varphi&&\\ &&&&&&&1&&\\ &&&&&&&&\ddots&\\ &&&&&&&&&1\end{bmatrix}$$

式中：$t_{ii}(i,j)=t_{jj}(i,j)=\cos\varphi$，$t_{ij}(i,j)=\sin\varphi$，$t_{ji}(i,j)=-\sin\varphi$，对于 $k\neq i,j$，$t_{kk}(i,j)=1$，且对于任意 $k\neq i,j$ 和 $l\neq i,j$，$t_{kl}(i,j)=0$. 我们将矩阵 $\boldsymbol{T}(i,j)$ 称为 Givens 矩阵(或初等旋转矩阵).

命题 2.5.2 设 Givens 矩阵 $\boldsymbol{T}(i,j)\in\mathbb{R}^{n\times n}$，则以下命题成立：

(1) $\boldsymbol{T}(i,j)$ 是正交矩阵且 $(\boldsymbol{T}(i,j))^{-1}=(\boldsymbol{T}(i,j))^{\mathrm{T}}$；

(2) 设 $\boldsymbol{x}=[x_1,\cdots,x_n]^{\mathrm{T}}$，若 $\boldsymbol{y}=\boldsymbol{T}(i,j)\boldsymbol{x}=[y_1,\cdots,y_n]^{\mathrm{T}}$，则

$$y_k=x_k,k\neq i$$
$$y_i=\cos\varphi x_i+\sin\varphi x_j$$
$$y_j=-\sin\varphi x_i+\cos\varphi x_j$$

注 1：命题 2.5.2 性质(2)表明若 $x_i^2+x_j^2\neq 0$，定义

$$\cos\varphi=\frac{x_i}{\sqrt{x_i^2+x_j^2}},\quad \sin\varphi=\frac{x_j}{\sqrt{x_i^2+x_j^2}}$$

则 $y_i=\sqrt{x_i^2+x_j^2}$，$y_j=0$. 此时，若定义 $\boldsymbol{y}=\boldsymbol{T}(1,j)\boldsymbol{x}$，则向量 $\boldsymbol{y}$ 的第 1 个分量为 $\sqrt{x_1^2+x_j^2}$，第 j 个分量为 0. 进一步，必存在着有限个 Givens 矩阵的乘积，记为 $\boldsymbol{T}$ 使得 $\boldsymbol{T}\boldsymbol{x}=|\boldsymbol{x}|\boldsymbol{e}_1$.

例 2.5.2 设 $\boldsymbol{x}=[0,1,1]^{\mathrm{T}}$，取 Givens 矩阵

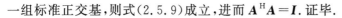

$$T(1,2)=\begin{bmatrix}0&1&0\\-1&0&0\\0&0&1\end{bmatrix},\quad T(1,2)x=\begin{bmatrix}1\\0\\1\end{bmatrix}$$

再取 Givens 矩阵

$$T(1,3)=\begin{bmatrix}\frac{1}{\sqrt{2}}&0&\frac{1}{\sqrt{2}}\\0&1&0\\-\frac{1}{\sqrt{2}}&0&\frac{1}{\sqrt{2}}\end{bmatrix}$$

定义 $T=T(1,3)T(1,2)$得

$$T=\begin{bmatrix}0&\frac{\sqrt{2}}{2}&\frac{\sqrt{2}}{2}\\-\frac{\sqrt{2}}{2}&\frac{1}{2}&-\frac{1}{2}\\\frac{\sqrt{2}}{2}&-\frac{1}{2}&\frac{1}{2}\end{bmatrix}$$

则有 $Tx=|x|e_1$.

另一类重要的酉矩阵是 Householder 矩阵,其定义和性质如下.

定义 2.5.3(Householder 矩阵) 设 $w\in\mathbb{C}^n$是单位向量,定义矩阵

$$H(w)=I-2ww^{\mathrm{H}}$$

称为 Householder 矩阵(或初等反射矩阵).

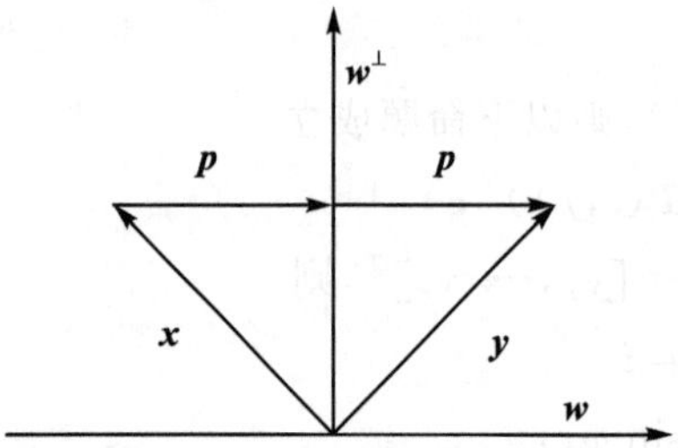

图 2.5.1 例 2.5.3 各向量关系示意图

例 2.5.3 设 $w\in\mathbb{C}^n$是给定单位向量,定义映射 $T:\mathbb{C}^n\to\mathbb{C}^n$使得对任意 $x\in\mathbb{C}^n$,$T(x)=y$,其中,y 是向量 x 关于空间 $W^\perp$的对称向量,$W=\mathrm{span}(w)$. 如图 2.5.1 所示:

$$x+2p=y$$

$$x+p=\mathrm{Proj}_{W^\perp}\ x=x-(x,w)w$$

由此,解得

$$y=x-2ww^{\mathrm{H}}x=H(w)x \tag{2.5.10}$$

式中:$H(w)$是 Householder 矩阵.

根据式(2.5.10)知,T 是线性映射,且在标准基下的矩阵为 $H(w)$. 因此,Householder 矩阵与$\mathbb{C}^n$中向量 x 相乘表示向量 x 沿向量 w 作为镜面的反射向量.

命题 2.5.3 Householder 矩阵 $H(w)$具有以下性质:

(1) $|H(w)|=-1$;

(2) $(\boldsymbol{H}(\boldsymbol{w}))^{\mathrm{H}}=\boldsymbol{H}(\boldsymbol{w})=(\boldsymbol{H}(\boldsymbol{w}))^{-1}$;

(3) 设 $\boldsymbol{x},\boldsymbol{y}\in\mathbb{C}^n$ 且 $\boldsymbol{x}\neq\boldsymbol{y}$,则存在单位向量 $\boldsymbol{w}$ 使得 $\boldsymbol{H}(\boldsymbol{w})\boldsymbol{x}=\boldsymbol{y}$ 的充分必要条件是

$$\boldsymbol{x}^{\mathrm{H}}\boldsymbol{x}=\boldsymbol{y}^{\mathrm{H}}\boldsymbol{y},\quad \boldsymbol{x}^{\mathrm{H}}\boldsymbol{y}=\boldsymbol{y}^{\mathrm{H}}\boldsymbol{x}$$

并且若上述条件成立,则使 $\boldsymbol{H}(\boldsymbol{w})\boldsymbol{x}=\boldsymbol{y}$ 成立的单位向量 $\boldsymbol{w}$ 可取为

$$\boldsymbol{w}=\frac{\mathrm{e}^{\mathrm{i}\theta}}{\|\boldsymbol{x}-\boldsymbol{y}\|}(\boldsymbol{x}-\boldsymbol{y})$$

其中 θ 为任一实数.

例 2.5.4　设 $\boldsymbol{x}=[0,1,1]^{\mathrm{T}}$,取 $\boldsymbol{y}=[\sqrt{2},0,0]^{\mathrm{T}}$,并定义

$$\boldsymbol{e}=\frac{1}{\|\boldsymbol{x}-\boldsymbol{y}\|}(\boldsymbol{x}-\boldsymbol{y})=\begin{bmatrix}-\frac{\sqrt{2}}{2}\\ \frac{1}{2}\\ \frac{1}{2}\end{bmatrix}$$

有 Householder 矩阵

$$\boldsymbol{H}(\boldsymbol{w})=\boldsymbol{I}-2\boldsymbol{w}\boldsymbol{w}^{\mathrm{H}}=\begin{bmatrix}0 & \frac{\sqrt{2}}{2} & \frac{\sqrt{2}}{2}\\ -\frac{\sqrt{2}}{2} & \frac{1}{2} & -\frac{1}{2}\\ \frac{\sqrt{2}}{2} & -\frac{1}{2} & \frac{1}{2}\end{bmatrix}$$

则 $\boldsymbol{H}(\boldsymbol{w})\boldsymbol{x}=|\boldsymbol{x}|\boldsymbol{e}_1$. 该结果与例 2.5.2 相同.

Givens 矩阵和 Householder 矩阵是矩阵计算的重要工具之一. 利用 Givens 变换和 Householder 变换是矩阵进行 *QR* 分解的重要技术手段.

【思考】　给定实方阵 $\boldsymbol{A}$,是否有限个 Givens 矩阵或 Householder 矩阵的乘积,记为 $\boldsymbol{T}$ 使得 $\boldsymbol{TA}$ 变成如下形式:

$$\begin{bmatrix}\lambda_1 & * & \cdots & *\\ 0 & \lambda_2 & \ddots & \vdots\\ \vdots & \ddots & \ddots & *\\ 0 & \cdots & 0 & \lambda_n\end{bmatrix}$$

其中,$*$ 为任意实数,$\lambda_1,\cdots,\lambda_n$ 是矩阵 $\boldsymbol{A}$ 的 n 个特征值.

2.6　应用:图的矩阵表示

目前普遍认为,图论是从 1736 年著名数学家欧拉研究哥尼斯堡七桥问题开始

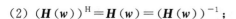

的. 如图 2.6.1 所示，哥尼斯堡被河流分割为四个地区(A、B、C 和 D)，它们通过河上的七座桥连接. 欧拉在哥尼斯堡发现，当地市民正从事一项非常有趣的消遣活动：在星期六做一次走过所有七座桥的散步，每座桥只能经过一次而且起点与终点必须是同一地点. 这就是我们小时候玩的“一笔画游戏”. 欧拉把每个地区抽象为一个点，称为图的“节点”，将每座桥抽象为两个节点间的一条边. 基于这种简化，欧拉解析证明了这种一次遍历七座桥的路径不存在. 欧拉对图的这种抽象表示至今仍在沿用.

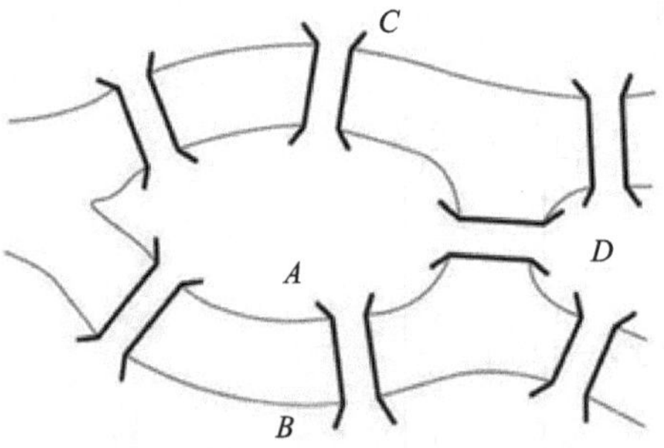

图 2.6.1　哥尼斯堡七桥问题

定义 2.6.1(图)　图 G 是有序三元组，记作 $G=(V(G),E(G),\varphi_G)$，其中，非空集合 $V(G)$ 是 G 的节点集，其元素称为节点(或结点、顶点)，集合 $E(G)$ 是 G 的边集，其元素称为边，而 $\varphi(G)$ 是集合 E 到集合 V 中元素有序对 $V\times V$ 的函数，称为关联函数. 若 $V\times V$ 中元素全是无序对，则图 G 称为无向图；若 $V\times V$ 中元素全是有序对，则图 G 称为有向图. 设边 $e\in E(G)$，则存在 $x,y\in V(G)$ 和有序对 $(x,y)\in V\times V$ 使得 $\varphi_G(e)=(x,y)$，e 称为从 x 到 y 的有向边，x 称为边 e 的起点，y 称为边 e 的终点. 在无向图中，x 和 y 称为边 e 的端点. 去掉有向图 G 边上的方向得到的无向图称为 G 的基础图.

例 2.6.1　如图 2.6.2 所示，$G_1=(V(G_1),E(G_1),\varphi_{G_1})$，其中，

$$V(G_1)=\{v_1,v_2,v_3,v_4,v_5\}$$
$$E(G_1)=\{e_{12},e_{23},e_{34},e_{45},e_{15}\}$$

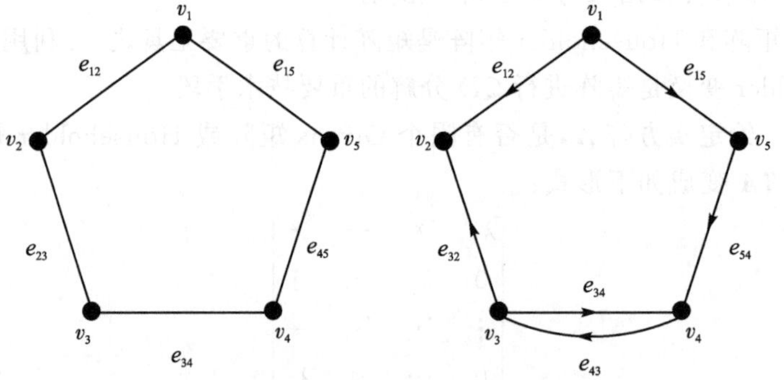

图 2.6.2　例 2.6.1 中的 G_1(左)和 G_2(右)

而关联函数 φ_{G_1} 定义为

$$\varphi_{G_1}(e_{12})=(v_1,v_2)$$
$$\varphi_{G_1}(e_{23})=(v_2,v_3)$$

$$\varphi_{G_1}(e_{34})=(v_3,v_4)$$
$$\varphi_{G_1}(e_{45})=(v_4,v_5)$$
$$\varphi_{G_1}(e_{15})=(v_1,v_5)$$

对于 $G_2=(V(G_2),E(G_2),\varphi(G_2))$，有

$$V(G_2)=\{v_1,v_2,v_3,v_4,v_5\}$$
$$E(G_2)=\{e_{12},e_{32},e_{34},e_{43},e_{54},e_{15}\}$$

而关联函数 φ_{G_2} 定义为

$$\varphi_{G_2}(e_{12})=(v_1,v_2)$$
$$\varphi_{G_2}(e_{32})=(v_3,v_2)$$
$$\varphi_{G_2}(e_{34})=(v_3,v_4)$$
$$\varphi_{G_2}(e_{43})=(v_4,v_3)$$
$$\varphi_{G_2}(e_{54})=(v_5,v_4)$$
$$\varphi_{G_2}(e_{15})=(v_1,v_5)$$

定义 2.6.2(度)　设 $G=(V(G),E(G),\varphi_G)$ 是无向图，$v\in V(G)$ 的节点度定义为 G 中与 v 关联边的数目，记为 $d_G(v)$.

定义 2.6.3(路)　设 u 和 v 是任意图 G 的节点，图 G 的一条 $u-v$ 链是有限的节点和边交替序列 $u_0e_1u_1e_2\cdots u_{n-1}e_nu_n(u=u_0,v=u_n)$，其中与边 $e_i(1\leqslant i\leqslant n)$ 相邻的两节点 u_{i-1} 和 u_i 正好是 e_i 的两个端点. 数 n(链中出现的边数)称为链的长度. $u(u_0)$ 和 $v(u_n)$ 称为链的端点，其余的节点称为链的内部点. 一条 $u-v$ 链，当 $u\neq v$ 时，称它为开的，否则称为闭的. 边互不同的链称为迹，内部点互不同的链称为路.

定义 2.6.4(连通图)　如果无向图 G 中每一对不同的节点 x 和 y 都有一条路，则称 G 是连通图，反之称为非连通图.

定义 2.6.5(连通分支)　设 $V_i,i=1,\cdots,m$ 是图 $G=(V(G),E(G),\varphi_G)$ 节点集 $V(G)$ 的子集，满足：(1) $\bigcup\limits_i V_i=V(G)$；(2) 对 $i\neq j$ 有，$V_i\cap V_j=\varnothing$. 若 $V_i(i=1,\cdots,m)$ 使得当且仅当两节点 v 和 u 属于同一子集 V_i 时，节点 v 和 u 间存在一条路，则 V_i 在 G 中导出的子图 G_i(以 V_i 为节点集，以两两端点均在 V_i 中的全体边为边集合的 G 的子图)称为 G 的连通分支，m 称为 G 的连通分支数.

由上述定义知，图的数学抽象是三元组，还知道图的形象直观的图形表示. 为便于计算，我们介绍图的矩阵表示.

定义 2.6.6(邻接矩阵)　设图 $G=(V(G),E(G),\varphi_G)$，$V(G)=\{x_1,x_2,\cdots,x_n\}$. 若 a_{ij} 是图 G 中以 x_i 为起点且以 x_j 为终点的边的数目，则 n 阶方阵 $\mathbf{A}=(a_{ij})$ 称为 G 的邻接矩阵.

定义 2.6.7(关联矩阵)　设无向图 $G=(V(G),E(G),\varphi_G)$，$V(G)=\{x_1,x_2,\cdots,x_n\}$，$E=\{e_1,e_2,\cdots,e_m\}$. 若定义

$$m_{ij}=\begin{cases}2, & e_j \text{ 关联于与 } x_i, e_j \text{ 是自环}\\ 1, & e_j \text{ 关联于与 } x_i, e_j \text{ 不是自环}\\ 1, & e_j \text{ 与 } x_i \text{ 不关联}\end{cases}$$

则称 $n\times m$ 阶矩阵 $\boldsymbol{M}=(m_{ij})$ 为无向图 G 的关联矩阵.

定义 2.6.8(拉普拉斯矩阵) 设无向图 $G=(V(G),E(G),\varphi_G)$ 无自环，$V(G)=\{x_1,x_2,\cdots,x_n\}$，则称 n 阶方阵 $\boldsymbol{L}=\boldsymbol{D}-\boldsymbol{A}$ 是图 G 的拉普拉斯矩阵，其中，$\boldsymbol{A}$ 是图 G 的邻接矩阵，$\boldsymbol{D}$ 是 n 阶对角矩阵，其对角线元素是对应节点的度.

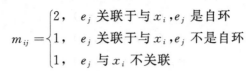

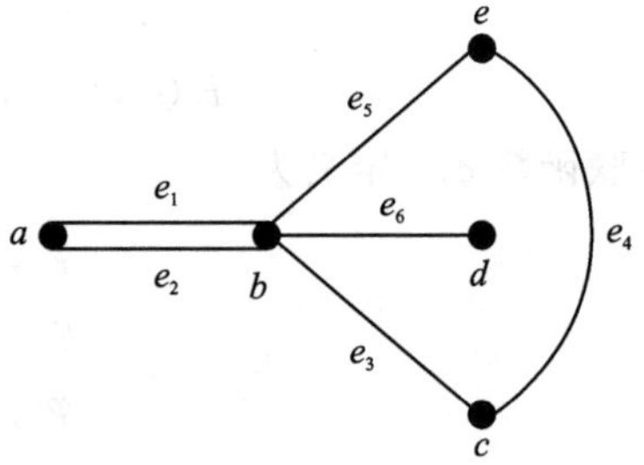

图 2.6.3 例 2.6.2 图 G

例 2.6.2 给出图 2.6.3 所示图 G 的关联矩阵、邻接矩阵和拉普拉斯矩阵.

解：图 G 的关联矩阵为

$$\begin{array}{c} \\ x_1\\ x_2\\ x_3\\ x_4\\ x_5\end{array}\begin{array}{c}\begin{matrix}e_1 & e_2 & e_3 & e_4 & e_5 & e_6\end{matrix}\\ \begin{bmatrix}1 & 1 & 0 & 0 & 0 & 0\\ 1 & 1 & 1 & 0 & 1 & 1\\ 0 & 0 & 1 & 1 & 0 & 0\\ 0 & 0 & 0 & 0 & 0 & 1\\ 0 & 0 & 0 & 1 & 1 & 0\end{bmatrix}\end{array}$$

图 G 的节点顺序为 a,b,c,d,e 的邻接矩阵和拉普拉斯矩阵是

$$\boldsymbol{A}=\begin{bmatrix}0 & 2 & 0 & 0 & 0\\ 2 & 0 & 1 & 1 & 1\\ 0 & 1 & 0 & 0 & 1\\ 0 & 1 & 0 & 0 & 0\\ 0 & 1 & 1 & 0 & 0\end{bmatrix},\quad \boldsymbol{L}=\begin{bmatrix}2 & -2 & 0 & 0 & 0\\ -2 & 5 & -1 & -1 & -1\\ 0 & -1 & 2 & 0 & -1\\ 0 & -1 & 0 & 1 & 0\\ 0 & -1 & -1 & 0 & 2\end{bmatrix}$$

定理 2.6.1 设无向图 $G=(V(G),E(G),\varphi_G)$，$V(G)=\{x_1,x_2,\cdots,x_n\}$，且 $\boldsymbol{A}=(a_{ij})_{n\times n}$ 为 G 的邻接矩阵，则 $\boldsymbol{A}^k$ 中的 i 行 j 列元素 $a_{ij}^{(k)}$ 是图 G 中以 x_i 和 x_j 为端点且长度为 k 的链的数目.

定理 2.6.2 设图 G 的邻接矩阵为 $\boldsymbol{A}\in\mathbb{R}^{n\times n}$，作方阵 $\boldsymbol{R}=\boldsymbol{A}+\boldsymbol{A}^2+\cdots+\boldsymbol{A}^{n-1}$，则图 G 连通的充分必要条件为 $\boldsymbol{R}$ 中的每个元素都不为零.

定理 2.6.3 设图 G 有 n 个节点和 k 个连通分支，则 $\operatorname{rank}(\boldsymbol{M})=n-k$，其中 $\boldsymbol{M}$ 是 G 的关联矩阵.

定义 2.6.9(不可约矩阵) 如果存在 n 阶排列矩阵 $\boldsymbol{P}$ 使得

$$\boldsymbol{PAP}^{\mathrm{T}}=\begin{bmatrix}\boldsymbol{A}_{11} & \boldsymbol{A}_{12}\\ \boldsymbol{0} & \boldsymbol{A}_{22}\end{bmatrix}$$

其中，$A_{11}\in\mathbb{R}^{k\times k}(1\leqslant k\leqslant n-1)$，则称矩阵 A 是可约矩阵；否则称 A 为不可约矩阵.

定理 2.6.4 无向图 G 是连通的当且仅当它的拉普拉斯矩阵 L 不可约.

定理 2.6.5 无向图 G 的拉普拉斯矩阵 $L=(l_{ij})\in\mathbb{R}^{n\times n}$ 具有以下性质：

(1) L 是半正定实对称矩阵.

(2) $\operatorname{rank}(L)=n-k$，其中 k 为图的连通分支数；特别地，若 G 是连通图，则 0 是矩阵 L 的单根.

(3) 对任意向量 $x=[x_1,\cdots,x_n]^{\mathrm{T}}\in\mathbb{R}^n$，有

$$x^{\mathrm{T}}Lx=-\frac{1}{2}\sum_{i,j=1}^{n}l_{ij}(x_i-x_j)^2$$

这里仅给出定理 2.6.5 性质(3)的证明. 将上式右端展开，得

$$-\frac{1}{2}\sum_{i,j=1}^{n}l_{ij}(x_i-x_j)^2=-\frac{1}{2}\sum_{i,j=1}^{n}l_{ij}(x_i^2+x_j^2)+\sum_{i,j=1}^{n}l_{ij}x_ix_j$$

注意到

$$\sum_{i,j=1}^{n}l_{ij}x_i^2=\sum_{i=1}^{n}x_i^2\left(\sum_{j=1}^{n}l_{ij}\right)=0$$

$$\sum_{i,j=1}^{n}l_{ij}x_j^2=\sum_{j=1}^{n}x_j^2\left(\sum_{i=1}^{n}l_{ij}\right)=0$$

故

$$-\frac{1}{2}\sum_{i,j=1}^{n}l_{ij}(x_i-x_j)^2=\sum_{i,j=1}^{n}l_{ij}x_ix_j=x^{\mathrm{T}}Lx$$

上述结论是拉普拉斯特征映射方法的核心理论基础，它从图的角度去构建数据之间的关系，是数据降维的常见方法. 有兴趣的读者可阅读参考文献[20].

本章习题

1. 设多项式 $f(\lambda)$ 的友矩阵为 A，证明 A 的特征多项式为 $f(\lambda)$.

2. 拉普拉斯变换是求解和分析常系数线性微分方程的一种简便方法，其定义如下：设 $f(t)$ 为定义在 $\mathbb{R}^+$ 的实值函数，且存在实数 τ 使得当 $s>\tau$ 时，广义积分

$$F(s)=\int_0^{+\infty}f(t)\mathrm{e}^{-st}\,\mathrm{d}t$$

收敛，则称上式右端的积分为函数 $f(t)$ 的拉普拉斯变换，$F(s)$ 称为 $f(t)$ 在拉普拉斯变换下的像函数，常记为 $L(f(t))$，$f(t)$ 称为 $F(s)$ 的原函数. 试证明 $L:f(t)\to F(s)$ 是线性变换.

3. 设 V_1,V_2 和 V_3 均是数域 F 上的线性空间，若 $T_1\in\mathcal{L}(V_1,V_2)$，$T_2\in\mathcal{L}(V_2,V_3)$，证明 $T_2T_1\in\mathcal{L}(V_1,V_3)$.

4. 设 $T_1,T_2\in\mathcal{L}(\mathbb{R}^{1\times 2})$，对任意 $[x_1,x_2]\in\mathbb{R}^{1\times 2}$，有 $T_1([x_1,x_2])=[x_2,-x_1]$，$T_2([x_1,x_2])=[x_1,-x_2]$，试求 T_1+T_2，T_1T_2 和 T_2T_1.

5. 设 V 和 W 均是数域 F 上的线性空间，$\boldsymbol{\zeta}_1,\cdots,\boldsymbol{\zeta}_n$ 是 V 的一组基. 若 $T_1,T_2\in\mathcal{L}(V,W)$，且 $\forall k=1,\cdots,n$，$T_1(\boldsymbol{\zeta}_k)=T_2(\boldsymbol{\zeta}_k)$. 证明 $T_1=T_2$.

6. 复数域$\mathbb{C}$是$\mathbb{R}$上的线性空间，证明$\mathbb{C}\cong\mathbb{R}^2$.

7. 设线性映射 $T\in\mathcal{L}(V,W)$，若 $\boldsymbol{\varepsilon}_1,\cdots,\boldsymbol{\varepsilon}_n$ 和 $\boldsymbol{\varepsilon}'_1,\cdots,\boldsymbol{\varepsilon}'_n$ 是 V 的两组基，由 $\boldsymbol{\varepsilon}_1,\cdots,\boldsymbol{\varepsilon}_n$ 到 $\boldsymbol{\varepsilon}'_1,\cdots,\boldsymbol{\varepsilon}'_n$ 的过渡矩阵为 $\boldsymbol{Q}$，证明 $T(\boldsymbol{\varepsilon}'_1,\cdots,\boldsymbol{\varepsilon}'_n)=T(\boldsymbol{\varepsilon}_1,\cdots,\boldsymbol{\varepsilon}_n)\boldsymbol{Q}$.

8. 设 $T_1\in\mathcal{L}(V_1,V_2)$，$T_2\in\mathcal{L}(V_2,V_3)$，$\boldsymbol{\varepsilon}_1,\cdots,\boldsymbol{\varepsilon}_n$，$\boldsymbol{\eta}_1,\cdots,\boldsymbol{\eta}_m$ 和 $\boldsymbol{\zeta}_1,\cdots,\boldsymbol{\zeta}_l$ 分别是 V_1，V_2 和 V_3 的基，T_1 在 V_1 的基 $\boldsymbol{\varepsilon}_1,\cdots,\boldsymbol{\varepsilon}_n$ 和 V_2 的基 $\boldsymbol{\eta}_1,\cdots,\boldsymbol{\eta}_m$ 下的矩阵为 $\boldsymbol{A}$，T_2 在 V_2 的基 $\boldsymbol{\eta}_1,\cdots,\boldsymbol{\eta}_m$ 和 V_3 的基 $\boldsymbol{\zeta}_1,\cdots,\boldsymbol{\zeta}_l$ 下的矩阵为 $\boldsymbol{B}$，求线性映射 T_2T_1 在 V_1 的基 $\boldsymbol{\varepsilon}_1,\cdots,\boldsymbol{\varepsilon}_n$ 和 V_3 的基 $\boldsymbol{\zeta}_1,\cdots,\boldsymbol{\zeta}_l$ 下的矩阵.（理解矩阵相乘）

9. 设 V 是 n 维欧氏空间，$T\in\mathcal{L}(V)$，若对任意向量 $\boldsymbol{x},\boldsymbol{y}\in V$ 有

$$(T(\boldsymbol{x}),\boldsymbol{y})=(\boldsymbol{x},T(\boldsymbol{y}))$$

则称 T 是 V 上的对称变换. 证明 T 在 V 的一组标准正交基下的矩阵为对称矩阵.

10. 设 $T_1,T_2\in\mathcal{L}(\mathbb{R}^n)$，若对任意向量 $\boldsymbol{x},\boldsymbol{y}\in\mathbb{R}^n$ 均有

$$(T_1(\boldsymbol{x}),\boldsymbol{y})=(\boldsymbol{x},T_2(\boldsymbol{y}))$$

则称 T_2 是 T_1 的一个伴随变换. 试证明线性变换 T_1 的伴随变换 T_2 存在且唯一.

11. 设 $T_1\in\mathcal{L}(\mathbb{R}^2)$ 且满足

$$T_1:(x,y)^{\mathrm{T}}\to(a_1x+b_1y,a_2x+b_2y)^{\mathrm{T}}$$

求 T_1 和 T_1 的伴随变换 T_2 在标准基下的矩阵.（理解伴随变换可看作转置矩阵的几何意义.）

12. 证明 n 阶方阵 $\boldsymbol{A}$ 的属于特征值 λ 的全部特征向量再加上零向量构成 F^n 的一个线性子空间.

13. 设 $\lambda_1,\cdots,\lambda_n$ 是 $\boldsymbol{A}=(a_{ij})\in\mathbb{C}^{n\times n}$ 的特征值，则

$$\prod_{i=1}^{n}\lambda_i=|\boldsymbol{A}|$$

$$\sum_{i=1}^{n}\lambda_i=\sum_{i=1}^{n}a_{ii}=\mathrm{tr}(\boldsymbol{A})$$

14. 设 $\boldsymbol{A}\in\mathbb{C}^{m\times n}$，$\boldsymbol{B}\in\mathbb{C}^{n\times m}$，对任意 $\lambda\in\mathbb{C}$，试证：

$$\lambda^n|\lambda\boldsymbol{I}_m-\boldsymbol{AB}|=\lambda^m|\lambda\boldsymbol{I}_n-\boldsymbol{BA}|$$

15. 设矩阵 $\boldsymbol{A}\in\mathbb{C}^{n\times n}$ 有 s 个互异特征值，分记为 $\lambda_1,\cdots,\lambda_s$，则以下两个集合

$$E(\lambda_1)+E(\lambda_2)+\cdots+E(\lambda_s)$$

$$E(\lambda_1)\cap E(\lambda_2)\cap\cdots\cap E(\lambda_s)$$

是$\mathbb{C}^n$的线性子空间吗？若是，求它们的维数.

16. 设 $T\in\mathcal{L}(V)$，W 是 V 的子空间. 若对任意 $\boldsymbol{\alpha}\in W$，都有 $T(\boldsymbol{\alpha})\in W$，则称 W 是 T 的不变子空间. 证明 T 可对角化的充分必要条件是 V 可以分解为 T 的一维不变子空间的直和.

17. 设 λ 是 $\boldsymbol{A}\in\mathbb{R}^{n\times n}$ 的特征值，$\boldsymbol{x}\in\mathbb{R}^n$ 是属于 λ 的特征向量. 若 $\alpha\in\mathbb{R}$ 不是 $\boldsymbol{A}$ 的特

征值，令 $\boldsymbol{B}=(\boldsymbol{A}-\alpha\boldsymbol{I})^{-1}$，证明 $(\lambda-\alpha)^{-1}$ 是 $\boldsymbol{B}$ 的特征值，$\boldsymbol{x}$ 是其对应的特征向量.

18. 证明 Householder 矩阵 $\boldsymbol{H}(\boldsymbol{w})$ 具有以下性质：

(1) $|\boldsymbol{H}(\boldsymbol{w})|=-1$；

(2) $(\boldsymbol{H}(x\boldsymbol{w}))^{\mathrm{H}}=\boldsymbol{H}(\boldsymbol{w})=(\boldsymbol{H}(\boldsymbol{w}))^{-1}$；

(3) 设 $\boldsymbol{x},\boldsymbol{y}\in\mathbb{C}^n$ 且 $\boldsymbol{x}\neq\boldsymbol{y}$，则存在单位向量 $\boldsymbol{w}$ 使得 $\boldsymbol{H}(\boldsymbol{w})\boldsymbol{x}=\boldsymbol{y}$ 的充分必要条件是

$$\boldsymbol{x}^{\mathrm{H}}\boldsymbol{x}=\boldsymbol{y}^{\mathrm{H}}\boldsymbol{y},\quad \boldsymbol{x}^{\mathrm{H}}\boldsymbol{y}=\boldsymbol{y}^{\mathrm{H}}\boldsymbol{x}$$

并且若上述条件成立，则使 $\boldsymbol{H}(\boldsymbol{w})\boldsymbol{x}=\boldsymbol{y}$ 成立的单位向量 $\boldsymbol{w}$ 可取为

$$\boldsymbol{w}=\frac{\mathrm{e}^{\mathrm{i}\theta}}{\|\boldsymbol{x}-\boldsymbol{y}\|}(\boldsymbol{x}-\boldsymbol{y})$$

其中 θ 为任一实数.

19. 证明 Givens 矩阵可分解为两个 Householder 矩阵的乘积.

20. 近年来对众多实际网络的研究发现，它们存在一个共同的特征，称之为网络中的社团结构. 它是指网络中的节点可以分成组，组内节点间的连接比较稠密，组间节点的连接比较稀疏. 社团结构在实际系统中有着重要的意义. 在引文网中，不同社团可能代表了不同的研究领域；在万维网中，不同社团可能表示了不同主题的主页；在新陈代谢网络、神经网络中，社团可能反映了功能单位；在食物链网中，社团可能反映了生态系统中的子系统. 在网络性质和功能的研究中，社团结构也有显著的表现. 请读者思考利用拉普拉斯矩阵的特征值对图 2－1 中的网络进行社团划分（显然，我们可划分为三个社团）. 更多关于社团研究的论文请读者阅读参考文献[21-22]及其后引用文献.

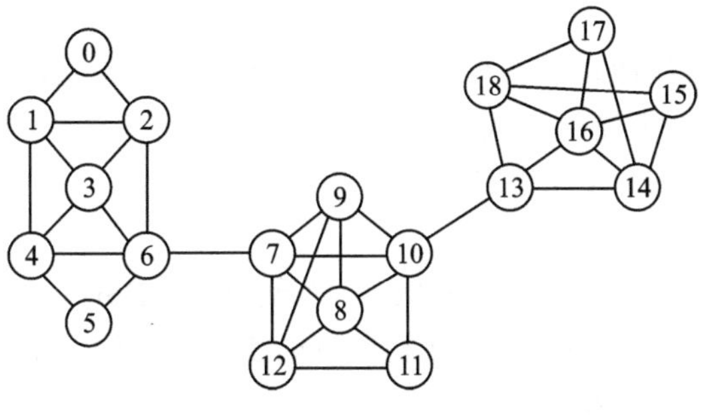

图 2－1　社团划分

第3章 矩阵分解

矩阵分解是将矩阵拆解为多个矩阵的乘积.矩阵分解的一个常见类比是整数的因子分解,例如将数字 12 分解为 2×6 或 3×4 或 2×2×3 等形式.类似于整数因子分解的多样性,矩阵分解也有多种技术.确定矩阵在不同情况下的分解形式,对矩阵相关的理论分析和数值计算有着极为重要的意义.因为矩阵的这些分解形式,一般能明显地反映出原矩阵的某些特征(从线性变换的角度看,分解形式反映了原线性变换的某些特征),其涉及的分解方法、过程等可提供行之有效的理论分析或数值计算依据.

3.1 相抵分解

矩阵相抵是同一线性映射在不同基下的矩阵之间的关系,这种关系也可以看作一种矩阵分解.我们这里简单回顾一下.

引理 3.1.1 设矩阵 $\boldsymbol{A},\boldsymbol{B}\in F^{m\times n}$,则以下表述等价:

(1) $\boldsymbol{A}$ 与 $\boldsymbol{B}$ 相抵;

(2) 存在可逆矩阵 $\boldsymbol{P}\in F^{m\times m}$ 和 $\boldsymbol{Q}\in F^{n\times n}$ 使得 $\boldsymbol{A}=\boldsymbol{PBQ}$;

(3) 矩阵 $\boldsymbol{A}$ 与 $\boldsymbol{B}$ 均可通过有限次初等行列变换得到同一个矩阵;

(4) $\operatorname{rank}(\boldsymbol{A})=\operatorname{rank}(\boldsymbol{B})$.

注 1: 引理 3.1.1 性质(3)经初等行列变换所得矩阵的最简形式为 $\begin{bmatrix}\boldsymbol{I}_r & \boldsymbol{O}\\ \boldsymbol{O} & \boldsymbol{O}\end{bmatrix}$,称为矩阵 $\boldsymbol{A}$(或 $\boldsymbol{B}$)的相抵标准形,其中 r 为矩阵 $\boldsymbol{A}$(或 $\boldsymbol{B}$)的秩.

引理 3.1.2 设 $\boldsymbol{A}\in F^{m\times n}$ 的秩为 r,则存在可逆矩阵 $\boldsymbol{P}\in F^{m\times m}$ 和 $\boldsymbol{Q}\in F^{n\times n}$ 使得

$$\boldsymbol{A}=\boldsymbol{P}\begin{bmatrix}\boldsymbol{I}_r & \boldsymbol{O}\\ \boldsymbol{O} & \boldsymbol{O}\end{bmatrix}\boldsymbol{Q} \tag{3.1.1}$$

表达式(3.1.1)称为矩阵 $\boldsymbol{A}$ 的相抵分解式.

【应用】 矩阵相抵分解适用于任何矩阵，因此它是一种基本的矩阵分解. 相抵分解常用于解决矩阵秩相关的命题. 例如 $\boldsymbol{A}\in\mathbb{C}^{m\times n}$，利用矩阵的相抵分解和矩阵乘积的转置公式容易证明矩阵的转置(或共轭转置)不改变矩阵的秩.

例 3.1.1 设 $\boldsymbol{A}\in\mathbb{C}^{m\times n}$，$\boldsymbol{B}\in\mathbb{C}^{n\times p}$，证明：$\mathrm{rank}(\boldsymbol{A})+\mathrm{rank}(\boldsymbol{B})-n\leqslant\mathrm{rank}(\boldsymbol{AB})\leqslant\min(\mathrm{rank}(\boldsymbol{A}),\mathrm{rank}(\boldsymbol{B}))$.

证明：首先证明第二个不等号成立. 设 $\boldsymbol{A}=\boldsymbol{P}\begin{bmatrix}\boldsymbol{I}_r & \boldsymbol{O}\\ \boldsymbol{O} & \boldsymbol{O}\end{bmatrix}\boldsymbol{Q}$，并将矩阵 $\boldsymbol{QB}$ 按行分块，记为 $\boldsymbol{QB}=\begin{bmatrix}\boldsymbol{C}\\ \boldsymbol{D}\end{bmatrix}$，则有

$$\boldsymbol{AB}=\boldsymbol{P}\begin{bmatrix}\boldsymbol{I}_r & \boldsymbol{O}\\ \boldsymbol{O} & \boldsymbol{O}\end{bmatrix}\begin{bmatrix}\boldsymbol{C}\\ \boldsymbol{D}\end{bmatrix}=\boldsymbol{P}\begin{bmatrix}\boldsymbol{C}\\ \boldsymbol{O}\end{bmatrix}\tag{3.1.2}$$

式中：$\boldsymbol{P}\in\mathbb{C}^{m\times m}$ 和 $\boldsymbol{Q}\in\mathbb{C}^{n\times n}$ 是可逆矩阵，$\boldsymbol{C}\in\mathbb{C}^{r\times p}$，$\boldsymbol{D}\in\mathbb{C}^{(n-r)\times p}$，$r=\mathrm{rank}(\boldsymbol{A})$.

由式(3.1.2)得：

$$\mathrm{rank}(\boldsymbol{AB})=\mathrm{rank}\left(\begin{bmatrix}\boldsymbol{C}\\ \boldsymbol{O}\end{bmatrix}\right)=\mathrm{rank}(\boldsymbol{C})$$

又知 $\mathrm{rank}(\boldsymbol{C})\leqslant r$ 且 $\mathrm{rank}(\boldsymbol{C})\leqslant\mathrm{rank}(\boldsymbol{QB})=\mathrm{rank}(\boldsymbol{B})$.

因此，$\mathrm{rank}(\boldsymbol{AB})\leqslant\min(\mathrm{rank}(\boldsymbol{A}),\mathrm{rank}(\boldsymbol{B}))$.

然后证明第一个不等号成立. 由 $\boldsymbol{QB}=\begin{bmatrix}\boldsymbol{C}\\ \boldsymbol{D}\end{bmatrix}$ 知，$\mathrm{rank}(\boldsymbol{QB})\leqslant\mathrm{rank}(\boldsymbol{D})+\mathrm{rank}(\boldsymbol{C})$，故

$$\mathrm{rank}(\boldsymbol{B})\leqslant\mathrm{rank}(\boldsymbol{D})+\mathrm{rank}(\boldsymbol{AB})$$

又知 $\mathrm{rank}(\boldsymbol{D})\leqslant n-r$. 因此，$\mathrm{rank}(\boldsymbol{A})+\mathrm{rank}(\boldsymbol{B})-n\leqslant\mathrm{rank}(\boldsymbol{AB})$. 证毕.

例 3.1.1 中的两个不等式是矩阵分析的重要不等式，在诸多的涉及矩阵乘积和矩阵秩的关系时往往需要根据这两个不等式进行放缩. 请利用例 3.1.1 中的结论证明本章的习题 1.

在矩阵分解中，我们关心的一个基础问题是分解的唯一性问题. 在随后矩阵分解的章节中，我们总会讨论这一问题. 下面简单讨论相抵分解的唯一性问题. 实际上，根据矩阵相抵的定义就能初步断定，由于初等行列变换次序不同可能会导致不同的相抵分解. 例如，

$$\boldsymbol{A}=\boldsymbol{P}\begin{bmatrix}\boldsymbol{I}_r & \boldsymbol{O}\\ \boldsymbol{O} & \boldsymbol{O}\end{bmatrix}\boldsymbol{Q}=\left(\boldsymbol{P}\begin{bmatrix}\boldsymbol{I}_r & \boldsymbol{X}\\ \boldsymbol{O} & \boldsymbol{I}\end{bmatrix}\right)\begin{bmatrix}\boldsymbol{I}_r & \boldsymbol{O}\\ \boldsymbol{O} & \boldsymbol{O}\end{bmatrix}\left(\begin{bmatrix}\boldsymbol{I}_r & \boldsymbol{O}\\ \boldsymbol{Y} & \boldsymbol{I}\end{bmatrix}\boldsymbol{Q}\right)\tag{3.1.3}$$

式中：$\boldsymbol{X}$ 和 $\boldsymbol{Y}$ 是适当阶数的任意矩阵. 由此，矩阵 $\boldsymbol{A}$ 的相抵分解是不唯一的.

【应用】 相抵分解的一个典型应用是求解矩阵的广义逆，请读者完成本章的习题 2. 矩阵广义逆及相关知识将在后续章节详细展开，这里不再具体介绍.

相抵分解亦可用于线性方程组的求解问题. 考察线性方程组 $\boldsymbol{Ax}=\boldsymbol{b}$ 的求解问题，其中 $\boldsymbol{A}\in\mathbb{R}^{m\times n}$ 和 $\boldsymbol{b}\in\mathbb{R}^m$ 已知，$\boldsymbol{x}\in\mathbb{R}^n$ 是未知向量.

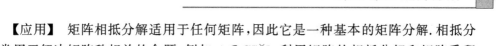

首先将矩阵 $\boldsymbol{A}$ 进行相抵分解,得

$$\boldsymbol{P}\begin{bmatrix}\boldsymbol{I}_r & \boldsymbol{O}\\ \boldsymbol{O} & \boldsymbol{O}\end{bmatrix}\boldsymbol{Q}\boldsymbol{x}=\boldsymbol{b} \tag{3.1.4}$$

再令 $\boldsymbol{y}=\boldsymbol{Q}\boldsymbol{x}$,式(3.1.4)改写为

$$\begin{bmatrix}\boldsymbol{I}_r & \boldsymbol{O}\\ \boldsymbol{O} & \boldsymbol{O}\end{bmatrix}\boldsymbol{y}=\boldsymbol{P}^{-1}\boldsymbol{b} \tag{3.1.5}$$

由式(3.1.5)可解得 $\boldsymbol{y}$,再根据 $\boldsymbol{x}=\boldsymbol{Q}^{-1}\boldsymbol{y}$ 求出 $\boldsymbol{x}$,其中 $\boldsymbol{P}^{-1}$ 和 $\boldsymbol{Q}^{-1}$ 可通过如下变换求得:

$$\begin{bmatrix}\boldsymbol{P}^{-1} & \boldsymbol{O}\\ \boldsymbol{O} & \boldsymbol{I}\end{bmatrix}\begin{bmatrix}\boldsymbol{A} & \boldsymbol{I}\\ \boldsymbol{I} & *\end{bmatrix}\begin{bmatrix}\boldsymbol{Q}^{-1} & \boldsymbol{O}\\ \boldsymbol{O} & \boldsymbol{I}\end{bmatrix}=\begin{bmatrix}\boldsymbol{I}_r & \boldsymbol{O} & \boldsymbol{P}^{-1}\\ \boldsymbol{O} & \boldsymbol{O} & \\ \boldsymbol{Q}^{-1} & & *\end{bmatrix} \tag{3.1.6}$$

例 3.1.2 求解线性方程组 $\boldsymbol{A}\boldsymbol{x}=\boldsymbol{b}$,其中

$$\boldsymbol{A}=\begin{bmatrix}1 & 1 & 1\\ 1 & 1 & 2\end{bmatrix},\quad \boldsymbol{b}=\begin{bmatrix}1\\ 2\end{bmatrix}$$

解:由 $\boldsymbol{A}$ 表达式易知 $\operatorname{rank}(\boldsymbol{A})=2$,并对如下分块矩阵进行初等变换:

$$\begin{bmatrix}\boldsymbol{A} & \boldsymbol{I}\\ \boldsymbol{I} & *\end{bmatrix}=\begin{bmatrix}1 & 1 & 1 & 1 & 0\\ 1 & 1 & 2 & 0 & 1\\ 1 & 0 & 0 & & \\ 0 & 1 & 0 & & *\\ 0 & 0 & 1 & & \end{bmatrix}\rightarrow\begin{bmatrix}1 & 0 & 0 & 1 & 0\\ 0 & 1 & 0 & -1 & 1\\ 1 & -1 & -1 & & \\ 0 & 0 & 1 & & *\\ 0 & 1 & 0 & & \end{bmatrix}$$

进而得

$$\boldsymbol{P}^{-1}=\begin{bmatrix}1 & 0\\ -1 & 1\end{bmatrix},\quad \boldsymbol{Q}^{-1}=\begin{bmatrix}1 & -1 & -1\\ 0 & 0 & 1\\ 0 & 1 & 0\end{bmatrix},\quad \boldsymbol{P}^{-1}\boldsymbol{b}=\begin{bmatrix}1\\ 1\end{bmatrix}$$

由方程组(3.1.5)易得 $\boldsymbol{y}=[1,1,a]^{\mathrm{T}}$,进而解得

$$\boldsymbol{x}=\boldsymbol{Q}^{-1}\boldsymbol{y}=\begin{bmatrix}-a\\ a\\ 1\end{bmatrix}$$

上式即为线性方程组 $\boldsymbol{A}\boldsymbol{x}=\boldsymbol{b}$ 的解,其中 a 为任意实数.

3.2 满秩分解

满秩分解是一种基本的矩阵分解,其分解定理如下:

定理 3.2.1(满秩分解定理) 设 $\boldsymbol{A}\in\mathbb{C}_r^{m\times n}$ $(r>0)$,则存在列满秩矩阵 $\boldsymbol{B}$ 和行满秩矩阵 $\boldsymbol{C}$ 使得 $\boldsymbol{A}=\boldsymbol{B}\boldsymbol{C}$.

证明：

方法一：利用相抵分解证明. 由 $\boldsymbol{A}=\boldsymbol{P}\begin{bmatrix}\boldsymbol{I}_r & \boldsymbol{O}\\ \boldsymbol{O} & \boldsymbol{O}\end{bmatrix}\boldsymbol{Q}$ 和 $\begin{bmatrix}\boldsymbol{I}_r & \boldsymbol{O}\\ \boldsymbol{O} & \boldsymbol{O}\end{bmatrix}=\begin{bmatrix}\boldsymbol{I}_r\\ \boldsymbol{O}\end{bmatrix}[\boldsymbol{I}_r,\boldsymbol{O}]$ 知，

$$\boldsymbol{A}=\boldsymbol{P}\begin{bmatrix}\boldsymbol{I}_r\\ \boldsymbol{O}\end{bmatrix}[\boldsymbol{I}_r,\boldsymbol{O}]\boldsymbol{Q}$$

令 $\boldsymbol{B}=\boldsymbol{P}\begin{bmatrix}\boldsymbol{I}_r\\ \boldsymbol{O}\end{bmatrix}$，$\boldsymbol{C}=[\boldsymbol{I}_r,\boldsymbol{O}]\boldsymbol{Q}$，则易证 $\boldsymbol{B}$ 和 $\boldsymbol{C}$ 分别是列满秩矩阵和行满秩矩阵.

方法二：利用线性空间性质证明. 将矩阵 $\boldsymbol{A}$ 进行列分块，并令 $\boldsymbol{A}=[\boldsymbol{a}_1,\cdots,\boldsymbol{a}_n]$，则有 $R(\boldsymbol{A})=\mathrm{span}(\boldsymbol{a}_1,\cdots,\boldsymbol{a}_n)$ 且 $\mathrm{rank}(\boldsymbol{A})=\dim(R(\boldsymbol{A}))$，其中 $\boldsymbol{a}_i\in\mathbb{C}^m$，$i=1,\cdots,n$.

任取 $R(\boldsymbol{A})$ 的一组基，则 $\boldsymbol{a}_i$ 必可由基 $\boldsymbol{b}_1,\cdots,\boldsymbol{b}_r$ 线性表示，即

$$\boldsymbol{a}_i=[\boldsymbol{b}_1,\cdots,\boldsymbol{b}_r]\boldsymbol{c}_i$$

式中：$\boldsymbol{c}_i\in\mathbb{C}^r$ 是 $\boldsymbol{a}_i$ 在基 $\boldsymbol{b}_1,\cdots,\boldsymbol{b}_r$ 下的坐标，$i=1,\cdots,n$.

进一步，定义矩阵 $\boldsymbol{B}=[\boldsymbol{b}_1,\cdots,\boldsymbol{b}_r]$，$\boldsymbol{C}=[\boldsymbol{c}_1,\cdots,\boldsymbol{c}_n]$，有

$$\boldsymbol{A}=[\boldsymbol{a}_1,\cdots,\boldsymbol{a}_n]=[\boldsymbol{b}_1,\cdots,\boldsymbol{b}_r][\boldsymbol{c}_1,\cdots,\boldsymbol{c}_n]=\boldsymbol{BC}$$

式中：$\mathrm{rank}(\boldsymbol{B})=\dim(R(\boldsymbol{B}))=r$.

又知

$$\mathrm{rank}(\boldsymbol{C})\geqslant\mathrm{rank}(\boldsymbol{A})=r\ 且\ \mathrm{rank}(\boldsymbol{C})\leqslant r$$

故 $\mathrm{rank}(\boldsymbol{C})=r$. 综上所述，矩阵 $\boldsymbol{A}$ 可分解为列满秩矩阵 $\boldsymbol{B}$ 和行满秩矩阵 $\boldsymbol{C}$ 的乘积.

注 1：由于列空间 $R(\boldsymbol{A})$ 的基选取不同，矩阵 $\boldsymbol{A}$ 的满秩分解也不唯一. 实际上，上述证明也提供了一种满秩分解的计算方法.

例 3.2.1　求矩阵 $\boldsymbol{A}=\begin{bmatrix}\mathrm{i} & 1 & 1\\ 1 & -\mathrm{i} & 1\end{bmatrix}$ 的满秩分解.

解：$\boldsymbol{a}_1=\begin{bmatrix}\mathrm{i}\\ 1\end{bmatrix}$ 和 $\boldsymbol{a}_2=\begin{bmatrix}1\\ -\mathrm{i}\end{bmatrix}$ 线性相关，$\boldsymbol{a}_1=\begin{bmatrix}\mathrm{i}\\ 1\end{bmatrix}$ 和 $\boldsymbol{a}_3=\begin{bmatrix}1\\ 1\end{bmatrix}$ 线性无关，故可选取 $\boldsymbol{a}_1$ 和 $\boldsymbol{a}_3$ 构成列空间 $R(\boldsymbol{A})$ 的一组基.

定义

$$\boldsymbol{B}=[\boldsymbol{a}_1,\boldsymbol{a}_3]=\begin{bmatrix}\mathrm{i} & 1\\ 1 & 1\end{bmatrix}$$

则向量 $\boldsymbol{a}_1,\boldsymbol{a}_2,\boldsymbol{a}_3$ 在基 $\boldsymbol{a}_1,\boldsymbol{a}_3$ 下的坐标 $\boldsymbol{c}_1,\boldsymbol{c}_2,\boldsymbol{c}_3$ 分别为

$$\boldsymbol{c}_1=\begin{bmatrix}1\\ 0\end{bmatrix},\quad \boldsymbol{c}_2=\begin{bmatrix}-\mathrm{i}\\ 0\end{bmatrix},\quad \boldsymbol{c}_3=\begin{bmatrix}0\\ 1\end{bmatrix}$$

因此，定义

$$\boldsymbol{C}=[\boldsymbol{c}_1,\boldsymbol{c}_2,\boldsymbol{c}_3]=\begin{bmatrix}1 & -\mathrm{i} & 0\\ 0 & 0 & 1\end{bmatrix}$$

则 $A=BC$ 是矩阵 A 的满秩分解.

若选取

$$B=[a_2,a_3]=\begin{bmatrix}1 & 1\\ -\mathrm{i} & 1\end{bmatrix}$$

则矩阵 C 为如下形式:

$$C=\begin{bmatrix}\mathrm{i} & 1 & 0\\ 0 & 0 & 1\end{bmatrix}$$

注 2: 在挑选列空间 $R(A)$ 的基时,并不一定从 A 的列向量中选取. 比如在例 3.2.1 中,列满秩矩阵 B 也可选取为单位矩阵(单位矩阵的列向量不是矩阵 A 的任一列向量),则 $A=I_2A$ 也是 A 的满秩分解. 之所以出现 $A=IA$ 形式的满秩分解,原因在于矩阵 A 本身是行满秩矩阵. 实际上,若 A 是列满秩矩阵,则 $A=AI$ 是 A 的满秩分解形式.

尽管满秩分解不唯一,但同一矩阵的不同满秩分解存在着一定关系.

定理 3.2.2 设 $A\in\mathbb{C}_r^{m\times n}(r>0)$, $A=B_1C_1$ 和 $A=B_2C_2$ 是矩阵 A 的两种不同满秩分解,则存在可逆矩阵 $D\in\mathbb{C}^{r\times r}$ 使得 $B_1=B_2D$ 和 $C_1=D^{-1}C_2$.

证明:将矩阵 B_1 和 B_2 进行列分块,并记为

$$B_1=[b_{11},\cdots,b_{1r}],\quad B_2=[b_{21},\cdots,b_{2r}]$$

由于 B_1 和 B_2 均为列满秩矩阵,则向量组 $b_{11},\cdots,b_{1r}$ 和向量组 $b_{21},\cdots,b_{2r}$ 均构成列空间 $R(A)$ 的一组基. 根据同一空间中不同基的关系,得

$$[b_{11},\cdots,b_{1r}]=[b_{21},\cdots,b_{2r}]D$$

式中:D 是从基 $b_{21},\cdots,b_{2r}$ 到基 $b_{11},\cdots,b_{1r}$ 的过渡矩阵.

因此,存在可逆矩阵 D 使得 $B_1=B_2D$. 再根据坐标与过渡矩阵的关系,易证 $C_1=D^{-1}C_2$. 证毕.

注 3: 定理 3.2.2 表明只要找到矩阵 A 的一个满秩分解表达式就可以构造无数个满秩分解.

【应用】 满秩分解是研究矩阵广义逆的一个强有力的工具. 请读者尝试完成本章的习题 2,关于矩阵广义逆内容将在第 5 章详细介绍.

例 3.2.2 求满足等式 $AB=I$ 或 $BA=I$ 的矩阵 B,其中,矩阵 A 分别为

(1) $A=\begin{bmatrix}1 & 0 & 0\\ 1 & 0 & 0\end{bmatrix}$;(2) $A=\begin{bmatrix}1 & 0 & 0\\ 0 & 1 & 0\end{bmatrix}$;(3) $A=\begin{bmatrix}1 & 0\\ 0 & 1\\ 0 & 0\end{bmatrix}$.

解:经计算,由(1)中的矩阵 A 知,不存在矩阵 B 使得 $AB=I$ 或 $BA=I$;对于(2)中矩阵 A,存在矩阵 B 使得 $AB=I$;对于(3)中矩阵 A,存在矩阵 B 使得 $BA=I$.

由例 3.2.2 知,尽管对于(2)、(3)中的矩阵 A 存在矩阵 B 使得 $AB=I$ 或 $BA=I$,但

矩阵 $\boldsymbol{B}$ 却不是相应矩阵 $\boldsymbol{A}$ 的逆矩阵(由于逆矩阵须同时满足 $\boldsymbol{AB}=\boldsymbol{I}$ 和 $\boldsymbol{BA}=\boldsymbol{I}$ 两个等式;对非方矩阵而言,最多只能满足这两个等式之一).

定理 3.2.3(右逆和左逆) 矩阵 $\boldsymbol{A}\in\mathbb{C}_r^{m\times n}(r>0)$ 有右逆(即存在矩阵 $\boldsymbol{B}$ 使得 $\boldsymbol{AB}=\boldsymbol{I}$)的充分必要条件是 $\boldsymbol{A}$ 为行满秩矩阵;矩阵 $\boldsymbol{A}$ 有左逆(即存在矩阵 $\boldsymbol{B}$ 使得 $\boldsymbol{BA}=\boldsymbol{I}$)的充分必要条件是 $\boldsymbol{A}$ 为列满秩矩阵.

具体证明留作课后习题. 定理 3.2.3 给出了矩阵左逆和右逆存在性的充分必要条件,但并未指出矩阵左逆或右逆的唯一性结果. 回顾例 3.2.2,对于(2)中的矩阵 $\boldsymbol{A}$,其右逆不唯一,可表示为

$$\boldsymbol{B}=\begin{bmatrix}1 & 0\\ 0 & 1\\ * & *\end{bmatrix}$$

式中: * 为任意复数.

实际上,只有当矩阵 $\boldsymbol{A}$ 为可逆矩阵时,其左逆和右逆才是唯一的;对于其他矩阵而言,其左逆或右逆或不存在,或存在但不唯一.

注 4: 设 $\boldsymbol{A}\in\mathbb{C}_r^{r\times n}$,则 $\boldsymbol{AA}^{\mathrm{H}}$ 是 r 阶非奇异矩阵(利用本章习题 7 的结论). 根据 $\boldsymbol{AA}^{\mathrm{H}}(\boldsymbol{AA}^{\mathrm{H}})^{-1}=\boldsymbol{I}$,得 $\boldsymbol{A}^{\mathrm{H}}(\boldsymbol{AA}^{\mathrm{H}})^{-1}$ 是矩阵 $\boldsymbol{A}$ 的一个右逆. 同理,当 $\boldsymbol{A}\in\mathbb{C}_r^{m\times r}$ 时,$(\boldsymbol{A}^{\mathrm{H}}\boldsymbol{A})^{-1}\boldsymbol{A}^{\mathrm{H}}$ 是矩阵 $\boldsymbol{A}$ 的一个左逆.

3.3 三角分解

定义 3.3.1(三角矩阵) 设矩阵 $\boldsymbol{A}=[a_{ij}]\in\mathbb{C}^{n\times n}$,若 $\boldsymbol{A}$ 的对角线上(下)方的元素全为零,即 $\forall i<j, a_{ij}=0(\forall i>j, a_{ij}=0)$,则称矩阵 $\boldsymbol{A}$ 为下(上)三角矩阵. 通常将下三角矩阵和上三角矩阵统称为三角矩阵. 进一步,将对角线元素全为正实数的三角矩阵称为正线三角矩阵,将对角线元素全为 1 的三角矩阵称为单位三角矩阵.

三角矩阵是一类特殊矩阵,其特殊之处在于任意两个下(上)三角矩阵的加法、乘积以及其逆矩阵(若存在)仍是下(上)三角矩阵. 特别地,任意两个单位下(上)三角矩阵的乘积以及逆矩阵(若存在)仍是单位下(上)三角矩阵.

定理 3.3.1(LU 分解定理) 设 $\boldsymbol{A}=[a_{ij}]\in\mathbb{C}^{n\times n}$ 是非奇异矩阵,则存在唯一的单位下三角矩阵 $\boldsymbol{L}$ 和上三角矩阵 $\boldsymbol{U}$ 使得 $\boldsymbol{A}=\boldsymbol{LU}$ 成立的充分必要条件是 $\boldsymbol{A}$ 的所有顺序主子式均非零,即

$$\Delta_i(\boldsymbol{A})=\begin{vmatrix}a_{11} & a_{12} & \cdots & a_{1i}\\ a_{21} & a_{22} & \cdots & a_{2i}\\ \vdots & \vdots & & \vdots\\ a_{i1} & a_{i2} & \cdots & a_{ii}\end{vmatrix}\neq 0,\quad i=1,\cdots,n$$

证明: 必要性. 已知存在唯一的单位下三角矩阵 $\boldsymbol{L}$ 和上三角矩阵 $\boldsymbol{U}$ 使得 $\boldsymbol{A}=$

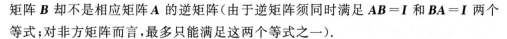

$\boldsymbol{LU}$,需证明 $\boldsymbol{A}$ 的所有顺序主子式非零(可考虑将矩阵 $\boldsymbol{A}$ 分块,然后通过分块矩阵找到矩阵 $\boldsymbol{A}$ 的顺序主子式矩阵).

将矩阵 $\boldsymbol{A}$、$\boldsymbol{L}$ 和 $\boldsymbol{U}$ 作如下分块:

$$\boldsymbol{A}=\begin{bmatrix}\boldsymbol{A}_{i1} & \boldsymbol{A}_{i2}\\ \boldsymbol{A}_{i3} & \boldsymbol{A}_{i4}\end{bmatrix}=\begin{bmatrix}\boldsymbol{L}_{i1} & \boldsymbol{O}\\ \boldsymbol{L}_{i3} & \boldsymbol{L}_{i4}\end{bmatrix}\begin{bmatrix}\boldsymbol{U}_{i1} & \boldsymbol{U}_{i2}\\ \boldsymbol{O} & \boldsymbol{U}_{i4}\end{bmatrix}\tag{3.3.1}$$

式中:$\boldsymbol{A}_{i1}$、$\boldsymbol{L}_{i1}$ 和 $\boldsymbol{U}_{i1}$ 分别为矩阵 $\boldsymbol{A}$、$\boldsymbol{L}$ 和 $\boldsymbol{U}$ 的 i 阶顺序主子式矩阵,$i=1,\cdots,n$.

由式(3.3.1)知,$\boldsymbol{A}_{i1}=\boldsymbol{L}_{i1}\boldsymbol{U}_{i1}$.从而有

$$|\boldsymbol{A}_{i1}|=|\boldsymbol{L}_{i1}\boldsymbol{U}_{i1}|=|\boldsymbol{U}_{i1}|=u_{11}\cdot u_{22}\cdot\cdots\cdot u_{ii}$$

式中:u_{ii} 是上三角矩阵 $\boldsymbol{U}$ 的第 i 个对角元素,$i=1,\cdots,n$.

由矩阵 $\boldsymbol{A}$ 可逆推断出矩阵 $\boldsymbol{U}$ 可逆,进而 $u_{11}\cdot u_{22}\cdot\cdots\cdot u_{ii}\neq 0$.因此,$u_{ii}\neq 0$,$\forall i=1,\cdots,n$,即 $\boldsymbol{A}$ 的所有顺序主子式非零.

【充分性分析:矩阵分解的存在性证明一般通过找出分解式来说明.因此,这类问题通常采用构造法、归纳法等.这里采用归纳法说明.】

充分性.当矩阵 $\boldsymbol{A}$ 的阶数为1时,结论显然成立.假设对任意$(n-1)$阶矩阵 $\boldsymbol{A}_{n-1}$ 有 LU 分解,即

$$\boldsymbol{A}_{n-1}=\boldsymbol{L}_{n-1}\boldsymbol{U}_{n-1}$$

式中:$\boldsymbol{L}_{n-1}$ 是$(n-1)$阶单位下三角矩阵,$\boldsymbol{U}_{n-1}$ 是$(n-1)$阶上三角矩阵.

现考察任意 n 阶矩阵 $\boldsymbol{A}$.为利用$(n-1)$阶矩阵的 LU 分解式,矩阵 $\boldsymbol{A}$ 可作如下分块处理

$$\boldsymbol{A}=\begin{bmatrix}\boldsymbol{A}_{n-1} & \boldsymbol{\beta}\\ \boldsymbol{\alpha}^{\mathrm{T}} & a_{nn}\end{bmatrix}$$

式中:$\boldsymbol{A}_{n-1}$ 是矩阵 $\boldsymbol{A}$ 的 $n-1$ 阶顺序主子式矩阵,$\boldsymbol{\beta}$ 和 $\boldsymbol{\alpha}$ 是 $n-1$ 维向量,a_{nn} 是标量.

若矩阵 $\boldsymbol{A}$ 可进行 LU 分解,则须满足

$$\begin{bmatrix}\boldsymbol{A}_{n-1} & \boldsymbol{\beta}\\ \boldsymbol{\alpha}^{\mathrm{T}} & a_{nn}\end{bmatrix}=\begin{bmatrix}\boldsymbol{L}_{n-1} & \boldsymbol{0}\\ \boldsymbol{\alpha}_L^{\mathrm{T}} & 1\end{bmatrix}\begin{bmatrix}\boldsymbol{U}_{n-1} & \boldsymbol{\beta}_U\\ \boldsymbol{0} & u_{nn}\end{bmatrix}$$

式中:$\boldsymbol{\alpha}_L^{\mathrm{T}}$、$\boldsymbol{\beta}_U$ 和 u_{nn} 待定且须满足以下条件:

$$\boldsymbol{\beta}=\boldsymbol{L}_{n-1}\boldsymbol{\beta}_U$$
$$\boldsymbol{\alpha}^{\mathrm{T}}=\boldsymbol{\alpha}_L^{\mathrm{T}}\boldsymbol{U}_{n-1}$$
$$a_{nn}=\boldsymbol{\alpha}_L^{\mathrm{T}}\boldsymbol{\beta}_U+u_{nn}$$

由上式解得 $\boldsymbol{\beta}_U=\boldsymbol{L}_{n-1}^{-1}\boldsymbol{\beta}$,$\boldsymbol{\alpha}_L^{\mathrm{T}}=\boldsymbol{\alpha}^{\mathrm{T}}\boldsymbol{U}_{n-1}^{-1}$ 和 $u_{nn}=a_{nn}-\boldsymbol{\alpha}^{\mathrm{T}}\boldsymbol{A}_{n-1}^{-1}\boldsymbol{\beta}$.从而构造出 n 阶矩阵 $\boldsymbol{A}$ 的 LU 分解,即分解存在性得证.

【注意:该定理的充分性分析尚未结束.上述证明仅给出存在性说明,还须证明分解的唯一性.矩阵分解的唯一性证明常用反证法.】

这里采用反证法证明.假设上述分解是不唯一的,即存在两种不同的 LU 分解,

并表示为

$$A = L_1 U_1 = L_2 U_2$$

对上式等价变换得

$$L_2^{-1} L_1 = U_2 U_1^{-1} \tag{3.3.2}$$

其中,式(3.3.2)左边是单位下三角矩阵,式(2.3.2)右边是上三角矩阵.

为保证式(3.3.2)成立,有

$$L_2^{-1} L_1 = U_2 U_1^{-1} = I$$

由此,$L_1 = L_2$,$U_1 = U_2$,分解唯一性得证. 证毕.

例 3.3.1 求矩阵 $A = \begin{bmatrix} 1 & 2 & -1 \\ 3 & 1 & 0 \\ -1 & -1 & -2 \end{bmatrix}$ 的 LU 分解.

分析: 可利用初等变换求 LU 分解,即

$$[A, I] \to [U, L^{-1}]$$

解: 对 $[A, I]$ 进行初等变换得

$$\left[\begin{array}{ccc|ccc} 1 & 2 & -1 & 1 & 0 & 0 \\ 3 & 1 & 0 & 0 & 1 & 0 \\ -1 & -1 & -2 & 0 & 0 & 1 \end{array}\right] \to \left[\begin{array}{ccc|ccc} 1 & 2 & -1 & 1 & 0 & 0 \\ 0 & -5 & 3 & -3 & 1 & 0 \\ 0 & 0 & -\frac{12}{5} & \frac{2}{5} & \frac{1}{5} & 1 \end{array}\right]$$

于是

$$U = \begin{bmatrix} 1 & 2 & -1 \\ 0 & -5 & 3 \\ 0 & 0 & -\frac{12}{5} \end{bmatrix}, \quad L^{-1} = \begin{bmatrix} 1 & 0 & 0 \\ -3 & 1 & 0 \\ \frac{2}{5} & \frac{1}{5} & 1 \end{bmatrix}$$

利用 L^{-1} 求出单位下三角矩阵 L,得

$$L = \begin{bmatrix} 1 & 0 & 0 \\ 3 & 1 & 0 \\ -1 & -\frac{1}{5} & 1 \end{bmatrix}$$

注 1: 非奇异上三角矩阵 U 可进一步分解为对角矩阵和单位上三角矩阵的乘积,即

$$\begin{bmatrix} u_{11} & u_{12} & \cdots & u_{1,n-1} & u_{1n} \\ 0 & u_{22} & \cdots & u_{2,n-1} & u_{2n} \\ \vdots & \vdots & & \vdots & \vdots \\ 0 & 0 & \cdots & u_{n-1,n-1} & u_{n-1,n} \\ 0 & 0 & \cdots & 0 & u_{nn} \end{bmatrix} =$$

$$
\begin{bmatrix} u_{11} & & & & \\ & u_{22} & & \boldsymbol{O} & \\ & & \ddots & & \\ & \boldsymbol{O} & & u_{n-1,n-1} & \\ & & & & u_{nn} \end{bmatrix}
\begin{bmatrix} 1 & \frac{u_{12}}{u_{11}} & \frac{u_{12}}{u_{11}} & \cdots & \frac{u_{1n}}{u_{11}} \\ & 1 & \frac{u_{23}}{u_{22}} & \cdots & \frac{u_{2n}}{u_{22}} \\ & & \ddots & \ddots & \vdots \\ & \boldsymbol{O} & & 1 & \frac{u_{n-1,n}}{u_{n-1,n-1}} \\ & & & & 1 \end{bmatrix} \tag{3.3.3}
$$

因此,总结如下定理:

定理 3.3.2(LDU 分解定理) 设 $\boldsymbol{A}=[a_{ij}]\in\mathbb{C}^{n\times n}$ 是非奇异矩阵,则存在唯一的单位下三角矩阵 $\boldsymbol{L}$,对角矩阵 $\boldsymbol{D}$ 和单位上三角矩阵 $\boldsymbol{U}$ 使得 $\boldsymbol{A}=\boldsymbol{LDU}$ 成立的充分必要条件是 $\boldsymbol{A}$ 的所有顺序主子式均非零,即

$$
\Delta_i(\boldsymbol{A})=\begin{vmatrix} a_{11} & a_{12} & \cdots & a_{1i} \\ a_{21} & a_{22} & \cdots & a_{2i} \\ \vdots & \vdots & & \vdots \\ a_{i1} & a_{i2} & \cdots & a_{ii} \end{vmatrix}\neq 0,\quad i=1,\cdots,n
$$

分解式 $\boldsymbol{A}=\boldsymbol{LDU}$ 称为矩阵 $\boldsymbol{A}$ 的 LDU 分解.

注 2: 定理 3.3.2 中对角矩阵 $\boldsymbol{D}=\mathrm{diag}(d_1,\cdots,d_n)$ 可由矩阵 $\boldsymbol{A}$ 的顺序主子式求得

$$
d_1=a_{11}
$$

$$
d_i=\frac{\Delta_i(\boldsymbol{A})}{\Delta_{i-1}(\boldsymbol{A})},\quad i=2,\cdots,n
$$

注 3: 若定义 $\widetilde{\boldsymbol{L}}=\boldsymbol{LD}$,矩阵 $\boldsymbol{A}$ 的分解为 $\boldsymbol{A}=\widetilde{\boldsymbol{L}}\boldsymbol{U}$,其中,$\widetilde{\boldsymbol{L}}$ 是下三角矩阵,$\boldsymbol{U}$ 是单位上三角矩阵. 这是定理 3.3.1 的另一种表达,常称为 Crout 分解. 定理 3.3.1 常称为 Doolittle 分解.

注 4: 在定理 3.3.1 和定理 3.3.2 中,矩阵 $\boldsymbol{A}$ 的非奇异性仅作为相应定理的已知条件,并非分解存在性的充分必要条件. 换言之,若矩阵 $\boldsymbol{A}$ 是奇异矩阵且可作 LU 分解,但其分解是不唯一的(见例 3.3.2);若矩阵 $\boldsymbol{A}$ 是非奇异矩阵,其 LU 分解可能不存在(见例 3.3.3).

例 3.3.2 求矩阵 $\boldsymbol{A}_1$ 和 $\boldsymbol{A}_2$ 的 LU 分解,其中

$$
\boldsymbol{A}_1=\begin{bmatrix} 0 & 1 \\ 0 & 2 \end{bmatrix},\quad \boldsymbol{A}_2=\begin{bmatrix} 0 & 0 \\ 1 & 1 \end{bmatrix}
$$

解: $\boldsymbol{A}_1$ 和 $\boldsymbol{A}_2$ 可分解为如下表达式:

$$
\boldsymbol{A}_1=\begin{bmatrix} 0 & 1 \\ 0 & 2 \end{bmatrix}=\begin{bmatrix} 1 & 0 \\ x & 1 \end{bmatrix}\begin{bmatrix} 0 & 1 \\ 0 & y \end{bmatrix}
$$

$$A_2=\begin{bmatrix}0&0\\1&1\end{bmatrix}=\begin{bmatrix}1&0\\ *&1\end{bmatrix}\begin{bmatrix}0&0\\0&z\end{bmatrix}$$

式中：$x+y=2$. 故矩阵 $\boldsymbol{A}_1$ 的 LU 分解不唯一；注意到 $*$ 不存在，故矩阵 $\boldsymbol{A}_2$ 不能进行 LU 分解.

例 3.3.3　求矩阵 $\boldsymbol{A}=\begin{bmatrix}0&4&6\\0&-3&-5\\1&-3&-6\end{bmatrix}$ 的 LU 分解.

解：若对矩阵 $\boldsymbol{A}$ 进行 LU 分解，则

$$\begin{bmatrix}0&4&6\\0&-3&-5\\1&-3&-6\end{bmatrix}=\begin{bmatrix}1&0&0\\l_{21}&1&0\\l_{31}&l_{32}&1\end{bmatrix}\begin{bmatrix}0&4&6\\0&u_{22}&u_{23}\\0&0&u_{33}\end{bmatrix}$$

式中：l_{31} 不存在，故矩阵 $\boldsymbol{A}$ 不能作 LU 分解.

推论 3.3.1(Cholesky 分解)　若 n 阶实对称矩阵 $\boldsymbol{A}$ 是正定的，则存在唯一的正线上三角矩阵 $\boldsymbol{R}$ 使得 $\boldsymbol{A}=\boldsymbol{R}^{\mathrm{T}}\boldsymbol{R}$.

分析：矩阵 $\boldsymbol{A}$ 是非奇异矩阵且其所有顺序主子式均大于零，因此可利用 LDU 分解证明(分析发现 LU 分解并不适合). 由定理 3.3.2 知，$\boldsymbol{A}=\boldsymbol{LDU}$. 利用 $\boldsymbol{A}$ 为实对称矩阵得，$\boldsymbol{A}=\boldsymbol{A}^{\mathrm{T}}=\boldsymbol{U}^{\mathrm{T}}\boldsymbol{D}\boldsymbol{L}^{\mathrm{T}}$. 根据 LDU 分解的唯一性推导出

$$\boldsymbol{L}=\boldsymbol{U}^{\mathrm{T}},\quad \boldsymbol{U}=\boldsymbol{L}^{\mathrm{T}}$$

因此，$\boldsymbol{A}=\boldsymbol{U}^{\mathrm{T}}\boldsymbol{D}\boldsymbol{U}$. 注意到对角矩阵 $\boldsymbol{D}$ 中元素均大于零，故可将 $\boldsymbol{D}$ 分解为两个正定对角矩阵的乘积：

$$\boldsymbol{D}=\boldsymbol{D}^{\frac{1}{2}}\boldsymbol{D}^{\frac{1}{2}},\boldsymbol{D}^{\frac{1}{2}}=\mathrm{diag}(\sqrt{d_1},\cdots,\sqrt{d_n})$$

显然，推论 3.3.1 中的 $\boldsymbol{R}$ 可定义为 $\boldsymbol{R}=\boldsymbol{D}^{\frac{1}{2}}\boldsymbol{U}$. Cholesky 分解的唯一性可通过反证法证明，这里不再赘述。

例 3.3.4　求正定矩阵 $\boldsymbol{A}=\begin{bmatrix}2&1\\1&2\end{bmatrix}$ 的 Cholesky 分解.

解：方法一：将矩阵 $\boldsymbol{A}$ 进行 LDU 分解，得

$$\boldsymbol{A}=\begin{bmatrix}1&0\\\frac{1}{2}&1\end{bmatrix}\begin{bmatrix}2&0\\0&\frac{3}{2}\end{bmatrix}\begin{bmatrix}1&\frac{1}{2}\\0&1\end{bmatrix}$$

令

$$\boldsymbol{R}=\begin{bmatrix}\sqrt{2}&0\\0&\frac{\sqrt{6}}{2}\end{bmatrix}\begin{bmatrix}1&\frac{1}{2}\\0&1\end{bmatrix}=\begin{bmatrix}\sqrt{2}&\frac{\sqrt{2}}{2}\\0&\frac{\sqrt{6}}{2}\end{bmatrix}$$

则有 $\boldsymbol{A}=\boldsymbol{R}^{\mathrm{T}}\boldsymbol{R}$.

方法二：设上三角矩阵 $\boldsymbol{R}=[r_{ij}]_{2\times 2}$，直接比较 $\boldsymbol{A}=\boldsymbol{R}^{\mathrm{T}}\boldsymbol{R}$ 的两端可知

$$a_{11}=r_{11}^2,\quad a_{12}=r_{11}r_{12},\quad a_{22}=r_{12}^2+r_{22}^2$$

解得

$$r_{11}=\sqrt{2},\quad r_{12}=\frac{\sqrt{2}}{2},\quad r_{22}=\frac{\sqrt{6}}{2}$$

例 3.3.4 求解方法二称为 Cholesky 算法. 请读者自行设计一般 n 阶正定实对称矩阵的 Cholesky 算法.

【应用】 Cholesky 分解的应用之一可参考本章习题 12. 下面讨论 LU 分解在线性方程组求解方面的应用. 设线性方程组为 $\boldsymbol{Ax}=\boldsymbol{b}$. 若系数矩阵 $\boldsymbol{A}$ 有 LU 分解，则

$$\boldsymbol{Ax}=(\boldsymbol{LU})\boldsymbol{x}=\boldsymbol{L}(\boldsymbol{Ux})=\boldsymbol{b}$$

由此，方程组 $\boldsymbol{Ax}=\boldsymbol{b}$ 等价转化为系数矩阵均是三角矩阵的两个线性方程组

$$\begin{cases}\boldsymbol{Ly}=\boldsymbol{b}\\ \boldsymbol{Ux}=\boldsymbol{y}\end{cases}\tag{3.3.4}$$

显然，方程组(3.3.4)的求解不需要对一般矩阵 $\boldsymbol{A}$ 进行求逆计算，仅需利用迭代法即可简单快速求解，这是计算机对大型线性方程组求解时常采用的方法. 这是因为 n 阶稠密矩阵的 LU 分解大约需要 $\frac{2}{3}n^3$ 次浮点运算，而求 $\boldsymbol{A}^{-1}$ 约需要 $2n^3$ 次浮点运算. 若 $\boldsymbol{A}$ 是稀疏矩阵，则 $\boldsymbol{L}$ 和 $\boldsymbol{U}$ 可能也是稀疏的，但 $\boldsymbol{A}^{-1}$ 很能是稠密；这时用 LU 分解解方程组 $\boldsymbol{Ax}=\boldsymbol{b}$ 很可能比用 $\boldsymbol{A}^{-1}$ 快很多. 更详细的内容请读者了解 Gauss 消元法，这里不再赘述.

例 3.3.5 求解线性方程组：

$$\begin{bmatrix}1&-1&5\\1&2&-1\\2&3&4\end{bmatrix}\begin{bmatrix}x_1\\x_2\\x_3\end{bmatrix}=\begin{bmatrix}3\\0\\5\end{bmatrix}$$

解：将系数矩阵进行 LU 分解得

$$\begin{bmatrix}1&-1&5\\1&2&-1\\2&3&4\end{bmatrix}=\begin{bmatrix}1&0&0\\1&1&0\\2&\frac{5}{3}&1\end{bmatrix}\begin{bmatrix}1&-1&5\\0&3&-6\\0&0&4\end{bmatrix}$$

故原方程组可化为以下两个方程组：

$$\begin{bmatrix}1&0&0\\1&1&0\\2&\frac{5}{3}&1\end{bmatrix}\begin{bmatrix}y_1\\y_2\\y_3\end{bmatrix}=\begin{bmatrix}3\\0\\5\end{bmatrix},\quad\begin{bmatrix}1&-1&5\\0&3&-6\\0&0&4\end{bmatrix}\begin{bmatrix}x_1\\x_2\\x_3\end{bmatrix}=\begin{bmatrix}y_1\\y_2\\y_3\end{bmatrix}$$

依次求解，得

$$\begin{bmatrix} y_1 \\ y_2 \\ y_3 \end{bmatrix} = \begin{bmatrix} 3 \\ -3 \\ 4 \end{bmatrix}, \quad \begin{bmatrix} x_1 \\ x_2 \\ x_3 \end{bmatrix} = \begin{bmatrix} -1 \\ 1 \\ 1 \end{bmatrix}$$

【思考】 若将例 3.3.5 中的系数矩阵 $\boldsymbol{A}$ 替换为如下矩阵：

$$\boldsymbol{A} = \begin{bmatrix} 0 & 4 & 6 \\ 0 & -3 & -5 \\ 1 & -3 & -6 \end{bmatrix}$$

则根据例 3.3.3 知，此时无法利用 LU 分解求解线性方程组 $\boldsymbol{Ax}=\boldsymbol{b}$. 但实际上，由于系数矩阵 $\boldsymbol{A}$ 是非奇异的，该方程组一定存在唯一解 $\boldsymbol{x}=\boldsymbol{A}^{-1}\boldsymbol{b}$. 面临矩阵 $\boldsymbol{A}$ 无法进行 LU 分解的困难，应如何处理这一问题呢？

分析：在求解方程组的过程中，调整方程的顺序并不会改变未知变量和方程的解. 因此，解决方案之一是对系数矩阵 $\boldsymbol{A}$ 进行初等行变换，使得变换后的矩阵所有顺序主子式非零. 这样就可以对系数矩阵 $\boldsymbol{A}$ 进行 LU 分解了. 现对例 3.3.3 中矩阵 $\boldsymbol{A}$ 进行初等行变换(将第 1 和第 3 行互换)得到

$$\widetilde{\boldsymbol{A}} = \begin{bmatrix} 1 & -3 & -6 \\ 0 & -3 & -5 \\ 0 & 4 & 6 \end{bmatrix}$$

显然，矩阵 $\widetilde{\boldsymbol{A}}$ 的所有顺序主子式均非零，可进行 LU 分解. 那么，所有的非奇异矩阵都可以通过初等行变换实现变换后矩阵的所有顺序主子式非零吗？为解决这一问题，引入排列矩阵定义.

定义 3.3.2(排列矩阵) 设 $\boldsymbol{e}_i$ 是 n 阶单位矩阵 $\boldsymbol{I}$ 的第 i 个列向量，则矩阵 $\boldsymbol{P}=[\boldsymbol{e}_{i_1},\cdots,\boldsymbol{e}_{i_n}]$称为一个 n 阶排列矩阵(或置换矩阵)，其中，$i_1,\cdots,i_n$ 是 $1,\cdots,n$ 的一个排列.

命题 3.3.1 若 $\boldsymbol{P}$ 是排列矩阵，则 $\boldsymbol{P}^{\mathrm{T}}$ 和 $\boldsymbol{P}^{-1}$ 也是排列矩阵，且 $\boldsymbol{P}^{\mathrm{T}}=\boldsymbol{P}^{-1}$.

注 5：将矩阵 $\boldsymbol{A}$ 的行按照 $i_1,\cdots,i_n$ 的次序重排，即排列矩阵$[\boldsymbol{e}_{i_1},\cdots,\boldsymbol{e}_{i_n}]$左乘矩阵 $\boldsymbol{A}$；将 $\boldsymbol{A}$ 的列按照 $i_1,\cdots,i_n$ 的次序重排，即排列矩阵$[\boldsymbol{e}_{i_1},\cdots,\boldsymbol{e}_{i_n}]$右乘矩阵 $\boldsymbol{A}$.

引理 3.3.1 设 $\boldsymbol{A}=[a_{ij}]\in\mathbb{C}^{n\times n}$是非奇异矩阵，则存在排列矩阵 $\boldsymbol{P}$ 使得 $\boldsymbol{PA}$ 的所有顺序主子式均非零.

证明：若 $a_{11}=0$，则必定存在 $a_{1j}\neq 0, j\in\{2,\cdots,n\}$(若不存在，则矩阵 $\boldsymbol{A}$ 奇异). 定义

$$\boldsymbol{P}_1=[\boldsymbol{e}_j,\boldsymbol{e}_2,\cdots,\boldsymbol{e}_{j-1},\boldsymbol{e}_1,\boldsymbol{e}_{j+1},\cdots,\boldsymbol{e}_n]$$

则矩阵 $\boldsymbol{P}_1\boldsymbol{A}$ 的 1 阶顺序主子式不为零. 若 $a_{11}\neq 0$，则定义 $\boldsymbol{P}_1=\boldsymbol{I}$.

假设矩阵 $\boldsymbol{P}_1\boldsymbol{A}$ 的 i 阶顺序主子式$|\boldsymbol{D}_i|\neq 0$，其中，$i=1,\cdots,i^*$，而$|\boldsymbol{D}_{i^*+1}|=0$(若矩阵 $\boldsymbol{P}_1\boldsymbol{A}$ 不存在满足条件的 i^*，意味着 $\boldsymbol{P}_1\boldsymbol{A}$ 的所有顺序主子式均非零，结论自然成立). 现证明存在排列矩阵 P_{i^*} 使得 $\forall i=1,\cdots,i^*+1$，矩阵 $\boldsymbol{P}_{i^*}\boldsymbol{P}_1\boldsymbol{A}$ 的 i 阶顺序主子

式均不为零.

由于矩阵 $\boldsymbol{P}_1\boldsymbol{A}$ 的 i^* 阶顺序主子式 $|\boldsymbol{D}_{i^*}|\neq 0$，故 $\boldsymbol{P}_1\boldsymbol{A}$ 的 i^* 阶顺序主子式矩阵 $\boldsymbol{D}_{i^*}\in\mathbb{C}^{i^*\times i^*}$ 是非奇异矩阵，即矩阵 $\boldsymbol{D}_{i^*}$ 的 i^* 个列向量线性无关. 当考察 $\boldsymbol{P}_1\boldsymbol{A}$ 的 (i^*+1) 阶顺序主子式矩阵 $\boldsymbol{D}_{i^*+1}$ 时，该矩阵前 i^* 行向量必线性无关(由于该矩阵的前 i^* 列向量线性无关；当这 i^* 列向量构成的向量组再增加一行时，由新向量组构成的矩阵要么秩保持不变，要么秩增加 1；注意到新向量组构成的矩阵是 $i^*(i^*+1)$ 阶矩阵，其秩不会超过 i^*，故该矩阵的秩只能是 i^*).

注意到 $\boldsymbol{P}_1\boldsymbol{A}$ 是非奇异矩阵($\boldsymbol{A}$ 是 n 阶非奇异矩阵)，故 $\boldsymbol{P}_1\boldsymbol{A}$ 的前 (i^*+1) 列向量线性无关，即由 $\boldsymbol{P}_1\boldsymbol{A}$ 前 (i^*+1) 列向量构成的矩阵 $\boldsymbol{A}_{i^*+1}$ 的秩为 (i^*+1). 又知矩阵 $\boldsymbol{A}_{i^*+1}$ 的前 i^* 行向量线性无关，则必可从矩阵 $\boldsymbol{A}_{i^*+1}$ 余下的 $(n-i^*)$ 行向量找到与前 i^* 行向量均线性无关的向量(若不存在，则 $\boldsymbol{A}_{i^*+1}$ 的秩为 i^*). 不妨设 $\boldsymbol{A}_{i^*+1}$ 第 k 行向量与前 i^* 行向量均线性无关($i^*+1\leqslant k\leqslant n$)，则定义

$$\boldsymbol{P}_{i^*}=[\boldsymbol{e}_1,\cdots,\boldsymbol{e}_{i^*},\boldsymbol{e}_k,\boldsymbol{e}_{i^*+2},\cdots,\boldsymbol{e}_{k-1},\boldsymbol{e}_{i^*+1},\boldsymbol{e}_{k+1},\cdots,\boldsymbol{e}_n]$$

有 $\forall i=1,\cdots,i^*+1$，矩阵 $\boldsymbol{P}_{i^*}\boldsymbol{P}_1\boldsymbol{A}$ 的 i 阶顺序主子式 $|\boldsymbol{D}_i|\neq 0$.

同理，存在若干个排序矩阵 $\boldsymbol{P}_n\cdots\boldsymbol{P}_{i^*}\boldsymbol{P}_1\boldsymbol{A}$ 使得 $\boldsymbol{P}_n\cdots\boldsymbol{P}_{i^*}\boldsymbol{P}_1\boldsymbol{A}$ 的顺序主子式均非零. 定义 $\boldsymbol{P}=\boldsymbol{P}_n\cdots\boldsymbol{P}_{i^*}\boldsymbol{P}_1$，则 $\boldsymbol{P}$ 仍是一个排列矩阵. 证毕.

引理 3.3.1 从理论上解决了非奇异矩阵的 LU 分解问题.

例 3.3.6 求解线性方程组

$$\begin{bmatrix}0 & 4 & 6\\0 & -3 & -5\\1 & -3 & -6\end{bmatrix}\begin{bmatrix}x_1\\x_2\\x_3\end{bmatrix}=\begin{bmatrix}2\\-2\\-2\end{bmatrix}$$

解：由于系数矩阵 $\boldsymbol{A}$ 的 1 阶和 2 阶顺序主子式均等于零，故定义排列矩阵

$$\boldsymbol{P}=\begin{bmatrix}0 & 0 & 1\\0 & 1 & 0\\1 & 0 & 0\end{bmatrix}$$

则有

$$\boldsymbol{PA}=\begin{bmatrix}1 & -3 & -6\\0 & -3 & -5\\0 & 4 & 6\end{bmatrix}$$

对 $\boldsymbol{PA}$ 进行 LU 分解得

$$\begin{bmatrix}1 & -3 & -6\\0 & -3 & -5\\0 & 4 & 6\end{bmatrix}=\begin{bmatrix}1 & 0 & 0\\0 & 1 & 0\\0 & -\frac{4}{3} & 1\end{bmatrix}\begin{bmatrix}1 & -3 & -6\\0 & -3 & -5\\0 & 0 & -\frac{2}{3}\end{bmatrix}$$

然后仿照例 3.3.5 步骤进行求解，得

$$\begin{bmatrix} x_1 \\ x_2 \\ x_3 \end{bmatrix} = \begin{bmatrix} 1 \\ -1 \\ 1 \end{bmatrix}$$

3.4　QR 分解

定义 3.4.1(QR 分解)　若复方阵 $\boldsymbol{A}$ 可分解为 $\boldsymbol{A}=\boldsymbol{QR}$，其中，$\boldsymbol{Q}$ 为酉矩阵，$\boldsymbol{R}$ 为上三角矩阵，则称矩阵 $\boldsymbol{A}$ 可作 QR 分解(或酉三角分解). 若分解式 $\boldsymbol{A}=\boldsymbol{QR}$ 中，矩阵 $\boldsymbol{A}$ 是实方阵，$\boldsymbol{Q}$ 为正交矩阵，$\boldsymbol{R}$ 为上三角矩阵，此时称分解式 $\boldsymbol{A}=\boldsymbol{QR}$ 为正交三角分解.

定理 3.4.1　若实方阵 $\boldsymbol{A}$ 满秩，则存在正交矩阵 $\boldsymbol{Q}$ 及正线上三角矩阵 $\boldsymbol{R}$ 满足 $\boldsymbol{A}=\boldsymbol{QR}$ 且分解唯一.

证明：将实方阵 $\boldsymbol{A}$ 按列分块，并记为 $\boldsymbol{A}=[\boldsymbol{a}_1,\cdots,\boldsymbol{a}_n]$，则向量组 $\boldsymbol{a}_1,\cdots,\boldsymbol{a}_n$ 是 $\mathbb{R}^n$ 空间的一组基. 由 Gram-Schmidt 正交化方法知，根据基 $\boldsymbol{a}_1,\cdots,\boldsymbol{a}_n$ 可构造出 $\mathbb{R}^n$ 的一组标准正交基 $\boldsymbol{z}_1,\cdots,\boldsymbol{z}_n$，且这两组基有如下关系：

$$[\boldsymbol{a}_1,\cdots,\boldsymbol{a}_n]=[\boldsymbol{z}_1,\cdots,\boldsymbol{z}_n]\boldsymbol{R} \tag{3.4.1}$$

式中：$\boldsymbol{y}_k=\boldsymbol{x}_k-\sum\limits_{i=1}^{k-1}(\boldsymbol{x}_k,\boldsymbol{z}_i)\boldsymbol{z}_i,k=1,\cdots,n$，矩阵 $\boldsymbol{R}$ 定义为

$$\boldsymbol{R}=\begin{bmatrix} \|\boldsymbol{y}_1\| & (\boldsymbol{a}_2,\boldsymbol{z}_1) & \cdots & (\boldsymbol{a}_n,\boldsymbol{z}_1) \\ & \|\boldsymbol{y}_2\| & \cdots & (\boldsymbol{a}_n,\boldsymbol{z}_2) \\ & & \ddots & \vdots \\ & \boldsymbol{O} & & \|\boldsymbol{y}_n\| \end{bmatrix}$$

进一步将式(3.4.1)写成矩阵形式，即 $\boldsymbol{A}=\boldsymbol{QR}$，其中，$\boldsymbol{Q}=[\boldsymbol{z}_1,\cdots,\boldsymbol{z}_n]$，显然，$\boldsymbol{Q}$ 是正交矩阵，$\boldsymbol{R}$ 是正线上三角矩阵.

现采用反证法证明 QR 分解的唯一性. 假设存在两种不同的 QR 分解，即

$$\boldsymbol{A}=\boldsymbol{Q}_1\boldsymbol{R}_1=\boldsymbol{Q}_2\boldsymbol{R}_2$$

令 $\tilde{\boldsymbol{Q}}=\boldsymbol{Q}_2^{\mathrm{T}}\boldsymbol{Q}_1,\tilde{\boldsymbol{R}}=\boldsymbol{R}_2\boldsymbol{R}_1^{-1}$，则有 $\tilde{\boldsymbol{Q}}=\tilde{\boldsymbol{R}}$，其中，$\tilde{\boldsymbol{Q}}$ 和 $\tilde{\boldsymbol{R}}$ 既为正交矩阵，又为正线上三角矩阵. 另记

$$\tilde{\boldsymbol{R}}=\begin{bmatrix} \tilde{r}_{11} & \tilde{r}_{12} & \cdots & \tilde{r}_{1n} \\ & \tilde{r}_{22} & \cdots & \tilde{r}_{2n} \\ & & \ddots & \vdots \\ & \boldsymbol{O} & & \tilde{r}_{nn} \end{bmatrix}$$

根据 $\tilde{\boldsymbol{R}}^{\mathrm{T}}\tilde{\boldsymbol{R}}=\boldsymbol{I}$，得

$$\tilde{r}_{ii}^2=1,\quad i=1,\cdots,n \tag{3.4.2}$$

$$\tilde{r}_{ij}=0,\quad j\neq i,i,j=1,\cdots,n$$

由于$\tilde{\boldsymbol{R}}$的所有对角元素是正数,解得$\tilde{r}_{ii}=1,i=1,\cdots,n$.进而$\tilde{\boldsymbol{R}}=\boldsymbol{I}$,即$\boldsymbol{R}_1=\boldsymbol{R}_2$.同时推导出$\boldsymbol{Q}_1=\boldsymbol{Q}_2$.因此,QR分解是唯一的.证毕.

注1: 若一实方阵既是正交矩阵又是正线上三角矩阵,则该矩阵一定是单位矩阵.

注2: 若不要求上三角矩阵$\boldsymbol{R}$的对角元素全为正实数,则方程(3.4.2)的解不唯一,进而导致矩阵$\boldsymbol{A}$的QR分解不唯一.例如,考察2阶单位矩阵$\boldsymbol{I}_2$的QR分解问题.显然,

$$\boldsymbol{A}=\begin{bmatrix}1&0\\0&1\end{bmatrix}=\begin{bmatrix}1&0\\0&1\end{bmatrix}\begin{bmatrix}1&0\\0&1\end{bmatrix}\overset{\text{def}}{=}\boldsymbol{QR}$$

是$\boldsymbol{A}$的QR分解,

$$\boldsymbol{A}=\begin{bmatrix}1&0\\0&1\end{bmatrix}=\begin{bmatrix}-1&0\\0&1\end{bmatrix}\begin{bmatrix}-1&0\\0&1\end{bmatrix}\overset{\text{def}}{=}\boldsymbol{Q}_1\boldsymbol{R}_1$$

也是$\boldsymbol{A}$的QR分解.

类似地,对于可逆复方阵$\boldsymbol{A}\in\mathbb{C}^{n\times n}$,我们有如下定理.

定理3.4.2 设复方阵$\boldsymbol{A}$可逆,则存在酉矩阵$\boldsymbol{U}$及正线上三角矩阵$\boldsymbol{R}$满足$\boldsymbol{A}=\boldsymbol{UR}$且分解唯一.

定理3.4.2的证明可参考定理3.4.1.这里不再具体展开.

【思考】 非方矩阵是否可作QR分解?

分析:考察$\boldsymbol{A}$和$\boldsymbol{B}$两个矩阵

$$\boldsymbol{A}=\begin{bmatrix}3&0\\0&1\\4&0\end{bmatrix},\quad \boldsymbol{B}=\begin{bmatrix}3&3\\0&0\\4&4\end{bmatrix}$$

根据Gram-Schmidt正交化方法,矩阵$\boldsymbol{A}$和$\boldsymbol{B}$分别有如下分解:

$$\boldsymbol{A}=\begin{bmatrix}3&0\\0&1\\4&0\end{bmatrix}=\begin{bmatrix}\frac{3}{5}&0\\0&1\\\frac{4}{5}&0\end{bmatrix}\begin{bmatrix}5&0\\0&1\end{bmatrix}$$

$$\boldsymbol{B}=\begin{bmatrix}3&3\\0&0\\4&4\end{bmatrix}=\begin{bmatrix}\frac{3}{5}\\0\\\frac{4}{5}\end{bmatrix}\begin{bmatrix}5&5\end{bmatrix}$$

由于矩阵$\boldsymbol{A}$是列满秩,故其分解式为列正交规范矩阵(满足$\boldsymbol{Q}_1^{\mathrm{H}}\boldsymbol{Q}_1=\boldsymbol{I}_n$的$m\times n$矩阵$\boldsymbol{Q}_1$称为列正交规范矩阵,$\boldsymbol{Q}_1^{\mathrm{H}}$称为行正交规范矩阵)和正线上三角矩阵的乘积

(注意,非列满秩矩阵 $\boldsymbol{B}$ 则没有类似结论);因此,推广至一般的列满秩矩阵有如下分解:

$$\boldsymbol{A}=\widetilde{\boldsymbol{U}}\boldsymbol{R} \tag{3.4.3}$$

式中:$\boldsymbol{A}\in\mathbb{C}_n^{m\times n}$,$\widetilde{\boldsymbol{U}}\in\mathbb{C}^{m\times n}$ 的列向量是列空间 $\boldsymbol{R}(\boldsymbol{A})$ 的一组标准正交基,$\boldsymbol{R}\in\mathbb{C}^{n\times n}$ 是正线上三角矩阵.

若将矩阵 $\boldsymbol{A}$ 和 $\boldsymbol{B}$ 分解为酉矩阵与类上三角矩阵(类上三角矩阵的阶数与矩阵 $\boldsymbol{A}$ 和 $\boldsymbol{B}$ 相同,一般为非方矩阵)的乘积,则可将上述分解中的正交规范矩阵的列向量补齐为 $\mathbb{C}^m$ 空间中的一组标准正交基即可.此时,矩阵 $\boldsymbol{A}$ 和 $\boldsymbol{B}$ 可分解为

$$\boldsymbol{A}=\begin{bmatrix}3&0\\0&1\\4&0\end{bmatrix}=\begin{bmatrix}\frac{3}{5}&0&-\frac{4}{5}\\0&1&0\\\frac{4}{5}&0&\frac{3}{5}\end{bmatrix}\begin{bmatrix}5&0\\0&1\\0&0\end{bmatrix}$$

$$\boldsymbol{B}=\begin{bmatrix}3&3\\0&0\\4&4\end{bmatrix}=\begin{bmatrix}\frac{3}{5}&0&-\frac{4}{5}\\0&1&0\\\frac{4}{5}&0&\frac{3}{5}\end{bmatrix}\begin{bmatrix}5&5\\0&0\\0&0\end{bmatrix}$$

显然,对于行数不小于列数的矩阵 $\boldsymbol{A}$,总可以分解为酉矩阵 $\boldsymbol{U}$ 和类三角矩阵 $\boldsymbol{R}$,其中 $\boldsymbol{R}=\begin{bmatrix}\boldsymbol{R}_1\\\boldsymbol{O}\end{bmatrix}_{m\times n}$,$\boldsymbol{R}_1$ 为上三角矩阵.进一步,若 $\boldsymbol{A}$ 为列满秩矩阵,$\boldsymbol{R}_1$ 为正线上三角矩阵;否则为奇异上三角矩阵.因此,有如下推论.

推论 3.4.1 矩阵 $\boldsymbol{A}\in\mathbb{C}_n^{m\times n}$ 可分解为 $\boldsymbol{A}=\boldsymbol{U}\boldsymbol{R}$,其中,$\boldsymbol{U}$ 是 m 阶酉矩阵,$\boldsymbol{R}=\begin{bmatrix}\boldsymbol{R}_1\\\boldsymbol{O}\end{bmatrix}_{m\times n}$,$\boldsymbol{R}_1$ 为正线上三角矩阵,$n\leqslant m$.

【应用】 QR 分解在矩阵计算中占据重要的地位.利用 QR 分解可解决诸多应用所涉及的最小二乘、特征值等问题.这里以线性方程组的求解应用和特征值的计算为例进行简要说明.

(1) 应用于线性方程组 $\boldsymbol{Ax}=\boldsymbol{b}$.若对系数矩阵 $\boldsymbol{A}$ 进行 QR 分解,则原线性方程组可等价为如下两个方程组:

$$\boldsymbol{Qy}=\boldsymbol{b} \tag{3.4.4}$$

$$\boldsymbol{Rx}=\boldsymbol{y} \tag{3.4.5}$$

式中:方程(3.4.4)的解为 $\boldsymbol{y}=\boldsymbol{Q}^{\mathrm{H}}\boldsymbol{b}$($\boldsymbol{Q}$ 为酉矩阵,其逆矩阵只需共轭转置即可求得);方程(3.4.5)中的 $\boldsymbol{R}$ 为上三角矩阵,可先求解方程组(3.4.5)中最后一个方程,然后自此向前逐步求解每一个方程.

(2) 求矩阵的特征值、特征向量的一种有效方法:QR 算法(20 世纪在科学和工

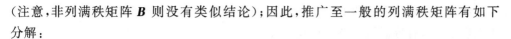

程上有最大贡献与影响的十大算法之一,有兴趣的读者可阅读参考文献[23])是计算小规模矩阵所有特征值的稳定有效方法.

QR 算法的核心思想为:给定可逆矩阵 $\boldsymbol{A}\in\mathbb{R}^{n\times n}$,定义 $\boldsymbol{A}_1=\boldsymbol{A}$. 对 $\boldsymbol{A}_1$ 进行 QR 分解 $\boldsymbol{A}_1=\boldsymbol{Q}_1\boldsymbol{R}_1$,其中,矩阵 $\boldsymbol{Q}_1$ 为正交矩阵,矩阵 $\boldsymbol{R}_1$ 为上三角矩阵. 由此,定义 $\boldsymbol{A}_2$ 为

$$\boldsymbol{A}_2=\boldsymbol{R}_1\boldsymbol{Q}_1=\boldsymbol{Q}_1^{\mathrm{T}}\boldsymbol{A}_1\boldsymbol{Q}_1 \tag{3.4.6}$$

则矩阵 $\boldsymbol{A}_1$ 与 $\boldsymbol{A}_2$(酉)相似. 于是,矩阵 $\boldsymbol{A}_1$ 与 $\boldsymbol{A}_2$ 具有相同的特征值.

对矩阵 $\boldsymbol{A}_2$ 再作 QR 分解 $\boldsymbol{A}_2=\boldsymbol{Q}_2\boldsymbol{R}_2$,可定义矩阵 $\boldsymbol{A}_3=\boldsymbol{R}_2\boldsymbol{Q}_2$.

重复上述过程,可定义矩阵序列 $\{\boldsymbol{A}_k,k=1,2,\cdots\}$. QR 算法的收敛性分析比较复杂,这里不作详细介绍. 一个简单的结论是:若非奇异矩阵的各特征值具有不同的模值,则 QR 算法定义的矩阵序列收敛于上三角矩阵. 在有等模特征值(包括重实特征值,单对共轭复特征值或多对共轭复特征值等)情况下,QR 算法的收敛性比较复杂,可参考例 3.4.1.

例 3.4.1 利用 QR 算法求矩阵的特征值,其中

$$\boldsymbol{A}=\begin{bmatrix}2 & 1 & 0\\ 1 & 3 & 1\\ 0 & 1 & 4\end{bmatrix},\quad \boldsymbol{B}=\begin{bmatrix}4 & 1 & -3\\ -2 & 1 & 1\\ 2 & 1 & -1\end{bmatrix}$$

解:(1) 令 $\boldsymbol{A}=\boldsymbol{A}_1$,并对矩阵 $\boldsymbol{A}_1$ 进行 QR 分解:$\boldsymbol{A}_1=\boldsymbol{Q}_1\boldsymbol{R}_1$,其中,

$$\boldsymbol{Q}_1=\begin{bmatrix}-0.8944 & 0.4082 & 0.1826\\ -0.4472 & -0.8165 & -0.3561\\ 0 & -0.4082 & 0.9129\end{bmatrix}$$

$$\boldsymbol{R}_1=\begin{bmatrix}-2.2361 & -2.2361 & -0.4472\\ 0 & -2.4495 & -2.4495\\ 0 & 0 & 3.2863\end{bmatrix}$$

构造矩阵 $\boldsymbol{A}_2=\boldsymbol{R}_1\boldsymbol{Q}_1$,并对矩阵 $\boldsymbol{A}_2$ 进行 QR 分解:$\boldsymbol{A}_2=\boldsymbol{Q}_2\boldsymbol{R}_2$,其中,

$$\boldsymbol{A}_2=\begin{bmatrix}3.0000 & 1.0954 & 0\\ 1.0954 & 3.0000 & -1.3416\\ 0 & -1.3416 & 3.0000\end{bmatrix}$$

$$\boldsymbol{Q}_2=\begin{bmatrix}-0.9611 & 0.2235 & -0.1293\\ -0.2582 & -0.8362 & 0.4839\\ 0 & 0.5008 & 0.8655\end{bmatrix}$$

$$\boldsymbol{R}_2=\begin{bmatrix}-2.8983 & -1.5123 & 0.4124\\ 0 & -3.1891 & 2.4088\\ 0 & 0 & 1.0819\end{bmatrix}$$

同理,可得

$$\boldsymbol{A}_{10}=\begin{bmatrix}4.7285 & 0.0781 & 0\\ 0.0781 & 3.0035 & -0.0020\\ 0 & -0.0020 & 1.2680\end{bmatrix}$$

$$\boldsymbol{A}_{20}=\begin{bmatrix}4.7321 & 0.0008 & 0\\ 0.0008 & 3.0000 & 0\\ 0 & 0 & 1.2679\end{bmatrix}$$

读者可与矩阵 $\boldsymbol{A}$ 的精确特征值作对比，其中的精确特征值分别为：$\lambda_1=3+\sqrt{3}=4.7321$，$\lambda_2=3$，$\lambda_3=3-\sqrt{3}=1.2679$.

(2) 矩阵 $\boldsymbol{B}$ 的计算结果如下：

$$\boldsymbol{B}_2=\begin{bmatrix}2.3333 & 0.3563 & 5.4554\\ -0.7127 & 1.2381 & 0.5832\\ -0.2182 & -0.2333 & 0.4286\end{bmatrix}$$

$$\boldsymbol{B}_{10}=\begin{bmatrix}2.0496 & 1.0464 & 3.7781\\ -0.0226 & 1.5219 & 3.9784\\ -0.0151 & -0.3191 & 0.4286\end{bmatrix}$$

$$\boldsymbol{B}_{20}=\begin{bmatrix}1.9992 & -0.8187 & 3.6550\\ -0.0022 & -0.3326 & 3.7233\\ -0.0007 & -0.7454 & 2.3333\end{bmatrix}$$

$$\boldsymbol{B}_{100}=\begin{bmatrix}2.0000 & -0.8165 & 3.6515\\ 0 & -0.3333 & 3.7268\\ 0 & -0.7454 & 2.3333\end{bmatrix}$$

从计算结果看，矩阵序列 $\{\boldsymbol{B}_k, k=1,2,\cdots\}$ 未收敛于上三角矩阵，计算其右下角 2 阶矩阵的特征值为 $1\pm\mathrm{i}$；矩阵 $\boldsymbol{B}$ 另一个特征值为 2. 矩阵 $\boldsymbol{B}$ 的精确特征值为：$\lambda_1=2$，$\lambda_{2,3}=1\pm\mathrm{i}$.

实际使用 QR 算法之前，一般会对矩阵进行处理，然后再进行 QR 算法，这样会大大节省计算量.

【思考】 能否利用 Givens 矩阵或 Householder 将满秩矩阵作 QR 分解，请读者尝试设计相应的分解方法？

3.5 Schur 分解

矩阵的 Schur 分解(Schur 引理)在理论分析中具有重要地位，是诸多重要定理证明的出发点. Schur 分解适用于所有的复方矩阵，相关结论如下.

定理 3.5.1(Schur 引理) 任意 n 阶复方矩阵 $\boldsymbol{A}$ 相似于上三角矩阵 $\boldsymbol{\Lambda}$，即存在可逆矩阵 $\boldsymbol{P}$ 使得 $\boldsymbol{\Lambda}=\boldsymbol{P}^{-1}\boldsymbol{A}\boldsymbol{P}$ 为上三角矩阵，其中上三角矩阵 $\boldsymbol{\Lambda}$ 的对角元素是矩阵 $\boldsymbol{A}$ 的特征值.

证明：采用数学归纳法证明存在 m 个可逆矩阵 $\boldsymbol{P}_1,\cdots,\boldsymbol{P}_m$ 使得

$$\boldsymbol{P}_m^{-1}\cdot\cdots\cdot\boldsymbol{P}_1^{-1}\boldsymbol{A}\boldsymbol{P}_1\cdot\cdots\cdot\boldsymbol{P}_m=\begin{bmatrix}\boldsymbol{T}_m & \boldsymbol{C}_m\\ \boldsymbol{O} & \boldsymbol{A}_m\end{bmatrix}$$

式中，$\boldsymbol{T}_m$ 是以 $\lambda_1,\cdots,\lambda_m$ 为对角线的上三角矩阵；$\boldsymbol{A}_m$ 是 $(n-m)$ 阶方阵，其特征值为 $\lambda_{m+1},\cdots,\lambda_n$；$m=1,\cdots,n-1$.

当 $m=1$ 时，令 $\boldsymbol{\zeta}_1$ 是属于特征值 λ_1 的单位特征向量. 利用基扩充定理将其扩充为 $\mathbb{C}^n$ 空间的一组标准正交基 $\boldsymbol{\zeta}_1,\boldsymbol{g}_2,\cdots,\boldsymbol{g}_n$，并记 $\boldsymbol{P}_1=[\boldsymbol{\zeta}_1,\boldsymbol{g}_2,\cdots,\boldsymbol{g}_n]$. 于是有

$$\boldsymbol{P}_1^{-1}\boldsymbol{A}\boldsymbol{P}_1=\begin{bmatrix}\lambda_1 & \boldsymbol{C}_1\\ \boldsymbol{0} & \boldsymbol{A}_1\end{bmatrix}$$

由于矩阵 $\boldsymbol{A}$ 与 $\boldsymbol{P}_1^{-1}\boldsymbol{A}\boldsymbol{P}_1$ 相似，故矩阵 $\boldsymbol{A}_1\in\mathbb{C}^{(n-1)\times(n-1)}$ 的特征值为 $\lambda_2,\cdots,\lambda_n$.

假设当 $m=k\in\{1,\cdots,n-2\}$ 时存在可逆矩阵 $\boldsymbol{P}_1,\cdots,\boldsymbol{P}_k$ 使得

$$\boldsymbol{P}_k^{-1}\cdot\cdots\cdot\boldsymbol{P}_1^{-1}\boldsymbol{A}\boldsymbol{P}_1\cdot\cdots\cdot\boldsymbol{P}_k=\begin{bmatrix}\boldsymbol{T}_k & \boldsymbol{C}_k\\ \boldsymbol{O} & \boldsymbol{A}_k\end{bmatrix}$$

当 $m=k+1$ 时，仿照 $\boldsymbol{P}_1$ 构造方法知，存在 $n-k$ 阶矩阵 $\boldsymbol{V}_{k+1}$ 使得

$$\boldsymbol{V}_{k+1}^{-1}\boldsymbol{A}_k\boldsymbol{V}_{k+1}=\begin{bmatrix}\lambda_{k+1} & \boldsymbol{C}_{k+1}\\ \boldsymbol{0} & \boldsymbol{A}_{k+1}\end{bmatrix}$$

定义 $\boldsymbol{P}_{k+1}=\begin{bmatrix}\boldsymbol{I}_k & \boldsymbol{O}\\ \boldsymbol{O} & \boldsymbol{V}_{k+1}\end{bmatrix}$，则有

$$\boldsymbol{P}_{k+1}^{-1}\boldsymbol{P}_k^{-1}\cdot\cdots\cdot\boldsymbol{P}_1^{-1}\boldsymbol{A}\boldsymbol{P}_1\cdot\cdots\cdot\boldsymbol{P}_k\boldsymbol{P}_{k+1}=\begin{bmatrix}\boldsymbol{T}_{k+1} & \boldsymbol{C}_{k+1}\\ \boldsymbol{O} & \boldsymbol{A}_{k+1}\end{bmatrix}$$

因此，存在 $n-1$ 个可逆矩阵 $\boldsymbol{P}_1,\cdots,\boldsymbol{P}_{n-1}$ 使得

$$\boldsymbol{P}_{n-1}^{-1}\cdot\cdots\cdot\boldsymbol{P}_1^{-1}\boldsymbol{A}\boldsymbol{P}_1\cdot\cdots\cdot\boldsymbol{P}_{n-1}=\begin{bmatrix}\boldsymbol{T}_{n-1} & \boldsymbol{C}_{n-1}\\ \boldsymbol{0} & \lambda_n\end{bmatrix}$$

记 $\boldsymbol{P}=\boldsymbol{P}_1\cdot\cdots\cdot\boldsymbol{P}_{n-1}$，则上式右端为上三角矩阵. 证毕.

定理 3.5.2(Schur 引理)　任意复方矩阵 $\boldsymbol{A}$ 酉相似于上三角矩阵 $\boldsymbol{\Lambda}$，即存在一酉矩阵 $\boldsymbol{U}$ 使得 $\boldsymbol{\Lambda}=\boldsymbol{U}^{\mathrm{H}}\boldsymbol{A}\boldsymbol{U}$ 为上三角矩阵.

证明：由定理 3.5.1 知，存在可逆矩阵 $\boldsymbol{P}$ 使得

$$\boldsymbol{P}^{-1}\boldsymbol{A}\boldsymbol{P}=\boldsymbol{\Lambda}\tag{3.5.1}$$

式中：$\boldsymbol{\Lambda}$ 为上三角矩阵.

再对可逆矩阵 $\boldsymbol{P}$ 作 QR 分解，得

$$\boldsymbol{P}=\boldsymbol{U}\boldsymbol{R}\tag{3.5.2}$$

式中：$\boldsymbol{U}$ 是酉矩阵，$\boldsymbol{R}$ 为正线上三角矩阵.

将式(3.5.2)代入式(3.5.1)，得

$$\boldsymbol{R}^{-1}\boldsymbol{U}^{\mathrm{H}}\boldsymbol{A}\boldsymbol{U}\boldsymbol{R}=\boldsymbol{\Lambda}\tag{3.5.3}$$

整理得到

$$\boldsymbol{U}^{\mathrm{H}}\boldsymbol{A}\boldsymbol{U}=\boldsymbol{R}\boldsymbol{\Lambda}\boldsymbol{R}^{-1}\tag{3.5.4}$$

由于 $\boldsymbol{R}$、$\boldsymbol{R}^{-1}$ 和 $\boldsymbol{\Lambda}$ 均为上三角矩阵，故 $\boldsymbol{R}\boldsymbol{\Lambda}\boldsymbol{R}^{-1}$ 仍是上三角矩阵. 证毕.

注 1：与定理 3.5.1 相比，定理 3.5.2 进一步说明了 Schur 分解中的满秩矩阵 $\boldsymbol{P}$

可以是酉矩阵. 由于酉矩阵的逆矩阵是其共轭转置,因此不需要复杂计算,这为简化分析提供了重要的技术支持.

【思考】 是否存在正交矩阵 $\boldsymbol{Q}$ 使得实方阵 $\boldsymbol{A}$ 具有如下 Schur 分解:

$$\boldsymbol{Q}^{\mathrm{T}}\boldsymbol{A}\boldsymbol{Q}=\boldsymbol{\Lambda}=\begin{bmatrix}\lambda_1 & & *\\ & \ddots & \\ \boldsymbol{O} & & \lambda_n\end{bmatrix}$$

分析:考察矩阵 $\boldsymbol{A}=\begin{bmatrix}0 & -1\\ 1 & 0\end{bmatrix}$ 的 Schur 分解问题. 首先计算矩阵 $\boldsymbol{A}$ 的特征值(因为上三角矩阵的对角线为 $\boldsymbol{\Lambda}$ 的特征值). 由特征多项式 $|\lambda\boldsymbol{I}-\boldsymbol{A}|=\lambda^2+1=0$ 得,$\lambda=\pm\mathrm{i}$ 是矩阵 $\boldsymbol{A}$ 的两个特征值. 由此,$\boldsymbol{\Lambda}$ 必定为复矩阵而非实矩阵.

现假设存在正交矩阵 $\boldsymbol{Q}$ 使得 $\boldsymbol{Q}^{\mathrm{T}}\boldsymbol{A}\boldsymbol{Q}=\boldsymbol{\Lambda}$,则 $\boldsymbol{Q}^{\mathrm{T}}\boldsymbol{A}\boldsymbol{Q}$ 必为实矩阵,而矩阵 $\boldsymbol{\Lambda}$ 是非实矩阵,显然假设不成立,即不一定存在正交矩阵 $\boldsymbol{Q}$ 使得 $\boldsymbol{Q}^{\mathrm{T}}\boldsymbol{A}\boldsymbol{Q}$ 为上三角矩阵.

出现这一问题的根源在于实矩阵 $\boldsymbol{A}$ 的特征值不一定全是实数,可能有成对共轭复根. 因此,在处理实矩阵特别是关系到矩阵特征值问题时,不要轻易地将复矩阵中的结论直接引用.

定理 3.5.3(实方阵 Schur 引理) 设 $\boldsymbol{A}\in\mathbb{R}^{n\times n}$ 的特征值均为实数,则存在正交矩阵 $\boldsymbol{Q}$ 使得

$$\boldsymbol{Q}^{\mathrm{T}}\boldsymbol{A}\boldsymbol{Q}=\boldsymbol{Q}^{-1}\boldsymbol{A}\boldsymbol{Q}=\begin{bmatrix}\lambda_1 & & *\\ & \ddots & \\ \boldsymbol{O} & & \lambda_n\end{bmatrix}$$

下面利用 Schur 引理研究矩阵多项式.

定义 3.5.1(矩阵多项式) 设 $\boldsymbol{A}\in\mathbb{C}^{n\times n}$,$\varphi(\lambda)=a_n\lambda^n+a_{n-1}\lambda^{n-1}+\cdots+a_1\lambda+a_0$,$a_i\in\mathbb{C}(i=0,1,\cdots,n)$是数域$\mathbb{C}$上的多项式,则

$$\varphi(\boldsymbol{A})=a_n\boldsymbol{A}^n+a_{n-1}\boldsymbol{A}^{n-1}+\cdots+a_1\boldsymbol{A}+a_0\boldsymbol{I}$$

称为矩阵多项式.

推论 3.5.1 设矩阵 $\boldsymbol{A}\in\mathbb{C}^{n\times n}$ 的 n 个特征值为 $\lambda_1,\cdots,\lambda_n$,$\varphi(\lambda)$为任一多项式,则矩阵多项式 $\varphi(\boldsymbol{A})$的 n 个特征值为 $\varphi(\lambda_1),\cdots,\varphi(\lambda_n)$.

证明:根据定理 3.5.2 知,存在一酉矩阵 $\boldsymbol{U}$ 使得 $\boldsymbol{U}^{\mathrm{H}}\boldsymbol{A}\boldsymbol{U}=\boldsymbol{\Lambda}$,其中 $\boldsymbol{\Lambda}$ 为上三角矩阵,其对角线元素为矩阵 $\boldsymbol{A}$ 的特征值,记为 $\lambda_1,\cdots,\lambda_n$. 注意到

$$\varphi(\boldsymbol{A})=\varphi(\boldsymbol{U}\boldsymbol{\Lambda}\boldsymbol{U}^{\mathrm{H}})=\boldsymbol{U}\varphi(\boldsymbol{\Lambda})\boldsymbol{U}^{\mathrm{H}}$$

式中:上三角矩阵 $\varphi(\boldsymbol{\Lambda})$的对角线元素为 $\varphi(\lambda_1),\cdots,\varphi(\lambda_n)$. 由于 $\varphi(\boldsymbol{A})$酉相似于上三角矩阵 $\varphi(\boldsymbol{\Lambda})$,故矩阵多项式 $\varphi(\boldsymbol{A})$的 n 个特征值为 $\varphi(\lambda_1),\cdots,\varphi(\lambda_n)$. 证毕.

注 2: n 阶矩阵 $\boldsymbol{A}$ 的属于特征值 λ_i 的特征向量 $\boldsymbol{\alpha}_i$ 也是 $\varphi(\boldsymbol{A})$的属于特征值 $\varphi(\lambda_i)$的特征向量.

推论 3.5.2 设矩阵 $\boldsymbol{A}\in\mathbb{C}^{n\times n}$ 的 n 个特征值为 $\lambda_1,\cdots,\lambda_n$,则矩阵 $\boldsymbol{A}^m$ 的 n 个特征

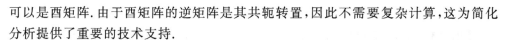

值为$\lambda_1^m,\cdots,\lambda_n^m,m\in\mathbb{N}$.

【思考】 设$f_{\boldsymbol{A}}(\lambda)=\lambda^n+a_{n-1}\lambda^{n-1}+\cdots+a_1\lambda+a_0$是矩阵$\boldsymbol{A}$的特征多项式,求矩阵多项式$f_{\boldsymbol{A}}(\boldsymbol{A})$.

分析:以考察矩阵$\boldsymbol{A}=\begin{bmatrix}0&-1\\1&0\end{bmatrix}$为例.矩阵$\boldsymbol{A}$的特征多项式为$f_{\boldsymbol{A}}(\lambda)=\lambda^2+1$.计算矩阵多项式$f_{\boldsymbol{A}}(\boldsymbol{A})$得,$f_{\boldsymbol{A}}(\boldsymbol{A})=\boldsymbol{A}^2+\boldsymbol{I}=\boldsymbol{O}$.

实际上,这一结论对一般的复方矩阵同样成立.这就是著名的Hamilton-Cayley定理.

定理3.5.4(Hamilton-Cayley 定理) 设矩阵$\boldsymbol{A}\in\mathbb{C}^{n\times n}$的特征多项式为$f_{\boldsymbol{A}}(\lambda)=|\lambda\boldsymbol{I}-\boldsymbol{A}|$,则$f_{\boldsymbol{A}}(\boldsymbol{A})=\boldsymbol{O}$.

证明:设矩阵$\boldsymbol{A}$的特征多项式为$f_{\boldsymbol{A}}(\lambda)=(\lambda-\lambda_1)\cdot\cdots\cdot(\lambda-\lambda_n)$(注意方阵$\boldsymbol{A}$的特征多项式的定义方式).由定理3.5.2知,存在酉矩阵$\boldsymbol{U}$使得$\boldsymbol{U}^{\mathrm{H}}\boldsymbol{A}\boldsymbol{U}=\boldsymbol{\Lambda}$,其中,$\boldsymbol{\Lambda}$为上三角矩阵,其对角元素为$\lambda_1,\cdots,\lambda_n$.进而,矩阵多项式$f_{\boldsymbol{A}}(\boldsymbol{A})$可写成

$$f_{\boldsymbol{A}}(\boldsymbol{A})=\boldsymbol{P}f(\boldsymbol{\Lambda})\boldsymbol{P}^{-1}=\boldsymbol{P}(\boldsymbol{\Lambda}-\lambda_1\boldsymbol{I})\cdot\cdots\cdot(\boldsymbol{\Lambda}-\lambda_n\boldsymbol{I})\boldsymbol{P}^{-1}$$

经计算知$(\boldsymbol{\Lambda}-\lambda_1\boldsymbol{I})\cdot\cdots\cdot(\boldsymbol{\Lambda}-\lambda_n\boldsymbol{I})=\boldsymbol{O}$,故$f_{\boldsymbol{A}}(\boldsymbol{A})=\boldsymbol{O}$.

注3: 由于$\boldsymbol{L}(\boldsymbol{V})\cong\mathbb{C}^{n\times n}$,故对线性变换$T$有平行的结果:$\forall T\in\boldsymbol{L}(\boldsymbol{V})$且$f_{\boldsymbol{A}}(\lambda)$为$T$的特征多项式,则$f_{\boldsymbol{A}}(T)$为零变换.

例3.5.1 已知$\boldsymbol{A}=\begin{bmatrix}-1&-2&6\\-1&0&3\\-1&-1&4\end{bmatrix}$,计算矩阵多项式$\boldsymbol{A}^4-2\boldsymbol{A}^2+\boldsymbol{I}$.

解:矩阵$\boldsymbol{A}$的特征多项式为

$$f_{\boldsymbol{A}}(\lambda)=\begin{vmatrix}\lambda+1&2&-6\\1&\lambda&\lambda-3\\1&1&\lambda-4\end{vmatrix}=(\lambda-1)^3$$

令$g(\lambda)=\lambda^4-2\lambda^2+1$,由多项式除法可得:

$$g(\lambda)=f_{\boldsymbol{A}}(\lambda)(\lambda+3)+4(\lambda-1)^2$$

由定理3.5.4知,$g(\boldsymbol{A})=4(\boldsymbol{A}-\boldsymbol{I})^2$.将矩阵$\boldsymbol{A}$的表达式代入上式得$g(\boldsymbol{A})=\boldsymbol{O}$.

【应用】 Hamilton-Cayley 定理的一个有趣且重要的应用是计算矩阵的逆矩阵.

推论3.5.3 设复方阵$\boldsymbol{A}$可逆,其特征多项式为$f_{\boldsymbol{A}}(\lambda)=\lambda^n+a_{n-1}\lambda^{n-1}+\cdots+a_1\lambda+a_0$,则矩阵$\boldsymbol{A}$的逆矩阵计算公式为

$$\boldsymbol{A}^{-1}=-\frac{1}{a_0}(\boldsymbol{A}^{n-1}+a_{n-1}\boldsymbol{A}^{n-2}+\cdots+a_1\boldsymbol{I})$$

该结论只需将矩阵多项式方程$f_{\boldsymbol{A}}(\boldsymbol{A})=\boldsymbol{O}$两端同时左乘(或右乘)$\boldsymbol{A}^{-1}$即可.该推论表明任一$n$阶矩阵的逆矩阵(若存在)可由一个不超过$n-1$次矩阵多项式表示.

例 3.5.2 求矩阵 $\boldsymbol{A}=\begin{bmatrix}1&1&0\\0&1&1\\0&0&1\end{bmatrix}$ 的逆.

解：矩阵 $\boldsymbol{A}$ 的特征多项式为 $f_{\boldsymbol{A}}(\lambda)=\lambda^3-3\lambda^2+3\lambda-1$. 由推论 3.5.3 知，

$$\boldsymbol{A}^{-1}=\boldsymbol{A}^2-3\boldsymbol{A}+3\boldsymbol{I}=\begin{bmatrix}1&-1&0\\0&1&-1\\0&0&1\end{bmatrix}$$

定义 3.5.2（零化多项式） 给定复方阵 $\boldsymbol{A}\in\mathbb{C}^{n\times n}$，若存在多项式 $g(\lambda)$ 使得 $g(\boldsymbol{A})=\boldsymbol{O}$，则称 $g(\lambda)$ 为 $\boldsymbol{A}$ 的零化多项式.

定义 3.5.3（最小多项式） 设复方阵 $\boldsymbol{A}$ 的零化多项式中最小次数的首 1 多项式称为 $\boldsymbol{A}$ 的最小多项式，记为 $m_{\boldsymbol{A}}(\lambda)$.

【思考】 特征多项式 $f_{\boldsymbol{A}}(\lambda)$ 是矩阵 $\boldsymbol{A}$ 的零化多项式，问 $f_{\boldsymbol{A}}(\lambda)$ 是 $\boldsymbol{A}$ 的最小多项式吗？

分析：以 $\boldsymbol{A}=\boldsymbol{I}_2$ 为例，计算其最小多项式为 $m_{\boldsymbol{A}}(\lambda)=\lambda-1$，而 $f_{\boldsymbol{A}}(\lambda)=(\lambda-1)^2$. 因此，特征多项式并不一定是矩阵的最小多项式，但两者有一定的关系，详见如下定理.

定理 3.5.5（最小多项式的性质） 设矩阵 $\boldsymbol{A}\in\mathbb{C}^{n\times n}$，则

(1) 矩阵 $\boldsymbol{A}$ 的最小多项式 $m_{\boldsymbol{A}}(\lambda)$ 是唯一的，且可整除 $\boldsymbol{A}$ 的任一零化多项式. 特别地，有 $m_{\boldsymbol{A}}(\lambda)\mid f_{\boldsymbol{A}}(\lambda)$.

(2) 矩阵 $\boldsymbol{A}$ 的特征多项式 $f_{\boldsymbol{A}}(\lambda)$ 与最小多项式 $m_{\boldsymbol{A}}(\lambda)$ 具有相同的根（不计重数）.

证明：(1) 根据定理 2.1.3 知，对任意多项式 $g(\lambda)$ 和 $h(\lambda)$，必存在多项式 $q(\lambda)$ 以及多项式 $r(\lambda)$ 使得

$$g(\lambda)=h(\lambda)q(\lambda)+r(\lambda) \tag{3.5.5}$$

式中：$r(\lambda)=0$ 或 $\deg[r(\lambda)]<\deg[h(\lambda)]$.

若 $g(\lambda)$ 和 $h(\lambda)$ 分别定义为矩阵的特征多项式 $f_{\boldsymbol{A}}(\lambda)$ 和最小多项式 $m_{\boldsymbol{A}}(\lambda)$，则代入式(3.5.5)得 $r(\boldsymbol{A})=\boldsymbol{O}$，即 $m_{\boldsymbol{A}}(\lambda)\mid f_{\boldsymbol{A}}(\lambda)$.

再证唯一性. 假设 $m(\lambda)$ 也是 $\boldsymbol{A}$ 的最小多项式且 $m(\lambda)\neq m_{\boldsymbol{A}}(\lambda)$，则 $m_{\boldsymbol{A}}(\lambda)\mid m(\lambda)$ 和 $m(\lambda)\mid m_{\boldsymbol{A}}(\lambda)$ 均成立. 由于 $m(\lambda)$ 和 $m_{\boldsymbol{A}}(\lambda)$ 次数相同且都是首 1 多项式，故 $m(\lambda)=m_{\boldsymbol{A}}(\lambda)$.

(2) 由 $m_{\boldsymbol{A}}(\lambda)\mid f(\lambda)$ 知，满足 $m_{\boldsymbol{A}}(\lambda)=0$ 的根 λ_i 一定是 $f(\lambda)=0$ 的根. 故只需证明 $f_{\boldsymbol{A}}(\lambda)=0$ 的根是 $m_{\boldsymbol{A}}(\lambda)=0$ 的根即可.

设 λ_i 是矩阵 $\boldsymbol{A}$ 的特征值，$\boldsymbol{x}_i$ 是属于 λ_i 的特征向量. 根据推论 3.5.1 知，$m_{\boldsymbol{A}}(\lambda_i)$ 是矩阵多项式 $m_{\boldsymbol{A}}(\boldsymbol{A})$ 的特征值，且 $\boldsymbol{x}_i$ 是属于 $m_{\boldsymbol{A}}(\boldsymbol{A})$ 的特征向量，即

$$m_{\boldsymbol{A}}(\boldsymbol{A})\boldsymbol{x}_i=m_{\boldsymbol{A}}(\lambda_i)\boldsymbol{x}_i$$

由于 $m_{\boldsymbol{A}}(\boldsymbol{A})$ 是矩阵 $\boldsymbol{A}$ 的零化多项式，故 $m_{\boldsymbol{A}}(\boldsymbol{A})=\boldsymbol{O}$，进而有 $m_{\boldsymbol{A}}(\lambda_i)\boldsymbol{x}_i=\boldsymbol{0}$. 又知 $\boldsymbol{x}_i$ 是非零向量，故 $m_{\boldsymbol{A}}(\lambda_i)=0$.

综上知，矩阵 $\boldsymbol{A}$ 的特征多项式 $f_{\boldsymbol{A}}(\lambda)$ 与最小多项式 $m_{\boldsymbol{A}}(\lambda)$ 有相同的根. 证毕.

例 3.5.3 求矩阵 $\boldsymbol{A}=\begin{bmatrix}2 & -2 & 2\\ -2 & -1 & 4\\ 2 & 4 & -1\end{bmatrix}$ 的最小多项式.

解：矩阵 $\boldsymbol{A}$ 的特征多项式为 $f_{\boldsymbol{A}}(\lambda)=(\lambda-3)^2(\lambda+6)$. 根据定理 3.5.5 知，矩阵 $\boldsymbol{A}$ 的最小多项式只能是 $(\lambda-3)(\lambda+6)$ 或 $(\lambda-3)^2(\lambda+6)$.

通过计算知，$(\boldsymbol{A}-3\boldsymbol{I})(\boldsymbol{A}+6\boldsymbol{I})=\boldsymbol{O}$. 因此，$m_{\boldsymbol{A}}(\lambda)=(\lambda-3)(\lambda+6)$.

再次考察例 3.5.1，由 $\boldsymbol{A}$ 的特征多项式 $f_{\boldsymbol{A}}(\lambda)=(\lambda-1)^3$ 知，$\boldsymbol{A}$ 的最小多项式只能是 $(\lambda-1)$，$(\lambda-1)^2$ 或 $(\lambda-1)^3$. 显然，$\boldsymbol{A}\neq\boldsymbol{I}$；又知 $(\boldsymbol{A}-\boldsymbol{I})^2=\boldsymbol{O}$，则

$$m_{\boldsymbol{A}}(\lambda)=(\lambda-1)^2$$

令 $g(\lambda)=\lambda^4-2\lambda^2+1$，由多项式除法可得 $g(\lambda)=m_{\boldsymbol{A}}(\lambda)(\lambda-1)^2$. 因此，$g(\boldsymbol{A})=\boldsymbol{O}$. 与例 3.5.1 相比，采用最小多项式计算矩阵多项式会更简单些.

同理，利用最小多项式也可计算可逆矩阵的逆矩阵. 换而言之，推论 3.5.3 可改写为任一 n 阶可逆矩阵的逆矩阵可由一个不超过其最小多项式次数减 1 的矩阵多项式表示. 这一结论对矩阵的幂矩阵同样成立，这里以例 3.5.4 进行说明.

例 3.5.4 设 $\boldsymbol{A}=\begin{bmatrix}2 & 1\\ 2 & 3\end{bmatrix}$，求 $\boldsymbol{A}^{100}$.

解：由 $f_{\boldsymbol{A}}(\lambda)=(\lambda-1)(\lambda-4)$ 知，$\boldsymbol{A}^2=5\boldsymbol{A}-4\boldsymbol{I}$. 利用该式进行迭代，得

$$\begin{gathered}\boldsymbol{A}^3=5(5\boldsymbol{A}-4\boldsymbol{I})-4\boldsymbol{A}=21\boldsymbol{A}-20\boldsymbol{I}\\ \boldsymbol{A}^4=21(5\boldsymbol{A}-4\boldsymbol{I})-20\boldsymbol{A}=85\boldsymbol{A}-84\boldsymbol{I}\\ \vdots\end{gathered}$$

由归纳得

$$\boldsymbol{A}^m=\left(\frac{4^m-1}{3}\right)\boldsymbol{A}+\left(\frac{4-4^m}{3}\right)\boldsymbol{I},\quad m=0,1,\cdots$$

由此，

$$\boldsymbol{A}^{100}=\begin{bmatrix}\dfrac{2+4^{100}}{3} & \dfrac{-1+4^{100}}{3}\\ \dfrac{-2+2\times4^{100}}{3} & \dfrac{1+2\times4^{100}}{3}\end{bmatrix}$$

实际上，无论是可逆矩阵的逆矩阵还是幂矩阵，都可以看作矩阵函数的特例，我们将在第 4 章的 4.7 节矩阵函数中详细展开.

3.6 对角化分解

定义 3.6.1（单纯矩阵） 若 n 阶复方阵 $\boldsymbol{A}$ 相似于对角矩阵，则矩阵 $\boldsymbol{A}$ 称为可对角化矩阵（或单纯矩阵）.

定义 3.6.1 隐含着单纯矩阵的对角化分解. 对角化分解实际上是 Schur 分解的一种特殊表达. 单纯矩阵的对角化分解是常见的矩阵分解,其涉及的对角矩阵是一类特殊方阵：对角矩阵的和、积、逆(若存在)仍是对角矩阵,其对角元素就是它的特征值.

【思考】 若线性变换 T 在某基下的矩阵为对角矩阵,这里的某基如何确定?

下面给出复方阵为单纯矩阵的若干充分必要条件.

定理 3.6.1 设矩阵 $\boldsymbol{A}\in\mathbb{C}^{n\times n}$ 的全部互异特征根为 $\lambda_1,\cdots,\lambda_m,(m\leqslant n)$,则以下表达等价：

(1) $\boldsymbol{A}$ 是单纯矩阵；

(2) $\boldsymbol{A}$ 有 n 个线性无关的特征向量；

(3) 特征值 $\lambda_i(i=1,\cdots,m)$ 的代数重数等于其几何重数；

(4) $\sum\limits_{i=1}^{m}\dim E(\lambda_i)=n$；

(5) 最小多项式 $m_{\boldsymbol{A}}(\lambda)$ 无重根.

证明：证明过程为(1)⇔(2)；(1)⇒(3)⇒(4),(4)⇒(1)；(1)⇒(5),(4)⇐(5).

(1)⇒(2). 假设存在可逆矩阵 $\boldsymbol{P}$ 使得：

$$\boldsymbol{P}^{-1}\boldsymbol{AP}=\operatorname{diag}(\mu_1,\cdots,\mu_n) \tag{3.6.1}$$

式中：$\mu_1,\cdots,\mu_n$ 是矩阵 $\boldsymbol{A}$ 的 n 个特征值.

将矩阵 $\boldsymbol{P}$ 进行列分块,并记为 $\boldsymbol{P}=[\boldsymbol{p}_1,\boldsymbol{p}_2,\cdots,\boldsymbol{p}_n]$. 式(3.6.1)可改写为

$$\boldsymbol{A}[\boldsymbol{p}_1,\boldsymbol{p}_2,\cdots,\boldsymbol{p}_n]=[\boldsymbol{p}_1,\boldsymbol{p}_2,\cdots,\boldsymbol{p}_n]\operatorname{diag}(\mu_1,\cdots,\mu_n) \tag{3.6.2}$$

即 $\boldsymbol{Ap}_i=\mu_i\boldsymbol{p}_i(i=1,\cdots,n)$,这表明 $\boldsymbol{p}_i$ 是矩阵 $\boldsymbol{A}$ 的属于特征值 μ_i 的特征向量. 注意 $\boldsymbol{P}$ 是可逆矩阵,故矩阵 $\boldsymbol{A}$ 有 n 个线性无关的特征向量.

(1)⇐(2). 设 $\boldsymbol{p}_1,\boldsymbol{p}_2,\cdots,\boldsymbol{p}_n$ 是矩阵 $\boldsymbol{A}$ 的 n 个线性无关向量,且有 $\boldsymbol{Ap}_i=\mu_i\boldsymbol{p}_i(i=1,\cdots,n)$. 定义 $\boldsymbol{P}=[\boldsymbol{p}_1,\boldsymbol{p}_2,\cdots,\boldsymbol{p}_n]$,则式(3.6.2)成立. 根据定义 3.6.1 知,$\boldsymbol{A}$ 是单纯矩阵.

(1)⇒(3)⇒(4). 设矩阵 $\boldsymbol{A}$ 的特征多项式为

$$f_{\boldsymbol{A}}(\lambda)=(\lambda-\lambda_1)^{d_1}(\lambda-\lambda_2)^{d_2}\cdot\cdots\cdot(\lambda-\lambda_m)^{d_m}$$

且存在可逆矩阵 $\boldsymbol{P}$ 使得

$$\boldsymbol{P}^{-1}\boldsymbol{AP}=\boldsymbol{\Lambda}=\operatorname{diag}(\underbrace{\lambda_1,\cdots,\lambda_1}_{d_1},\cdots,\underbrace{\lambda_m,\cdots,\lambda_m}_{d_m})$$

式中：$d_1+d_2+\cdots+d_m=n$,d_i 是特征值 λ_i 的代数重数.

又知

$$\begin{aligned}\lambda_i\boldsymbol{I}-\boldsymbol{A}&=\boldsymbol{P}(\lambda_i\boldsymbol{I}-\boldsymbol{\Lambda})\boldsymbol{P}^{-1}\\&=\boldsymbol{P}\operatorname{diag}(\lambda_i-\lambda_1,\cdots,\lambda_i-\lambda_{i-1},\underbrace{0,\cdots,0}_{d_i},\lambda_i-\lambda_{i+1},\cdots,\lambda_i-\lambda_m)\boldsymbol{P}^{-1}\end{aligned}$$

从而

$$\text{rank}(\lambda_i \boldsymbol{I} - \boldsymbol{A}) = n - d_i$$

这表明特征值 λ_i 的特征子空间 $E(\lambda_i)$ 的维数为

$$\dim E(\lambda_i) = n - \text{rank}(\lambda_i \boldsymbol{I} - \boldsymbol{A}) = d_i, \quad i = 1, \cdots, m$$

因此,特征值 λ_i 的代数重数等于其几何重数.注意到代数重数之和为 n,故几何重数之和也为 n.

(4)⇒(1).由于 m 个特征子空间的维数之和为 n,故可从这 m 个特征子空间找出 n 个线性无关的特征向量,故 $\boldsymbol{A}$ 是单纯矩阵.

(1)⇒(5).考察矩阵多项式

$$g(\boldsymbol{A}) = (\boldsymbol{A} - \lambda_1 \boldsymbol{I}) \cdot \cdots \cdot (\boldsymbol{A} - \lambda_m \boldsymbol{I}) \tag{3.6.3}$$

由于 $\boldsymbol{A}$ 是单纯矩阵,故存在可逆矩阵 $\boldsymbol{P}$ 使得 $\boldsymbol{P}^{-1}\boldsymbol{A}\boldsymbol{P} = \boldsymbol{\Lambda}$,其中,$\boldsymbol{\Lambda}$ 是对角矩阵.将其代入式(3.6.3),得

$$g(\boldsymbol{A}) = \boldsymbol{P}(\boldsymbol{\Lambda} - \lambda_1 \boldsymbol{I}) \cdot \cdots \cdot (\boldsymbol{\Lambda} - \lambda_m \boldsymbol{I})\boldsymbol{P}^{-1} = \boldsymbol{O}$$

显然,$g(\lambda)$ 是矩阵 $\boldsymbol{A}$ 的一个零化多项式.根据定理 3.5.5 知,$g(\lambda)$ 必是矩阵 $\boldsymbol{A}$ 的最小多项式,故 $\boldsymbol{A}$ 的最小多项式 $m_{\boldsymbol{A}}(\lambda)$ 无重根.

(4)⇐(5).设矩阵 $\boldsymbol{A}$ 的最小多项式为 $m_{\boldsymbol{A}}(\lambda) = (\lambda - \lambda_1) \cdot \cdots \cdot (\lambda - \lambda_m)$,则

$$m_{\boldsymbol{A}}(\boldsymbol{A}) = (\boldsymbol{A} - \lambda_1 \boldsymbol{I}) \cdot \cdots \cdot (\boldsymbol{A} - \lambda_m \boldsymbol{I}) = \boldsymbol{O} \tag{3.6.4}$$

由等式(3.6.4)知(见本章的习题 1)

$$\text{rank}(\boldsymbol{A} - \lambda_1 \boldsymbol{I}) + \cdots + \text{rank}(\boldsymbol{A} - \lambda_m \boldsymbol{I}) \leqslant (m-1)n \tag{3.6.5}$$

根据不等式(3.6.5)进一步得

$$\dim E(\lambda_1) + \cdots + \dim E(\lambda_m) \geqslant n \tag{3.6.6}$$

由于 m 个特征子空间的和空间是 $\mathbb{C}^n$ 空间的线性子空间,因此不等式(3.6.6)只能取等号,即 $\sum_{i=1}^{m} \dim E(\lambda_i) = n$.证毕.

例 3.6.1 设线性变换 $T \in \mathcal{L}(\mathbb{R}^3)$ 在 $\mathbb{R}^3$ 空间的一组基 $\boldsymbol{\zeta}_1, \boldsymbol{\zeta}_2, \boldsymbol{\zeta}_3$ 下的矩阵为 $\boldsymbol{A}$,即 $T[\boldsymbol{\zeta}_1, \boldsymbol{\zeta}_2, \boldsymbol{\zeta}_3] = [\boldsymbol{\zeta}_1, \boldsymbol{\zeta}_2, \boldsymbol{\zeta}_3]\boldsymbol{A}$,其中

$$\boldsymbol{A} = \begin{bmatrix} 1 & 0 & -2 \\ 0 & 0 & 0 \\ -2 & 0 & 4 \end{bmatrix}$$

问:(1) 线性变换 T 可否对角化;(2) 若 T 可对角化,试求满秩矩阵 $\boldsymbol{P}$ 使 $\boldsymbol{P}^{-1}\boldsymbol{A}\boldsymbol{P}$ 为对角矩阵.

解:(1) 方法一:由矩阵 $\boldsymbol{A}$ 的特征多项式 $f_{\boldsymbol{A}}(\lambda) = \lambda^2(\lambda - 5)$ 得,$\lambda_1 = \lambda_2 = 0, \lambda_3 = 5$.又知 $\boldsymbol{A}(\boldsymbol{A} - 5\boldsymbol{I}) = \boldsymbol{O}$,所以矩阵 $\boldsymbol{A}$ 的最小多项式为 $m_{\boldsymbol{A}}(\lambda) = \lambda(\lambda - 5)$.注意到 $m_{\boldsymbol{A}}(\lambda)$ 无重根,故 $\boldsymbol{A}$ 可对角化,即线性变换 T 可对角化.

方法二:矩阵 $\boldsymbol{A}$ 的特征多项式为 $f(\lambda) = \lambda^2(\lambda - 5)$,得到特征值 $\lambda_1 = \lambda_2 = 0, \lambda_3 = 5$.由于

$$n - \text{rank}(0\boldsymbol{I} - \boldsymbol{A}) = 3 - 1 = 2$$

$$n-\operatorname{rank}(5\boldsymbol{I}-\boldsymbol{A})=3-2=1$$

故 $\sum_{i=1}^{3}\dim E(\lambda_i)=3$，故线性变换 T 可对角化.

(2) 对于 $\lambda_1=\lambda_2=0$，解方程 $(0\boldsymbol{I}-\boldsymbol{A})\boldsymbol{x}=\boldsymbol{0}$ 得到两个线性无关的特征向量，分别为 $\boldsymbol{x}_1=[2,0,1]^{\mathrm{T}}$，$\boldsymbol{x}_2=[0,1,0]^{\mathrm{T}}$；

对于 $\lambda_3=5$，解方程 $(5\boldsymbol{I}-\boldsymbol{A})\boldsymbol{x}=\boldsymbol{0}$ 得到一个特征向量为 $\boldsymbol{x}_3=[1,0,-2]^{\mathrm{T}}$.

令 $\boldsymbol{P}=[\boldsymbol{x}_1,\boldsymbol{x}_2,\boldsymbol{x}_3]$，故 $\boldsymbol{P}$ 为可逆矩阵，且满足 $\boldsymbol{P}^{-1}\boldsymbol{A}\boldsymbol{P}=\operatorname{diag}(0,0,5)$.

例 3.6.2 若矩阵 $\boldsymbol{A}\in\mathbb{C}^{n\times n}$ 且 $\boldsymbol{A}^2=\boldsymbol{A}$，试判断 $\boldsymbol{A}$ 是否可对角化.

解：由 $\boldsymbol{A}^2=\boldsymbol{A}$ 知，$g(\lambda)=\lambda^2-\lambda$ 是 $\boldsymbol{A}$ 的一个零化多项式(注意 $g(\lambda)$ 不一定是 $\boldsymbol{A}$ 的最小多项式). 由定理 3.5.5 知，$\boldsymbol{A}$ 的最小多项式 $m_{\boldsymbol{A}}(\lambda)$ 只能是 $m_{\boldsymbol{A}}(\lambda)=\lambda$ 或 $m_{\boldsymbol{A}}(\lambda)=\lambda-1$ 或 $m_{\boldsymbol{A}}(\lambda)=\lambda^2-\lambda$. 无论 $m_{\boldsymbol{A}}(\lambda)$ 是哪一种表达式，它均无重根. 因此，矩阵 $\boldsymbol{A}$ 是单纯矩阵.

推论 3.6.1 若复方阵 $\boldsymbol{A}$ 的零化多项式 $g(\lambda)$ 无重根，则矩阵 $\boldsymbol{A}$ 是单纯矩阵.

推论 3.6.2 若 n 阶复方阵 $\boldsymbol{A}$ 恰好有 n 个互异特征值，则它必可对角化，反之则不然.

注 1： 上述两个推论仅是复方阵 $\boldsymbol{A}$ 为单纯矩阵的充分而非必要条件.

【应用】 单纯矩阵的对角化分解常用于矩阵的高次幂计算和线性常微分方程求解等问题. 这里通过两个例题分别说明.

例 3.6.3 设 $\boldsymbol{A}=\begin{bmatrix}2&1\\2&3\end{bmatrix}$，求 $\boldsymbol{A}^{100}$.

解：矩阵 $\boldsymbol{A}$ 的特征多项式 $f_{\boldsymbol{A}}(\lambda)=(\lambda-1)(\lambda-4)$，则它的特征值为 $\lambda_1=1$，$\lambda_2=4$，对应的特征向量分别为 $\boldsymbol{p}_1=[1,-1]^{\mathrm{T}}$，$\boldsymbol{p}_2=[1,2]^{\mathrm{T}}$.

令 $\boldsymbol{P}=[\boldsymbol{p}_1,\boldsymbol{p}_2]=\begin{bmatrix}1&1\\-1&2\end{bmatrix}$，有 $\boldsymbol{P}^{-1}\boldsymbol{A}\boldsymbol{P}=\operatorname{diag}(1,4)$.

所以

$$\boldsymbol{A}^{100}=\boldsymbol{P}\begin{bmatrix}1&0\\0&4^{100}\end{bmatrix}\boldsymbol{P}^{-1}=\begin{bmatrix}\dfrac{2+4^{100}}{3}&\dfrac{-1+4^{100}}{3}\\\dfrac{-2+2\times4^{100}}{3}&\dfrac{1+2\times4^{100}}{3}\end{bmatrix}$$

例 3.6.4 求解常系数线性常微分方程组

$$\begin{cases}\dot{x}_1=x_1-3x_2+3x_3\\\dot{x}_2=3x_1-5x_2+3x_3\\\dot{x}_3=6x_1-6x_2+4x_3\end{cases}$$

解：记

$$\boldsymbol{x}(t)=\begin{bmatrix}x_1(t)\\x_2(t)\\x_3(t)\end{bmatrix},\quad \boldsymbol{A}=\begin{bmatrix}1&-3&3\\3&-5&3\\6&-6&4\end{bmatrix}$$

则原微分方程组可写成矩阵形式

$$\dot{\boldsymbol{x}}(t)=\boldsymbol{A}\boldsymbol{x}(t)$$

计算矩阵 $\boldsymbol{A}$ 的特征多项式为 $f_{\boldsymbol{A}}(\lambda)=(\lambda-4)(\lambda+2)^2$，解得 $\lambda_1=4,\lambda_2=\lambda_3=-2$；分别计算对应的特征向量得

$$\boldsymbol{p}_1=[1,1,2]^{\mathrm{T}},\quad \boldsymbol{p}_2=[1,1,0]^{\mathrm{T}},\quad \boldsymbol{p}_3=[0,1,1]^{\mathrm{T}}$$

因此，矩阵 $\boldsymbol{A}$ 是单纯矩阵.

令 $\boldsymbol{P}=[\boldsymbol{p}_1,\boldsymbol{p}_2,\boldsymbol{p}_3]=\begin{bmatrix}1&1&0\\1&1&1\\2&0&1\end{bmatrix}$，有

$$\boldsymbol{P}^{-1}\boldsymbol{A}\boldsymbol{P}=\begin{bmatrix}4&0&0\\0&-2&0\\0&0&-2\end{bmatrix}$$

定义 $\boldsymbol{y}(t)=\boldsymbol{P}^{-1}\boldsymbol{x}(t)$，则常微分方程组 $\dot{\boldsymbol{x}}(t)=\boldsymbol{A}\boldsymbol{x}(t)$ 可等价变换为

$$\dot{\boldsymbol{y}}(t)=\begin{bmatrix}4&0&0\\0&-2&0\\0&0&-2\end{bmatrix}\boldsymbol{y}(t)$$

定义 $\boldsymbol{y}(t)=[y_1(t),y_2(t),y_3(t)]^{\mathrm{T}}$，则上式可进一步写成

$$\begin{bmatrix}\dot{y}_1\\\dot{y}_2\\\dot{y}_3\end{bmatrix}=\begin{bmatrix}4&0&0\\0&-2&0\\0&0&-2\end{bmatrix}\begin{bmatrix}y_1\\y_2\\y_3\end{bmatrix}$$

解得

$$\begin{cases}y_1=c_1\mathrm{e}^{4t}\\y_2=c_2\mathrm{e}^{-2t}\\y_3=c_3\mathrm{e}^{-2t}\end{cases}$$

再由 $\boldsymbol{y}(t)=\boldsymbol{P}^{-1}\boldsymbol{x}(t)$ 解得

$$\begin{cases}x_1(t)=c_1\mathrm{e}^{4t}+c_2\mathrm{e}^{-2t}\\x_2(t)=c_1\mathrm{e}^{4t}+(c_2+c_3)\mathrm{e}^{-2t}\\x_3(t)=2c_1\mathrm{e}^{4t}+c_3\mathrm{e}^{-2t}\end{cases}$$

式中：c_1、c_2 和 c_3 是任意常数.

上例通过定义线性变换 $\boldsymbol{y}(t)=\boldsymbol{P}^{-1}\boldsymbol{x}(t)$ 求解线性常微分方程. 实际上，我们还可以利用其他的线性变换求解线性常微分方程，最典型的莫过于拉普拉斯变换. 有兴趣的读者可尝试利用拉普拉斯变换求解上例.

【思考】 若定义 3.6.1 中的相似变换矩阵是酉矩阵，则此时的单纯矩阵会表现出何种性质？

分析：假设存在酉矩阵 $\boldsymbol{U}$ 使得 $\boldsymbol{U}^{\mathrm{H}}\boldsymbol{A}\boldsymbol{U}=\mathrm{diag}(\lambda_1,\cdots,\lambda_n)$，并令 $\boldsymbol{U}=[\boldsymbol{u}_1,\cdots,\boldsymbol{u}_n]$，

则有

$$A[u_1, \cdots, u_n] = [u_1, \cdots, u_n]\mathrm{diag}(\lambda_1, \cdots, \lambda_n)$$

整理得 $Au_i = \lambda_i u_i (i=1, \cdots, n)$，即 u_i 是属于特征值 λ_i 的特征向量. 注意到特征向量 u_i 和 $u_j (i \neq j)$ 两两正交，这表明矩阵 A 有 n 个正交的特征向量.

进一步，考察特征子空间 $E(\lambda_i)$ 和 $E(\lambda_j)$，其中 $\lambda_i \neq \lambda_j$. 为讨论方便，不妨设

$$E(\lambda_i) = \mathrm{span}(u_{i_1}, \cdots, u_{i_{d_i}}), \quad E(\lambda_j) = \mathrm{span}(u_{j_1}, \cdots, u_{j_{d_j}})$$

我们容易验证和空间 $E(\lambda_i) + E(\lambda_j)$ 是正交直和. 这表明属于不同特征值的特征向量必正交.

现考察一类特殊的矩阵：Hermite 矩阵(当然，实对称矩阵也可看作 Hermite 矩阵的一种). 设复方阵 A 是 Hermite 矩阵，利用 Schur 引理可得

$$U^{\mathrm{H}} A U = \Lambda \tag{3.6.7}$$

式中：U 是酉矩阵，Λ 是上三角矩阵.

对式(3.6.7)左右两端进行共轭转置，得

$$U^{\mathrm{H}} A U = \bar{\Lambda} \tag{3.6.8}$$

由此，$\Lambda = \bar{\Lambda}$. 故 Λ 只能是对角矩阵，且对角线元素等于其共轭. 因此，有如下结论：

推论 3.6.3 设矩阵 $A \in \mathbb{C}^{n \times n}$，则 A 是 Hermite 矩阵当且仅当 A 的所有特征值 $\lambda_1, \cdots, \lambda_n$ 为实数，且存在酉矩阵 $U \in \mathbb{C}^{n \times n}$ 使得 $U^{\mathrm{H}} A U = \mathrm{diag}(\lambda_1, \cdots, \lambda_n)$.

推论 3.6.4 设矩阵 $A \in \mathbb{R}^{n \times n}$，则 A 是实对称矩阵当且仅当 A 的所有特征值 $\lambda_1, \cdots, \lambda_n$ 为实数，且存在正交矩阵 $Q \in \mathbb{R}^{n \times n}$ 使得 $Q^{\mathrm{T}} A Q = \mathrm{diag}(\lambda_1, \cdots, \lambda_n)$.

例 3.6.5 求正交矩阵 Q 使得 $Q^{\mathrm{T}} B Q$ 为对角矩阵，其中

$$B = \begin{bmatrix} -1 & -3 & 3 & -3 \\ -3 & -1 & -3 & 3 \\ 3 & -3 & -1 & -3 \\ -3 & 3 & -3 & -1 \end{bmatrix}$$

解：由 $|\lambda I - B| = (\lambda - 8)(\lambda + 4)^3$ 解得 $\lambda_1 = 8, \lambda_2 = \lambda_3 = \lambda_4 = -4$.

对于 $\lambda_1 = 8$，解得属于它的特征向量为 $\alpha_1 = [-1, 1, -1, 1]^{\mathrm{T}}$.

对于 $\lambda_2 = \lambda_3 = \lambda_4 = -4$，解得属于它的特征向量分别为

$$\alpha_2 = [1, 1, 0, 0]^{\mathrm{T}}, \alpha_3 = [1, 0, -1, 0]^{\mathrm{T}}, \alpha_4 = [1, 0, 0, 1]^{\mathrm{T}}$$

令 $V_1 = \mathrm{span}(\alpha_1), V_2 = \mathrm{span}(\alpha_2, \alpha_3, \alpha_4)$，则 $V_1 \perp V_2$. 故只需对 α_1 作单位化处理，对向量组 $\alpha_2, \alpha_3, \alpha_4$ 作 Gram-Schmidt 正交化处理，分别得到

$$\eta_1 = \left[-\frac{1}{2}, \frac{1}{2}, -\frac{1}{2}, \frac{1}{2}\right]^{\mathrm{T}}, \quad \eta_2 = \left[\frac{1}{\sqrt{2}}, \frac{1}{\sqrt{2}}, 0, 0\right]^{\mathrm{T}}$$

$$\eta_3 = \left[-\frac{1}{\sqrt{6}}, \frac{1}{\sqrt{6}}, \frac{2}{\sqrt{6}}, 0\right]^{\mathrm{T}}, \quad \eta_4 = \left[\frac{1}{2\sqrt{3}}, -\frac{1}{2\sqrt{3}}, \frac{1}{2\sqrt{3}}, \frac{3}{2\sqrt{3}}\right]^{\mathrm{T}}$$

令 $Q = [\eta_1, \eta_2, \eta_3, \eta_4]$，则有 $Q^{\mathrm{T}} B Q = \mathrm{diag}(8, -4, -4, -4)$.

注 2：求 Hermite 矩阵 $\boldsymbol{A}$ 酉相似于对角矩阵的步骤如下：

(1) 求出 $\boldsymbol{A}$ 的全部相异特征值及重数；

(2) 对于每个特征值 λ，求方程 $(\lambda\boldsymbol{I}-\boldsymbol{A})\boldsymbol{x}=\boldsymbol{0}$ 的一个基础解系，并将其单位正交化处理；

(3) 由标准正交特征向量生成酉矩阵 $\boldsymbol{Q}$，则 $\boldsymbol{Q}^{\mathrm{T}}\boldsymbol{A}\boldsymbol{Q}$ 是对角矩阵.

【思考】 除了 Hermite 矩阵外，还有哪些矩阵可以酉相似对角化？

例如，$\boldsymbol{A}=\begin{bmatrix}0 & \mathrm{i}\\ \mathrm{i} & 0\end{bmatrix}$，其特征值为为 $\lambda_{1,2}=\pm\mathrm{i}$，对应特征向量分别为

$$\boldsymbol{x}_1=\left[\frac{1}{\sqrt{2}},\frac{1}{\sqrt{2}}\right]^{\mathrm{T}},\quad \boldsymbol{x}_2=\left[\frac{1}{\sqrt{2}},-\frac{1}{\sqrt{2}}\right]^{\mathrm{T}}$$

定义 $\boldsymbol{U}=\begin{bmatrix}\frac{1}{\sqrt{2}} & \frac{1}{\sqrt{2}}\\ \frac{1}{\sqrt{2}} & -\frac{1}{\sqrt{2}}\end{bmatrix}$，有 $\boldsymbol{U}^{\mathrm{H}}\boldsymbol{A}\boldsymbol{U}=\mathrm{diag}(\mathrm{i},-\mathrm{i})$. 显然，矩阵 $\boldsymbol{A}$ 可酉相似对角化.

定义 3.6.2（正规矩阵） 设矩阵 $\boldsymbol{A}\in\mathbb{C}^{n\times n}$，若 $\boldsymbol{A}^{\mathrm{H}}\boldsymbol{A}=\boldsymbol{A}\boldsymbol{A}^{\mathrm{H}}$，则称 $\boldsymbol{A}$ 为正规矩阵（或规范矩阵）.

实对称矩阵、实反对称矩阵、Hermite 阵、反 Hermite 阵、正交矩阵、酉矩阵等都是正规矩阵. 再如，$\boldsymbol{B}=\boldsymbol{U}^{\mathrm{H}}\mathrm{diag}(3+5\mathrm{i},2-\mathrm{i})\boldsymbol{U}$ 也是正规矩阵，其中 $\boldsymbol{U}$ 为任意二阶酉矩阵.

定理 3.6.2 复方阵 $\boldsymbol{A}$ 是正规矩阵当且仅当 $\boldsymbol{A}$ 酉相似于对角矩阵，即 $\boldsymbol{A}^{\mathrm{H}}\boldsymbol{A}=\boldsymbol{A}\boldsymbol{A}^{\mathrm{H}}$ 当且仅当存在酉矩阵 $\boldsymbol{U}$ 使得 $\boldsymbol{U}^{\mathrm{H}}\boldsymbol{A}\boldsymbol{U}=\mathrm{diag}(\lambda_1,\cdots,\lambda_n)$.

证明：必要性. 由 Schur 引理知，对任意复方阵 $\boldsymbol{A}$，存在酉矩阵 $\boldsymbol{U}$ 使得

$$\boldsymbol{U}^{\mathrm{H}}\boldsymbol{A}\boldsymbol{U}=\boldsymbol{\Lambda}=\begin{bmatrix}\lambda_1 & a_{12} & \cdots & a_{1n}\\ 0 & \lambda_2 & \cdots & a_{2n}\\ \vdots & \ddots & \ddots & \vdots\\ 0 & \cdots & 0 & \lambda_n\end{bmatrix}$$

将上式代入等式 $\boldsymbol{A}^{\mathrm{H}}\boldsymbol{A}=\boldsymbol{A}\boldsymbol{A}^{\mathrm{H}}$，得 $\boldsymbol{\Lambda}^{\mathrm{H}}\boldsymbol{\Lambda}=\boldsymbol{\Lambda}\boldsymbol{\Lambda}^{\mathrm{H}}$，即

$$\begin{bmatrix}\bar{\lambda}_1 & 0 & \cdots & 0\\ \bar{a}_{12} & \bar{\lambda}_2 & \cdots & 0\\ \vdots & \vdots & & \vdots\\ \bar{a}_{1n} & \bar{a}_{2n} & \cdots & \bar{\lambda}_n\end{bmatrix}\begin{bmatrix}\lambda_1 & a_{12} & \cdots & a_{1n}\\ 0 & \lambda_2 & \cdots & a_{2n}\\ \vdots & \ddots & \ddots & \vdots\\ 0 & \cdots & 0 & \lambda_n\end{bmatrix}$$

$$=\begin{bmatrix}\lambda_1 & a_{12} & \cdots & a_{1n}\\ 0 & \lambda_2 & \cdots & a_{2n}\\ \vdots & \ddots & \ddots & \vdots\\ 0 & \cdots & 0 & \lambda_n\end{bmatrix}\begin{bmatrix}\bar{\lambda}_1 & 0 & \cdots & 0\\ \bar{a}_{12} & \bar{\lambda}_2 & \cdots & 0\\ \vdots & \vdots & & \vdots\\ \bar{a}_{1n} & \bar{a}_{2n} & \cdots & \bar{\lambda}_n\end{bmatrix}$$

根据上式左右两端矩阵对角线元素相等,得

$$|\lambda_1|^2=|\lambda_1|^2+|a_{12}|^2+\cdots+|a_{1n}|^2$$
$$|\lambda_2|^2+|a_{12}|^2=|\lambda_2|^2+|a_{23}|^2+\cdots+|a_{2n}|^2$$
$$\vdots$$
$$|\lambda_n|^2+|a_{1n}|^2+|a_{2n}|^2+\cdots|a_{(n-1)n}|^2=|\lambda_n|^2$$

依次求解得 $a_{12}=\cdots=a_{1n}=0,a_{23}=\cdots=a_{2n}=0,\cdots,a_{(n-1)n}=0$. 由此,上三角矩阵 $\boldsymbol{\Lambda}$ 退化为对角矩阵,即 $\boldsymbol{A}$ 酉相似于对角矩阵 $\boldsymbol{\Lambda}$.

充分性. 已知存在酉矩阵 $\boldsymbol{U}$ 使得矩阵 $\boldsymbol{A}$ 酉相似于对角矩阵 $\boldsymbol{\Lambda}$,即 $\boldsymbol{\Lambda}=\boldsymbol{U}^{\mathrm{H}}\boldsymbol{A}\boldsymbol{U}$. 所以,$\boldsymbol{A}^{\mathrm{H}}\boldsymbol{A}=\boldsymbol{U}\boldsymbol{\Lambda}^{\mathrm{H}}\boldsymbol{\Lambda}\boldsymbol{U}^{\mathrm{H}}$,$\boldsymbol{A}\boldsymbol{A}^{\mathrm{H}}=\boldsymbol{U}\boldsymbol{\Lambda}\boldsymbol{\Lambda}^{\mathrm{H}}\boldsymbol{U}^{\mathrm{H}}$. 由于 $\boldsymbol{\Lambda}$ 是对角矩阵,故 $\boldsymbol{\Lambda}^{\mathrm{H}}\boldsymbol{\Lambda}=\boldsymbol{\Lambda}\boldsymbol{\Lambda}^{\mathrm{H}}$. 因此,$\boldsymbol{A}^{\mathrm{H}}\boldsymbol{A}=\boldsymbol{A}\boldsymbol{A}^{\mathrm{H}}$. 证毕.

推论 3.6.5 复方阵 $\boldsymbol{A}$ 是正规矩阵当且仅当 $\boldsymbol{A}$ 有 n 个特征向量构成 $\mathbb{C}^n$ 空间的一组标准正交基,且属于 $\boldsymbol{A}$ 的不同特征值的特征向量正交.

证明:必要性. 若 $\boldsymbol{A}$ 是正规矩阵,则根据定理 3.6.2 知,矩阵 $\boldsymbol{A}$ 可酉相似对角化,即一定存在 n 个线性无关的特征向量构成 $\mathbb{C}^n$ 的一组标准正交基. 显然,属于不同特征值的特征子空间正交,即矩阵 $\boldsymbol{A}$ 的不同特征值的特征向量正交.

充分性. 矩阵 $\boldsymbol{A}$ 有 n 个标准正交特征向量也就是 $\boldsymbol{A}$ 可酉对角化. 根据定理 3.6.2,$\boldsymbol{A}$ 是正规矩阵,由此得证.

例 3.6.6 设 $\boldsymbol{A}=\begin{bmatrix}0 & \mathrm{i} & -1\\ -\mathrm{i} & 0 & \mathrm{i}\\ -1 & -\mathrm{i} & 0\end{bmatrix}$,验证 $\boldsymbol{A}$ 是正规矩阵,并求酉矩阵 $\boldsymbol{U}$ 使得 $\boldsymbol{U}^{\mathrm{H}}\boldsymbol{A}\boldsymbol{U}$ 为对角矩阵.

解:由于

$$\boldsymbol{A}\boldsymbol{A}^{\mathrm{H}}=\begin{bmatrix}2 & \mathrm{i} & -1\\ -\mathrm{i} & 2 & \mathrm{i}\\ -1 & -\mathrm{i} & 2\end{bmatrix}=\boldsymbol{A}^{\mathrm{H}}\boldsymbol{A}$$

故 $\boldsymbol{A}$ 是正规矩阵.

由矩阵 $\boldsymbol{A}$ 的特征多项式 $f_{\boldsymbol{A}}(\lambda)=(\lambda-2)(\lambda+1)^2$ 知,$\boldsymbol{A}$ 的特征值为 $\lambda_1=2,\lambda_2=\lambda_3=-1$.

对于 $\lambda_1=2$,计算其特征向量为 $\boldsymbol{x}_1=[1,-\mathrm{i},-1]^{\mathrm{T}}$;

对于 $\lambda_2=\lambda_3=-1$,计算其特征向量为 $\boldsymbol{x}_2=[1,0,1]^{\mathrm{T}}$,$\boldsymbol{x}_3=[1,\mathrm{i},0]^{\mathrm{T}}$;

对 $\boldsymbol{x}_1$ 作单位化处理，对 $\boldsymbol{x}_2,\boldsymbol{x}_3$ 作 Gram-Schmit 正交化处理，得

$$\boldsymbol{\alpha}_1=[1,-\mathrm{i},-1]^{\mathrm{T}},\quad \boldsymbol{\alpha}_2=\left[\frac{1}{\sqrt{2}},0,\frac{1}{\sqrt{2}}\right]^{\mathrm{T}},\quad \boldsymbol{\alpha}_3=\left[-\frac{1}{\sqrt{2}}\mathrm{i},-\sqrt{2},\frac{1}{\sqrt{2}}\mathrm{i}\right]^{\mathrm{T}}$$

令 $\boldsymbol{U}=[\boldsymbol{\alpha}_1,\boldsymbol{\alpha}_2,\boldsymbol{\alpha}_3]$，则 $\boldsymbol{U}^{\mathrm{H}}\boldsymbol{A}\boldsymbol{U}=\mathrm{diag}(2,-1,-1)$.

推论 3.6.6 实方阵 $\boldsymbol{A}$ 是正交矩阵当且仅当 $\boldsymbol{A}$ 的所有特征值的模值为 1，且存在酉矩阵 $\boldsymbol{U}$ 使得 $\boldsymbol{U}^{\mathrm{H}}\boldsymbol{A}\boldsymbol{U}=\mathrm{diag}(\lambda_1,\cdots,\lambda_n)$，其中 $\lambda_1,\cdots,\lambda_n$ 是 $\boldsymbol{A}$ 的 n 个特征值.

证明：必要性. 设 λ 是矩阵 $\boldsymbol{A}$ 的特征值，$\boldsymbol{x}$ 是属于特征值 λ 的特征向量，则有 $\boldsymbol{A}\boldsymbol{x}=\lambda\boldsymbol{x}$. 进一步，

$$(\boldsymbol{A}\boldsymbol{x},\boldsymbol{A}\boldsymbol{x})=\boldsymbol{x}^{\mathrm{H}}\boldsymbol{A}^{\mathrm{H}}\boldsymbol{A}\boldsymbol{x}=|\lambda|^2\boldsymbol{x}^{\mathrm{H}}\boldsymbol{x}$$

又知 $\boldsymbol{A}$ 是正交矩阵，故 $\boldsymbol{A}^{\mathrm{H}}\boldsymbol{A}=\boldsymbol{I}$. 上式可进一步改写为

$$\boldsymbol{x}^{\mathrm{H}}\boldsymbol{x}=|\lambda|^2\boldsymbol{x}^{\mathrm{H}}\boldsymbol{x}$$

注意到特征向量 $\boldsymbol{x}$ 为非零向量，故 $\boldsymbol{x}^{\mathrm{H}}\boldsymbol{x}\neq 0$ 因此，$|\lambda|^2=1$，即 $|\lambda|=1$. 由于正交矩阵必为正规矩阵，故矩阵 $\boldsymbol{A}$ 可酉相似对角化.

充分性. 由 $\boldsymbol{A}=\boldsymbol{U}^{\mathrm{H}}\mathrm{diag}(\lambda_1,\cdots,\lambda_n)\boldsymbol{U}$，得

$$\boldsymbol{A}\boldsymbol{A}^{\mathrm{H}}=\boldsymbol{U}^{\mathrm{H}}\begin{bmatrix}\lambda_1 & & \boldsymbol{O}\\ & \ddots & \\ \boldsymbol{O} & & \lambda_n\end{bmatrix}\begin{bmatrix}\bar{\lambda}_1 & & \boldsymbol{O}\\ & \ddots & \\ \boldsymbol{O} & & \bar{\lambda}_n\end{bmatrix}\boldsymbol{U}=\boldsymbol{I}$$

因此，矩阵 $\boldsymbol{A}$ 是正交矩阵.

注 3： 正交矩阵酉相似对角化时的变换矩阵是酉矩阵，不一定是正交矩阵.

推论 3.6.7 设矩阵 $\boldsymbol{A}\in\mathbb{C}^{n\times n}$，则 $\boldsymbol{A}$ 是酉矩阵当且仅当 $\boldsymbol{A}$ 的所有特征值的模值为 1，且存在酉矩阵 $\boldsymbol{U}$ 使得 $\boldsymbol{U}^{\mathrm{H}}\boldsymbol{A}\boldsymbol{U}=\mathrm{diag}(\lambda_1,\cdots,\lambda_n)$，其中 $\lambda_1,\cdots,\lambda_n$ 是 $\boldsymbol{A}$ 的 n 个特征值.

请读者注意推论 3.6.6 和推论 3.6.7 的区别.

3.7 谱分解

由定理 3.6.2 可知，复方阵 $\boldsymbol{A}$ 是正规矩阵当且仅当 $\boldsymbol{A}$ 酉相似于对角矩阵，即存在酉矩阵 $\boldsymbol{U}$ 使得

$$\boldsymbol{U}^{\mathrm{H}}\boldsymbol{A}\boldsymbol{U}=\mathrm{diag}(\underbrace{\lambda_1,\cdots,\lambda_1}_{d_1},\cdots,\underbrace{\lambda_m,\cdots,\lambda_m}_{d_m})\tag{3.7.1}$$

式中：$\lambda_1,\cdots,\lambda_m$ 是矩阵 $\boldsymbol{A}$ 的 m 个互异特征值，其代数重数分别为 $d_1,\cdots,d_m$ 且有 $d_1+\cdots+d_m=n$.

为进一步研究分解式(3.7.1)，定义 $\boldsymbol{u}_{j1},\cdots,\boldsymbol{u}_{jd_j}$ 是属于特征值 λ_j 的 d_j 个单位正交的特征向量，$j=1,\cdots,m$. 则式(3.7.1)中的酉矩阵可定义为

$$\boldsymbol{U}=[\boldsymbol{u}_{11},\cdots,\boldsymbol{u}_{1d_1},\cdots,\boldsymbol{u}_{m1},\cdots,\boldsymbol{u}_{md_m}]\in\mathbb{C}^{n\times n}$$

于是,式(3.7.1)可改写为

$$A=[u_{11},\cdots,u_{md_m}]\begin{bmatrix}\lambda_1 & & O\\ & \ddots & \\ O & & \lambda_m\end{bmatrix}\begin{bmatrix}u_{11}^{\mathrm{H}}\\ \vdots\\ u_{md_m}^{\mathrm{H}}\end{bmatrix}$$

$$=\lambda_1 u_{11}u_{11}^{\mathrm{H}}+\cdots+\lambda_m u_{md_m}u_{md_m}^{\mathrm{H}}$$

$$=\lambda_1\left(\sum_{i=1}^{d_1}u_{1i}u_{1i}^{\mathrm{H}}\right)+\cdots+\lambda_m\left(\sum_{i=1}^{d_m}u_{mi}u_{mi}^{\mathrm{H}}\right) \tag{3.7.2}$$

定义 $E_j=\sum_{i=1}^{d_j}u_{ji}u_{ji}^{\mathrm{H}},j=1,\cdots,m$,有

$$A=\lambda_1E_1+\cdots+\lambda_mE_m \tag{3.7.3}$$

分解式(3.7.3)是酉矩阵 Schur 分解式(3.7.1)的另一等价形式,我们常称式(3.7.3)为酉矩阵 A 的谱分解式,并作如下定义.

定义 3.7.1(正规矩阵谱分解) 设 $\lambda_1,\cdots,\lambda_m$ 是正规矩阵 $A\in\mathbb{C}^{n\times n}$ 的 m 个互异特征值,其代数重数分别为 $d_1,\cdots,d_m$ 且 $d_1+\cdots+d_m=n$. 矩阵 A 的谱分解式为

$$A=\sum_{j=1}^{m}\lambda_jE_j$$

式中:$E_j=\sum_{i=1}^{d_j}u_{ji}u_{ji}^{\mathrm{H}},j=1,\cdots,m$,称为矩阵 A 的谱阵,$u_{j1},\cdots,u_{jd_j}$ 是属于特征值 λ_j 的 d_j 个单位正交的特征向量.

例 3.7.1 求正规矩阵 $A=\begin{bmatrix}0&1&1&-1\\1&0&-1&1\\1&-1&0&1\\-1&1&1&0\end{bmatrix}$ 的谱分解式.

解:计算矩阵 A 的特征值与特征向量,分别为:$\lambda_1=\lambda_2=\lambda_3=1$,$\beta_1=[1,1,0,0]^{\mathrm{T}}$,$\beta_2=[1,0,1,0]^{\mathrm{T}}$,$\beta_3=[-1,0,0,1]^{\mathrm{T}}$;$\lambda_4=-3$,$\beta_4=[1,-1,-1,1]^{\mathrm{T}}$.

将 β_1,β_2 和 β_3 单位正交化,并将 β_4 单位化,得

$$\alpha_1=\left[\frac{1}{\sqrt2},\frac{1}{\sqrt2},0,0\right]^{\mathrm{T}}$$

$$\alpha_2=\left[\frac{1}{\sqrt6},-\frac{1}{\sqrt6},\frac{2}{\sqrt6},0\right]^{\mathrm{T}}$$

$$\alpha_3=\left[-\frac{1}{\sqrt{12}},\frac{1}{\sqrt{12}},\frac{1}{\sqrt{12}},\frac{3}{\sqrt{12}}\right]^{\mathrm{T}}$$

$$\alpha_4=\left[\frac12,-\frac12,-\frac12,\frac12\right]^{\mathrm{T}}$$

定义 $E_1=\alpha_1\alpha_1^{\mathrm{H}}+\alpha_2\alpha_2^{\mathrm{H}}+\alpha_3\alpha_3^{\mathrm{H}}$,$E_2=\alpha_4\alpha_4^{\mathrm{H}}$,则 $A=E_1-3E_2$ 是 A 的谱分解式,

其中

$$
\boldsymbol{E}_1=\begin{bmatrix}\frac{3}{4} & \frac{1}{4} & \frac{1}{4} & -\frac{1}{4}\\ \frac{1}{4} & \frac{3}{4} & -\frac{1}{4} & \frac{1}{4}\\ \frac{1}{4} & -\frac{1}{4} & \frac{3}{4} & \frac{1}{4}\\ -\frac{1}{4} & \frac{1}{4} & \frac{1}{4} & \frac{3}{4}\end{bmatrix},\quad \boldsymbol{E}_2=\begin{bmatrix}\frac{1}{4} & -\frac{1}{4} & -\frac{1}{4} & \frac{1}{4}\\ -\frac{1}{4} & \frac{1}{4} & \frac{1}{4} & -\frac{1}{4}\\ -\frac{1}{4} & \frac{1}{4} & \frac{1}{4} & -\frac{1}{4}\\ \frac{1}{4} & -\frac{1}{4} & -\frac{1}{4} & \frac{1}{4}\end{bmatrix}
$$

定理 3.7.1（正规矩阵谱阵的性质） 设正规矩阵 $\boldsymbol{A}\in\mathbb{C}^{n\times n}$ 有谱分解式 $\boldsymbol{A}=\sum_{j=1}^{m}\lambda_j\boldsymbol{E}_j$，其中，$\lambda_1,\cdots,\lambda_m$ 是 $\boldsymbol{A}$ 的 m 个互异特征值，$\boldsymbol{E}_1,\cdots,\boldsymbol{E}_m$ 是 $\boldsymbol{A}$ 的 m 个谱阵，则对任意 $i,j=1,\cdots,m$ 且 $i\neq j$，有性质

(1) $\boldsymbol{E}_j=\boldsymbol{E}_j^{\mathrm{H}}=(\boldsymbol{E}_j)^2$；

(2) $\boldsymbol{E}_i\boldsymbol{E}_j=\boldsymbol{O}$；

(3) $\boldsymbol{E}_i\boldsymbol{A}=\boldsymbol{A}\boldsymbol{E}_i=\lambda_i\boldsymbol{E}_i$；

(4) $\sum_{k=1}^{m}\boldsymbol{E}_k=\boldsymbol{I}$；

(5) 谱阵集合 $\{\boldsymbol{E}_1,\cdots,\boldsymbol{E}_m\}$ 唯一.

证明：由正规矩阵的谱分解知，$\boldsymbol{A}$ 的谱阵为

$$
\boldsymbol{E}_j=\sum_{i=1}^{d_j}\boldsymbol{u}_{j_i}\boldsymbol{u}_{j_i}^{\mathrm{H}},\quad j=1,\cdots,m \tag{3.7.4}
$$

式中：$\boldsymbol{u}_{j1},\cdots,\boldsymbol{u}_{jd_j}$ 是属于特征值 λ_j 的 d_j 个单位正交的特征向量.

性质(1)、(2). 由式(3.7.4)容易证明对任意 $i,j=1,\cdots,m$ 且 $i\neq j$

$$
\boldsymbol{E}_j=\boldsymbol{E}_j^{\mathrm{H}}=(\boldsymbol{E}_j)^2
$$

$$
\boldsymbol{E}_i\boldsymbol{E}_j=\boldsymbol{O}
$$

性质(3). 又知

$$
\boldsymbol{E}_i\boldsymbol{A}=\boldsymbol{E}_i\Big(\sum_{j=1}^{m}\lambda_j\boldsymbol{E}_j\Big)=\lambda_i(\boldsymbol{E}_i)^2=\lambda_i\boldsymbol{E}_i
$$

$$
\boldsymbol{A}\boldsymbol{E}_i=\Big(\sum_{j=1}^{m}\lambda_j\boldsymbol{E}_j\Big)\boldsymbol{E}_i=\lambda_i(\boldsymbol{E}_i)^2=\lambda_i\boldsymbol{E}_i
$$

故 $\boldsymbol{E}_i\boldsymbol{A}=\boldsymbol{A}\boldsymbol{E}_i=\lambda_i\boldsymbol{E}_i$.

性质(4). 令 $\boldsymbol{U}=[\boldsymbol{u}_{11},\cdots,\boldsymbol{u}_{1d_1},\cdots,\boldsymbol{u}_{m1},\cdots,\boldsymbol{u}_{md_m}]\in\mathbb{C}^{n\times n}$，并由 $\boldsymbol{U}\boldsymbol{U}^{\mathrm{H}}=\boldsymbol{I}$ 得

$$
\sum_{j=1}^{m}\sum_{i=1}^{d_j}\boldsymbol{u}_{ji}\boldsymbol{u}_{\mathrm{ji}}^{\mathrm{H}}=\boldsymbol{I}
$$

即 $\sum_{j=1}^{m}\boldsymbol{E}_j=\boldsymbol{I}$.

采用反证法证明性质(5).假设存在两个不同的谱阵集合满足谱分解式,两谱阵集合分别记为$\{\boldsymbol{E}_1,\cdots,\boldsymbol{E}_m\}$和$\{\boldsymbol{G}_1,\cdots,\boldsymbol{G}_m\}$,故$\boldsymbol{A}=\sum_{i=1}^{m}\lambda_i\boldsymbol{E}_i=\sum_{i=1}^{m}\lambda_i\boldsymbol{G}_i$.

由性质(3)知,$\boldsymbol{A}\boldsymbol{E}_i=\lambda_i\boldsymbol{E}_i$ 和 $\boldsymbol{A}\boldsymbol{G}_j=\lambda_j\boldsymbol{G}_j$.分别利用这两个等式得

$$\boldsymbol{A}\boldsymbol{E}_i\boldsymbol{G}_j=\lambda_i\boldsymbol{E}_i\boldsymbol{G}_j$$

$$\boldsymbol{A}\boldsymbol{E}_i\boldsymbol{G}_j=\boldsymbol{E}_i\boldsymbol{A}\boldsymbol{G}_j=\lambda_j\boldsymbol{E}_i\boldsymbol{G}_j$$

即$\lambda_i\boldsymbol{E}_i\boldsymbol{G}_j=\lambda_j\boldsymbol{E}_i\boldsymbol{G}_j$.特别地,当$i\neq j$时,$\lambda_i\neq\lambda_j$.故$\boldsymbol{E}_i\boldsymbol{G}_j=\boldsymbol{O},i=1,\cdots,m$.

又知,对任意$i=1,\cdots,m$,

$$\boldsymbol{E}_i=\boldsymbol{E}_i\boldsymbol{I}=\boldsymbol{E}_i\left(\sum_{j=1}^{m}\boldsymbol{G}_j\right)=\boldsymbol{E}_i\boldsymbol{G}_i=\left(\sum_{j=1}^{m}\boldsymbol{E}_j\right)\boldsymbol{G}_i=\boldsymbol{G}_i$$

因此,正规矩阵$\boldsymbol{A}$的谱阵集合$\{\boldsymbol{E}_1,\cdots,\boldsymbol{E}_m\}$唯一.

定理3.7.2 设n阶复方矩阵$\boldsymbol{A}$有m个互异特征值$\lambda_1,\cdots,\lambda_m$,则$\boldsymbol{A}$为正规矩阵当且仅当存在$m$个$n$阶矩阵$\boldsymbol{E}_1,\cdots,\boldsymbol{E}_m$使得对任意$i,j=1,\cdots,m$且$i\neq j$,有性质

(1) $\boldsymbol{A}=\sum_{k=1}^{m}\lambda_k\boldsymbol{E}_k$;

(2) $\boldsymbol{E}_j=\boldsymbol{E}_j^{\mathrm{H}}=(\boldsymbol{E}_j)^2$;

(3) $\boldsymbol{E}_i\boldsymbol{E}_j=\boldsymbol{O}$;

(4) $\boldsymbol{E}_i\boldsymbol{A}=\boldsymbol{A}\boldsymbol{E}_i=\lambda_i\boldsymbol{E}_i$;

(5) $\sum_{k=1}^{m}\boldsymbol{E}_k=\boldsymbol{I}$;

(6) 谱阵集合$\{\boldsymbol{E}_1,\cdots,\boldsymbol{E}_m\}$唯一.

从上述分解看,谱分解中的谱阵是一类特殊矩阵.为此,引入幂等矩阵定义.

定义3.7.2(幂等矩阵) 设$\boldsymbol{E}\in\mathbb{C}^{n\times n}$,若$\boldsymbol{E}^2=\boldsymbol{E}$,则称$\boldsymbol{E}$为幂等矩阵(或投影矩阵).Hermite幂等矩阵称为正交投影矩阵.

定理3.7.3(幂等矩阵性质) 若$\boldsymbol{E}\in\mathbb{C}_r^{n\times n}$是幂等矩阵,则

(1) $\boldsymbol{E}$为单纯矩阵且相似于$\begin{bmatrix}\boldsymbol{I}_r & \boldsymbol{O}\\ \boldsymbol{O} & \boldsymbol{O}\end{bmatrix}$;

(2) $\mathrm{tr}(\boldsymbol{E})=r$;

(3) $\boldsymbol{E}\boldsymbol{x}=\boldsymbol{x}\Leftrightarrow\boldsymbol{x}\in R(\boldsymbol{E})$,其中$\boldsymbol{x}\in\mathbb{C}^n$.

证明:性质(1).由$\boldsymbol{E}^2=\boldsymbol{E}$可知,$\varphi(\lambda)=\lambda(\lambda-1)$是矩阵$\boldsymbol{E}$的零化多项式,故$\boldsymbol{E}$为单纯矩阵,且它的特征值只能为0或1.又知$\mathrm{rank}(\boldsymbol{E})=r$,故矩阵$\boldsymbol{E}$的特征值1有$r$重根.综上知,$\boldsymbol{E}$相似于$\begin{bmatrix}\boldsymbol{I}_r & \boldsymbol{O}\\ \boldsymbol{O} & \boldsymbol{O}\end{bmatrix}$.

性质(2).由性质(1)知,存在可逆矩阵$\boldsymbol{P}$使得

$$\boldsymbol{P}^{-1}\boldsymbol{A}\boldsymbol{P}=\begin{bmatrix}\boldsymbol{I}_r & \boldsymbol{O}\\ \boldsymbol{O} & \boldsymbol{O}\end{bmatrix}$$

又知 $\mathrm{tr}(\boldsymbol{E})=\mathrm{tr}(\boldsymbol{P}^{-1}\boldsymbol{A}\boldsymbol{P})$，故 $\mathrm{tr}(\boldsymbol{E})=r$.

性质(3). 由 $\boldsymbol{E}\boldsymbol{x}=\boldsymbol{x}$ 知，$\boldsymbol{x}\in R(\boldsymbol{E})$；反之，若 $\boldsymbol{x}\in R(\boldsymbol{E})$，则存在向量 $\boldsymbol{y}\in\mathbb{C}^n$ 满足 $\boldsymbol{x}=\boldsymbol{E}\boldsymbol{y}$，故 $\boldsymbol{E}\boldsymbol{x}=\boldsymbol{E}(\boldsymbol{E}\boldsymbol{y})=\boldsymbol{E}^2\boldsymbol{y}=\boldsymbol{E}\boldsymbol{y}=\boldsymbol{x}$.

注 1：定理 3.7.3 性质(3)的几何解释为：向量 $\boldsymbol{x}\in R(\boldsymbol{E})$ 当且仅当向量 $\boldsymbol{x}$ 在线性空间 $R(\boldsymbol{E})$ 的投影恰为它本身.

例 3.7.2 求向量 $\boldsymbol{b}\in\mathbb{C}^n$ 在 $V_m=\mathrm{span}(\boldsymbol{a}_1,\cdots,\boldsymbol{a}_m)$ 上的正交投影，其中向量组 $\boldsymbol{a}_1,\cdots,\boldsymbol{a}_m$ 是 $\mathbb{C}^n$ 空间的 m 个线性无关向量，$m\leqslant n$.

解：定义矩阵 $\boldsymbol{A}=[\boldsymbol{a}_1,\cdots,\boldsymbol{a}_m]\in\mathbb{C}^{n\times m}$，则矩阵 $\boldsymbol{A}$ 列满秩. 由此，$\boldsymbol{A}^{\mathrm{H}}\boldsymbol{A}$ 为可逆矩阵，并可定义矩阵 $\boldsymbol{P}=\boldsymbol{A}(\boldsymbol{A}^{\mathrm{H}}\boldsymbol{A})^{-1}\boldsymbol{A}^{\mathrm{H}}$. 显然，$\boldsymbol{P}^{\mathrm{H}}=\boldsymbol{P}$ 且

$$\boldsymbol{P}^2=\boldsymbol{A}(\boldsymbol{A}^{\mathrm{H}}\boldsymbol{A})^{-1}\boldsymbol{A}^{\mathrm{H}}\boldsymbol{A}(\boldsymbol{A}^{\mathrm{H}}\boldsymbol{A})^{-1}\boldsymbol{A}^{\mathrm{H}}=\boldsymbol{A}(\boldsymbol{A}^{\mathrm{H}}\boldsymbol{A})^{-1}\boldsymbol{A}^{\mathrm{H}}=\boldsymbol{P}$$

因此，$\boldsymbol{P}$ 是正交投影矩阵.

考察向量 $\boldsymbol{P}\boldsymbol{b}$ 和空间 V_m，容易证得以下结论：

(1) $R(\boldsymbol{P})=V_m$；

(2) $N(\boldsymbol{P})=R(\boldsymbol{P})^{\perp}$；

(3) $\boldsymbol{P}\boldsymbol{b}\in R(\boldsymbol{P})$；

(4) $\boldsymbol{b}=\boldsymbol{P}\boldsymbol{b}+(\boldsymbol{I}-\boldsymbol{P})\boldsymbol{b}$；

(5) $(\boldsymbol{I}-\boldsymbol{P})\boldsymbol{b}\in N(\boldsymbol{P})$.

由此，我们可推断出 $\boldsymbol{P}\boldsymbol{b}$ 是向量 $\boldsymbol{b}$ 在 V_m 上的投影.

【思考】 若例 3.7.2 中的向量组 $\boldsymbol{a}_1,\cdots,\boldsymbol{a}_m$ 线性相关，应如何求解？

注 2：求取向量的(正交)投影可先找到(正交)投影矩阵，然后用(正交)投影矩阵乘以向量即可得到该向量的(正交)投影. 倘若(正交)投影矩阵不易获得，可优先考虑向量在其(正交)补空间的(正交)投影矩阵，然后再利用(正交)投影求出向量的(正交)投影.

例 3.7.3 求向量 $\boldsymbol{b}\in\mathbb{C}^n$ 在 $W=\{\boldsymbol{x}\in\mathbb{C}^n\,|\,\boldsymbol{A}\boldsymbol{x}=\boldsymbol{0},\boldsymbol{A}\in\mathbb{C}_m^{m\times n}\}$ 上的正交投影.

解：已知向量 $\boldsymbol{b}$ 在 $R(\boldsymbol{A}^{\mathrm{H}})$ 的正交投影(利用例 3.7.2 结果)为

$$\mathrm{Proj}_{R(\boldsymbol{A}^{\mathrm{H}})}\boldsymbol{b}=\boldsymbol{A}^{\mathrm{H}}(\boldsymbol{A}\boldsymbol{A}^{\mathrm{H}})^{-1}\boldsymbol{A}\boldsymbol{b}$$

又知 $N(\boldsymbol{A})\oplus R(\boldsymbol{A}^{\mathrm{H}})=\mathbb{C}^n$，则向量 $\boldsymbol{b}\in\mathbb{C}^n$ 在 $N(\boldsymbol{A})$ 的正交投影为

$$\mathrm{Proj}_{N(\boldsymbol{A})}\boldsymbol{b}=\boldsymbol{b}-\boldsymbol{A}^{\mathrm{H}}(\boldsymbol{A}\boldsymbol{A}^{\mathrm{H}})^{-1}\boldsymbol{A}\boldsymbol{b}$$

【应用】 诸多工程应用的最优问题求解都可以归结为提取某个希望的信号，同时抑制其他所有干扰或噪声. 投影是解决这类问题的重要数学工具. 下面以最小二乘问题为例进行简单说明.

例 3.7.4(最小二乘问题) 考察线性方程组 $\boldsymbol{A}\boldsymbol{x}=\boldsymbol{b}$，其中，$\boldsymbol{A}\in\mathbb{C}_n^{m\times n}$ 和 $\boldsymbol{b}\in\mathbb{C}^m$ 给定，$\boldsymbol{x}\in\mathbb{C}^n$ 待定. 求向量 $\boldsymbol{x}$ 使得 $\|\boldsymbol{A}\boldsymbol{x}-\boldsymbol{b}\|$ 最小.

解：设向量 $\boldsymbol{b}$ 在 $R(\boldsymbol{A})$ 空间的正交投影为 $\mathrm{Proj}_{R(\boldsymbol{A})}\boldsymbol{b}$，则由图 3.7.1 所示，向量 $\boldsymbol{b}$ 可分解为 $\boldsymbol{b}=\mathrm{Proj}_{R(\boldsymbol{A})}\boldsymbol{b}+(\boldsymbol{b}-\mathrm{Proj}_{R(\boldsymbol{A})}\boldsymbol{b})$，且有

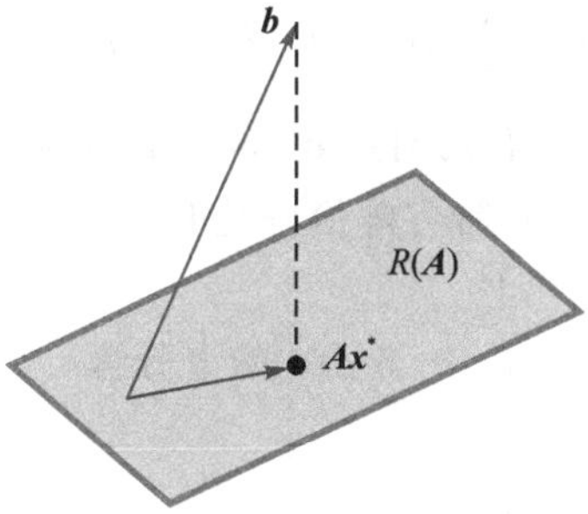

图 3.7.1　最小二乘问题示意图

$$\|\boldsymbol{Ax}-\boldsymbol{b}\|=\|(\boldsymbol{Ax}-\mathrm{Proj}_{R(\boldsymbol{A})}\boldsymbol{b})-(\boldsymbol{b}-\mathrm{Proj}_{R(\boldsymbol{A})}\boldsymbol{b})\| \tag{3.7.5}$$

式中：$\boldsymbol{b}-\mathrm{Proj}_{R(\boldsymbol{A})}\boldsymbol{b}$ 为定向量.

对式(3.7.5)两边平方，得

$$\begin{aligned}\|\boldsymbol{Ax}-\boldsymbol{b}\|^2=&\|\boldsymbol{Ax}-\mathrm{Proj}_{R(\boldsymbol{A})}\boldsymbol{b}\|^2+\|\boldsymbol{b}-\mathrm{Proj}_{R(\boldsymbol{A})}\boldsymbol{b}\|^2+\\&[\boldsymbol{Ax}-\mathrm{Proj}_{R(\boldsymbol{A})}\boldsymbol{b}]^{\mathrm{H}}[\boldsymbol{b}-\mathrm{Proj}_{R(\boldsymbol{A})}\boldsymbol{b}]+\\&[\boldsymbol{b}-\mathrm{Proj}_{R(\boldsymbol{A})}\boldsymbol{b}]^{\mathrm{H}}[\boldsymbol{Ax}-\mathrm{Proj}_{R(\boldsymbol{A})}\boldsymbol{b}]\end{aligned} \tag{3.7.6}$$

注意到向量$[\boldsymbol{Ax}-\mathrm{Proj}_{R(\boldsymbol{A})}\boldsymbol{b}]$与向量$[\boldsymbol{b}-\mathrm{Proj}_{R(\boldsymbol{A})}\boldsymbol{b}]$正交(请代入 $\mathrm{Proj}_{R(\boldsymbol{A})}\boldsymbol{b}$ 表达式自行证明)，式(3.7.6)可改写为

$$\|\boldsymbol{Ax}-\boldsymbol{b}\|^2=\|\boldsymbol{Ax}-\mathrm{Proj}_{R(\boldsymbol{A})}\boldsymbol{b}\|^2+\|\boldsymbol{b}-\mathrm{Proj}_{R(\boldsymbol{A})}\boldsymbol{b}\|^2\geqslant\|\boldsymbol{b}-\mathrm{Proj}_{R(\boldsymbol{A})}\boldsymbol{b}\|^2$$

上式等号成立的充分必要条件为 $\boldsymbol{Ax}=\mathrm{Proj}_{R(\boldsymbol{A})}\boldsymbol{b}$.

又知 $\mathrm{Proj}_{R(\boldsymbol{A})}\boldsymbol{b}=\boldsymbol{A}(\boldsymbol{A}^{\mathrm{H}}\boldsymbol{A})^{-1}\boldsymbol{A}^{\mathrm{H}}\boldsymbol{b}$. 因此，求$\|\boldsymbol{Ax}-\boldsymbol{b}\|$最小可等价转化为求解线性方程组

$$\boldsymbol{Ax}=\boldsymbol{A}(\boldsymbol{A}^{\mathrm{H}}\boldsymbol{A})^{-1}\boldsymbol{A}^{\mathrm{H}}\boldsymbol{b}. \tag{3.7.7}$$

方程组(3.7.7)左右两端同时乘以 $\boldsymbol{A}^{\mathrm{H}}$，得

$$\boldsymbol{A}^{\mathrm{H}}\boldsymbol{Ax}=\boldsymbol{A}^{\mathrm{H}}\boldsymbol{b} \tag{3.7.8}$$

由于矩阵 $\boldsymbol{A}$ 列满秩，方程组(3.7.8)有唯一解 $\boldsymbol{x}=(\boldsymbol{A}^{\mathrm{H}}\boldsymbol{A})^{-1}\boldsymbol{A}^{\mathrm{H}}\boldsymbol{b}$. 因此，方程组(3.7.7)的解为

$$\boldsymbol{x}=(\boldsymbol{A}^{\mathrm{H}}\boldsymbol{A})^{-1}\boldsymbol{A}^{\mathrm{H}}\boldsymbol{b}$$

仿照酉矩阵的谱分解方法，一般的单纯矩阵也有类似的结果.

定义 3.7.3(单纯矩阵谱分解)　设 $\lambda_1,\cdots,\lambda_m$ 是单纯矩阵 $\boldsymbol{A}\in\mathbb{C}^{n\times n}$ 的 m 个互异特征值，其代数重数分别为 $d_1,\cdots,d_m$，则矩阵 $\boldsymbol{A}$ 的谱分解式定义为

$$\boldsymbol{A}=\sum_{j=1}^{m}\lambda_j\boldsymbol{E}_j$$

式中：$\boldsymbol{E}_j=\sum\limits_{i=1}^{d_j}\boldsymbol{\alpha}_{ji}\boldsymbol{\beta}_{ji}^{\mathrm{H}}$，$j=1,\cdots,m$，称为 $\boldsymbol{A}$ 的谱阵，$\boldsymbol{\alpha}_{j1},\cdots,\boldsymbol{\alpha}_{jd_j}$ 是属于特征值λ_j 的 d_j 个线性无关的单位特征向量，行向量 $\boldsymbol{\beta}_{jk}^{\mathrm{H}}$，$k=1,\cdots,d_j$，$j=1,\cdots,m$，是矩阵$[\boldsymbol{\alpha}_{11},\cdots,$

$\boldsymbol{\alpha}_{1d_1},\cdots,\boldsymbol{\alpha}_{m1},\cdots,\boldsymbol{\alpha}_{md_m}]^{-1}$ 的第$\left(\sum_{i=1}^{j-1} d_j + k\right)$行(令 $d_0=0$).

注 3: 在定义 3.7.3 中,所有列向量 $\boldsymbol{\alpha}_{ji}$ 构成的 n 阶方阵恰好构成可逆变换矩阵 $\boldsymbol{P}$,而由所有行向量 $\boldsymbol{\beta}_{ji}^{\mathrm{H}}$ 构成的 n 阶方阵恰好是 $\boldsymbol{P}^{-1}$.

例 3.7.5 求矩阵 $\boldsymbol{A}=\begin{bmatrix} 4 & 6 & 0 \\ -3 & -5 & 0 \\ -3 & -6 & 1 \end{bmatrix}$ 的谱分解.

解:计算矩阵 $\boldsymbol{A}$ 的特征值分别为 $\lambda_1=\lambda_2=1,\lambda_3=-2$;特征向量分别为

$$\boldsymbol{\alpha}_1=[2,-1,0]^{\mathrm{T}},\quad \boldsymbol{\alpha}_2=[0,0,1]^{\mathrm{T}},\quad \boldsymbol{\alpha}_3=[-1,1,1]^{\mathrm{T}}$$

于是

$$\boldsymbol{P}=\begin{bmatrix} 2 & 0 & -1 \\ -1 & 0 & 1 \\ 0 & 1 & 1 \end{bmatrix},\quad \boldsymbol{P}^{-1}=\begin{bmatrix} 1 & 1 & 0 \\ -1 & -2 & 1 \\ 1 & 2 & 0 \end{bmatrix}$$

根据定义 3.7.3 可知,$\boldsymbol{\beta}_1=[1,1,0]^{\mathrm{T}},\boldsymbol{\beta}_2=[-1,-2,1]^{\mathrm{T}},\boldsymbol{\beta}_3=[1,2,0]^{\mathrm{T}}$.

定义

$$\boldsymbol{E}_1=\boldsymbol{\alpha}_1\boldsymbol{\beta}_1^{\mathrm{H}}+\boldsymbol{\alpha}_2\boldsymbol{\beta}_2^{\mathrm{H}}=\begin{bmatrix} 2 & 2 & 0 \\ -1 & -1 & 0 \\ -1 & -2 & 1 \end{bmatrix}$$

$$\boldsymbol{E}_2=\boldsymbol{\alpha}_3\boldsymbol{\beta}_3^{\mathrm{H}}=\begin{bmatrix} -1 & -2 & 0 \\ 1 & 2 & 0 \\ 1 & 2 & 0 \end{bmatrix}$$

因此,$\boldsymbol{A}=\boldsymbol{E}_1-2\boldsymbol{E}_2$ 是矩阵 $\boldsymbol{A}$ 的谱分解.

定理 3.7.4 设 n 阶复方阵 $\boldsymbol{A}$ 有 m 个互异特征值 $\lambda_1,\cdots,\lambda_m$,则 $\boldsymbol{A}$ 是单纯矩阵当且仅当存在 m 个 n 阶矩阵 $\boldsymbol{E}_1,\cdots,\boldsymbol{E}_m$ 使得对任意 $i,j=1,\cdots,m$ 且 $i\neq j$,有性质

(1) $\boldsymbol{A}=\sum_{k=1}^{m}\lambda_k\boldsymbol{E}_k$;

(2) $\boldsymbol{E}_j=(\boldsymbol{E}_j)^2$;

(3) $\boldsymbol{E}_i\boldsymbol{E}_j=\boldsymbol{O}$;

(4) $\boldsymbol{E}_i\boldsymbol{A}=\boldsymbol{A}\boldsymbol{E}_i=\lambda_i\boldsymbol{E}_i$;

(5) $\sum_{k=1}^{m}\boldsymbol{E}_k=\boldsymbol{I}$;

(6) 谱阵集合$\{\boldsymbol{E}_1,\cdots,\boldsymbol{E}_m\}$唯一.

证明:必要性.由定义 3.7.3 易证性质(1),且有

$$[\boldsymbol{\alpha}_{11},\cdots,\boldsymbol{\alpha}_{md_m}]\begin{bmatrix} \boldsymbol{\beta}_{11}^{\mathrm{H}} \\ \vdots \\ \boldsymbol{\beta}_{md_m}^{\mathrm{H}} \end{bmatrix}=\boldsymbol{I} \tag{3.7.9}$$

$$\begin{bmatrix} \boldsymbol{\beta}_{11}^{\mathrm{H}} \\ \vdots \\ \boldsymbol{\beta}_{md_m}^{\mathrm{H}} \end{bmatrix} [\boldsymbol{\alpha}_{11}, \cdots, \boldsymbol{\alpha}_{md_m}] = \boldsymbol{I} \tag{3.7.10}$$

由式(3.7.9)知，

$$\sum_{j=1}^{m} \sum_{i=1}^{d_j} \boldsymbol{\alpha}_{ji} \boldsymbol{\beta}_{ji}^{\mathrm{H}} = \boldsymbol{I}$$

即性质(5)成立.

定义

$$\boldsymbol{X}_j = [\boldsymbol{\alpha}_{j1}, \cdots, \boldsymbol{\alpha}_{jd_j}] \in \mathbb{C}^{n \times d_j}, \quad \boldsymbol{Y}_j = \begin{bmatrix} \boldsymbol{\beta}_{j1}^{\mathrm{H}} \\ \vdots \\ \boldsymbol{\beta}_{jd_j}^{\mathrm{H}} \end{bmatrix} \in \mathbb{C}^{d_j \times n}$$

则 $\boldsymbol{E}_j = \boldsymbol{X}_j \boldsymbol{Y}_j$ 且式(3.7.10)可改写为

$$\begin{bmatrix} \boldsymbol{Y}_1 \\ \vdots \\ \boldsymbol{Y}_m \end{bmatrix} [\boldsymbol{X}_1, \cdots, \boldsymbol{X}_m] = \boldsymbol{I} \tag{3.7.11}$$

由式(3.7.11)知，当 $i, j = 1, \cdots, m$ 且 $i \neq j$ 时，$\boldsymbol{Y}_j \boldsymbol{X}_j = \boldsymbol{I}_{d_j}$，$\boldsymbol{Y}_i \boldsymbol{X}_j = \boldsymbol{O}$. 于是，性质(2)和性质(3)成立. 进而，

$$\boldsymbol{E}_i \boldsymbol{A} = \boldsymbol{E}_i \left(\sum_{j=1}^{m} \lambda_j \boldsymbol{E}_j \right) = \lambda_i \boldsymbol{E}_i$$

$$\boldsymbol{A} \boldsymbol{E}_i = \left(\sum_{j=1}^{m} \lambda_j \boldsymbol{E}_j \right) E_i = \lambda_i \boldsymbol{E}_i$$

即性质(4)成立.

性质(6)可参考定理 3.7.2 中证明，这里不再赘述.

充分性. 设 $\operatorname{rank}(\boldsymbol{E}_j) = d_j$，$j = 1, \cdots, m$，则有

$$\sum_{j=1}^{m} d_j = \sum_{j=1}^{m} \operatorname{tr}(\boldsymbol{E}_j) = \operatorname{tr}\left(\sum_{j=1}^{m} \boldsymbol{E}_j \right) = \operatorname{tr}(\boldsymbol{I}_n) = n$$

由 $\dim(R(\boldsymbol{E}_j)) = d_j$ 得，可取列空间 $R(\boldsymbol{E}_j)$ 的一组基 $\boldsymbol{\alpha}_{j1}, \cdots, \boldsymbol{\alpha}_{jd_j}$，并定义

$$\boldsymbol{X}_j = [\boldsymbol{\alpha}_{j1}, \cdots, \boldsymbol{\alpha}_{jd_j}] \in \mathbb{C}^{n \times d_j}$$

$$\boldsymbol{X} = [\boldsymbol{X}_1, \cdots, \boldsymbol{X}_m] \in \mathbb{C}^{n \times n}$$

由满秩分解知，$\boldsymbol{E}_j = \boldsymbol{X}_j \boldsymbol{Y}_j$，其中，$\boldsymbol{Y}_j \in \mathbb{C}^{d_j \times n}$，$j = 1, \cdots, m$. 由此，定义

$$\boldsymbol{Y} = \begin{bmatrix} \boldsymbol{Y}_1 \\ \vdots \\ \boldsymbol{Y}_m \end{bmatrix} \in \mathbb{C}^{n \times n}$$

则有 $\boldsymbol{X}\boldsymbol{Y} = \sum_{j=1}^{m} \boldsymbol{X}_j \boldsymbol{Y}_j = \sum_{j=1}^{m} \boldsymbol{E}_j = \boldsymbol{I}_n$. 故 $\boldsymbol{X}$ 是可逆矩阵.

再由 $\boldsymbol{YX}=\boldsymbol{I}_n$ 得，当 $i,j=1,\cdots,m$ 且 $i\neq j$ 时，$\boldsymbol{Y}_j\boldsymbol{X}_j=\boldsymbol{I}_{d_j}$，$\boldsymbol{Y}_i\boldsymbol{X}_j=\boldsymbol{O}$. 由此，计算 $\boldsymbol{E}_j\boldsymbol{X}_i$ 得

$$\boldsymbol{E}_j\boldsymbol{X}_i=\boldsymbol{X}_j\boldsymbol{Y}_j\boldsymbol{X}_i=\begin{cases}\boldsymbol{X}_j, & i=j\\ \boldsymbol{O}, & i\neq j\end{cases}$$

考察矩阵 $\boldsymbol{AX}$：

$$\begin{aligned}\boldsymbol{AX}&=\left(\sum_{j=1}^{m}\lambda_j\boldsymbol{E}_j\right)[\boldsymbol{X}_1,\cdots,\boldsymbol{X}_m]=\left[\sum_{j=1}^{m}\lambda_j\boldsymbol{E}_j\boldsymbol{X}_1,\cdots,\sum_{j=1}^{m}\lambda_j\boldsymbol{E}_j\boldsymbol{X}_m\right]\\&=[\lambda_1\boldsymbol{X}_1,\cdots,\lambda_m\boldsymbol{X}_m]=\mathrm{diag}(\lambda_1,\cdots,\lambda_m)[\boldsymbol{X}_1,\cdots,\boldsymbol{X}_m]\end{aligned}$$

即 $\boldsymbol{AX}=\mathrm{diag}(\lambda_1,\cdots,\lambda_m)\boldsymbol{X}$. 因此，$\boldsymbol{A}$ 是单纯矩阵. 证毕.

注 4：同正规矩阵的谱阵相比，单纯矩阵的谱阵是幂等矩阵，但不是正交投影矩阵.

例 3.7.6 设 $\boldsymbol{A}=\begin{bmatrix}1&0&-2\\0&0&0\\-2&0&4\end{bmatrix}$，求 $\sum\limits_{i=1}^{100}\boldsymbol{A}^i$.

解：$\boldsymbol{A}$ 的特征多项式为 $f_{\boldsymbol{A}}(\lambda)=\lambda^2(\lambda-5)$，则 $\lambda_1=\lambda_2=0$ 和 $\lambda_3=5$. 它们对应的单位特征向量分别为

$$\boldsymbol{\alpha}_1=\begin{bmatrix}\frac{2}{\sqrt5}\\0\\\frac{1}{\sqrt5}\end{bmatrix},\quad \boldsymbol{\alpha}_2=\begin{bmatrix}0\\1\\0\end{bmatrix},\quad \boldsymbol{\alpha}_3=\begin{bmatrix}\frac{1}{\sqrt5}\\0\\-\frac{2}{\sqrt5}\end{bmatrix}$$

故 $\boldsymbol{A}$ 的谱分解为 $\boldsymbol{A}=\lambda_1\boldsymbol{E}_1+\lambda_2\boldsymbol{E}_2=5\boldsymbol{E}_2$，其中

$$\boldsymbol{E}_2=\boldsymbol{\alpha}_3\boldsymbol{\alpha}_3^{\mathrm H}=\begin{bmatrix}\frac15&0&-\frac25\\0&0&0\\-\frac25&0&\frac45\end{bmatrix}$$

由此，

$$\sum_{i=1}^{100}\boldsymbol{A}^i=\left(\sum_{i=1}^{100}\lambda_2^i\right)\boldsymbol{E}_2=\frac{(5^{101}-5)}{4}\begin{bmatrix}\frac15&0&-\frac25\\0&0&0\\-\frac25&0&\frac45\end{bmatrix}$$

推论 3.7.1 设单纯矩阵 $\boldsymbol{A}\in\mathbb{C}^{n\times n}$ 的谱分解为 $\boldsymbol{A}=\sum\limits_{j=1}^{m}\lambda_j\boldsymbol{E}_j$，$f(\lambda)$ 为数域 $\mathbb{C}$ 上的任一多项式，则

$$f(\boldsymbol{A})=\sum_{j=1}^{m} f(\lambda_j)\boldsymbol{E}_j$$

式中，$\lambda_1,\cdots,\lambda_m$ 为 $\boldsymbol{A}$ 的 m 个互异特征值，$\boldsymbol{E}_j(j=1,\cdots,m)$是矩阵 $\boldsymbol{A}$ 的谱阵.

证明：首先用数学归纳法证明对 $k=0,1,2,\cdots$，有

$$\boldsymbol{A}^k=\lambda_1^k\boldsymbol{E}_1+\lambda_2^k\boldsymbol{E}_2+\cdots+\lambda_m^k\boldsymbol{E}_m$$

当 $k=0$ 和 $k=1$ 时，上式显然成立. 假设当 $k=p$ 时，有

$$\boldsymbol{A}^p=\lambda_1^p\boldsymbol{E}_1+\lambda_2^p\boldsymbol{E}_2+\cdots+\lambda_m^p\boldsymbol{E}_m$$

现考察 $k=p+1$. 此时，

$$\begin{aligned}\boldsymbol{A}^{p+1}&=(\lambda_1^p\boldsymbol{E}_1+\lambda_2^p\boldsymbol{E}_2+\cdots+\lambda_m^p\boldsymbol{E}_m)\boldsymbol{A}\\&=\lambda_1^p\boldsymbol{E}_1\boldsymbol{A}+\lambda_2^p\boldsymbol{E}_2\boldsymbol{A}+\cdots+\lambda_m^p\boldsymbol{E}_m\boldsymbol{A}\\&=\lambda_1^{p+1}\boldsymbol{E}_1+\lambda_2^{p+1}\boldsymbol{E}_2+\cdots+\lambda_m^{p+1}\boldsymbol{E}_m\end{aligned}$$

于是

$$\boldsymbol{A}^k=\lambda_1^k\boldsymbol{E}_1+\lambda_2^k\boldsymbol{E}_2+\cdots+\lambda_m^k\boldsymbol{E}_m,\quad k=0,1,2,\cdots \tag{3.7.12}$$

设 $f(\lambda)=a_n\lambda^n+a_{n-1}\lambda^{n-1}+\cdots+a_1\lambda+a_0$，则

$$f(\boldsymbol{A})=a_n\boldsymbol{A}^n+a_{n-1}\boldsymbol{A}^{n-1}+\cdots+a_1\boldsymbol{A}+a_0\boldsymbol{I}$$

将式(3.7.12)代入上式得

$$\begin{aligned}f(\boldsymbol{A})=&(a_n\lambda_1^n+a_{n-1}\lambda_1^{n-1}+\cdots+a_1\lambda_1+a_0)\boldsymbol{E}_1+\cdots+\\&(a_n\lambda_m^n+a_{n-1}\lambda_m^{n-1}+\cdots+a_1\lambda_m+a_0)\boldsymbol{E}_m\end{aligned}$$

注意到 $f(\lambda_i)=a_n\lambda_i^n+a_{n-1}\lambda_i^{n-1}+\cdots+a_1\lambda_i+a_0$，故 $f(\boldsymbol{A})=\sum\limits_{j=1}^{m} f(\lambda_j)\boldsymbol{E}_j$. 证毕.

推论 3.7.2　设单纯矩阵 $\boldsymbol{A}\in\mathbb{C}^{n\times n}$ 的谱分解为 $\boldsymbol{A}=\sum\limits_{j=1}^{m}\lambda_j\boldsymbol{E}_j$，则

$$\boldsymbol{E}_i=\frac{1}{\prod\limits_{l=1,l\neq i}^{m}(\lambda_i-\lambda_l)}\prod_{l=1,l\neq i}^{m}(\boldsymbol{A}-\lambda_l\boldsymbol{I}),\quad i=1,\cdots,m$$

证明：令 $f_i(\lambda)=\prod\limits_{l=1,l\neq i}^{m}(\lambda-\lambda_l)$，则由推论 3.7.1 知

$$f_i(\boldsymbol{A})=f_i(\lambda_1)\boldsymbol{E}_1+\cdots+f_i(\lambda_m)\boldsymbol{E}_m$$

式中：

$$f_i(\lambda_j)=\begin{cases}0, & j\neq i\\ f_i(\lambda_i), & j=i\end{cases}$$

因此，$f_i(\boldsymbol{A})=f_i(\lambda_i)\boldsymbol{E}_i$，即 $\boldsymbol{E}_i=f_i(\boldsymbol{A})/f_i(\lambda_i)$. 证毕.

例 3.7.7　求矩阵 $\boldsymbol{A}=\begin{bmatrix}4 & 6 & 0\\-3 & -5 & 0\\-3 & -6 & 1\end{bmatrix}$ 的谱分解.

解：矩阵 $\boldsymbol{A}$ 的特征值为 $\lambda_1=\lambda_2=1,\lambda_3=-2$. 通过判断矩阵 $\boldsymbol{I}-\boldsymbol{A}$ 知，

$$\boldsymbol{I}-\boldsymbol{A}=\begin{bmatrix}-3 & -6 & 0\\ 3 & 6 & 0\\ 3 & 6 & 0\end{bmatrix}$$

$\operatorname{rank}(\boldsymbol{I}-\boldsymbol{A})=1$，故 $\dim(\boldsymbol{E}(1))=3-1=2$. 显然，矩阵 $\boldsymbol{A}$ 是单纯矩阵.

定义 $f_1(\lambda)=\lambda+2, f_2(\lambda)=\lambda-1$，则

$$\boldsymbol{E}_1=\frac{1}{f_1(\lambda_1)}f_1(\boldsymbol{A})=\begin{bmatrix}2 & 2 & 0\\ -1 & -1 & 0\\ -1 & -2 & 1\end{bmatrix}$$

$$\boldsymbol{E}_2=\frac{1}{f_2(\lambda_2)}f_2(\boldsymbol{A})=\begin{bmatrix}-1 & -2 & 0\\ 1 & 2 & 0\\ 1 & 2 & 0\end{bmatrix}$$

因此，$\boldsymbol{A}=\boldsymbol{E}_1-2\boldsymbol{E}_2$.

通过例 3.7.5 和例 3.7.7 比较知，利用推论 3.7.2 计算单纯矩阵的谱分解比利用定义法计算简单得多. 因此，推论 3.7.2 为我们提供了一种计算单纯矩阵谱分解的简单方法.

3.8 Jordan 分解

由 Schur 引理知，任一复方阵相似于上三角矩阵. 显然，最简单的上三角矩阵就是对角矩阵，但复方阵相似于对角矩阵的充分必要条件表明并非所有的复方阵都相似于对角矩阵. 此时，同一线性变换下的矩阵的最简形式会是什么？为研究这一问题，我们引入 λ 矩阵的概念和理论.

定义 3.8.1（λ 矩阵） 以 λ 多项式为元素的矩阵称为 λ 矩阵，记为 $\boldsymbol{A}(\lambda)$，即 $\boldsymbol{A}(\lambda)=[a_{ij}(\lambda)]_{m\times n}, a_{ij}(\lambda)\in P_n(\lambda)$.

例 3.8.1 判断 $\boldsymbol{A}(\lambda)$ 和 $\boldsymbol{B}(\lambda)$ 是否为 λ 矩阵，其中

$$\boldsymbol{A}(\lambda)=\begin{bmatrix}1-\lambda & \lambda^2 & \lambda\\ \lambda & \lambda & -\lambda\\ 1+\lambda^2 & \lambda^2 & -\lambda^2\end{bmatrix},\quad \boldsymbol{B}(\lambda)=\begin{bmatrix}\lambda & \lambda^2 & \lambda\\ \lambda & \lambda & -\lambda\\ \lambda^{-2} & \lambda^2 & -\lambda^2\end{bmatrix}$$

解：$\boldsymbol{A}(\lambda)$ 是 λ 矩阵；由于 λ^{-2} 不是 λ 多项式，故 $\boldsymbol{B}(\lambda)$ 不是 λ 矩阵.

注 1： 数字矩阵是特殊的 λ 矩阵；复方阵 $\boldsymbol{A}$ 的特征矩阵 $\lambda\boldsymbol{I}-\boldsymbol{A}$ 是 λ 矩阵.

注 2： λ 矩阵和数字矩阵一样有加、减、乘等运算且有相同的运算规律. 我们同样可定义正方 λ 矩阵的行列式、子式及 λ 矩阵的秩等.

定义 3.8.2（λ 矩阵的秩） λ 矩阵 $\boldsymbol{A}(\lambda)$ 中非零子式的最高阶数 r 定义为 $\boldsymbol{A}(\lambda)$ 的秩，记为 $\operatorname{rank}(\boldsymbol{A}(\lambda))=r$.

例 3.8.2 求 $\boldsymbol{A}(\lambda)=\begin{bmatrix}\lambda & 0\\0 & \lambda+1\end{bmatrix}$的行列式和秩.

解：$|\boldsymbol{A}(\lambda)|=\lambda(\lambda+1)$，故 $\mathrm{rank}(\boldsymbol{A}(\lambda))=2$（注意：在 λ 矩阵理论中，"当 $\lambda=0$ 或 -1 时，λ 矩阵的秩为 1，其余情况矩阵的秩为 2"这种说法是错误的）.

例 3.8.3 设 $\boldsymbol{A}\in\mathbb{C}^{n\times n}$，则 $f_{\boldsymbol{A}}(\lambda)=|\lambda\boldsymbol{I}-\boldsymbol{A}|$ 是关于 λ 的一元 n 次多项式. 因此，$\boldsymbol{A}$ 的特征矩阵 $\lambda\boldsymbol{I}-\boldsymbol{A}$ 的秩为 n，即 $\lambda\boldsymbol{I}-\boldsymbol{A}$ 总是满秩的.

定义 3.8.3（λ 矩阵的逆矩阵） 设 $\boldsymbol{A}(\lambda)$是 n 阶 λ 方阵，若存在 n 阶 λ 方阵 $\boldsymbol{B}(\lambda)$ 满足 $\boldsymbol{A}(\lambda)\boldsymbol{B}(\lambda)=\boldsymbol{B}(\lambda)\boldsymbol{A}(\lambda)=\boldsymbol{I}$，则称 λ 矩阵 $\boldsymbol{A}(\lambda)$是可逆的，并称 $\boldsymbol{B}(\lambda)$为 $\boldsymbol{A}(\lambda)$的逆矩阵，记作$\boldsymbol{A}(\lambda)^{-1}$.

【思考】 在数字矩阵中，满秩方阵和可逆矩阵是等价命题. 这一结论适用于 λ 矩阵吗？

由例 3.8.2 知，$\boldsymbol{A}(\lambda)=\begin{bmatrix}\lambda & 0\\0 & \lambda+1\end{bmatrix}$满秩. 若 $\boldsymbol{A}(\lambda)$可逆，则其逆矩阵应为

$$\boldsymbol{B}(\lambda)=\begin{bmatrix}\dfrac{1}{\lambda} & 0\\ 0 & \dfrac{1}{\lambda+1}\end{bmatrix}$$

但 $\boldsymbol{B}(\lambda)$不是 λ 矩阵. 因此，λ 矩阵可逆不仅要求矩阵满秩，还须增加条件.

定理 3.8.1 n 阶 λ 方阵 $\boldsymbol{A}(\lambda)$可逆的充分必要条件是它的行列式$|\boldsymbol{A}(\lambda)|$为非零常数.

证明：必要性. 若 λ 方阵 $\boldsymbol{A}(\lambda)$可逆，则存在 λ 方阵 $\boldsymbol{B}(\lambda)$满足 $\boldsymbol{A}(\lambda)\boldsymbol{B}(\lambda)=\boldsymbol{I}$. 对等式两端取行列式得

$$|\boldsymbol{A}(\lambda)|\,|\boldsymbol{B}(\lambda)|=1$$

因为$|\boldsymbol{A}(\lambda)|$和$|\boldsymbol{B}(\lambda)|$均是 λ 的多项式，所以$|\boldsymbol{A}(\lambda)|$和$|\boldsymbol{B}(\lambda)|$只能是零次多项式，即行列式$|\boldsymbol{A}(\lambda)|$为非零常数.

充分性. 设$|\boldsymbol{A}(\lambda)|=\tau\neq0$，$(\boldsymbol{A}(\lambda))^*$ 是 $\boldsymbol{A}(\lambda)$的伴随矩阵，则

$$\boldsymbol{A}(\lambda)(\boldsymbol{A}(\lambda))^*=(\boldsymbol{A}(\lambda))^*\boldsymbol{A}(\lambda)=\tau\boldsymbol{I}_n$$

注意到$\dfrac{1}{\tau}(\boldsymbol{A}(\lambda))^*$ 也是 n 阶 λ 矩阵，则根据上式知，$\dfrac{1}{\tau}(\boldsymbol{A}(\lambda))^*$ 是 $\boldsymbol{A}(\lambda)$的逆矩阵. 证毕.

同数字矩阵一样，我们引入 λ 矩阵的初等变换.

定义 3.8.4（初等变换） 下列三种变换称为 λ 矩阵的初等变换：

(1) λ 矩阵的两行(列)互换位置；

(2) λ 矩阵的某一行(列)乘以非零常数 k；

(3) λ 矩阵的某一行(列)的 $\varphi(\lambda)$倍加到另一行(列)，其中 $\varphi(\lambda)\in P_n(\lambda)$.

对单位矩阵施行上述三种初等变换得到相应的三种 λ 矩阵的初等矩阵，分别记

为 $\boldsymbol{P}(i,j)$，$\boldsymbol{P}(i(k))$ 和 $\boldsymbol{P}(i,j(\varphi))$，并表示为

$$\boldsymbol{P}(i,j)=\begin{bmatrix}1 &&&&&&&&&\\ &\ddots&&&&&&&&\\ &&1&&&&&&&\\ &&&0&\cdots&1&\cdots&&\cdots\\ &&&&1&&&&&\\ &&&\vdots&\ddots&\vdots&&&&\\ &&&&&1&&&&\\ &&&1&\cdots&0&\cdots&&\cdots\\ &&&&&&1&&&\\ &&&&&&&\ddots&&\\ &&&&&&&&&1\end{bmatrix}\begin{matrix}\\ \\ \\ \text{第 } i \text{ 行}\\ \\ \\ \\ \text{第 } j \text{ 行}\\ \\ \\ \\ \end{matrix}$$

$$\boldsymbol{P}(i(c))=\begin{bmatrix}1&&&&&&&\\ &\ddots&&&&&&\\ &&1&&&&&\\ &&&c&\cdots&\cdots&\cdots&\cdots\\ &&&&1&&&\\ &&&&&\ddots&&\\ &&&&&&1&\\ &&&&&&&\ddots\\ &&&&&&&&1\end{bmatrix}\begin{matrix}\\ \\ \\ \text{第 } i \text{ 行}\\ \\ \\ \\ \\ \\ \end{matrix}$$

$$\boldsymbol{P}(i,j(\varphi))=\begin{bmatrix}1&&&&&&&&\\ &\ddots&&&&&&&\\ &&1&&&&&&\\ &&&1&\cdots&\varphi(\lambda)&\cdots&\cdots\\ &&&&1&&&&\\ &&&&\ddots&\vdots&&&\\ &&&&&1&\cdots&\cdots\\ &&&&&&1&&\\ &&&&&&&\ddots&\\ &&&&&&&&1\end{bmatrix}\begin{matrix}\\ \\ \\ \text{第 } i \text{ 行}\\ \\ \\ \text{第 } j \text{ 行}\\ \\ \\ \\ \end{matrix}$$

与数字矩阵一样，对 λ 矩阵作一次初等行变换意味着左乘相应的初等矩阵，对 λ 矩阵作一次初等列变换则意味着右乘相应的初等矩阵. 由于三种初等矩阵的行列式均为非零常数，故初等矩阵都是可逆的且对 λ 矩阵作初等变换不改变它的秩.

定义 3.8.5（λ 矩阵相抵） 若 λ 矩阵 $\boldsymbol{A}(\lambda)$ 经过有限次初等变换变为 $\boldsymbol{B}(\lambda)$，则称 $\boldsymbol{A}(\lambda)$ 与 $\boldsymbol{B}(\lambda)$ 相抵，记为 $\boldsymbol{A}(\lambda)\cong\boldsymbol{B}(\lambda)$.

注 3：λ 矩阵相抵则其秩相同，反之则不然，这与数字矩阵是有区别的.

例 3.8.4 考察 $\boldsymbol{A}(\lambda)$ 和 $\boldsymbol{B}(\lambda)$ 是否相抵，其中

$$\boldsymbol{A}(\lambda)=\begin{bmatrix}\lambda & 0\\0 & \lambda\end{bmatrix},\quad \boldsymbol{B}(\lambda)=\begin{bmatrix}1 & -\lambda\\1 & \lambda\end{bmatrix}$$

解：$|\boldsymbol{A}(\lambda)|=\lambda^2$，$|\boldsymbol{B}(\lambda)|=2\lambda$，故两 λ 矩阵的秩均为 2. 由于初等变换是可逆的，则两个相抵的 λ 方阵的行列式只能相差一非零常数，故 $\boldsymbol{A}(\lambda)$ 和 $\boldsymbol{B}(\lambda)$ 不相抵.

定义 3.8.6（行列式因子） 设 λ 矩阵 $\boldsymbol{A}(\lambda)$ 的秩为 r，对于正整数 $1\leqslant k\leqslant r$，$\boldsymbol{A}(\lambda)$ 的全部 k 阶子式的首 1 最大公因式称为 k 阶行列式因子，记为 $D_k(\lambda)$.

例 3.8.5 求 $\boldsymbol{A}(\lambda)=\begin{bmatrix}1-\lambda & \lambda^2 & \lambda\\ \lambda & \lambda & -\lambda\\ 1+\lambda^2 & \lambda^2 & -\lambda^2\end{bmatrix}$ 各阶行列式因子.

解：$\boldsymbol{A}(\lambda)$ 的一阶子式为：$1-\lambda,\lambda^2,\lambda,\lambda,\lambda,-\lambda,1+\lambda^2,\lambda^2,-\lambda^2$. 一阶因子的首 1 最大公因式为 $D_1(\lambda)=1$.

$\boldsymbol{A}(\lambda)$ 的 2 阶子式共 9 个，分别为：$\lambda(1-\lambda-\lambda^2)$，$-\lambda$，$-\lambda(\lambda^2+\lambda)$，$-\lambda(\lambda^2+\lambda^3)$，$-\lambda(\lambda+1)$，$-\lambda(\lambda^3-\lambda^2)$，$-\lambda$，$\lambda$，$0$. 2 阶因子的首 1 最大公因式 $D_2(\lambda)=\lambda$.

$\boldsymbol{A}(\lambda)$ 的 3 阶子式共 1 个，即 $D_3(\lambda)=|\boldsymbol{A}(\lambda)|=\lambda^3+\lambda^2$.

定理 3.8.2 相抵的 λ 矩阵具有相同的秩和相同的各阶行列式因子.

分析：只需证明 λ 矩阵经过 1 次初等变换，秩和行列式因子不变.

设 λ 矩阵 $\boldsymbol{A}(\lambda)$ 经过一次初等行变换变为 $\boldsymbol{B}(\lambda)$，$f(\lambda)$ 与 $g(\lambda)$ 分别是 $\boldsymbol{A}(\lambda)$ 与 $\boldsymbol{B}(\lambda)$ 的 k 阶行列式因子. 我们分三种情况讨论以证明 $f(\lambda)=g(\lambda)$.

(1) $\boldsymbol{P}(i,j)\boldsymbol{A}(\lambda)=\boldsymbol{B}(\lambda)$：$\boldsymbol{B}(\lambda)$ 的每个 k 阶子式或等于 $\boldsymbol{A}(\lambda)$ 的某个 k 阶子式，或与 $\boldsymbol{A}(\lambda)$ 的某一个 k 阶子式反号. 故 $f(\lambda)$ 是 $\boldsymbol{B}(\lambda)$ 的 k 阶子式的首 1 公因式，从而 $f(\lambda)\mid g(\lambda)$.

(2) $\boldsymbol{P}(i(c))\boldsymbol{A}(\lambda)=\boldsymbol{B}(\lambda)$：$\boldsymbol{B}(\lambda)$ 的每个 k 阶子式或等于 $\boldsymbol{A}(\lambda)$ 的某个 k 阶子式，或是 $\boldsymbol{A}(\lambda)$ 的某一个 k 阶子式的 c 倍. 故 $f(\lambda)$ 是 $\boldsymbol{B}(\lambda)$ 的 k 阶子式的首 1 公因式，从而 $f(\lambda)\mid g(\lambda)$.

(3) $\boldsymbol{P}(i+j(\varphi))\boldsymbol{A}(\lambda)=\boldsymbol{B}(\lambda)$：$\boldsymbol{B}(\lambda)$ 中所有同时包含 i 行与 j 行的 k 阶子式和所有不包含 i 行的 k 阶子式都等于 $\boldsymbol{A}(\lambda)$ 中对应的 k 阶子式；$\boldsymbol{B}(\lambda)$ 中所有包含 i 行但不包含 j 行的 k 阶子式，等于 $\boldsymbol{A}(\lambda)$ 的一个 k 阶子式与另一个 k 阶子式的干 $\varphi(\lambda)$ 倍的和；此时，$f(\lambda)$ 是 $\boldsymbol{B}(\lambda)$ 的 k 阶子式的公因式，从而 $f(\lambda)\mid g(\lambda)$.

如果 $\boldsymbol{A}(\lambda)$ 经过一次初等列变换变成 $\boldsymbol{B}(\lambda)$，同理有 $f(\lambda)\mid g(\lambda)$. 注意到初等变换的可逆性，$\boldsymbol{B}(\lambda)$ 也可以经过一次初等变换变成 $\boldsymbol{A}(\lambda)$. 由上述讨论，同样有 $g(\lambda)\mid f(\lambda)$. 因此，$f(\lambda)=g(\lambda)$.

定理 3.8.3（Smith 标准形） 设 λ 矩阵 $\boldsymbol{A}(\lambda)$ 的秩为 r，则

$$A(\lambda)\cong\begin{bmatrix} d_1(\lambda) & & & & & \\ & \ddots & & & \boldsymbol{O} & \\ & & d_r(\lambda) & & & \\ & & & 0 & & \\ & \boldsymbol{O} & & & \ddots & \\ & & & & & 0 \end{bmatrix}$$

式中：$d_i(\lambda)$是首 1 多项式，且 $d_i(\lambda)\mid d_{i+1}(\lambda)$，称此标准形为 $A(\lambda)$的 Smith 标准形.

例 3.8.6 设$A(\lambda)=\begin{bmatrix} 1-\lambda & \lambda^2 & \lambda \\ \lambda & \lambda & -\lambda \\ 1+\lambda^2 & \lambda^2 & -\lambda^2 \end{bmatrix}$,求其 Smith 标准形.

解：$A(\lambda)\xrightarrow{\text{列①+列③}}\begin{bmatrix} 1 & \lambda^2 & \lambda \\ 0 & \lambda & -\lambda \\ 1 & \lambda^2 & -\lambda^2 \end{bmatrix}\xrightarrow{\text{列②+列①}(-\lambda^2)}\begin{bmatrix} 1 & 0 & \lambda \\ 0 & \lambda & -\lambda \\ 1 & 0 & -\lambda^2 \end{bmatrix}$

$$\xrightarrow{\text{列③+列①}(-\lambda)}\begin{bmatrix} 1 & 0 & 0 \\ 0 & \lambda & -\lambda \\ 1 & 0 & -\lambda^2-\lambda \end{bmatrix}\xrightarrow{\text{行③+行①}(-1)}\begin{bmatrix} 1 & 0 & 0 \\ 0 & \lambda & -\lambda \\ 0 & 0 & -\lambda^2-\lambda \end{bmatrix}$$

$$\xrightarrow{\text{列③+列②}}\begin{bmatrix} 1 & 0 & 0 \\ 0 & \lambda & 0 \\ 0 & 0 & -\lambda^2-\lambda \end{bmatrix}\xrightarrow{\text{列③}(-1)}\begin{bmatrix} 1 & 0 & 0 \\ 0 & \lambda & 0 \\ 0 & 0 & \lambda^2+\lambda \end{bmatrix}$$

根据定理 3.8.2 和定理 3.8.3 易得如下关系：

$$D_1(\lambda)=d_1(\lambda)$$
$$D_2(\lambda)=d_1(\lambda)d_2(\lambda)$$
$$\vdots$$
$$D_r(\lambda)=d_1(\lambda)d_2(\lambda)\cdot\cdots\cdot d_r(\lambda)$$

或者可以写成：

$$d_1(\lambda)=D_1(\lambda)$$
$$d_2(\lambda)=\frac{D_2(\lambda)}{D_1(\lambda)}$$
$$\vdots$$
$$d_r(\lambda)=\frac{D_r(\lambda)}{D_{r-1}(\lambda)}$$

因此，有以下推论.

推论 3.8.1 λ 矩阵的 Smith 标准形是唯一的.

定义 3.8.7(不变因子) 在λ 矩阵$A(\lambda)$的 Smith 标准形中，$d_1(\lambda),\cdots,d_r(\lambda)$由$A(\lambda)$唯一确定的，称为$A(\lambda)$的不变因子.

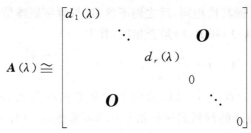

例 3.8.7 求下列 λ 矩阵的不变因子，其中

$$A(\lambda)=\begin{bmatrix}\lambda & 0\\0 & \lambda\end{bmatrix},\quad B(\lambda)=\begin{bmatrix}\lambda & 1\\0 & \lambda\end{bmatrix}$$

解：对于 $A(\lambda)$，有 $D_1(\lambda)=\lambda, D_2(\lambda)=\lambda^2$. 故 $d_1(\lambda)=D_1(\lambda)=\lambda, d_2(\lambda)=D_2(\lambda)/D_1(\lambda)=\lambda$. 对于 $B(\lambda)$，有 $D_1(\lambda)=1, D_2(\lambda)=\lambda^2$. 故 $d_1(\lambda)=D_1(\lambda)=1$, $d_2(\lambda)=D_2(\lambda)/D_1(\lambda)=\lambda^2$.

由于 $A(\lambda)$和 $B(\lambda)$的行列式因子不完全相同，故这两个 λ 矩阵不相抵. 当然，我们也可直接通过初等变换知，$A(\lambda)$的 Smith 标准形就是它本身，而 $B(\lambda)$的 Smith 标准形为 $\mathrm{diag}(1,\lambda^2)$.

推论 3.8.2 λ 矩阵 $A(\lambda)$与 $B(\lambda)$相抵当且仅当它们有完全一致的不变因子.

注 4：初等变换不改变 λ 矩阵的不变因子. 例如，再考察例 3.8.6：

$$A(\lambda)=\begin{bmatrix}1-\lambda & \lambda^2 & \lambda\\ \lambda & \lambda & -\lambda\\ 1+\lambda^2 & \lambda^2 & -\lambda^2\end{bmatrix}\cong\begin{bmatrix}1 & 0 & 0\\0 & \lambda & 0\\0 & 0 & \lambda(\lambda+1)\end{bmatrix}$$

其中，$A(\lambda)$的不变因子可由其 Smith 标准形求得，即 $d_1(\lambda)=1, d_2(\lambda)=\lambda$ 和 $d_3(\lambda)=\lambda(\lambda+1)$. 当然，$A(\lambda)$的不变因子也可由行列式因子求得，这两种方法求得的结果一致.

注意到复数域$\mathbb{C}$上的一元多项式可分解成一次因子的幂的乘积形式. 设 $A(\lambda)$的不变因子 $d_1(\lambda),\cdots,d_r(\lambda)$可分解为

$$\begin{cases}d_1(\lambda)=(\lambda-\lambda_1)^{e_{11}}(\lambda-\lambda_2)^{e_{12}}\cdot\cdots\cdot(\lambda-\lambda_s)^{e_{1s}}\\ d_2(\lambda)=(\lambda-\lambda_1)^{e_{21}}(\lambda-\lambda_2)^{e_{22}}\cdot\cdots\cdot(\lambda-\lambda_s)^{e_{2s}}\\ \vdots\\ d_r(\lambda)=(\lambda-\lambda_1)^{e_{r1}}(\lambda-\lambda_2)^{e_{r2}}\cdot\cdots\cdot(\lambda-\lambda_s)^{e_{rs}}\end{cases}\tag{3.8.1}$$

式中：$\lambda_1,\cdots,\lambda_s$ 互异，$e_{ij}\,(i=1,\cdots,r;j=1,\cdots,s)$为非负整数.

由 $d_i(\lambda)\,|\,d_{i+1}(\lambda)$知，

$$\begin{cases}0\leqslant e_{11}\leqslant e_{21}\leqslant\cdots\leqslant e_{r1}\\ 0\leqslant e_{12}\leqslant e_{22}\leqslant\cdots\leqslant e_{r2}\\ \vdots\\ 0\leqslant e_{1s}\leqslant e_{2s}\leqslant\cdots\leqslant e_{rs}\end{cases}$$

即序列 $e_{1j},e_{2j},\cdots,e_{rj}$ 是非严格递增的. 由此引出初等因子的概念.

定义 3.8.8(初等因子) 设 λ 矩阵 $A(\lambda)$的不变因子为 $d_1(\lambda),\cdots,d_r(\lambda)$，且有分解式(3.8.1)，则所有幂指数大于零的因子$(\lambda-\lambda_j)^{e_{ij}}$，$i=1,\cdots,r$，$j=1,\cdots,s$，统称为 λ 矩阵 $A(\lambda)$的初等因子(组).

例 3.8.8 设 $A(\lambda)=\mathrm{diag}(\lambda(\lambda+1),\lambda^2,(\lambda+1)^2,0)$. 求 $A(\lambda)$的初等因子、不变因子和 Smith 标准形.

解：$\boldsymbol{A}(\lambda)$的行列式因子为$D_1(\lambda)=1, D_2(\lambda)=\lambda(\lambda+1), D_3(\lambda)=\lambda^3(\lambda+1)^3$，所以$\boldsymbol{A}(\lambda)$的不变因子$d_3(\lambda)=\lambda^2(\lambda+1)^2, d_2(\lambda)=\lambda(\lambda+1), d_1(\lambda)=1$. 因此，写出其 Smith 标准形为

$$\begin{bmatrix}1 & 0 & 0 & 0\\ 0 & \lambda(\lambda+1) & 0 & 0\\ 0 & 0 & \lambda^2(\lambda+1)^2 & 0\\ 0 & 0 & 0 & 0\end{bmatrix}$$

根据 Smith 标准形得，$\boldsymbol{A}(\lambda)$的初等因子为：$\lambda, \lambda+1, \lambda^2, (\lambda+1)^2$.

注 5：若$\boldsymbol{A}(\lambda)\cong\boldsymbol{B}(\lambda)$，则$\boldsymbol{A}(\lambda)$与$\boldsymbol{B}(\lambda)$有完全一致的行列式因子，进而有相同的不变因子. 所以，$\boldsymbol{A}(\lambda)$与$\boldsymbol{B}(\lambda)$有完全一致的初等因子. 这表明初等变换不改变$\boldsymbol{A}(\lambda)$的初等因子.

【思考】 若$\boldsymbol{A}(\lambda)$与$\boldsymbol{B}(\lambda)$有完全一致的初等因子，则$\boldsymbol{A}(\lambda)\cong\boldsymbol{B}(\lambda)$成立吗?

例 3.8.9 考察$\boldsymbol{A}(\lambda)$与$\boldsymbol{B}(\lambda)$是否相抵，其中

$$\boldsymbol{A}(\lambda)=\begin{bmatrix}1 & 0 & 0\\ 0 & (\lambda-2)(\lambda-3) & 0\\ 0 & 0 & 0\end{bmatrix},\quad \boldsymbol{B}(\lambda)=\begin{bmatrix}1 & 0 & 0\\ 0 & 1 & 0\\ 0 & 0 & (\lambda-2)(\lambda-3)\end{bmatrix}$$

解：$\boldsymbol{A}(\lambda)$与$\boldsymbol{B}(\lambda)$均是 Smith 标准形，但两者不同，故$\boldsymbol{A}(\lambda)$与$\boldsymbol{B}(\lambda)$不相抵.

注意到例 3.8.9 中$\boldsymbol{A}(\lambda)$与$\boldsymbol{B}(\lambda)$有完全相同的初等因子：$(\lambda-2), (\lambda-3)$. 因此，$\boldsymbol{A}(\lambda)$与$\boldsymbol{B}(\lambda)$有完全一致的初等因子，并不意味着这两个矩阵相抵.

定理 3.8.4 λ 矩阵$\boldsymbol{A}(\lambda)\cong\boldsymbol{B}(\lambda)$当且仅当它们有完全一致的初等因子，且$\mathrm{rank}(\boldsymbol{A}(\lambda))=\mathrm{rank}(\boldsymbol{B}(\lambda))$.

分析：由 Smith 标准形的唯一性可知，$\boldsymbol{A}(\lambda)$与$\boldsymbol{B}(\lambda)$相抵，故$\boldsymbol{A}(\lambda)$与$\boldsymbol{B}(\lambda)$具有完全一致的不变因子和初等因子. 另一方面，记$(\lambda-\lambda_j)^{e_{ij}}(i=1,\cdots,r, j=1,\cdots,s)$是$\boldsymbol{A}(\lambda)$与$\boldsymbol{B}(\lambda)$的初等因子，则幂底因子为$(\lambda-\lambda_j)$的最高幂指数必是不变因子$d_r(\lambda)$的因子. 注意到$\boldsymbol{A}(\lambda)$与$\boldsymbol{B}(\lambda)$的秩相同，且初等因子相同，因此，它们的不变因子$d_r(\lambda)$也必相同. 同理，可依次推断出$\boldsymbol{A}(\lambda)$与$\boldsymbol{B}(\lambda)$具有相同的不变因子$d_{r-1}(\lambda), \cdots, d_1(\lambda)$. 因此，$\boldsymbol{A}(\lambda)$与$\boldsymbol{B}(\lambda)$具有相同的 Smith 标准形，即$\boldsymbol{A}(\lambda)\cong\boldsymbol{B}(\lambda)$.

定理 3.8.5 设λ矩阵$\boldsymbol{A}(\lambda)$为对角块矩阵，即

$$\boldsymbol{A}(\lambda)=\mathrm{diag}(\boldsymbol{A}_1(\lambda),\cdots,\boldsymbol{A}_s(\lambda))$$

则$\boldsymbol{A}_1(\lambda),\cdots,\boldsymbol{A}_s(\lambda)$初等因子的全体就是$\boldsymbol{A}(\lambda)$的全部初等因子，其中$\boldsymbol{A}_i(\lambda), i=1,\cdots,s$是适当阶数的$\lambda$矩阵.

由此，在求取λ矩阵的 Smith 标准形、不变因子或初等因子时可先将λ矩阵作初等变换，使得变换后的矩阵为对角(块)矩阵，然后利用定理 3.8.5 可方便地求出λ矩阵初等因子，进而求出 Smith 标准形或不变因子.

再次考察例 3.8.8. 由于$\boldsymbol{A}(\lambda)$是对角块λ矩阵，故其初等因子为：$\lambda, \lambda+1, \lambda^2$,

$(\lambda+1)^2$. 基于此，写成其不变因子为：$d_3(\lambda)=\lambda^2(\lambda+1)^2$，$d_2(\lambda)=\lambda(\lambda+1)$，$d_1(\lambda)=1$. 进而得出其 Smith 标准形.

例 3.8.10 求特征矩阵 $\lambda\boldsymbol{I}-\boldsymbol{A}$ 的 Smith 标准形，其中

$$\boldsymbol{A}=\begin{bmatrix}0&1&0&0&0\\-1&0&0&0&0\\0&0&0&1&1\\0&1&1&0&1\\0&1&1&1&0\end{bmatrix}$$

解：记 $\boldsymbol{A}=\mathrm{diag}(\boldsymbol{A}_1,\boldsymbol{A}_2)$，其中，

$$\boldsymbol{A}_1=\begin{bmatrix}0&1\\-1&0\end{bmatrix},\quad \boldsymbol{A}_2=\begin{bmatrix}0&1&1\\1&0&1\\1&1&0\end{bmatrix}$$

又知

$$\lambda\boldsymbol{I}-\boldsymbol{A}_1=\begin{bmatrix}\lambda&-1\\1&\lambda\end{bmatrix}\cong\begin{bmatrix}1&0\\0&\lambda^2+1\end{bmatrix}$$

故方阵 $\boldsymbol{A}_1$ 的初等因子是：$\lambda+\mathrm{i},\lambda-\mathrm{i}$.

另有

$$\lambda\boldsymbol{I}-\boldsymbol{A}_2=\begin{bmatrix}\lambda&-1&-1\\-1&\lambda&-1\\-1&-1&\lambda\end{bmatrix}\cong\begin{bmatrix}1&0&0\\0&(\lambda+1)&0\\0&0&(\lambda-2)(\lambda+1)\end{bmatrix}$$

因此，方阵 $\boldsymbol{A}$ 的初等因子是：$\lambda+\mathrm{i},\lambda-\mathrm{i},\lambda+1,\lambda+1,\lambda-2$. 矩阵 $\lambda\boldsymbol{I}-\boldsymbol{A}$ 的 Smith 标准形是

$$\begin{bmatrix}1&&&&\\&1&&&\\&&1&&\\&&&\lambda+1&\\&&&&(\lambda+\mathrm{i})(\lambda-\mathrm{i})(\lambda+1)(\lambda-2)\end{bmatrix}$$

例 3.8.11 求 $\boldsymbol{A}(\lambda)=\begin{bmatrix}\lambda-a&-1&&&\\&\lambda-a&-1&&\\&&\lambda-a&\ddots&\\&&&\ddots&-1\\&&&&\lambda-a\end{bmatrix}_{n\times n}$ 的初等因子、不变因子和 Smith 标准形.

解：考察 $\boldsymbol{A}(\lambda)$ 的 $(n-1)$ 阶子式

$$\begin{vmatrix} -1 & & & 0 \\ \lambda-a & -1 & & \\ & \ddots & \ddots & \\ 0 & & \lambda-a & -1 \end{vmatrix} = (-1)^{n-1}$$

故 $\boldsymbol{A}(\lambda)$ 的 $(n-1)$ 阶子式的不变因子为 $d_{n-1}=1$.

又知 $|\boldsymbol{A}|=(\lambda-a)^n$，故 $A(\lambda)$ 的不变因子为 $d_1=d_2=\cdots=d_{n-1}=1, d_n=(\lambda-a)^n$. 相应的，$\boldsymbol{A}(\lambda)$ 的初等因子为 $(\lambda-a)^n$，其 Smith 标准形为

$$\boldsymbol{A}(\lambda) \cong \begin{bmatrix} 1 & & & \boldsymbol{O} \\ & 1 & & \\ & & \ddots & \\ \boldsymbol{O} & & & (\lambda-a)^n \end{bmatrix}$$

定理 3.8.6 复方阵 $\boldsymbol{A}$ 和 $\boldsymbol{B}$ 相似当且仅当它们的特征矩阵相抵.

证明：必要性. 若 $\boldsymbol{A}$ 与 $\boldsymbol{B}$ 相似，则存在可逆矩阵 $\boldsymbol{P}$ 使得 $\boldsymbol{P}^{-1}\boldsymbol{A}\boldsymbol{P}=\boldsymbol{B}$. 从而

$$\boldsymbol{P}^{-1}(\lambda\boldsymbol{I}-\boldsymbol{A})\boldsymbol{P}=\lambda\boldsymbol{I}-\boldsymbol{P}^{-1}\boldsymbol{A}\boldsymbol{P}=\lambda\boldsymbol{I}-\boldsymbol{B}$$

故 $\lambda\boldsymbol{I}-\boldsymbol{A}$ 与 $\lambda\boldsymbol{I}-\boldsymbol{B}$ 相抵.

充分性. 由于 $\lambda\boldsymbol{I}-\boldsymbol{A}$ 与 $\lambda\boldsymbol{I}-\boldsymbol{B}$ 相抵，故存在可逆 λ 矩阵 $\boldsymbol{P}(\lambda)$ 和 $\boldsymbol{Q}(\lambda)$ 使得

$$\lambda\boldsymbol{I}-\boldsymbol{A}=\boldsymbol{P}(\lambda)(\lambda\boldsymbol{I}-\boldsymbol{B})\boldsymbol{Q}(\lambda)$$

于是，有

$$(\boldsymbol{P}(\lambda))^{-1}(\lambda\boldsymbol{I}-\boldsymbol{A})=(\lambda\boldsymbol{I}-\boldsymbol{B})\boldsymbol{Q}(\lambda) \tag{3.8.2}$$

根据定理 2.1.3 知，存在可逆 λ 矩阵 $\boldsymbol{P}_1(\lambda)$、$\boldsymbol{Q}_1(\lambda)$ 和数字矩阵 $\boldsymbol{P}_0$、$\boldsymbol{Q}_0$ 满足

$$\boldsymbol{P}(\lambda)=(\lambda\boldsymbol{I}-\boldsymbol{A})\boldsymbol{P}_1(\lambda)+\boldsymbol{P}_0 \tag{3.8.3}$$

$$\boldsymbol{Q}(\lambda)=\boldsymbol{Q}_1(\lambda)(\lambda\boldsymbol{I}-\boldsymbol{A})+\boldsymbol{Q}_0 \tag{3.8.4}$$

将式(3.8.4)代入式(3.8.2)，并整理得

$$[\boldsymbol{P}^{-1}(\lambda)-(\lambda\boldsymbol{I}-\boldsymbol{B})\boldsymbol{Q}_1(\lambda)](\lambda\boldsymbol{I}-\boldsymbol{A})=(\lambda\boldsymbol{I}-\boldsymbol{B})\boldsymbol{Q}_0 \tag{3.8.5}$$

比较上式两端得 $\boldsymbol{T}=\boldsymbol{P}^{-1}(\lambda)-(\lambda\boldsymbol{I}-\boldsymbol{B})\boldsymbol{Q}_1(\lambda)$ 必为数字矩阵.

又知

$$\boldsymbol{I}=\boldsymbol{P}(\lambda)\boldsymbol{T}+\boldsymbol{P}(\lambda)(\lambda\boldsymbol{I}-\boldsymbol{B})\boldsymbol{Q}_1(\lambda)$$

故将式(3.8.3)代入上式得

$$\begin{aligned}\boldsymbol{I}&=[(\lambda\boldsymbol{I}-\boldsymbol{A})\boldsymbol{P}_1(\lambda)+\boldsymbol{P}_0]\boldsymbol{T}+(\lambda\boldsymbol{I}-\boldsymbol{A})(\boldsymbol{Q}(\lambda))^{-1}\boldsymbol{Q}_1(\lambda)\\&=(\lambda\boldsymbol{I}-\boldsymbol{A})[\boldsymbol{P}_1(\lambda)\boldsymbol{T}+(\boldsymbol{Q}(\lambda))^{-1}\boldsymbol{Q}_1(\lambda)]+\boldsymbol{P}_0\boldsymbol{T}\end{aligned}$$

比较上式两端得

$$\boldsymbol{P}_1(\lambda)\boldsymbol{T}+(\boldsymbol{Q}(\lambda))^{-1}\boldsymbol{Q}_1(\lambda)=\boldsymbol{O}$$

$$\boldsymbol{P}_0\boldsymbol{T}=\boldsymbol{I}$$

这表明 $\boldsymbol{T}$ 是可逆的. 此时，由式(3.8.5)得

$$(\lambda\boldsymbol{I}-\boldsymbol{A})=\boldsymbol{P}_0(\lambda\boldsymbol{I}-\boldsymbol{B})\boldsymbol{Q}_0$$

比较上式两端得

$$P_0Q_0=I,\quad A=P_0BQ_0$$

因此，$A=Q_0^{-1}BQ_0$，即 A 和 B 相似. 证毕.

推论 3.8.3　复方阵 A 是单纯矩阵的充分必要条件是它的特征矩阵 $\lambda I-A$ 的初等因子为一次的.

推论 3.8.4　复方阵 A 是单纯矩阵的充分必要条件是它的特征矩阵 $\lambda I-A$ 的不变因子无重根.

例 3.8.12　判断矩阵 A 是否为单纯矩阵，其中

$$A=\begin{bmatrix} a & 1 & & & \boldsymbol{O} \\ & a & 1 & & \\ & & a & \ddots & \\ & & & \ddots & 1 \\ \boldsymbol{O} & & & & a \end{bmatrix}_{n\times n}$$

解：由例 3.8.11 知，特征矩阵 $\lambda I-A$ 的初等因子为 $(\lambda-a)^n$. 故当 $n\geqslant 1$ 时，其初等因子不是一次，即矩阵 A 不是单纯矩阵.

定义 3.8.9(Jordan 块)　设 $A=[a_{ij}]\in\mathbb{C}^{n\times n}$，其特征矩阵 $\lambda I-A$ 的初等因子为 $(\lambda-\lambda_1)^{n_1},(\lambda-\lambda_2)^{n_2},\cdots,(\lambda-\lambda_t)^{n_s}$. 对 $(\lambda-\lambda_i)^{n_i}$ 作 n_i 阶矩阵

$$J_i=\begin{bmatrix} \lambda_i & 1 & & & \boldsymbol{O} \\ & \lambda_i & 1 & & \\ & & \ddots & \ddots & \\ & & & \lambda_i & 1 \\ \boldsymbol{O} & & & & \lambda_i \end{bmatrix}_{n_i\times n_i}$$

则称矩阵 $J_i(i=1,\cdots,s)$ 为 A 的 Jordan 块.

例 3.8.13　判断下列矩阵是否为 Jordan 块，其中

$$A_1=\begin{bmatrix} i+1 & 1 & 0 \\ 0 & i+1 & 1 \\ 0 & 0 & i+1 \end{bmatrix},\quad A_2=\begin{bmatrix} 1 & 1 & 0 \\ 0 & 1 & 0 \\ 0 & 0 & 1 \end{bmatrix}$$

$$A_3=\begin{bmatrix} 3 & 0 & 0 & 0 \\ 0 & 3 & 1 & 0 \\ 0 & 0 & 3 & 1 \\ 0 & 0 & 0 & 3 \end{bmatrix},\quad A_4=\begin{bmatrix} 2 & 1 & 0 & 0 \\ 0 & 2 & 1 & 0 \\ 0 & 0 & 3 & 1 \\ 0 & 0 & 0 & 3 \end{bmatrix}$$

解：根据 Jordan 块定义知，只有 A_1 是 Jordan 块.

例 3.8.14　求 Jordan 块 $J_i=\begin{bmatrix} \lambda_i & 1 & & \boldsymbol{O} \\ & & \ddots & \\ & \ddots & & 1 \\ \boldsymbol{O} & & & \lambda_i \end{bmatrix}_{n_i\times n_i}$ 的最小多项式.

解：由矩阵 $\boldsymbol{J}_i$ 的特征多项式为 $f_{\boldsymbol{J}_i}(\lambda)=(\lambda-\lambda_i)^{n_i}$ 知，其最小多项式可能为 $(\lambda-\lambda_i),\cdots,(\lambda-\lambda_i)^{n_i}$. 经计算知，对 $j=1,\cdots,n_i-1$，$(\boldsymbol{J}_i-\lambda_i\boldsymbol{I})^j\neq\boldsymbol{O}$. 因此，矩阵 $\boldsymbol{J}_i$ 的最小多项式为 $m_{\boldsymbol{J}_i}(\lambda)=(\lambda-\lambda_i)^{n_i}$.

注 6：任一 Jordan 块的最小多项式等于它的特征多项式，也是 Jordan 块所对应的初等因子.

定义 3.8.10(Jordan 标准形)　设 $\boldsymbol{A}=[a_{ij}]\in\mathbb{C}^{n\times n}$，其特征矩阵 $\lambda\boldsymbol{I}-\boldsymbol{A}$ 的初等因子为 $(\lambda-\lambda_1)^{n_1},\cdots,(\lambda-\lambda_s)^{n_s}$，其对应的 Jordan 块分别记为 $\boldsymbol{J}_1,\cdots,\boldsymbol{J}_s$，则由 s 个 Jordan 块作 n 阶对角块矩阵 $\boldsymbol{J}=\mathrm{diag}(\boldsymbol{J}_1,\cdots,\boldsymbol{J}_s)$ 称为 $\boldsymbol{A}$ 的 Jordan 标准形(或 Jordan 法式).

例 3.8.15　设 $(\lambda\boldsymbol{I}-\boldsymbol{A})\cong\mathrm{diag}(\lambda(\lambda+1),\lambda^2,(\lambda+1)^2,1,1,1)$，求 $\boldsymbol{A}$ 的 Jordan 标准形.

解：$(\lambda\boldsymbol{I}-\boldsymbol{A})$ 的初等因子为：$\lambda,(\lambda+1),\lambda^2,(\lambda+1)^2$. 依次写出对应的 Jordan 块为

$$\boldsymbol{J}_1=[0],\quad \boldsymbol{J}_2=[-1],\quad \boldsymbol{J}_3=\begin{bmatrix}0&1\\0&0\end{bmatrix},\quad \boldsymbol{J}_4=\begin{bmatrix}-1&1\\0&-1\end{bmatrix}$$

因此，$\boldsymbol{A}$ 的 Jordan 标准形为

$$\boldsymbol{J}=\begin{bmatrix}0&0&0&0&0&0\\0&-1&0&0&0&0\\0&0&0&1&0&0\\0&0&0&0&0&0\\0&0&0&0&-1&1\\0&0&0&0&0&-1\end{bmatrix}$$

定理 3.8.7(Jordan 标准形定理)　设矩阵 $\boldsymbol{J}$ 是复方阵 $\boldsymbol{A}$ 的 Jordan 标准形，则矩阵 $\boldsymbol{A}$ 与矩阵 $\boldsymbol{J}$ 相似.

证明：特征矩阵 $\lambda\boldsymbol{I}-\boldsymbol{A}$ 的初等因子为 $(\lambda-\lambda_1)^{n_1},\cdots,(\lambda-\lambda_s)^{n_s}$，其对应的 Jordan 块分别为 $\boldsymbol{J}_1,\cdots,\boldsymbol{J}_s$，则 $\boldsymbol{J}=\mathrm{diag}(\boldsymbol{J}_1,\cdots,\boldsymbol{J}_s)$ 是矩阵 $\boldsymbol{A}$ 的 Jordan 标准形. 显然，λ 矩阵 $\lambda\boldsymbol{I}-\boldsymbol{J}$ 与 $\lambda\boldsymbol{I}-\boldsymbol{A}$ 的初等因子完全相同. 因此，$\lambda\boldsymbol{I}-\boldsymbol{A}$ 与 $\lambda\boldsymbol{I}-\boldsymbol{J}$ 相抵，即 $\boldsymbol{A}$ 与 $\boldsymbol{J}$ 相似.

例 3.8.16　求矩阵 $\boldsymbol{A}$ 的 Jordan 标准形 $\boldsymbol{J}$，并求 $\boldsymbol{P}$ 使得 $\boldsymbol{P}^{-1}\boldsymbol{A}\boldsymbol{P}=\boldsymbol{J}$，其中

$$\boldsymbol{A}=\begin{bmatrix}-1&-2&6\\-1&0&3\\-1&-1&4\end{bmatrix}$$

解：对矩阵 $\boldsymbol{A}$ 作初等变换得

$$\lambda\boldsymbol{I}-\boldsymbol{A}\cong\begin{bmatrix}1&0&0\\0&\lambda-1&0\\0&0&(\lambda-1)^2\end{bmatrix}$$

则特征矩阵 $\lambda\boldsymbol{I}-\boldsymbol{A}$ 的初等因子为$(\lambda-1)$,$(\lambda-1)^2$. 由此,$\boldsymbol{A}$ 的 Jordan 标准形为

$$\boldsymbol{J}=\begin{bmatrix}1&0&0\\0&1&1\\0&0&1\end{bmatrix}$$

设 $\boldsymbol{P}=[\boldsymbol{p}_1,\boldsymbol{p}_2,\boldsymbol{p}_3]$,则 $\boldsymbol{A}[\boldsymbol{p}_1,\boldsymbol{p}_2,\boldsymbol{p}_3]=[\boldsymbol{p}_1,\boldsymbol{p}_2,\boldsymbol{p}_3]\boldsymbol{J}$. 整理得

$$\begin{cases}\boldsymbol{A}\boldsymbol{p}_1=\boldsymbol{p}_1\\\boldsymbol{A}\boldsymbol{p}_2=\boldsymbol{p}_2\\\boldsymbol{A}\boldsymbol{p}_3=\boldsymbol{p}_2+\boldsymbol{p}_3\end{cases}$$

由 $\boldsymbol{A}\boldsymbol{p}_i=\boldsymbol{p}_i$ 解得两个线性无关的向量为 $\boldsymbol{p}_1=[3,0,1]^{\mathrm{T}}$ 和 $\boldsymbol{p}_2=[0,3,1]^{\mathrm{T}}$.

将 $\boldsymbol{p}_2=[0,3,1]^{\mathrm{T}}$ 代入 $\boldsymbol{A}\boldsymbol{p}_3=\boldsymbol{p}_2+\boldsymbol{p}_3$ 发现此方程无解(为什么?). 重新调整方程 $\boldsymbol{A}\boldsymbol{p}_i=\boldsymbol{p}_i$ 的解,经观察得 $\boldsymbol{p}_1=[3,0,1]^{\mathrm{T}}$ 和 $\boldsymbol{p}_2=[2,1,1]^{\mathrm{T}}$. 此时,$\boldsymbol{p}_3=[-1,0,0]^{\mathrm{T}}$.

因此,

$$\boldsymbol{P}=\begin{bmatrix}3&2&-1\\0&1&0\\1&1&0\end{bmatrix}$$

例 3.8.17 求复方阵 $\boldsymbol{A}$ 的最小多项式.

解:利用矩阵 $\boldsymbol{A}$ 的 Jordan 标准形 $\boldsymbol{J}$ 进行求解. 若标准形 $\boldsymbol{J}$ 仅包含一个 Jordan 块 $\boldsymbol{J}_1$ 时,由例 3.8.14 知,$m_{J_1}(\lambda)=(\lambda-\lambda_1)^{k_1}$,故 $\boldsymbol{J}_1$ 的最小多项式恰好等于它所对应的初等因子.

当 $\boldsymbol{J}$ 包含两个 Jordan 块 $\boldsymbol{J}_1$ 和 $\boldsymbol{J}_2$ 时,下面分两种情况讨论:

(1) 若 $\lambda_1=\lambda_2$,此时 $\boldsymbol{J}_1$ 和 $\boldsymbol{J}_2$ 的最小多项式分别为

$$m_{J_1}(\lambda)=(\lambda-\lambda_1)^{k_1},\quad m_{J_2}(\lambda)=(\lambda-\lambda_2)^{k_2}$$

经计算知,矩阵 $\boldsymbol{J}$ 的最小多项式为 $m_{J_1}(\lambda)$ 和 $m_{J_2}(\lambda)$ 的最小公倍式.

(2) 若 $\lambda_i\neq\lambda_p$,矩阵 $\boldsymbol{J}$ 的最小多项式仍为 $m_{J_i}(\lambda)$ 和 $m_{J_p}(\lambda)$ 的最小公倍式.

将上述结论推广至一般的 Jordan 标准形 $\boldsymbol{J}$ 时,$\boldsymbol{J}$ 的最小多项式等于特征矩阵 $\lambda\boldsymbol{I}-\boldsymbol{A}$ 的初等因子的最小公倍式. 又知所有初等因子的最高幂指数必为不变因子 $d_n(\lambda)$ 的因子,因此,$\boldsymbol{J}$ 的最小多项式恰为不变因子 $d_n(\lambda)$.

定理 3.8.8(Frobenious 定理) 设 $\boldsymbol{A}\in\mathbb{C}^{n\times n}$,其特征矩阵 $\lambda\boldsymbol{I}-\boldsymbol{A}$ 的 Smith 标准形为 $\mathrm{diag}(d_1(\lambda),\cdots,d_n(\lambda))$,则 $\boldsymbol{A}$ 的最小多项式为 $m_{\boldsymbol{A}}(\lambda)=d_n(\lambda)$.

例 3.8.18 求以下矩阵的最小多项式,其中

$$\boldsymbol{A}_1=\begin{bmatrix}3&0&0&0\\0&3&1&0\\0&0&3&1\\0&0&0&3\end{bmatrix},\quad \boldsymbol{A}_2=\begin{bmatrix}2&1&0&0\\0&2&0&0\\0&0&3&1\\0&0&0&3\end{bmatrix}$$

解:矩阵 $\lambda\boldsymbol{I}-\boldsymbol{A}_1$ 的初等因子为 $\lambda-3$,$(\lambda-3)^3$,故 $\boldsymbol{A}_1$ 的最小多项式为$(\lambda-3)^3$.

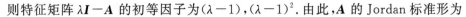

矩阵 $\lambda \boldsymbol{I}-\boldsymbol{A}_2$ 的初等因子为 $(\lambda-2)^2$，$(\lambda-3)^2$，故 $\boldsymbol{A}_2$ 的最小多项式为 $(\lambda-2)^2(\lambda-3)^2$.

3.9 奇异值分解

尽管 Jordan 分解在理论分析或数值计算时表现出诸多优点，但不可否认的是它也存在着一定的局限性. 归纳如下：

(1) 矩阵 $\boldsymbol{A}$ 必须是方阵；

(2) 尽管 Jordan 标准形是同一线性变换下最简单的上三角矩阵，但不一定是对角矩阵；

(3) 相似变换矩阵是一般的可逆矩阵，非酉矩阵.

【思考】 是否存在一种在一定程度上能够克服上述分解局限性的矩阵分解？

分析：针对任一矩阵 $\boldsymbol{A}\in\mathbb{C}^{m\times n}$，我们可构造两个 Hermite 矩阵 $\boldsymbol{A}\boldsymbol{A}^{\mathrm{H}}$ 与 $\boldsymbol{A}^{\mathrm{H}}\boldsymbol{A}$，则分别存在两个酉矩阵 $\boldsymbol{U}\in\mathbb{C}^{m\times m}$ 与 $\boldsymbol{V}\in\mathbb{C}^{n\times n}$ 使得

$$\boldsymbol{U}^{\mathrm{H}}\boldsymbol{A}\boldsymbol{A}^{\mathrm{H}}\boldsymbol{U}=\boldsymbol{\Sigma}_1 \tag{3.9.1}$$

$$\boldsymbol{V}^{\mathrm{H}}\boldsymbol{A}^{\mathrm{H}}\boldsymbol{A}\boldsymbol{V}=\boldsymbol{\Sigma}_2 \tag{3.9.2}$$

式中：$\boldsymbol{\Sigma}_1$ 和 $\boldsymbol{\Sigma}_2$ 分别是 m 阶和 n 阶对角矩阵，其对角线元素分别是 Hermite 矩阵 $\boldsymbol{A}\boldsymbol{A}^{\mathrm{H}}$ 与 $\boldsymbol{A}^{\mathrm{H}}\boldsymbol{A}$ 的特征值.

通过观察、比较和计算得，矩阵 $\boldsymbol{A}$ 可作分解：

$$\boldsymbol{A}=\boldsymbol{U}\boldsymbol{D}\boldsymbol{V}^{\mathrm{H}} \tag{3.9.3}$$

且须满足

$$\boldsymbol{D}\boldsymbol{D}^{\mathrm{H}}=\boldsymbol{\Sigma}_1,\quad \boldsymbol{D}^{\mathrm{H}}\boldsymbol{D}=\boldsymbol{\Sigma}_2 \tag{3.9.4}$$

式中：$\boldsymbol{D}\in\mathbb{C}^{m\times n}$ 待定.

显然，只要矩阵方程(3.9.4)有解 $\boldsymbol{D}$，则分解式(3.9.3)存在. 下面详细阐述这一分解的可行性.

引理 3.9.1 设 $\boldsymbol{A}\in\mathbb{C}^{m\times n}$，则 $\operatorname{rank}(\boldsymbol{A}^{\mathrm{H}}\boldsymbol{A})=\operatorname{rank}(\boldsymbol{A}\boldsymbol{A}^{\mathrm{H}})=\operatorname{rank}(\boldsymbol{A})$.

证明：$\forall \boldsymbol{x}\in N(\boldsymbol{A}^{\mathrm{H}}\boldsymbol{A})$，有

$$\boldsymbol{x}\in N(\boldsymbol{A}^{\mathrm{H}}\boldsymbol{A})\Leftrightarrow \boldsymbol{A}^{\mathrm{H}}\boldsymbol{A}\boldsymbol{x}=\boldsymbol{0}\Leftrightarrow \boldsymbol{x}^{\mathrm{H}}\boldsymbol{A}^{\mathrm{H}}\boldsymbol{A}\boldsymbol{x}=\boldsymbol{0}\Leftrightarrow \boldsymbol{A}\boldsymbol{x}=\boldsymbol{0}\Leftrightarrow \boldsymbol{x}\in N(\boldsymbol{A})$$

即 $N(\boldsymbol{A}^{\mathrm{H}}\boldsymbol{A})=N(\boldsymbol{A})$.

由定理 2.3.6 知

$$\begin{aligned}\operatorname{rank}(\boldsymbol{A}^{\mathrm{H}}\boldsymbol{A})&=n-\dim N(\boldsymbol{A}^{\mathrm{H}}\boldsymbol{A})\\&=n-\dim N(\boldsymbol{A})=\operatorname{rank}(\boldsymbol{A})\end{aligned}$$

同理，$\operatorname{rank}(\boldsymbol{A}^{\mathrm{H}})=\operatorname{rank}(\boldsymbol{A}\boldsymbol{A}^{\mathrm{H}})$. 又知 $\operatorname{rank}(\boldsymbol{A})=\operatorname{rank}(\boldsymbol{A}^{\mathrm{H}})$，故引理得证.

注 1：$N(\boldsymbol{A}^{\mathrm{H}}\boldsymbol{A})=N(\boldsymbol{A})$；$N(\boldsymbol{A}\boldsymbol{A}^{\mathrm{H}})=N(\boldsymbol{A}^{\mathrm{H}})$.

引理 3.9.2 设 $\boldsymbol{A}\in\mathbb{C}^{m\times n}$，则 $\boldsymbol{A}^{\mathrm{H}}\boldsymbol{A}$ 与 $\boldsymbol{A}\boldsymbol{A}^{\mathrm{H}}$ 都是半正定 Hermite 矩阵.

证明：$\forall \boldsymbol{x}\in\mathbb{C}^n$ 且 $\boldsymbol{x}\neq\boldsymbol{0}$，有

$$x^{H}(A^{H}A)x=(Ax)^{H}(Ax)\geqslant 0$$

故 $A^{H}A$ 是半正定 Hermite 矩阵. 同理可证,AA^{H} 是半正定 Hermite 矩阵.

注 2: 矩阵 A 是半正定 Hermite 矩阵还有以下等价命题:

(1) 对于任意 n 阶可逆矩阵 P,$P^{H}AP$ 是半正定 Hermite 矩阵;

(2) Hermite 矩阵 A 的 n 个特征值均为非负数;

(3) 存在 n 阶可逆矩阵 P 使得 $P^{H}AP=\begin{bmatrix} I_r & O \\ O & O \end{bmatrix}$,其中 $r=\mathrm{rank}(A)$;

(4) 存在秩为 $\mathrm{rank}(A)$ 的矩阵 Q 使得 $A=Q^{H}Q$;

(5) 存在 n 阶 Hermite 矩阵 G 使得 $A=G^{2}$;

(6) Hermite 矩阵 A 的所有顺序主子式均非负.

引理 3.9.3　设 $A\in\mathbb{C}_r^{m\times n}$,则 $A^{H}A$ 与 AA^{H} 的所有非零特征值完全相同且非零特征值的个数均为 r.

证明: 设 λ 是 $A^{H}A$ 的非零特征值,x 是属于特征值 λ 的特征向量,则

$$A^{H}Ax=\lambda x \tag{3.9.5}$$

且 $Ax\neq 0$(若 $Ax=0$,则 $A^{H}Ax=\lambda x=0$,进而 $\lambda=0$). 等式(3.9.5)两端同时左乘矩阵 A,得

$$AA^{H}(Ax)=\lambda(Ax)$$

上式表明 λ 也是 AA^{H} 的特征值,且 Ax 是属于 λ 的特征向量(注意 $Ax\neq 0$).

同理可证: 若 λ 是 AA^{H} 的非零特征值,x 是属于 λ 的特征向量,则 λ 也是 $A^{H}A$ 的特征值,$A^{H}x$ 是属于 λ 的特征向量. 因此,$A^{H}A$ 与 AA^{H} 具有相同的非零特征值(不考虑代数重数).

现证明矩阵 $A^{H}A$ 与 AA^{H} 的同一非零特征值的代数重数相同. 由引理 3.9.1 知,$\mathrm{rank}(A^{H}A)=\mathrm{rank}(AA^{H})=r$. 又知矩阵 $A^{H}A$ 和 AA^{H} 均为单纯矩阵,故这两个矩阵均有 r 个非零特征值.

不妨设 $\lambda_1,\cdots,\lambda_s$ 是矩阵 $A^{H}A$ 的 s 个非零且互异的特征值,它们的代数重数分别为 $d_1,\cdots,d_s$,则有 $d_1+\cdots+d_s=r$,且特征值 λ_i 有 d_i 个线性无关的特征向量. 令 $x_{i1},\cdots,x_{id_i}$ 是属于特征值 λ_i 的 d_i 个线性无关的特征向量,则 $Ax_{i1},\cdots,Ax_{id_i}$ 是也属于矩阵 AA^{H} 特征值 λ_i 的特征向量. 令

$$k_{i1}Ax_{i1}+\cdots+k_{id_i}Ax_{id_i}=0 \tag{3.9.6}$$

式中: $k_{i1},\cdots,k_{id_i}$ 为待定复数,$i=1,\cdots,s$.

对式(3.9.6)两端左乘 A^{H},整理得

$$\lambda_i(k_{i1}x_{i1}+\cdots+k_{id_i}x_{id_i})=0 \tag{3.9.7}$$

注意 $\lambda_i\neq 0$,故 $k_{i1}x_{i1}+\cdots+k_{id_i}x_{id_i}=0$. 由于向量组 $x_{i1},\cdots,x_{id_i}$ 线性无关,故 $k_{i1},\cdots,k_{id_i}$ 均等于 0. 由此推导出向量组 $Ax_{i1},\cdots,Ax_{id_i}$ 线性无关. 这表明属于矩阵 AA^{H} 特征值 λ_i 的特征向量至少有 d_i 个线性无关的特征向量. 对 i 由 1 到 s 加和得,矩阵

AA^H 的非零特征值数(计重数)必不小于 r. 已知 AA^H 的非零特征值数等于 r,故矩阵 AA^H 特征值 λ_i 的特征向量有且仅有 d_i 个线性无关的特征向量. 换而言之,矩阵 A^HA 和 AA^H 的同一非零特征值 λ_i 的代数重数相同. 证毕.

例 3.9.1 设 $A=\begin{bmatrix}1&0&0\\0&1&0\end{bmatrix}$,计算 A^HA 和 AA^H 的特征值.

解: $A^HA=\mathrm{diag}(1,1,0)$, $AA^H=I_2$. 显然, A^HA 的特征值为 $\lambda_1=1,\lambda_2=1,\lambda_3=0$. AA^H 的特征值 $\lambda_1=1,\lambda_2=1$.

注 3: 在计算 A^HA 或 AA^H 的特征值时,可优先考虑计算阶数阶小的矩阵.

定义 3.9.1(奇异值) 设 $A\in\mathbb{C}_r^{m\times n}$, A^HA 的特征值满足 $\lambda_1\geqslant\lambda_2\geqslant\cdots\geqslant\lambda_r>0$, $\lambda_{r+1}=\lambda_{r+2}=\cdots=\lambda_n=0$,称 $\sigma_i=\sqrt{\lambda_i}$ 为 A 的奇异值. 特别地,称 $\sigma_i, i=1,\cdots,r$,为 A 的正奇异值.

例 3.9.2 计算 $A=\begin{bmatrix}1&2\\0&1\\\mathrm{i}&0\end{bmatrix}$ 的正奇异值.

解: 因为

$$A^HA=\begin{bmatrix}1&0&-\mathrm{i}\\2&1&0\end{bmatrix}\begin{bmatrix}1&2\\0&1\\\mathrm{i}&0\end{bmatrix}=\begin{bmatrix}2&2\\2&5\end{bmatrix}$$

计算 A^HA 特征多项式为 $|\lambda I-A^HA|=\lambda^2-7\lambda+6$,并求得它的特征值分别为 $\lambda_1=1$, $\lambda_2=6$. 由此得到 A 的正奇异值为

$$\sigma_1=\sqrt{\lambda_1}=1,\quad \sigma_2=\sqrt{\lambda_2}=\sqrt{6}$$

【思考】 复方阵的特征值与奇异值有何异同?

分析: 方阵的特征值和奇异值很容易被误认为完全相同或模值相同. 实际上,这个结论并不正确. 这里以三个不同矩阵为例进行说明. 考察如下三个矩阵:

$$A=\begin{bmatrix}0&0\\0&2\end{bmatrix},\quad B=\begin{bmatrix}0&k\\0&1\end{bmatrix},\quad C=\begin{bmatrix}1&k\\0&1\end{bmatrix}$$

分别计算其特征值和奇异值为:

A 的特征值与奇异值相同,均为 0,2;

B 的特征值为 0 和 1,奇异值为 $\sigma_1=\sqrt{k^2+1}$, $\sigma_2=0$;

C 的特征值为 1 和 1,奇异值为 $\sigma_1=\sqrt{\dfrac{1}{2}(k^2+2+k\sqrt{k^2+4})}$, $\sigma_2=\dfrac{1}{\sigma_1}$.

从计算结果看出,同一矩阵的特征值可能与其奇异值完全相同(矩阵 A),部分相同(矩阵 B),也可能完全不同(矩阵 C);对于特征值和奇异值不同的矩阵,其模值也难有显而易见的结果. 常见的结果有:

命题 3.9.1 设 $\sigma_1\geqslant\sigma_2\geqslant\cdots\geqslant\sigma_n$ 和 $|\lambda_1|\geqslant|\lambda_2|\geqslant\cdots\geqslant|\lambda_n|$ 分别是 n 阶正规矩

阵 $\boldsymbol{A}$ 的奇异值和特征值，则 $\sigma_i=|\lambda_i|, i=1,\cdots,n$.

命题 3.9.2 设 σ_i 和 $\lambda_i\,(i=1,\cdots,n)$ 分别是 n 阶复方阵 $\boldsymbol{A}$ 的奇异值和特征值，则

$$\sum_{i=1}^{n}|\lambda_i|^2 \leqslant \sum_{i=1}^{n}|\sigma_i|^2$$

上述两个命题留作课后习题，这里就不展开具体证明了.

定理 3.9.1(奇异值分解) 设 $\boldsymbol{A}\in\mathbb{C}_r^{m\times n}$，则存在酉矩阵 $\boldsymbol{U}\in\mathbb{C}^{m\times m}$ 与酉矩阵 $\boldsymbol{V}\in\mathbb{C}^{n\times n}$ 使得

$$\boldsymbol{A}=\boldsymbol{U}\begin{bmatrix}\boldsymbol{\Sigma}_r & \boldsymbol{O}\\ \boldsymbol{O} & \boldsymbol{O}\end{bmatrix}\boldsymbol{V}^{\mathrm{H}}$$

式中：$\boldsymbol{\Sigma}_r=\mathrm{diag}(\sigma_1,\cdots,\sigma_r)$，$\sigma_i\,(i=1,\cdots,r)$ 是矩阵 $\boldsymbol{A}$ 的正奇异值.

证明：由于 $\boldsymbol{A}\boldsymbol{A}^{\mathrm{H}}$ 为 m 阶正规矩阵，故存在酉矩阵 $\boldsymbol{U}$ 使得

$$\boldsymbol{U}^{\mathrm{H}}(\boldsymbol{A}\boldsymbol{A}^{\mathrm{H}})\boldsymbol{U}=\mathrm{diag}(\sigma_1^2,\cdots,\sigma_r^2,0,\cdots,0)$$

式中：$\boldsymbol{U}=[\boldsymbol{\alpha}_1,\cdots,\boldsymbol{\alpha}_r,\boldsymbol{\alpha}_{r+1},\cdots,\boldsymbol{\alpha}_m]$，$\boldsymbol{\alpha}_1,\cdots,\boldsymbol{\alpha}_r$ 分别属于特征值 $\sigma_1^2,\cdots,\sigma_r^2$ 的单位正交特征向量，$\boldsymbol{\alpha}_{r+1},\cdots,\boldsymbol{\alpha}_m$ 则属于零特征值的 $(m-r)$ 个单位正交特征向量.

由引理 3.9.3 证明过程知，$\boldsymbol{A}^{\mathrm{H}}\boldsymbol{\alpha}_1,\cdots,\boldsymbol{A}^{\mathrm{H}}\boldsymbol{\alpha}_r$ 分别是矩阵 $\boldsymbol{A}^{\mathrm{H}}\boldsymbol{A}$ 属于特征值 $\sigma_1^2,\cdots,\sigma_r^2$ 的特征向量. 又知对任意 $i,j=1,\cdots,r$，有

$$(\boldsymbol{A}^{\mathrm{H}}\boldsymbol{\alpha}_i,\boldsymbol{A}^{\mathrm{H}}\boldsymbol{\alpha}_j)=\boldsymbol{\alpha}_j^{\mathrm{H}}\boldsymbol{A}\boldsymbol{A}^{\mathrm{H}}\boldsymbol{\alpha}_i=\sigma_i^2\boldsymbol{\alpha}_j^{\mathrm{H}}\boldsymbol{\alpha}_i=\begin{cases}\sigma_i^2, & i=j\\ 0, & i\neq j\end{cases}$$

因此，$\dfrac{\boldsymbol{A}^{\mathrm{H}}\boldsymbol{\alpha}_1}{\sigma_1},\cdots,\dfrac{\boldsymbol{A}^{\mathrm{H}}\boldsymbol{\alpha}_r}{\sigma_r}$ 是单位正交向量组. 将向量组 $\dfrac{\boldsymbol{A}^{\mathrm{H}}\boldsymbol{\alpha}_1}{\sigma_1},\cdots,\dfrac{\boldsymbol{A}^{\mathrm{H}}\boldsymbol{\alpha}_r}{\sigma_r}$ 扩充为 $\mathbb{C}^n$ 空间的一组标准正交基，并记为

$$\frac{\boldsymbol{A}^{\mathrm{H}}\boldsymbol{\alpha}_1}{\sigma_1},\cdots,\frac{\boldsymbol{A}^{\mathrm{H}}\boldsymbol{\alpha}_r}{\sigma_r},\boldsymbol{\beta}_{r+1},\cdots,\boldsymbol{\beta}_n$$

由此，分别定义 $\boldsymbol{U}=[\boldsymbol{U}_1,\boldsymbol{U}_2]$ 和 $\boldsymbol{V}=[\boldsymbol{V}_1,\boldsymbol{V}_2]$，其中

$$\boldsymbol{U}_1=[\boldsymbol{\alpha}_1,\cdots,\boldsymbol{\alpha}_r],\quad \boldsymbol{U}_2=[\boldsymbol{\alpha}_{r+1},\cdots,\boldsymbol{\alpha}_m]$$

$$\boldsymbol{V}_1=\left[\frac{\boldsymbol{A}^{\mathrm{H}}\boldsymbol{\alpha}_1}{\sigma_1},\cdots,\frac{\boldsymbol{A}^{\mathrm{H}}\boldsymbol{\alpha}_r}{\sigma_r}\right],\quad \boldsymbol{V}_2=[\boldsymbol{\beta}_{r+1},\cdots,\boldsymbol{\beta}_n]$$

显然，$\boldsymbol{V}_1=\boldsymbol{A}^{\mathrm{H}}\boldsymbol{U}_1\boldsymbol{\Sigma}_r^{-1}$. 于是，

$$\boldsymbol{U}\begin{bmatrix}\boldsymbol{\Sigma}_r & \boldsymbol{O}\\ \boldsymbol{O} & \boldsymbol{O}\end{bmatrix}\boldsymbol{V}^{\mathrm{H}}=\boldsymbol{U}_1\boldsymbol{\Sigma}_r\boldsymbol{V}_1^{\mathrm{H}}=\boldsymbol{U}_1\boldsymbol{U}_1^{\mathrm{H}}\boldsymbol{A}$$

由于 $\boldsymbol{A}\boldsymbol{U}_2=\boldsymbol{O}$，故 $\boldsymbol{U}_2\boldsymbol{U}_2^{\mathrm{H}}\boldsymbol{A}=\boldsymbol{O}$. 因此，$\boldsymbol{U}_1\boldsymbol{U}_1^{\mathrm{H}}\boldsymbol{A}=(\boldsymbol{U}_1\boldsymbol{U}_1^{\mathrm{H}}+\boldsymbol{U}_2\boldsymbol{U}_2^{\mathrm{H}})\boldsymbol{A}=\boldsymbol{A}$. 证毕.

注 4：若 $\boldsymbol{A}=\boldsymbol{U}\boldsymbol{D}\boldsymbol{V}^{\mathrm{H}}$ 是奇异值分解，则酉矩阵 $\boldsymbol{U}$ 的列向量为 $\boldsymbol{A}\boldsymbol{A}^{\mathrm{H}}$ 的特征向量，酉矩阵 $\boldsymbol{V}$ 的列向量为 $\boldsymbol{A}^{\mathrm{H}}\boldsymbol{A}$ 的特征向量.

根据定理 3.9.1 知，矩阵的奇异值分解步骤可归结如下：

(1) 计算 $\boldsymbol{A}\boldsymbol{A}^{\mathrm{H}}$ 的 m 个特征值，确定对角矩阵 $\boldsymbol{\Sigma}_r$；

(2) 计算 $\boldsymbol{AA}^{\mathrm{H}}$ 的 m 个特征向量 $\boldsymbol{\alpha}_1,\cdots,\boldsymbol{\alpha}_m$(其中 $\boldsymbol{\alpha}_1,\cdots,\boldsymbol{\alpha}_r$ 须是属于 $\boldsymbol{AA}^{\mathrm{H}}$ 非零特征值的特征向量),将其标准化构成酉矩阵 $\boldsymbol{U}$;

(3) 计算 $\boldsymbol{A}^{\mathrm{H}}\boldsymbol{\alpha}_1,\cdots,\boldsymbol{A}^{\mathrm{H}}\boldsymbol{\alpha}_r$,将其扩为 $\mathbb{C}^n$ 的一组标准正交基,构成酉矩阵 $\boldsymbol{V}$.

注 5:读者也可先尝试构造酉矩阵 $\boldsymbol{V}$,然后再依据 $\boldsymbol{V}$ 构造酉矩阵 $\boldsymbol{U}$,由此给出奇异值分解证明和相应的分解步骤.下面用例 3.9.3 进行说明.

例 3.9.3 求矩阵 $\boldsymbol{A}=\begin{bmatrix}2&1\\0&2\\1&0\end{bmatrix}$ 的奇异值分解.

解:计算 $\boldsymbol{A}^{\mathrm{H}}\boldsymbol{A}$ 得

$$\boldsymbol{A}^{\mathrm{H}}\boldsymbol{A}=\begin{bmatrix}5&2\\2&5\end{bmatrix}$$

其特征多项式为 $|\lambda\boldsymbol{I}-\boldsymbol{A}^{\mathrm{H}}\boldsymbol{A}|=(\lambda-7)(\lambda-3)$.显然,$\boldsymbol{A}^{\mathrm{H}}\boldsymbol{A}$ 的特征值为 $\lambda_1=7,\lambda_2=3$;其单位特征向量分别为

$$\boldsymbol{v}_1=\frac{1}{\sqrt{2}}\begin{bmatrix}1\\1\end{bmatrix},\quad \boldsymbol{v}_2=\frac{1}{\sqrt{2}}\begin{bmatrix}1\\-1\end{bmatrix}$$

令

$$\boldsymbol{V}=\boldsymbol{V}_1=\frac{1}{\sqrt{2}}\begin{bmatrix}1&1\\1&-1\end{bmatrix},\quad \boldsymbol{\Sigma}_r=\begin{bmatrix}\sqrt{7}&0\\0&\sqrt{3}\end{bmatrix}$$

定义

$$\boldsymbol{U}_1=\boldsymbol{AV}_1\boldsymbol{\Sigma}_r^{-1}=\begin{bmatrix}\frac{3}{\sqrt{14}}&\frac{1}{\sqrt{6}}\\ \frac{2}{\sqrt{14}}&-\frac{2}{\sqrt{6}}\\ \frac{1}{\sqrt{14}}&\frac{1}{\sqrt{6}}\end{bmatrix}=[\boldsymbol{u}_1,\boldsymbol{u}_2]$$

并将 $\boldsymbol{U}_1$ 中列向量 $\boldsymbol{u}_1,\boldsymbol{u}_2$ 扩充成 $\mathbb{R}^3$ 中的标准正交基:设 $\boldsymbol{u}_3=[x_1,x_2,x_3]^{\mathrm{T}}\in\mathbb{R}^3$,由 $\boldsymbol{u}_1,\boldsymbol{u}_2,\boldsymbol{u}_3$ 是单位正交向量组,得到如下方程组:

$$\begin{cases}3x_1+2x_2+x_3=0\\x_1-2x_2+x_3=0\\|x_1|^2+|x_2|^2+|x_3|^2=1\end{cases}$$

解得 $\boldsymbol{u}_3=\frac{1}{\sqrt{21}}[2,-1,-4]^{\mathrm{T}}$.

由此得到酉矩阵 $\boldsymbol{U}$

$$U=\begin{bmatrix}\frac{3}{\sqrt{14}} & \frac{1}{\sqrt{6}} & \frac{2}{\sqrt{21}}\\ \frac{2}{\sqrt{14}} & -\frac{2}{\sqrt{6}} & -\frac{1}{\sqrt{21}}\\ \frac{1}{\sqrt{14}} & \frac{1}{\sqrt{6}} & -\frac{4}{\sqrt{21}}\end{bmatrix}$$

所以,A 的奇异值分解为

$$A=\begin{bmatrix}\frac{3}{\sqrt{14}} & \frac{1}{\sqrt{6}} & \frac{2}{\sqrt{21}}\\ \frac{2}{\sqrt{14}} & -\frac{2}{\sqrt{6}} & -\frac{1}{\sqrt{21}}\\ \frac{1}{\sqrt{14}} & \frac{1}{\sqrt{6}} & -\frac{4}{\sqrt{21}}\end{bmatrix}\begin{bmatrix}\sqrt{7} & 0\\ 0 & \sqrt{3}\\ 0 & 0\end{bmatrix}\begin{bmatrix}\frac{1}{\sqrt{2}} & \frac{1}{\sqrt{2}}\\ \frac{1}{\sqrt{2}} & -\frac{1}{\sqrt{2}}\end{bmatrix}$$

例 3.9.4 求 $A=\begin{bmatrix}1 & 0 & 0 & -1\\ 0 & 1 & 0 & 1\end{bmatrix}$ 的奇异值分解.

错误示范：首先有

$$AA^{H}=\begin{bmatrix}1 & 0 & 0 & -1\\ 0 & 1 & 0 & 1\end{bmatrix}\begin{bmatrix}1 & 0\\ 0 & 1\\ 0 & 0\\ -1 & 1\end{bmatrix}=\begin{bmatrix}2 & -1\\ -1 & 2\end{bmatrix}$$

计算其特征多项式为 $|\lambda I-AA^{H}|=(\lambda-3)(\lambda-1)$. 由此得到 AA^{H} 的特征值为 $\lambda_1=3$, $\lambda_2=1$. 分别求出这两个特征值对应的单位特征向量为

$$u_1=\frac{1}{\sqrt{2}}\begin{bmatrix}1\\ -1\end{bmatrix},\quad u_2=\frac{1}{\sqrt{2}}\begin{bmatrix}1\\ 1\end{bmatrix}$$

并定义酉矩阵 $U=[u_1,u_2]$, $\Sigma_r=\mathrm{diag}(\sqrt{3},1)$.

因为 $A^{H}A$ 与 AA^{H} 有相同的正特征值,所以 $A^{H}A$ 的所有特征值是 $\lambda_1=3,\lambda_2=1$, $\lambda_3=\lambda_4=0$. 分别求得各特征值对应的单位特征向量,并定义酉矩阵 V:

$$V=[v_1,v_2,v_3,v_4]=\begin{bmatrix}-\frac{1}{\sqrt{6}} & \frac{1}{\sqrt{2}} & 0 & \frac{1}{\sqrt{3}}\\ \frac{1}{\sqrt{6}} & \frac{1}{\sqrt{2}} & 0 & -\frac{1}{\sqrt{3}}\\ 0 & 0 & 1 & 0\\ \frac{2}{\sqrt{6}} & 0 & 0 & \frac{1}{\sqrt{3}}\end{bmatrix}$$

此时,$U\begin{bmatrix}\Sigma_r & O\\ O & O\end{bmatrix}V^{H}$ 是矩阵 A 的奇异值分解吗？经计算,得

$$U\begin{bmatrix}\boldsymbol{\Sigma}_r & O\\ O & O\end{bmatrix}V^{\mathrm{H}}=\begin{bmatrix}0&1&0&1\\1&0&0&-1\end{bmatrix}\neq A$$

显然,这不是 A 的奇异值分解.请大家思考上述分解出现的问题.

尽管 U 的列向量是矩阵 AA^{H} 的单位正交特征向量,V 的列向量是 $A^{\mathrm{H}}A$ 的单位正交特征向量,但酉矩阵 U 和 V 的选择还是有一定的相关性：或者先确定酉矩阵 U,然后根据 $V_1=A^{\mathrm{H}}U_1\boldsymbol{\Sigma}_r^{-1}$ 确定酉矩阵 V 的前 r 列;或者先确定酉矩阵 V,然后根据 $U_1=AV_1\boldsymbol{\Sigma}_r^{-1}$ 确定酉矩阵 U 的前 r 列.单独计算酉矩阵 U 和 V 可能导致错误分解.

利用矩阵的奇异值分解可对矩阵作极分解.具体定理如下：

定理 3.9.2(极分解) 任意复方阵 A 必有如下分解：

$$A=GW \tag{3.9.8}$$

式中：G 为半正定 Hermite 矩阵,W 为酉矩阵.当矩阵 A 可逆时,G 是正定 Hermite 矩阵,此时极分解式(3.9.8)唯一.

证明：(1) 对矩阵 A 应用奇异值分解,得 $A=UDV^{\mathrm{H}}$,其中,U 和 V 均是酉矩阵,D 是半正定对角矩阵并可表示为

$$D=\begin{bmatrix}\begin{bmatrix}\sigma_1 & & O\\ & \ddots & \\ O & & \sigma_r\end{bmatrix} & O\\ O & O\end{bmatrix}$$

式中：$\sigma_i,i=1,\cdots,r$ 是矩阵 A 的正奇异值.

进一步,由 $U^{\mathrm{H}}U=I$ 得,

$$A=UDV^{\mathrm{H}}=UDU^{\mathrm{H}}UV^{\mathrm{H}}$$

定义 $G=UDU^{\mathrm{H}},W=UV^{\mathrm{H}}$,则 G 是半正定 Hermite 矩阵,W 为酉矩阵.

(2) 当矩阵 A 是可逆矩阵时,则 D 为正定对角矩阵,其对角线元素恰为矩阵 A 的 n 个正奇异值.此时极分解 $A=GW$ 中,G 是正定 Hermite 矩阵.

现证明极分解的唯一性.假设矩阵 A 的极分解不唯一,即

$$A=GW=\tilde{G}\tilde{W}$$

式中：G 和 $\tilde{G}$ 是正定 Hermite 矩阵,W 和 $\tilde{W}$ 是酉矩阵 $\tilde{W}$.

由于 $\tilde{G}$ 是正定 Hermite 矩阵,故存在正定对角阵 $\tilde{D}=\mathrm{diag}(\mu_1,\cdots,\mu_n)$ 和酉矩阵 $\tilde{U}$ 满足 $\tilde{G}=\tilde{U}\tilde{D}\tilde{U}^{\mathrm{H}}$,其中正实数 $\mu_1,\cdots,\mu_n$ 是矩阵 $\tilde{G}$ 的 n 个特征值.

定义 $\tilde{V}=\tilde{W}^{\mathrm{H}}\tilde{U}$,则矩阵 A 可作如下分解：

$$A=\tilde{U}\tilde{D}\tilde{V}^{\mathrm{H}} \tag{3.9.9}$$

于是,$A=UDV^{\mathrm{H}}$ 和 $A=\tilde{U}\tilde{D}\tilde{V}^{\mathrm{H}}$ 是矩阵 A 的两种不同奇异值分解,且集合 $\{\mu_1,\cdots,\mu_n\}$ 和集合 $\{\sigma_1,\cdots,\sigma_n\}$ 相等,即 $\mu_{i_j}=\sigma_i$,其中 $i,j=1,\cdots,n,i_1,\cdots,i_n$ 是 $1,\cdots,n$ 的一个排列.

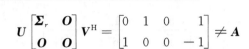

将矩阵 $\boldsymbol{A}$ 的两种不同奇异值分解代入 $\boldsymbol{A}\boldsymbol{A}^{\mathrm{H}}$ 得

$$\boldsymbol{U}\boldsymbol{D}^2\boldsymbol{U}^{\mathrm{H}}=\widetilde{\boldsymbol{U}}\widetilde{\boldsymbol{D}}^2\widetilde{\boldsymbol{U}}^{\mathrm{H}}$$

整理上式得

$$\boldsymbol{D}^2\boldsymbol{U}^{\mathrm{H}}\widetilde{\boldsymbol{U}}=\boldsymbol{U}^{\mathrm{H}}\widetilde{\boldsymbol{U}}\widetilde{\boldsymbol{D}}^2$$

令 $\boldsymbol{U}^{\mathrm{H}}\widetilde{\boldsymbol{U}}=[\widetilde{u}_{ij}]_{n\times n}$，则

$$\begin{bmatrix}\sigma_1^2 & & \boldsymbol{O}\\ & \ddots & \\ \boldsymbol{O} & & \sigma_n^2\end{bmatrix}\begin{bmatrix}\widetilde{u}_{11} & \cdots & \widetilde{u}_{1n}\\ \vdots & & \vdots\\ \widetilde{u}_{n1} & \cdots & \widetilde{u}_{nn}\end{bmatrix}=\begin{bmatrix}\widetilde{u}_{11} & \cdots & \widetilde{u}_{1n}\\ \vdots & & \vdots\\ \widetilde{u}_{n1} & \cdots & \widetilde{u}_{nn}\end{bmatrix}\begin{bmatrix}\mu_1^2 & & \boldsymbol{O}\\ & \ddots & \\ \boldsymbol{O} & & \mu_n^2\end{bmatrix}$$

上式展开整理得

$$\sigma_i^2\widetilde{u}_{ij}=\mu_j^2\widetilde{u}_{ij},\quad i,j=1,\cdots,n. \tag{3.9.10}$$

显然，当 $\sigma_i\neq\mu_j$ 时，式(3.9.10)成立当且仅当 $\widetilde{u}_{ij}=0$；否则 $\sigma_i=\mu_j$. 故

$$\sigma_i\widetilde{u}_{ij}=\mu_j\widetilde{u}_{ij},\quad i,j=1,\cdots,n$$

将上式进一步改成矩阵形式为 $\boldsymbol{D}\boldsymbol{U}^{\mathrm{H}}\widetilde{\boldsymbol{U}}=\boldsymbol{U}^{\mathrm{H}}\widetilde{\boldsymbol{U}}\widetilde{\boldsymbol{D}}$. 整理得 $\boldsymbol{G}=\widetilde{\boldsymbol{G}}$，并推导出 $\boldsymbol{W}=\widetilde{\boldsymbol{W}}$. 唯一性得证.

注 6：分解式(3.9.8)称为左极分解；若 $\boldsymbol{A}=\boldsymbol{V}\boldsymbol{G}$，其中 $\boldsymbol{V}$ 是酉矩阵，$\boldsymbol{G}$ 是半正定 Hermite 矩阵，则称分解式 $\boldsymbol{A}=\boldsymbol{V}\boldsymbol{G}$ 为右极分解.

【应用】 奇异值分解在矩阵特征值、广义逆矩阵等矩阵分析和计算方面有着重要应用，而且在图像处理、机器学习等领域有着广泛应用. 下面以奇异值分解在最小二乘问题和图像压缩的应用为例展开说明.

最小二乘问题　设 $\boldsymbol{A}\in\mathbb{C}^{m\times n}$，$\boldsymbol{b}\in\mathbb{C}^m$，求 $\boldsymbol{x}^*\in\mathbb{C}^n$ 使得

$$\|\boldsymbol{A}\boldsymbol{x}^*-\boldsymbol{b}\|=\min_{x\in\mathbb{C}^n}\|\boldsymbol{A}\boldsymbol{x}-\boldsymbol{b}\|$$

一般而言，$\boldsymbol{b}\notin R(\boldsymbol{A})$，否则必存在 $\boldsymbol{x}^*\in\mathbb{C}^n$ 使得 $\boldsymbol{A}\boldsymbol{x}^*=\boldsymbol{b}$.

设矩阵 $\boldsymbol{A}$ 的奇异值分解为 $\boldsymbol{A}=\boldsymbol{U}\boldsymbol{D}\boldsymbol{V}^{\mathrm{H}}$，则

$$\boldsymbol{A}\boldsymbol{x}-\boldsymbol{b}=\boldsymbol{U}\boldsymbol{D}\boldsymbol{V}^{\mathrm{H}}\boldsymbol{x}-\boldsymbol{b}=\boldsymbol{U}(\boldsymbol{D}\boldsymbol{V}^{\mathrm{H}}\boldsymbol{x}-\boldsymbol{U}^{\mathrm{H}}\boldsymbol{b}) \tag{3.9.11}$$

令 $\boldsymbol{y}=\boldsymbol{V}^{\mathrm{H}}\boldsymbol{x}$，$\boldsymbol{c}=\boldsymbol{U}^{\mathrm{H}}\boldsymbol{b}$，则式(3.9.11)可写为

$$\boldsymbol{A}\boldsymbol{x}-\boldsymbol{b}=\boldsymbol{U}(\boldsymbol{D}\boldsymbol{y}-\boldsymbol{c}) \tag{3.9.12}$$

由于 $\boldsymbol{U}$ 是酉矩阵，不改变向量的长度. 对式(3.9.12)两边取长度得

$$\|\boldsymbol{A}\boldsymbol{x}-\boldsymbol{b}\|=\|\boldsymbol{D}\boldsymbol{y}-\boldsymbol{c}\| \tag{3.9.13}$$

进一步，定义

$$\boldsymbol{D}=\begin{bmatrix}\sigma_1 & & & & & \\ & \ddots & & \boldsymbol{O} & & \\ & & \sigma_r & & & \\ & & & 0 & & \\ & \boldsymbol{O} & & & \ddots & \\ & & & & & 0\end{bmatrix},\quad \boldsymbol{y}=\begin{bmatrix}y_1\\ \vdots\\ y_n\end{bmatrix},\quad \boldsymbol{c}=\begin{bmatrix}c_1\\ \vdots\\ c_m\end{bmatrix}$$

则有 $\boldsymbol{Dy}-\boldsymbol{c}=[\sigma_1 y_1-c_1,\cdots,\sigma_r y_r-c_r,-c_{r+1},\cdots,-c_m]^{\mathrm{T}}$，进而有

$$\|\boldsymbol{Ax}-\boldsymbol{b}\|^2=\sum_{i=1}^{r}(\sigma_i y_i-c_i)^2+\sum_{i=r+1}^{m}c_i^{\ 2} \tag{3.9.14}$$

显然，当 $\sigma_1 y_1-c_1=\cdots=\sigma_r y_r-c_r=0$ 时，$\|\boldsymbol{Ax}-\boldsymbol{b}\|$ 达到最小. 由此可解出

$$y_i=\frac{c_i}{\sigma_i},\quad i=1,\cdots,r \tag{3.9.15}$$

而 $y_i(i=r+1,\cdots,n)$ 为任意复数. 再由 $\boldsymbol{y}=\boldsymbol{V}^{\mathrm{H}}\boldsymbol{x}$ 可解得 $\boldsymbol{x}=\boldsymbol{Vy}$.

图像压缩 假设一副图像有 $m\times n$ 个像素，若将 mn 个数据一起传送，往往数据量太大. 现希望传送尽可能少的数据，并且在接收端还能利用这些数据重构原图像. 为研究这一问题，不妨用矩阵 $\boldsymbol{A}\in\mathbb{C}_r^{m\times n}$ 表示待传送的图像，其中

$$\boldsymbol{A}=\begin{bmatrix} f(1,1) & f(1,2) & \cdots & f(1,n) \\ f(2,1) & f(2,2) & \cdots & f(2,n) \\ \vdots & \vdots & & \vdots \\ f(m,1) & f(m,2) & \cdots & f(m,n) \end{bmatrix}=\begin{bmatrix} a_{11} & a_{12} & \cdots & a_{1n} \\ a_{21} & a_{22} & \cdots & a_{2n} \\ \vdots & \vdots & & \vdots \\ a_{m1} & a_{m2} & \cdots & a_{mn} \end{bmatrix}$$

$f(x,y)$ 表示点 (x,y) 处图像的灰度或强度.

设矩阵 $\boldsymbol{A}$ 的奇异值分解为

$$\boldsymbol{A}=\boldsymbol{U}\begin{bmatrix} \sigma_1 & & & & & \\ & \ddots & & & \boldsymbol{O} & \\ & & \sigma_r & & & \\ & & & 0 & & \\ & \boldsymbol{O} & & & \ddots & \\ & & & & & 0 \end{bmatrix}\boldsymbol{V}^{\mathrm{H}}$$

式中，$\boldsymbol{U}=[\boldsymbol{u}_1,\cdots,\boldsymbol{u}_m]$，$\boldsymbol{V}=[\boldsymbol{v}_1,\cdots,\boldsymbol{v}_n]^{\mathrm{H}}$，且 $\sigma_1\geqslant\sigma_2\geqslant\cdots\geqslant\sigma_r>0$.

由此，

$$\boldsymbol{A}=[\boldsymbol{u}_1,\cdots,\boldsymbol{u}_m]\begin{bmatrix} \sigma_1 & & & & & \\ & \ddots & & & \boldsymbol{O} & \\ & & \sigma_r & & & \\ & & & 0 & & \\ & \boldsymbol{O} & & & \ddots & \\ & & & & & 0 \end{bmatrix}\begin{bmatrix} \boldsymbol{v}_1^{\mathrm{H}} \\ \vdots \\ \boldsymbol{v}_n^{\mathrm{H}} \end{bmatrix}$$

$$=\sigma_1\boldsymbol{u}_1\boldsymbol{v}_1^{\mathrm{H}}+\cdots+\sigma_r\boldsymbol{u}_r\boldsymbol{v}_r^{\mathrm{H}}$$

若从中选择 $k(k<r)$ 个大奇异值以及这些奇异值对应的左右向量逼近原图像，即

$$\hat{\boldsymbol{A}}=\sum_{i=1}^{k}\sigma_i\boldsymbol{u}_i\boldsymbol{v}_i^{\mathrm{H}} \tag{3.9.16}$$

则可利用 $\hat{A}$“近似”A 以实现图像的压缩. 当然,若 k 值偏小,则重构的图像质量可能不满意;反之,过大的 k 值又降低图像压缩和传送的效率. 因此,需要根据事情选择合适的 k 值以兼顾图像传送效率和重构质量. 图 3.9.1 给出了利用奇异值分解的一个示例,其中图(a)为原图,图(b)为 $k=20$ 的图像重构,图(c)为 $k=50$ 的图像重构,图(d)为 $k=100$ 的图像重构.

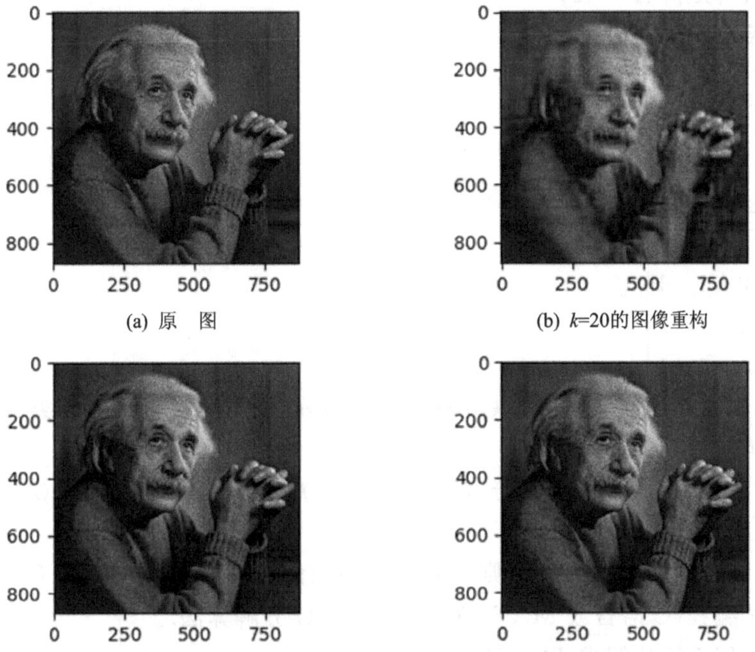

(a) 原　图　　(b) k=20的图像重构

(c) k=50的图像重构　　(d) k=100的图像重构

图 3.9.1　利用奇异值分解实例

【思考】 若已知矩阵 $B=\begin{bmatrix}1 & \varepsilon \\ -1 & \varepsilon\end{bmatrix}$ 和 $C=\frac{1}{\sqrt{2}}\begin{bmatrix}1 & 1 \\ -1 & 1\end{bmatrix}$,如何求矩阵乘积 BC 的奇异值分解?

这是我们在应用奇异值分解时常会遇到的问题. 我们自然的想法是先求出矩阵乘积 BC,然后再对 BC 进行奇异值分解. 在实际计算中,若 $|\varepsilon|$ 选取小于或大于计算截断误差时,会发现 BC 的奇异值明显发生变化. 请读者思考并提出解决办法.

本章习题

1. 设 $A_1, A_2, \cdots, A_m$ 均为 n 阶复方阵,且 $A_1A_2 \cdot \cdots \cdot A_m=O$, $m\in\mathbb{N}$. 证明
$$\operatorname{rank}(A_1)+\operatorname{rank}(A_2)+\cdots+\operatorname{rank}(A_m)\leqslant(m-1)n$$
2. 已知 $A\in\mathbb{C}^{m\times n}$,求满足矩阵方程 $AXA=A$ 的所有 X,并说明 X 唯一性条件.

(矩阵 $\boldsymbol{A}$ 的减号逆)

3. 设矩阵 $\boldsymbol{AB}=\boldsymbol{BA}=\boldsymbol{O}$,证明存在可逆矩阵 $\boldsymbol{P}$、$\boldsymbol{Q}$ 使得

$$\boldsymbol{A}=\boldsymbol{P}\begin{bmatrix}\boldsymbol{I}_m & \boldsymbol{O}\\ \boldsymbol{O} & \boldsymbol{O}\end{bmatrix}\boldsymbol{Q},\quad \boldsymbol{B}=\boldsymbol{Q}^{-1}\begin{bmatrix}\boldsymbol{O} & \boldsymbol{O}\\ \boldsymbol{O} & \boldsymbol{I}_n\end{bmatrix}\boldsymbol{P}^{-1}$$

4. 分别求满足条件(1)、(2)的矩阵 $\boldsymbol{A}\in\mathbb{C}^{n\times n}$,其中

(1) 幂等矩阵 $\boldsymbol{A}^2=\boldsymbol{A}$;

(2) 幂零矩阵 $\boldsymbol{A}^2=\boldsymbol{O}$.

5. 求下列矩阵的满秩分解:

(1) $\begin{bmatrix}0 & 1 & -2 & 4 & -\mathrm{i}\\ 0 & -1 & 2 & -4 & \mathrm{i}\\ 0 & -1 & 1+\mathrm{i} & -3 & -\mathrm{i}\end{bmatrix}$;

(2) $\begin{bmatrix}1 & 0 & 1\\ 0 & 1 & 1\\ 1 & 1 & 2\\ 1 & 0 & 1\end{bmatrix}$.

6. 已知 $\boldsymbol{A}\in\mathbb{C}^{m\times n}$,利用满秩分解求满足矩阵方程 $\boldsymbol{AXA}=\boldsymbol{A}$ 的一类 $\boldsymbol{X}$.(矩阵 $\boldsymbol{A}$ 的减号逆)

7. 设 $\boldsymbol{A}\in\mathbb{C}_r^{m\times n}$,利用满秩分解证明 $\mathrm{rank}(\boldsymbol{A})=\mathrm{rank}(\boldsymbol{AA}^{\mathrm{H}})=\mathrm{rank}(\boldsymbol{A}^{\mathrm{H}}\boldsymbol{A})$.

8. 证明定理 3.2.3.

9. 设 $\boldsymbol{A}\in\mathbb{C}_{r_1}^{m\times n}$,$\boldsymbol{B}\in\mathbb{C}_{r_2}^{n\times m}$,则 $\boldsymbol{AB}$ 和 $\boldsymbol{BA}$ 具有完全相同的非零特征值.

10. 试编程(C 语言或 MATLAB)矩阵的 LU 分解算法.

11. 利用 LU 分解求解方程组

$$\begin{cases}3x_1+3x_2+4x_3=2\\ x_1+x_2+9x_3=-7\\ x_1+2x_2-6x_3=9\end{cases}$$

试给出 n 阶正定实对称矩阵的 Cholesky 算法,并用编程实现.

12. 平板稳态传热问题的解可近似用非齐次线性方程 $\boldsymbol{Ax}=\boldsymbol{b}$ 的解来逼近,求该方程的解,其中 $\boldsymbol{b}=[5,15,0,10,0,10,20,30]^{\mathrm{T}}$,矩阵 $\boldsymbol{A}$ 为

$$\boldsymbol{A}=\begin{bmatrix}4 & -1 & -1 & 0 & 0 & 0 & 0 & 0\\ -1 & 4 & 0 & -1 & 0 & 0 & 0 & 0\\ -1 & 0 & 4 & -1 & -1 & 0 & 0 & 0\\ 0 & -1 & -1 & 4 & 0 & -1 & 0 & 0\\ 0 & 0 & -1 & 0 & 4 & -1 & -1 & 0\\ 0 & 0 & 0 & -1 & -1 & 4 & 0 & -1\\ 0 & 0 & 0 & 0 & -1 & 0 & 4 & -1\\ 0 & 0 & 0 & 0 & 0 & -1 & -1 & 4\end{bmatrix}$$

13. 设 $\boldsymbol{A}$、$\boldsymbol{B}$ 均为 n 阶复方阵，若存在复数 λ 和非零向量 $\boldsymbol{x}\in\mathbb{C}^n$ 使得 $\boldsymbol{Ax}=\lambda\boldsymbol{Bx}$，则称 λ 为广义特征值问题 $\boldsymbol{Ax}=\lambda\boldsymbol{Bx}$ 的特征值，非零向量 $\boldsymbol{x}$ 称为对应于特征值 λ 特征向量. 在振动理论等应用问题中，$\boldsymbol{A}$ 和 $\boldsymbol{B}$ 均为 Hermite 矩阵，且 $\boldsymbol{B}$ 是正定矩阵，试求广义特征值问题 $\boldsymbol{Ax}=\lambda\boldsymbol{Bx}$ 的特征值与特征向量.

14. 试编程(C 语言或 MATALB)矩阵的 QR 分解算法.

15. 求 $\boldsymbol{A}=\begin{bmatrix}1&2&2\\2&1&2\\1&2&1\end{bmatrix}$ 的 QR 分解.

16. 利用 QR 分解求解方程组

$$\begin{cases}3x_1+3x_2+4x_3=2\\x_1+x_2+9x_3=-7\\x_1+2x_2-6x_3=9\end{cases}$$

17. 利用 QR 分解解决优化问题：$\min\limits_{\boldsymbol{b}\notin R(\boldsymbol{A})}\|\boldsymbol{Ax}-\boldsymbol{b}\|_2$，其中，矩阵 $\boldsymbol{A}\in\mathbb{C}^{m\times n}(n\leqslant m)$ 和向量 $\boldsymbol{b}\in\mathbb{C}^m$ 已知，求向量 $\boldsymbol{x}$.

18. 证明 QR 算法产生的矩阵序列 $\{\boldsymbol{A}_k, k=1,2,\cdots,\}$ 满足以下两个条件：

(1) $\boldsymbol{A}_{k+1}=(Q_1\cdot Q_2\cdot\cdots\cdot Q_k)^{\mathrm{T}}\boldsymbol{A}(Q_1\cdot Q_2\cdot\cdots\cdot Q_k)$；

(2) $\boldsymbol{A}^k=(Q_1\cdot Q_2\cdot\cdots\cdot Q_k)(R_k\cdot R_{k-1}\cdot\cdots\cdot R_1)$.

19. 证明秩为 1 的矩阵 $\boldsymbol{A}$ 的最小多项式是 $m_{\boldsymbol{A}}(\lambda)=\lambda^2-\mathrm{tr}(\boldsymbol{A})\lambda$.

20. 求矩阵的最小多项式：

(1) $\begin{bmatrix}1&0&0\\0&2&1\\0&0&1\end{bmatrix}$；(2) $\begin{bmatrix}1&0&1\\0&1&0\\0&0&1\end{bmatrix}$；(3) $\begin{bmatrix}1&0&1\\0&1&1\\0&0&1\end{bmatrix}$.

21. 求题 20 中矩阵的逆矩阵.

22. 设 $\boldsymbol{A}\in\mathbb{C}^{n\times n}$ 是首 1 多项式 $f(\lambda)$ 的友矩阵，证明 $m_{\boldsymbol{A}}(\lambda)=f(\lambda)$.

23. 已知矩阵 $\boldsymbol{A}=\begin{bmatrix}0&0&1\\x&1&y\\1&0&0\end{bmatrix}$ 是单纯矩阵，求 x 与 y.

24. 设 n 阶复方阵 $\boldsymbol{A}$、$\boldsymbol{B}$ 是单纯矩阵，且 $\boldsymbol{AB}=\boldsymbol{BA}$. 证明存在同一个 n 阶矩阵 $\boldsymbol{P}$ 使得 $\boldsymbol{P}^{-1}\boldsymbol{AP}$ 和 $\boldsymbol{P}^{-1}\boldsymbol{BP}$ 同时为对角阵.

25. 设复方阵 $\boldsymbol{A}$ 分别满足如下条件：

(1) $\boldsymbol{A}^2+\boldsymbol{A}=2\boldsymbol{I}$；

(2) $\boldsymbol{A}^k=\boldsymbol{I}$；

(3) $\boldsymbol{A}^k=\boldsymbol{O}$ 且 $\boldsymbol{A}\neq\boldsymbol{O}$；

式中，k 为自然数. 试判断 $\boldsymbol{A}$ 是否为单纯矩阵.

26. 设 $\boldsymbol{A}$ 是 n 阶 Hermite 矩阵，证明以下表达等价：

(1) $\boldsymbol{A}$ 是正定矩阵；

(2) 对于任意 n 阶可逆矩阵 $\boldsymbol{P}$，矩阵 $\boldsymbol{P}^{\mathrm{H}}\boldsymbol{AP}$ 正定；

(3) $\boldsymbol{A}$ 的 n 个特征值均为正数；

(4) 存在 n 阶可逆矩阵 $\boldsymbol{P}$ 使得 $\boldsymbol{P}^{\mathrm{H}}\boldsymbol{AP}=\boldsymbol{I}$；

(5) 存在 n 阶可逆矩阵 $\boldsymbol{Q}$ 使得 $\boldsymbol{A}=\boldsymbol{Q}^{\mathrm{H}}\boldsymbol{Q}$；

(6) 存在 n 阶可逆 Hermite 矩阵 $\boldsymbol{G}$ 使得 $\boldsymbol{A}=\boldsymbol{G}^2$.

27. 设 $\boldsymbol{A}=[a_{ij}]\in\mathbb{C}^{n\times n}$，证明 $\boldsymbol{A}$ 是正规矩阵当且仅当 $\sum_{i,j=1}^{n}|a_{ij}|^2=\sum_{i=1}^{n}|\lambda_i|^2$.

28. 设 $\boldsymbol{A}=[a_{ij}]\in\mathbb{C}^{n\times n}$，证明 $\boldsymbol{A}$ 是正规矩阵当且仅当 $\boldsymbol{A}+k\boldsymbol{I}$ 是正规矩阵，其中 $k\in\mathbb{C}$.

29. 求 $\boldsymbol{A}=\begin{bmatrix}-2\mathrm{i} & 4 & -2\\ -4 & -2\mathrm{i} & -2\mathrm{i}\\ 2 & -2\mathrm{i} & -5\mathrm{i}\end{bmatrix}$ 的谱分解.

30. 求 $\boldsymbol{A}=\begin{bmatrix}1 & 4 & 2\\ 0 & -3 & 4\\ 0 & 4 & 3\end{bmatrix}$ 的谱分解并计算 $\boldsymbol{A}^{100}$.

31. 求矩阵 $\boldsymbol{A}(\lambda)$ 的行列式因子和 Smith 标准形（利用两种不同方法求 Smith 标准形）

$$\boldsymbol{A}(\lambda)=\begin{bmatrix}\lambda(\lambda+1) & 0 & 0\\ 0 & \lambda & 0\\ 0 & 0 & (\lambda+1)^2\end{bmatrix}$$

32. 求矩阵 $\boldsymbol{A}(\lambda)$ 的初等因子，其中

$$\boldsymbol{A}(\lambda)=\begin{bmatrix}\lambda(\lambda+1) & 0 & 0\\ 0 & \lambda & 0\\ 0 & 0 & (\lambda+1)^2\end{bmatrix}$$

33. 设 $\boldsymbol{A}\in\mathbb{C}^{7\times 7}$，且其特征矩阵 $\lambda\boldsymbol{I}-\boldsymbol{A}\cong\mathrm{diag}\left((\lambda+1)^2, 1, (\lambda-2)^2, (\lambda-2)(\lambda+1), (\lambda-2), 1, 1\right)$，求 $\lambda\boldsymbol{I}-\boldsymbol{A}$ 的初等因子、不变因子及 Smith 标准形、矩阵 $\boldsymbol{A}$ 的最小多项式.

34. 实方矩阵 $\boldsymbol{A}$ 和它的转置相似吗？请说明理由.

35. 求 $\boldsymbol{A}^{100}-2\boldsymbol{A}^{50}$，其中

$$\boldsymbol{A}=\begin{bmatrix}3 & 0 & 8\\ 3 & 1 & 6\\ -2 & 0 & 5\end{bmatrix}$$

36. 求 $\boldsymbol{A}=\begin{bmatrix}-4 & 2 & 10\\ -4 & 3 & 7\\ -3 & 1 & 7\end{bmatrix}$ 和 $\boldsymbol{B}=\begin{bmatrix}2 & -1 & -1\\ 2 & -1 & -2\\ -1 & 1 & 2\end{bmatrix}$ 的 Jordan 标准形及变换

矩阵.

37. 设 $\sigma_1 \geqslant \sigma_2 \geqslant \cdots \geqslant \sigma_n$ 和 $|\lambda_1| \geqslant |\lambda_2| \geqslant \cdots \geqslant |\lambda_n|$ 分别是 n 阶正规矩阵 $\boldsymbol{A}$ 的奇异值和特征值，则 $\sigma_i = |\lambda_i|, i=1,\cdots,n$.

38. 设 σ_i 和 $\lambda_i (i=1,\cdots,n)$ 分别是 n 阶复方阵 $\boldsymbol{A}$ 的奇异值和特征值，则

$$\sum_{i=1}^{n} |\lambda_i|^2 \leqslant \sum_{i=1}^{n} |\sigma_i|^2$$

39. 设 $\boldsymbol{A}$ 是 n 阶实矩阵，证明 $\operatorname{rank}(\boldsymbol{A}-\mathrm{i}\boldsymbol{I})=\operatorname{rank}(\boldsymbol{A}+\mathrm{i}\boldsymbol{I})$.

40. 设 $\boldsymbol{A}$ 是 n 阶矩阵，证明

(1) 存在正整数 m 使得 $\operatorname{rank}(\boldsymbol{A}^m)=\operatorname{rank}(\boldsymbol{A}^{m+1})$；

(2) 对任意正整数 j，$\operatorname{rank}(\boldsymbol{A}^m)=\operatorname{rank}(\boldsymbol{A}^{m+j})$，其中 m 由(1)确定.

41. 证明：若 $\boldsymbol{A}$ 与 $\boldsymbol{B}$ 酉相抵，则 $\boldsymbol{A}$ 与 $\boldsymbol{B}$ 有相同的奇异值.

42. 求下列矩阵的奇异值分解：

(1) $\boldsymbol{A}=\begin{bmatrix}1\\1\\1\end{bmatrix}$；(2) $\boldsymbol{A}=\begin{bmatrix}1 & 1 & 0\\0 & 0 & 1\end{bmatrix}$.

43. 设矩阵 $\boldsymbol{A}$ 是 Hermite 矩阵，则以下等价命题：

(1) 矩阵 $\boldsymbol{A}$ 是半正定的；

(2) 对于任意 n 阶可逆矩阵 $\boldsymbol{P}$，$\boldsymbol{P}^{\mathrm{H}}\boldsymbol{A}\boldsymbol{P}$ 是半正定 Hermite 矩阵；

(3) Hermite 矩阵 $\boldsymbol{A}$ 的 n 个特征值均为非负数；

(4) 存在 n 阶可逆矩阵 P 使得 $\boldsymbol{P}^{\mathrm{H}}\boldsymbol{A}\boldsymbol{P}=\begin{bmatrix}\boldsymbol{I}_r & \boldsymbol{O}\\\boldsymbol{O} & \boldsymbol{O}\end{bmatrix}$，其中 $r=\operatorname{rank}(\boldsymbol{A})$；

(5) 存在秩为 $\operatorname{rank}(\boldsymbol{A})$ 的矩阵 $\boldsymbol{Q}$ 使得 $\boldsymbol{A}=\boldsymbol{Q}^{\mathrm{H}}\boldsymbol{Q}$；

(6) 存在 n 阶 Hermite 矩阵 $\boldsymbol{G}$ 使得 $\boldsymbol{A}=\boldsymbol{G}^2$；

(7) Hermite 矩阵 $\boldsymbol{A}$ 的所有顺序主子式均非负.

第 4 章

矩阵分析

在初等代数中，我们定义了复数的模，并用模这个度量表示复数的大小(或表示几何意义下的长度)，或依此考察复数间的距离. 对于 n 维线性空间，我们在定义了内积这一概念后，向量就有了长度、夹角以及距离等度量概念，这是基于三维现实空间中相应概念的推广. 本章将进一步把向量长度的概念推广至范数.

4.1 向量范数

定义 4.1.1(向量范数) 设 V 是数域 F 上的线性空间，$\|\boldsymbol{x}\|$是以 $\boldsymbol{x}\in V$ 为自变量的实值函数，若满足以下三条性质：

(1) 正定性(或非负性)：$\|\boldsymbol{x}\|\geqslant 0$，$\|\boldsymbol{x}\|=0$ 当且仅当 $\boldsymbol{x}=\boldsymbol{\theta}$；

(2) 齐次性：$\forall k\in F,\boldsymbol{x}\in V,\|k\boldsymbol{x}\|=|k|\,\|\boldsymbol{x}\|$；

(3) 三角不等式：$\forall \boldsymbol{x},\boldsymbol{y}\in V,\|\boldsymbol{x}+\boldsymbol{y}\|\leqslant\|\boldsymbol{x}\|+\|\boldsymbol{y}\|$，

则称$\|\boldsymbol{x}\|$是向量 $\boldsymbol{x}$ 的范数，V 是数域 F 上的赋范线性空间，记为$(V,\|\cdot\|)$.

注 1： 定义 4.1.1 中的三条性质称为范数的三条公理，即只要满足范数公理的实值函数均可定义为向量的范数.

注 2： 三角不等式的等价形式：

$$\forall \boldsymbol{x},\boldsymbol{y}\in V,\quad \big|\,\|\boldsymbol{x}\|-\|\boldsymbol{y}\|\,\big|\leqslant\|\boldsymbol{x}-\boldsymbol{y}\|$$

例 4.1.1 $\forall \boldsymbol{x}=[x_1,x_2,\cdots,x_n]^{\mathrm{T}}\in\mathbb{C}^n$，定义

$$\|\boldsymbol{x}\|_1=\sum_{i=1}^{n}|x_i| \tag{4.1.1}$$

$$\|\boldsymbol{x}\|_\infty=\max_{1\leqslant i\leqslant n}|x_i| \tag{4.1.2}$$

$$\|\boldsymbol{x}\|_2=\Big(\sum_{i=1}^{n}|x_i|^2\Big)^{\frac{1}{2}} \tag{4.1.3}$$

则 $\|x\|_1$、$\|x\|_\infty$ 和 $\|x\|_2$ 均是向量 x 的范数，分别称为向量 x 的 1 -范数、∞-范数和 2 -范数（或欧几里得范数）.

证明：1. 证明 $\|x\|_1$ 是向量 x 的范数.

(1) 正定性：$\|x\|_1 = \sum_{i=1}^{n} |x_i| \geqslant 0$，且 $\|x\|_1 = 0$ 当且仅当 $x = \theta$；

(2) 齐次性：$\forall k \in \mathbb{C}, \|kx\|_1 = \sum_{i=1}^{n} |kx_i| = \sum_{i=1}^{n} |k||x_i| = |k|\|x\|_1$；

(3) 三角不等式：$\forall x = [x_1, x_2, \cdots, x_n]^T$ 和 $y = [y_1, y_2, \cdots, y_n]^T \in \mathbb{C}^n$，则

$$\|x+y\|_1 = \sum_{i=1}^{n} |x_i + y_i| \leqslant \sum_{i=1}^{n} |x_i| + \sum_{i=1}^{n} |y_i| = \|x\|_1 + \|y\|_1$$

因此，$\|x\|_1$ 是向量 x 的范数.

2. 证明 $\|x\|_\infty$ 是向量 x 的范数.

(1) 正定性：$\|x\|_\infty = \max_{1 \leqslant i \leqslant n} |x_i| \geqslant 0$，且 $\|x\|_\infty = 0$ 当且仅当 $x = \theta$；

(2) 齐次性：$\forall k \in \mathbb{C}, \|kx\|_\infty = \max_{1 \leqslant i \leqslant n} |kx_i| = |k| \max_{1 \leqslant i \leqslant n} |x_i| = |k|\|x\|_\infty$；

(3) 三角不等式：$\forall x = [x_1, x_2, \cdots, x_n]^T$ 和 $y = [y_1, y_2, \cdots, y_n]^T \in \mathbb{C}^n$，则

$$\|x+y\|_\infty = \max_{1 \leqslant i \leqslant n} |x_i + y_i| \leqslant \max_{1 \leqslant i \leqslant n} |x_i| + \max_{1 \leqslant i \leqslant n} |y_i| = \|x\|_\infty + \|y\|_\infty$$

因此，$\|x\|_\infty$ 是向量 x 的范数.

3. 证明 $\|x\|_2$ 是向量 x 的范数.

(1) 正定性：$\|x\|_2 = \left(\sum_{i=1}^{n} |x_i|^2\right)^{\frac{1}{2}} \geqslant 0$，且 $\|x\|_2 = 0$ 当且仅当 $x = \theta$；

(2) 齐次性：

$$\forall k \in \mathbb{C}, \|kx\|_2 = \left(\sum_{i=1}^{n} |kx_i|^2\right)^{\frac{1}{2}} = \left(\sum_{i=1}^{n} |k|^2 |x_i|^2\right)^{\frac{1}{2}} = |k|\|x\|_2$$

(3) 三角不等式：$\forall x = [x_1, x_2, \cdots, x_n]^T$ 和 $y = [y_1, y_2, \cdots, y_n]^T \in \mathbb{C}^n$，由 Cauchy 不等式得

$$\begin{aligned} \|x+y\|_2^2 &= \|x\|_2^2 + (x, y) + (y, x) + \|y\|_2^2 \\ &\leqslant \|x\|_2^2 + 2\|x\|_2\|y\|_2 + \|y\|_2^2 = (\|x\|_2 + \|y\|_2)^2 \end{aligned}$$

因此，$\|x\|_2$ 是向量 x 的范数.

例 4.1.1 表明同一线性空间可定义多个向量范数.

例 4.1.2 设向量组 $\alpha_1, \alpha_2, \cdots, \alpha_n$ 是 n 维线性空间 V 的一组基，V 中任意向量 α 在这组基下的坐标为 $x = [x_1, x_2, \cdots, x_n]^T$. 由此，可定义向量 α 的范数为

$$\|\alpha\| \overset{\text{def}}{=} \sqrt{\sum_{i=1}^{n} |x_i|^2} \tag{4.1.4}$$

证明：由式(4.1.4)知，

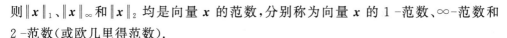

(1) 正定性：$\|\boldsymbol{\alpha}\|\geqslant 0$，且$\|\boldsymbol{\alpha}\|=0$当且仅当$\boldsymbol{\alpha}=\boldsymbol{\theta}$；

(2) 齐次性：$\forall k\in F,\|k\boldsymbol{\alpha}\|=\sqrt{\sum_{i=1}^{n}|kx_i|^2}=|k|\,\|\boldsymbol{\alpha}\|$；

(3) 三角不等式：设V中任意向量$\boldsymbol{\alpha}$和$\boldsymbol{\beta}$在基$\boldsymbol{\alpha}_1,\cdots,\boldsymbol{\alpha}_n$下的坐标分别为$\boldsymbol{x}=[x_1,x_2,\cdots,x_n]^{\mathrm{T}}$和$\boldsymbol{y}=[y_1,y_2,\cdots,y_n]^{\mathrm{T}}$，则

$$\|\boldsymbol{\alpha}+\boldsymbol{\beta}\|=\sqrt{\sum_{i=1}^{n}|x_i+y_i|^2}$$

$$\leqslant\sqrt{\sum_{i=1}^{n}|x_i|^2}+\sqrt{\sum_{i=1}^{n}|y_i|^2}=\|\boldsymbol{\alpha}\|+\|\boldsymbol{\beta}\|$$

因此，式(4.1.4)是向量$\boldsymbol{\alpha}$的范数.

【思考】 式(4.1.4)定义的范数是向量2-范数吗？

分析：尽管从形式上看式(4.1.4)定义的范数和向量2-范数基本一致，但这两种范数并不相同.向量2-范数是针对$\mathbb{C}^n$或$\mathbb{R}^n$空间中的向量而定义的范数，或理解为向量$\boldsymbol{\alpha}$的2-范数是基于向量$\boldsymbol{\alpha}$在$\mathbb{C}^n$或$\mathbb{R}^n$空间中的标准基下的坐标$\boldsymbol{x}$定义的（从这个角度看，向量的2-范数式是式(4.1.4)的特例）；而式(4.1.4)则不限定线性空间，只根据向量在一组特定基$\boldsymbol{\alpha}_1,\boldsymbol{\alpha}_2,\cdots,\boldsymbol{\alpha}_n$下的坐标$\boldsymbol{x}$进行定义.

例 4.1.3 设$1\leqslant p\leqslant\infty$，对任意向量$\boldsymbol{x}=[x_1,x_2,\cdots,x_n]^{\mathrm{T}}\in\mathbb{C}^n$，定义

$$\|\boldsymbol{x}\|_p=\left(\sum_{i=1}^{n}|x_i|^p\right)^{\frac{1}{p}}\tag{4.1.5}$$

则$\|\boldsymbol{x}\|_p$是向量$\boldsymbol{x}$的范数，称为p-范数.

证明：根据向量范数的定义进行证明.

(1) 正定性显然成立；

(2) 齐次性：对任意$k\in\mathbb{C}$和$\boldsymbol{x}=[x_1,x_2,\cdots,x_n]^{\mathrm{T}}\in\mathbb{C}^n$，有

$$\|k\boldsymbol{x}\|_p=\left(\sum_{i=1}^{n}|kx_i|^p\right)^{\frac{1}{p}}=|k|\left(\sum_{i=1}^{n}|x_i|^p\right)^{\frac{1}{p}}=|k|\,\|\boldsymbol{x}\|_p$$

(3) 三角不等式：当$p=1$时，三角不等式显然成立.设$p>1$，并定义$q=\dfrac{p}{p-1}$，则$q>1$且$\dfrac{1}{p}+\dfrac{1}{q}=1$.

再令$\boldsymbol{x}=[x_1,x_2,\cdots,x_n]^{\mathrm{T}}\in\mathbb{C}^n$和$\boldsymbol{y}=[y_1,y_2,\cdots,y_n]^{\mathrm{T}}\in\mathbb{C}^n$，则

$$\sum_{i=1}^{n}|x_i+y_i|^p=\sum_{i=1}^{n}|x_i+y_i|\cdot|x_i+y_i|^{p-1}$$

$$\leqslant\sum_{i=1}^{n}|x_i|\cdot|x_i+y_i|^{p-1}+\sum_{i=1}^{n}|y_i|\cdot|x_i+y_i|^{p-1}$$

利用 Holder 不等式，上式可改写为

$$\sum_{i=1}^{n}|x_i+y_i|^p\leqslant\left(\sum_{i=1}^{n}|x_i|^p\right)^{\frac{1}{p}}\left(\sum_{i=1}^{n}|x_i+y_i|^{(p-1)q}\right)^{\frac{1}{q}}+$$

$$(\sum_{i=1}^{n}|y_i|^p)^{\frac{1}{p}}\cdot(\sum_{i=1}^{n}|x_i+y_i|^{(p-1)q})^{\frac{1}{q}}$$

$$=[(\sum_{i=1}^{n}|x_i|^p)^{\frac{1}{p}}+(\sum_{i=1}^{n}|y_i|^p)^{\frac{1}{p}}]\cdot(\sum_{i=1}^{n}|x_i+y_i|^p)^{\frac{1}{q}}$$

因此，

$$(\sum_{i=1}^{n}|x_i+y_i|^p)^{\frac{1}{p}}\leqslant(\sum_{i=1}^{n}|x_i|^p)^{\frac{1}{p}}+(\sum_{i=1}^{n}|y_i|^p)^{\frac{1}{p}}$$

即 $\|\boldsymbol{x}+\boldsymbol{y}\|_p\leqslant\|\boldsymbol{x}\|_p+\|\boldsymbol{y}\|_p$. 综上知，$\|\boldsymbol{x}\|_p$ 是 $\boldsymbol{x}$ 的范数.

注 3： 当 $p=1,2$ 时，$\|\boldsymbol{x}\|_p$ 分别是例 4.1.1 中的 1 -范数和 2 -范数. 当 $p=\infty$时，$\lim_{p\to\infty}\|\boldsymbol{x}\|_p=\|\boldsymbol{x}\|_\infty$. 当 $0<p<1$ 时，此时$\|\boldsymbol{x}\|_p$ 不满足三角不等式.

注 4： 范数证明常涉及两个重要的不等式，分别为

(1) Holder 不等式：设 $p,q>1$ 且$\frac{1}{p}+\frac{1}{q}=1$，则对任意 $\boldsymbol{x}=[x_1,x_2,\cdots,x_n]^{\mathrm{T}}\in\mathbb{C}^n$ 和 $\boldsymbol{y}=[y_1,y_2,\cdots,y_n]^{\mathrm{T}}\in\mathbb{C}^n$，有

$$\sum_{i=1}^{n}|x_iy_i|\leqslant(\sum_{i=1}^{n}|x_i|^p)^{\frac{1}{p}}(\sum_{i=1}^{n}|y_i|^q)^{\frac{1}{q}}$$

(2) Minkowski 不等式：$\forall\boldsymbol{x}=[x_1,x_2,\cdots,x_n]^{\mathrm{T}}\in\mathbb{C}^n$，$\boldsymbol{y}=[y_1,y_2,\cdots,y_n]^{\mathrm{T}}\in\mathbb{C}^n$以及 $p\geqslant1$，则

$$(\sum_{i=1}^{n}|x_i+y_i|^p)^{\frac{1}{p}}\leqslant(\sum_{i=1}^{n}|x_i|^p)^{\frac{1}{p}}+(\sum_{i=1}^{n}|y_i|^p)^{\frac{1}{p}}$$

【思考】 内积空间是赋范线性空间吗？

分析：判断内积空间是否为赋范线性空间只需判断内积空间是否定义了符合范数三条公理的实值函数. 显然，内积空间定义的向量长度符合这一要求. 因此，内积空间是赋范线性空间. 实际上，内积空间的长度定义不仅满足范数的三条公理，还满足平行四边形法则；而赋范线性空间并不一定满足这一法则.

例 4.1.4 考察空间$\mathbb{R}^2$，若定义

$$\|\boldsymbol{x}\|_p=\sqrt[p]{|x_1|^p+|x_2|^p}$$

式中，$\boldsymbol{x}=[x_1,x_2]^{\mathrm{T}}\in\mathbb{R}^2$，$p\geqslant1$. 由例 4.1.3 知，在赋范线性空间$(\mathbb{R}^2,\|\cdot\|_p)$中，$\|\boldsymbol{x}\|_p$ 是一个范数. 当 $p=2$ 时，$\|\boldsymbol{x}\|_2$ 满足平行四边形法则，由此可在$\mathbb{R}^2$中定义一个内积，使得由它定义的长度正是$\mathbb{R}^2$中的$\|\cdot\|_2$(这是泛函中 Fréchet-Jordan-Von Neumann 定理). 当 $p\neq2$ 时，如果$\mathbb{R}^2$空间可定义内积，使得对任意 $\boldsymbol{x}\in\mathbb{R}^2$，$(\boldsymbol{x},\boldsymbol{x})=\|\boldsymbol{x}\|_p^2$，那么对 $\boldsymbol{x}=[x_1,x_2]^{\mathrm{T}}$ 和 $\boldsymbol{y}=[y_1,y_2]^{\mathrm{T}}$，应有

$$\begin{aligned}\|\boldsymbol{x}+\boldsymbol{y}\|_p^2+\|\boldsymbol{x}-\boldsymbol{y}\|_p^2&=(|x_1+y_1|^p+|x_2+y_2|^p)^{\frac{2}{p}}+\\&\quad(|x_1-y_1|^p+|x_2-y_2|^p)^{\frac{2}{p}}\\&=2(|x_1|^p+|x_2|^p)^{\frac{2}{p}}+2(|y_1|^p+|y_2|^p)^{\frac{2}{p}}\end{aligned}$$

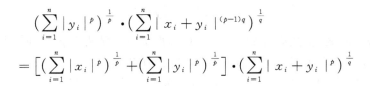

$$=2(\|x\|_p^2+\|y\|_p^2)$$

当 $x=e_1, y=e_2$ 时，上式应有 $2^{\frac{2}{p}}+2^{\frac{2}{p}}=4$. 解得 $p=2$. 显然当 $p\neq 2$ 时，上式显然不成立，即当 $p\neq 2$ 时，线性赋范空间 $\mathbb{R}^2$ 中，均没有内积.

例 4.1.5 设 $A\in\mathbb{C}^{n\times n}$ 是正定 Hermite 矩阵，对任意向量 $x\in\mathbb{C}^n$，定义 $\|x\|_A=\sqrt{x^{\mathrm{H}}Ax}$，则 $\|x\|_A$ 是向量范数，常称为加权范数或椭圆范数.

证明：由 Cholesky 分解知，存在可逆矩阵 W 使得 $A=W^{\mathrm{H}}W$. 因此，

$$\|x\|_A=\sqrt{x^{\mathrm{H}}Ax}=\|Wx\|_2 \tag{4.1.6}$$

由式(4.1.6)容易证明正定性和齐次性. 下面证明三角不等式：

$$\|x+y\|_A=\|W(x+y)\|_2\leqslant\|Wx\|_2+\|Wy\|_2=\|x\|_A+\|y\|_A$$

综上所知，$\|x\|_A$ 是向量范数.

注 5：例 4.1.5 提供了一种借助已有向量范数构造新的向量范数的方法. 实际上，我们可利用定义式(4.1.6)构造更一般的向量范数(见本章的习题 2).

【应用】 系统稳定性分析. 我们常采用二次型 Lyapunov 函数

$$V(x)=x^{\mathrm{H}}Px=\|x\|_P^2 \tag{4.1.7}$$

研究线性系统乃至非线性系统的稳定性，其中，P 是正定实对称矩阵.

【应用】 模式分类. 模式分类常通过已知类型属性的观测样本判断未知样本的类型属性，其基本思想是根据未知样本的模式向量 x 与已知样本的模式向量 $s_1,\cdots,s_M$ 相似度来判断未知样本的类型属性. 最简单的方法就是用向量间的距离来度量模式向量的相似度，比如经典的欧几里得距离，就是采用向量的 2 -范数：

$$D(x,s_i)=\|x-s_i\|_2=\sqrt{(x-s_i)^{\mathrm{H}}(x-s_i)} \tag{4.1.8}$$

【思考】 范数的本质是什么?

定理 4.1.1 线性空间 V 中任一范数 $\|x\|$ 都是其坐标的连续函数.

证明：设 V 是 n 维线性空间，$\zeta_1,\cdots,\zeta_n$ 是 V 中一组基，则对任意向量 x,y，有

$$x=\xi_1\zeta_1+\cdots+\xi_n\zeta_n=[\zeta_1,\cdots,\zeta_n]\xi$$
$$y=\eta_1\zeta_1+\cdots+\eta_n\zeta_n=[\zeta_1,\cdots,\zeta_n]\eta$$

式中：$\xi=[\xi_1,\cdots,\xi_n]^{\mathrm{T}}$ 和 $\eta=[\eta_1,\cdots,\eta_n]^{\mathrm{T}}$ 分别是向量 x 和 y 在基 $\zeta_1,\cdots,\zeta_n$ 下的坐标.

由 $\|x\|=\|[\zeta_1,\cdots,\zeta_n]\xi\|$ 知，任一范数 $\|x\|$ 都是向量 x 坐标的函数，故

$$|\|x\|-\|y\||\leqslant\|x-y\|=\left\|\sum_{i=1}^{n}(\xi_i-\eta_i)\zeta_i\right\|$$

$$\leqslant\sum_{i=1}^{n}|(\xi_i-\eta_i)|\|\zeta_i\|\leqslant k\left(\sum_{i=1}^{n}|(\xi_i-\eta_i)|^2\right)^{\frac{1}{2}}$$

其中 $k=\left(\sum_{i=1}^{n}\|\zeta_i\|^2\right)^{\frac{1}{2}}$ 是正常数.

当 $\xi_i\to\eta_i\,(i=1,\cdots,n)$ 时，$|\|x\|-\|y\||\to 0$，即 $\|x\|\to\|y\|$. 因此，$\|x\|$ 是其坐标 ξ

的连续函数. 证毕.

例 4.1.6 画出$\mathbb{R}^2$空间不同范数下的"单位圆".

解：图 4.1.1 给出了$\|\boldsymbol{x}\|_1=1$，$\|\boldsymbol{x}\|_2=1$，$\|\boldsymbol{x}\|_5=1$ 和$\|\boldsymbol{x}\|_\infty=1$.

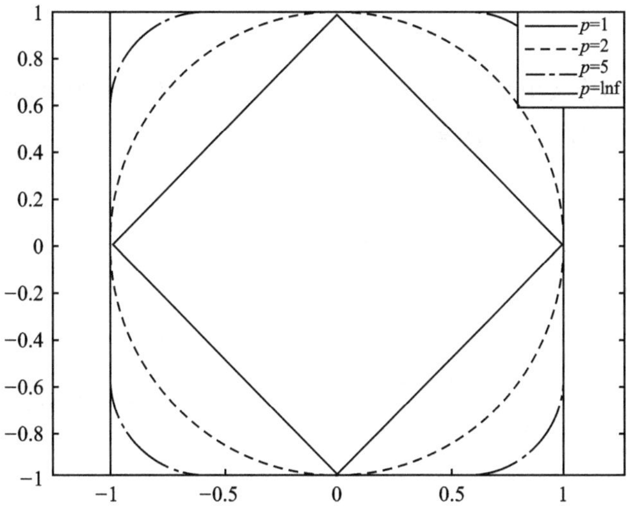

图 4.1.1 $\mathbb{R}^2$空间的"单位圆"

从图 4.1.1 看出，同一空间不同范数定义的单位圆是有区别的：1-范数和∞-范数的"单位圆"是正方形，2-范数是单位圆. 尽管范数定义不同，但其定义的"单位圆"均是有界闭集.

注 6： 有限维赋范线性空间中的"单位圆"具有重要意义. 在几何上，它们相当于实数轴上的单位闭区间或其端点，或三维空间中的单位球或球面. 因此，它们都是有界闭集. 连续的函数在有界闭集上一定有最大值和最小值，这是高等数学课程中的一个重要结论. 研究赋范线性空间上的连续函数或变换的一个重要技巧就是设法将函数的定义域限制或转移到"单位圆"上.

定义 4.1.2(范数等价) 设 V 是数域 F 上的有限维线性空间，$\|\boldsymbol{x}\|_\alpha$ 和$\|\boldsymbol{x}\|_\beta$ 是 V 中任意两个向量范数. 若存在正数 k_1 和 k_2 使得$\forall \boldsymbol{x}\in V$，都有

$$k_1\|\boldsymbol{x}\|_\beta \leqslant \|\boldsymbol{x}\|_\alpha \leqslant k_2\|\boldsymbol{x}\|_\beta$$

则称$\|\boldsymbol{x}\|_\alpha$ 与$\|\boldsymbol{x}\|_\beta$ 是等价的.

定理 4.1.2 有限维线性空间中的任意向量范数都是等价的.

证明：设向量组 $\boldsymbol{\zeta}_1,\cdots,\boldsymbol{\zeta}_n$ 是线性空间 V 中一组基，则对 V 中任意向量 $\boldsymbol{x}$，有

$$\boldsymbol{x}=\xi_1\boldsymbol{\zeta}_1+\cdots+\xi_n\boldsymbol{\zeta}_n=[\boldsymbol{\zeta}_1,\cdots,\boldsymbol{\zeta}_n]\boldsymbol{\xi}$$

式中：$\boldsymbol{\xi}=[\xi_1,\cdots,\xi_n]^{\mathrm{T}}$ 是向量 $\boldsymbol{x}$ 在基$\boldsymbol{\zeta}_1,\cdots,\boldsymbol{\zeta}_n$ 下的坐标.

令$\|\boldsymbol{x}\|_\alpha$ 与$\|\boldsymbol{x}\|_\beta$ 是 V 中两个不同范数. 当 $\boldsymbol{x}=\boldsymbol{\theta}$ 时，$k_1\|\boldsymbol{x}\|_\beta\leqslant\|\boldsymbol{x}\|_\alpha\leqslant k_2\|\boldsymbol{x}\|_\beta$ 显然成立.

现考察 $\boldsymbol{x}\neq\boldsymbol{\theta}$ 情况. 由定理 4.1.1 知，$\|\boldsymbol{x}\|_\alpha$ 与$\|\boldsymbol{x}\|_\beta$ 均是坐标$\boldsymbol{\xi}$ 的连续函数. 定义

函数 $f(\boldsymbol{\xi})$ 和集合 S：

$$f(\boldsymbol{\xi})=\frac{\|\boldsymbol{x}\|_\alpha}{\|\boldsymbol{x}\|_\beta}$$

$$S=\left\{\boldsymbol{\eta}\in F^n \,\middle|\, \sum_{i=1}^{n}|\eta_i|^2=1\right\}$$

则 $f(\boldsymbol{\xi})$ 也是 $\boldsymbol{\xi}$ 的连续函数，集合 S 是 F^n 中的一个单位超球面（或称为 F^n 中的一个 $n-1$ 维闭子流形）且为有界闭集.

注意到

$$\frac{\|\boldsymbol{x}\|_\alpha}{\left(\sum_{i=1}^{n}|\xi_i|^2\right)^{\frac{1}{2}}}=\left\|\frac{\xi_1\boldsymbol{\zeta}_1+\cdots+\xi_n\boldsymbol{\zeta}_n}{\left(\sum_{i=1}^{n}|\xi_i|^2\right)^{\frac{1}{2}}}\right\|_\alpha=\|[\boldsymbol{\zeta}_1,\cdots,\boldsymbol{\zeta}_n]\boldsymbol{\xi}'\|_\alpha$$

$$\frac{\|\boldsymbol{x}\|_\beta}{\left(\sum_{i=1}^{n}|\xi_i|^2\right)^{\frac{1}{2}}}=\left\|\frac{\xi_1\boldsymbol{\zeta}_1+\cdots+\xi_n\boldsymbol{\zeta}_n}{\left(\sum_{i=1}^{n}|\xi_i|^2\right)^{\frac{1}{2}}}\right\|_\beta=\|[\boldsymbol{\zeta}_1,\cdots,\boldsymbol{\zeta}_n]\boldsymbol{\xi}'\|_\beta$$

式中：

$$\boldsymbol{\xi}'=\left[\frac{\xi_1}{\left(\sum_{i=1}^{n}|\xi_i|^2\right)^{\frac{1}{2}}},\cdots,\frac{\xi_n}{\left(\sum_{i=1}^{n}|\xi_i|^2\right)^{\frac{1}{2}}}\right]^{\mathrm{T}}\in S$$

此时，$f(\boldsymbol{\xi})$ 等价为

$$f(\boldsymbol{\xi}')=\frac{\dfrac{\|\boldsymbol{x}\|_\alpha}{\sum_{i=1}^{n}|\xi_i|^2}}{\dfrac{\|\boldsymbol{x}\|_\beta}{\sum_{i=1}^{n}|\xi_i|^2}}$$

由于连续函数 $f(\boldsymbol{\xi}')$ 在有界闭集 S 上必有最大值 k_2 和最小值 k_1，则 $k_1\|\boldsymbol{x}\|_\beta\leqslant\|\boldsymbol{x}\|_\alpha\leqslant k_2\|\boldsymbol{x}\|_\beta$. 证毕.

命题 4.1.1（范数等价的性质） 设 V 是数域 F 上的有限维线性空间，向量范数 $\|\boldsymbol{x}\|_\alpha$ 与 $\|\boldsymbol{x}\|_\beta$ 等价，则

(1) 自反性：$1\cdot\|\boldsymbol{x}\|_\alpha\leqslant\|\boldsymbol{x}\|_\alpha\leqslant 1\cdot\|\boldsymbol{x}\|_\alpha$；

(2) 对称性：$\dfrac{1}{k_2}\|\boldsymbol{x}\|_\alpha\leqslant\|\boldsymbol{x}\|_\beta\leqslant\dfrac{1}{k_1}\|\boldsymbol{x}\|_\alpha$；

(3) 传递性：若 $\|\boldsymbol{x}\|_\beta$ 与 $\|\boldsymbol{x}\|_\gamma$ 等价，则向量范数 $\|\boldsymbol{x}\|_\alpha$ 与 $\|\boldsymbol{x}\|_\gamma$ 等价.

赋范线性空间中范数等价性结论是后续向量序列和矩阵序列的收敛性证明的重要基础理论.

4.2 矩阵范数

任一 $m\times n$ 阶的矩阵可看作 mn 维向量(矩阵空间$\mathbb{C}^{m\times n}$与向量空间$\mathbb{C}^{mn}$同构),故可将向量范数的定义和性质直接移植至矩阵.

定义 4.2.1(矩阵的向量范数) 对任意矩阵 $\boldsymbol{A}\in\mathbb{C}^{m\times n}$,定义$\|\boldsymbol{A}\|$是对应以 $\boldsymbol{A}$ 为自变量的实值函数,且满足以下三条性质:

(1) 正定性:$\|\boldsymbol{A}\|\geqslant 0$,当且仅当 $\boldsymbol{A}=\boldsymbol{O}$ 时有$\|\boldsymbol{A}\|=0$;

(2) 齐次性:$\forall k\in\mathbb{C}$,$\|k\boldsymbol{A}\|=|k|\,\|\boldsymbol{A}\|$;

(3) 三角不等式:$\forall\boldsymbol{A}$ 和$\boldsymbol{B}\in\mathbb{C}^{m\times n}$,有$\|\boldsymbol{A}+\boldsymbol{B}\|\leqslant\|\boldsymbol{A}\|+\|\boldsymbol{B}\|$;

则称$\|\boldsymbol{A}\|$是矩阵 $\boldsymbol{A}$ 的向量范数.

例 4.2.1 设 $\boldsymbol{A}=(a_{ij})\in\mathbb{C}^{m\times n}$,则

$$\|\boldsymbol{A}\|_{v1}=\sum_{i=1}^{m}\sum_{j=1}^{n}|a_{ij}|$$

$$\|\boldsymbol{A}\|_{v\infty}=\max_{\forall i,j}|a_{ij}|$$

$$\|\boldsymbol{A}\|_{v2}=\left(\sum_{i=1}^{m}\sum_{j=1}^{n}|a_{ij}|^{2}\right)^{\frac{1}{2}}$$

$$\|\boldsymbol{A}\|_{vp}=\left(\sum_{i=1}^{m}\sum_{j=1}^{n}|a_{ij}|^{p}\right)^{\frac{1}{p}},\quad p\geqslant 1$$

均为矩阵 $\boldsymbol{A}$ 的向量范数.

类似于 4.1 节,对于矩阵的向量范数,我们同样有如下结论:

定理 4.2.1 矩阵 $\boldsymbol{A}=(a_{ij})\in\mathbb{C}^{m\times n}$ 的任一向量范数均是 $\boldsymbol{A}$ 元素的连续函数.

定理 4.2.2 线性空间$\mathbb{C}^{m\times n}$的任意两个向量范数是等价的,即对$\|\boldsymbol{A}\|_{v\alpha}$和$\|\boldsymbol{A}\|_{v\beta}$存在正数 k_1 及 k_2 使得对任意矩阵 $\boldsymbol{A}\in\mathbb{C}^{m\times n}$,有

$$k_1\|\boldsymbol{A}\|_{v\beta}\leqslant\|\boldsymbol{A}\|_{v\alpha}\leqslant k_2\|\boldsymbol{A}\|_{v\beta}$$

尽管矩阵可视为拉直的向量,但矩阵和向量还是有所不同,典型的是矩阵有乘法运算.因此,在考虑范数时须兼顾矩阵的乘法运算.

定义 4.2.2(矩阵范数) 对任意矩阵 $\boldsymbol{A}\in\mathbb{C}^{m\times n}$,定义$\|\boldsymbol{A}\|$均是对应以 $\boldsymbol{A}$ 为自变量的实值函数,且满足以下四条性质:

(1) 正定性:$\|\boldsymbol{A}\|\geqslant 0$,当且仅当 $\boldsymbol{A}=\boldsymbol{O}$ 时有$\|\boldsymbol{A}\|=0$;

(2) 齐次性:$\forall k\in\mathbb{C}$,$\|k\boldsymbol{A}\|=|k|\,\|\boldsymbol{A}\|$;

(3) 三角不等式:$\|\boldsymbol{A}+\boldsymbol{B}\|\leqslant\|\boldsymbol{A}\|+\|\boldsymbol{B}\|$;

(4) 矩阵乘法相容性:$\|\boldsymbol{AB}\|\leqslant\|\boldsymbol{A}\|\,\|\boldsymbol{B}\|$(须矩阵乘积有意义),

则称$\|\boldsymbol{A}\|$是 $\boldsymbol{A}$ 的矩阵范数.

注 1: 若反向性质(4)中矩阵乘法相容性的不等式,即$\|\boldsymbol{AB}\|\geqslant\|\boldsymbol{A}\|\,\|\boldsymbol{B}\|$,此时幂

零矩阵(对于 n 阶复方阵 $\boldsymbol{A}$,存在正整数 k 使得 $\boldsymbol{A}^k=\boldsymbol{O}$,则 $\boldsymbol{A}$ 称为幂零矩阵)的矩阵范数将是 0,这与矩阵范数的正定性要求矛盾.矩阵乘法相容性的不等式实际上保证了矩阵幂级数的收敛性(设 $\|\boldsymbol{A}\|\leqslant 1$,则根据矩阵乘法相容性得当 $k\to\infty$,$\|\boldsymbol{A}^k\|\to 0$).

【思考】 设 $\boldsymbol{A}=(a_{ij})\in\mathbb{C}^{m\times n}$,$\|\boldsymbol{A}\|_{v\infty}=\max\limits_{i,j}|a_{ij}|$ 是矩阵范数吗?

分析:考察 $\boldsymbol{A}=\begin{bmatrix}1 & 0\\1 & 1\end{bmatrix}$,$\boldsymbol{B}=\begin{bmatrix}-1 & 0\\-1 & 1\end{bmatrix}$,则 $\boldsymbol{AB}=\begin{bmatrix}-1 & 0\\-2 & 1\end{bmatrix}$. 又知 $\|\boldsymbol{A}\|_{v\infty}=1$,$\|\boldsymbol{B}\|_{v\infty}=1$,$\|\boldsymbol{AB}\|_{v\infty}=2$,则不等式 $\|\boldsymbol{AB}\|\leqslant\|\boldsymbol{A}\|\|\boldsymbol{B}\|$ 不成立. 因此,$\|\boldsymbol{A}\|_{v\infty}$ 不是矩阵范数.

例 4.2.2 设 $\boldsymbol{A}=(a_{ij})\in\mathbb{C}^{m\times n}$,证明:

$$\|\boldsymbol{A}\|_{v2}=\left(\sum_{i=1}^{m}\sum_{j=1}^{n}|a_{ij}|^2\right)^{\frac{1}{2}}=(\mathrm{tr}(\boldsymbol{A}^{\mathrm{H}}\boldsymbol{A}))^{\frac{1}{2}}$$

是 $\boldsymbol{A}$ 的矩阵范数.

证明:设 $\boldsymbol{A}=(a_{ij})\in\mathbb{C}^{m\times n}$,$\boldsymbol{B}=(b_{ij})\in\mathbb{C}^{n\times p}$ 和 $\boldsymbol{D}=(d_{ij})\in\mathbb{C}^{m\times n}$,则有 $\boldsymbol{AB}=(c_{ij})\in\mathbb{C}^{m\times p}$,其中 $c_{ij}=\sum\limits_{k=1}^{n}a_{ik}b_{kj}$.

(1) 正定性:$\|\boldsymbol{A}\|_{v2}=\sqrt{\sum\limits_{i=1}^{m}\sum\limits_{j=1}^{n}|a_{ij}|^2}\geqslant 0$,且 $\|\boldsymbol{A}\|_{v2}=0\Leftrightarrow\boldsymbol{A}=\boldsymbol{O}$.

(2) 齐次性:对任意 $k\in\mathbb{C}$,有

$$\|k\boldsymbol{A}\|_{v2}=\sqrt{\sum_{i=1}^{m}\sum_{j=1}^{n}|ka_{ij}|^2}=|k|\cdot\|\boldsymbol{A}\|_{v2}$$

(3) 三角不等式:

$$\begin{aligned}\|\boldsymbol{A}+\boldsymbol{D}\|_{v2}&=\sqrt{\sum_{i=1}^{m}\sum_{j=1}^{n}|a_{ij}+d_{ij}|^2}\\&\leqslant\sqrt{\sum_{i=1}^{m}\sum_{j=1}^{n}|a_{ij}|^2}+\sqrt{\sum_{i=1}^{m}\sum_{j=1}^{n}|d_{ij}|^2}\\&=\|\boldsymbol{A}\|_{v2}+\|\boldsymbol{D}\|_{v2}\end{aligned}$$

(4) 乘法相容性:$\|\boldsymbol{AB}\|_{v2}^2=\sum\limits_{i=1}^{m}\sum\limits_{j=1}^{p}|c_{ij}|^2$,其中

$$\begin{aligned}|c_{ij}|^2&=\left|\sum_{k=1}^{n}a_{ik}b_{kj}\right|^2\leqslant\left(\sum_{k=1}^{n}|a_{ik}b_{kj}|\right)^2\\&\leqslant\left(\sum_{k=1}^{n}|a_{ik}|^2\right)\left(\sum_{k=1}^{n}|b_{kj}|^2\right)\end{aligned}$$

$$\|\boldsymbol{AB}\|_{v2}^2\leqslant\sum_{i,j}\left[\left(\sum_{k=1}^{n}|a_{ik}|^2\right)\left(\sum_{k=1}^{n}|b_{kj}|^2\right)\right]=\|\boldsymbol{A}\|_{v2}^2\|\boldsymbol{B}\|_{v2}^2$$

因此,$\|\boldsymbol{A}\|_{v2}$ 是 $\boldsymbol{A}$ 的矩阵范数.

注 2: $\|\boldsymbol{A}\|_{v2}$ 范数称为 Frobenious 范数,简称为 F-范数,并常记为 $\|\boldsymbol{A}\|_F$.

定理 4.2.3 设 $A=(a_{ij})\in\mathbb{C}^{m\times n}$ 和 $x\in\mathbb{C}^n$，则

(1) $\|UA\|_F=\|AV\|_F=\|UAV\|_F=\|A\|_F$，其中 U 和 V 是酉矩阵；

(2) $\|A\|_F^2=\sum_{i=1}^{n}\|\beta_i\|_2^2$，其中矩阵 A 按列分块，记为 $A=[\beta_1,\cdots,\beta_n]$；或 $\|A\|_F^2=\sum_{i=1}^{m}\|\alpha_i\|_2^2$，其中矩阵 A 按行分块，记为

$$A=\begin{bmatrix}\alpha_1^{\mathrm T}\\ \vdots\\ \alpha_m^{\mathrm T}\end{bmatrix}$$

(3) $\|Ax\|_2\leqslant\|A\|_F\|x\|_2$.

证明：(1) 根据 F-范数定义知

$$\|UA\|_F=(\operatorname{tr}((UA)^{\mathrm H}(UA)))^{\frac{1}{2}}=(\operatorname{tr}(A^{\mathrm H}A))^{\frac{1}{2}}=\|A\|_F$$

$$\|AV\|_F=(\operatorname{tr}((AV)(AV)^{\mathrm H}))^{\frac{1}{2}}=(\operatorname{tr}(A^{\mathrm H}A))^{\frac{1}{2}}=\|A\|_F$$

$$\|UAV\|_F=(\operatorname{tr}(U^{\mathrm H}A^{\mathrm H}AU))^{\frac{1}{2}}=(\operatorname{tr}(A^{\mathrm H}A))^{\frac{1}{2}}=\|A\|_F$$

(2) 根据向量 2-范数定义知，

$$\sum_{i=1}^{n}\|\beta_i\|_2^2=\sum_{i=1}^{m}\sum_{j=1}^{n}|a_{ij}|^2=\sum_{i=1}^{m}\|\alpha_i\|_2^2$$

因此，$\|A\|_F^2=\sum_{i=1}^{n}\|\alpha_i\|_2^2=\sum_{i=1}^{n}\|\beta_i\|_2^2$.

(3) 对矩阵 A 行分块得

$$\|Ax\|_2=\left\|\begin{bmatrix}\alpha_1^{\mathrm T}x\\ \vdots\\ \alpha_m^{\mathrm T}x\end{bmatrix}\right\|_2=\left(\sum_{i=1}^{m}|\alpha_i^{\mathrm T}x|^2\right)^{\frac{1}{2}}$$

根据 Cauchy 不等式得，$|\alpha_i^{\mathrm T}x|\leqslant\|\alpha_i\|_2\|x\|_2$，并将其代入上式得

$$\|Ax\|_2\leqslant\left(\sum_{i=1}^{m}\|\alpha_i\|_2\right)\|x\|_2=\|A\|_F\|x\|_2$$

注 3：定理 4.2.2 性质(1)称为 F-范数的酉不变性.

【思考】 如何根据已有的矩阵范数构造新的矩阵范数？

例 4.2.3 设 $A\in\mathbb{C}^{n\times n}$，$\|\cdot\|$是某一给定矩阵范数. 定义

$$\|A\|_m=\|P^{-1}AP\|$$

则$\|\cdot\|_m$ 是矩阵范数，其中 P 是 n 阶可逆矩阵.

证明：(1) 正定性：由定义知，$\|A\|_m\geqslant 0$ 且等号成立的充分必要条件为 $A=O$.

(2) 齐次性：对任意 $k\in\mathbb{C}$，$\|kA\|_m=|k|\,\|P^{-1}AP\|=|k|\,\|A\|_m$.

(3) 三角不等式：$\|A+B\|_m=\|P^{-1}(A+B)P\|\leqslant\|A\|_m+\|B\|_m$.

(4) 相容性：对任意 A 和 $B\in\mathbb{C}^{n\times n}$，

$$\|AB\|_m = \|P^{-1}APP^{-1}BP\| \leqslant \|P^{-1}AP\| \|P^{-1}BP\| = \|A\|_m \|B\|_m$$

因此，$\|\cdot\|_m$ 是矩阵范数.

注 4： 单位矩阵的矩阵范数必不小于 1. 由矩阵乘法的相容性可知

$$\|I\| = \|I^2\| \leqslant \|I\|^2$$

请注意，在矩阵的向量范数下，单位矩阵的向量范数可以是任何正数.

4.3 相容范数

向量范数与矩阵范数在运算中经常同时出现，这需建立它们之间的关系. 因此，引入相容范数.

定义 4.3.1（向量范数与矩阵范数相容） 若对任意 $A \in \mathbb{C}^{m\times n}$ 和 $x \in \mathbb{C}^n$，向量范数 $\|x\|_v$ 与矩阵范数 $\|A\|_m$ 满足

$$\|Ax\|_v \leqslant \|A\|_m \|x\|_v$$

则称向量范数 $\|x\|_v$ 与矩阵范数 $\|A\|_m$ 相容.

【思考】 给定矩阵范数，是否存在与之相容的向量范数？反之，给定向量范数，是否存在与之相容的矩阵范数？

例 4.3.1 由定理 4.2.3 知，对任意矩阵 $A \in \mathbb{C}^{m\times n}$ 和 $x \in \mathbb{C}^n$，$\|Ax\|_2 \leqslant \|A\|_F \|x\|_2$. 由此，向量 2 -范数和矩阵 F -范数是相容的.

定理 4.3.1 设 $\|A\|_m$ 是 $\mathbb{C}^{n\times n}$ 的一个矩阵范数，则必存在 $\mathbb{C}^n$ 上与之相容的向量范数.

证明：取定非零向量 $\alpha = [\alpha_1, \cdots, \alpha_n]^T \in \mathbb{C}^n$，则对任意向量 $x = [x_1, \cdots, x_n]^T \in \mathbb{C}^n$，定义

$$\|x\|_v = \|x\alpha^T\|_m \tag{4.3.1}$$

则(1)正定性：$\|x\|_v \geqslant 0$ 成立；$\|x\|_v = 0$ 当且仅当 $x\alpha^T = O$，即

$$\alpha_i x_j = 0, \quad i, j = 1, \cdots, n$$

上式成立的充分必要条件为 $x = \mathbf{0}$.

(2) 齐次性：$\forall k \in \mathbb{C}$，$\|kx\|_v = |k| \|x\|_v$.

(3) 三角不等式：设 $x = [x_1, \cdots, x_n]^T \in \mathbb{C}^n$ 和 $y = [y_1, y_2, \cdots, y_n]^T \in \mathbb{C}^n$，则

$$\|x + y\|_v = \|x\alpha^T + y\alpha^T\|_m \leqslant \|x\alpha^T\|_m + \|y\alpha^T\|_m = \|x\|_v + \|y\|_v$$

(4) 相容性：$\forall A \in \mathbb{C}^{n\times n}$，$\|Ax\|_v = \|Ax\alpha^T\|_m \leqslant \|A\|_m \|x\alpha^T\|_m = \|A\|_m \|x\|_v$.

综上，定义式(4.3.1)是一个向量范数，且与给定的矩阵范数 $\|\cdot\|_m$ 相容.

定理 4.3.2 设 $\|x\|_v$ 是 $\mathbb{C}^n$ 上的一个向量范数，对任意矩阵 $A \in \mathbb{C}^{m\times n}$，定义

$$\|A\| = \max_{\|x\|_v = 1} \|Ax\|_v \tag{4.3.2}$$

则$\|\boldsymbol{A}\|$是一个与$\|\boldsymbol{x}\|_v$相容的矩阵范数，称矩阵范数(4.3.2)是从属于向量范数$\|\cdot\|_v$的算子范数或由向量范数$\|\cdot\|_v$诱导的矩阵范数(或简称诱导范数).

分析：由于定义式(4.3.2)涉及极值问题，故该定理首先须考虑最大值的存在性问题.由于$\|\boldsymbol{Ax}\|_v$是向量$\boldsymbol{x}$各分量的连续函数，故它在有界闭集$\|\boldsymbol{x}\|_v=1$可取到最大值.因此，定义式(4.3.2)有意义.

证明：(1) 正定性：$\|\boldsymbol{A}\|\geqslant 0$显然成立，且有$\boldsymbol{A}=\boldsymbol{O}\Rightarrow\|\boldsymbol{A}\|=0$. $\|\boldsymbol{A}\|=0$意味着对满足$\|\boldsymbol{x}\|_v=1$的任意向量$\boldsymbol{x}$都有$\boldsymbol{Ax}=\boldsymbol{0}$.此时，齐次线性方程组$\boldsymbol{Ax}=\boldsymbol{0}$的解空间维数为$n$.根据定理2.3.6知，$\operatorname{rank}(\boldsymbol{A})=0$.因此，$\boldsymbol{A}=\boldsymbol{O}$.

(2) 齐次性：对任意$k\in\mathbb{C}$，有

$$\|k\boldsymbol{A}\|=\max_{\|\boldsymbol{x}\|_v=1}\|k\boldsymbol{Ax}\|_v=|k|\max_{\|\boldsymbol{x}\|_v=1}\|\boldsymbol{Ax}\|_v=|k|\,\|\boldsymbol{A}\|.$$

(3) 三角不等式：对任意矩阵$\boldsymbol{A}$和$\boldsymbol{B}\in\mathbb{C}^{m\times n}$，存在向量$\boldsymbol{x}_0\in\mathbb{C}^n$且$\|\boldsymbol{x}\|_v=1$满足

$$\begin{aligned}\|\boldsymbol{A}+\boldsymbol{B}\|&=\|(\boldsymbol{A}+\boldsymbol{B})\boldsymbol{x}_0\|_v\leqslant\|\boldsymbol{Ax}_0\|_v+\|\boldsymbol{Bx}_0\|_v\\&\leqslant\max_{\|\boldsymbol{x}\|_v=1}\|\boldsymbol{Ax}\|_v+\max_{\|\boldsymbol{x}\|_v=1}\|\boldsymbol{Bx}\|_v=\|\boldsymbol{A}\|+\|\boldsymbol{B}\|\end{aligned}$$

(4) 矩阵乘法相容性：对任意矩阵$\boldsymbol{A}\in\mathbb{C}^{p\times m}$和$\boldsymbol{B}\in\mathbb{C}^{m\times n}$，必存在$\|\boldsymbol{y}_0\|=1$的$\boldsymbol{y}_0\in\mathbb{C}^n$满足

$$\|\boldsymbol{AB}\|=\|(\boldsymbol{AB})\boldsymbol{y}_0\|_v$$

若$\|\boldsymbol{By}_0\|_v=0$，有$\boldsymbol{B}=\boldsymbol{O}$，即$\|\boldsymbol{AB}\|=\|\boldsymbol{A}\|\|\boldsymbol{B}\|=0$，则性质(4)成立.

若$\|B\boldsymbol{y}_0\|_v\neq 0$，则有

$$\begin{aligned}\|\boldsymbol{AB}\|=\|(\boldsymbol{AB})\boldsymbol{y}_0\|_v&=\left\|\boldsymbol{A}\left(\frac{1}{\|\boldsymbol{By}_0\|_v}\boldsymbol{By}_0\right)\|\boldsymbol{By}_0\|_v\right\|_v\\&=\left\|\boldsymbol{A}\left(\frac{1}{\|\boldsymbol{By}_0\|_v}\boldsymbol{By}_0\right)\right\|_v\|\boldsymbol{By}_0\|_v\\&\leqslant\|\boldsymbol{A}\|\|\boldsymbol{By}_0\|_v\leqslant\|\boldsymbol{A}\|\|\boldsymbol{B}\|\end{aligned}$$

(5) 矩阵范数与向量范数的相容性：若$\boldsymbol{x}=\boldsymbol{0}$，$\|\boldsymbol{Ax}\|_v=\|\boldsymbol{A}\|\|\boldsymbol{x}\|_v=0$.若$\boldsymbol{x}\neq\boldsymbol{0}$，有

$$\|\boldsymbol{Ax}\|_v=\left\|\boldsymbol{A}\frac{1}{\|\boldsymbol{x}\|_v}\boldsymbol{x}\right\|_v\|\boldsymbol{x}\|_v\leqslant\|\boldsymbol{A}\|\|\boldsymbol{x}\|_v$$

因此，矩阵范数(4.3.2)是从属于向量范数$\|\cdot\|_v$的算子范数.

注1：我们常用到算子范数有如下等价定义式：

$$\|\boldsymbol{A}\|=\max_{\|\boldsymbol{x}\|_v\neq 0}\frac{\|\boldsymbol{Ax}\|_v}{\|\boldsymbol{x}\|_v}\tag{4.3.3}$$

常见的向量范数有$\|\boldsymbol{x}\|_1$、$\|\boldsymbol{x}\|_\infty$和$\|\boldsymbol{x}\|_2$，则从属于它们的算子范数分别记为$\|\boldsymbol{A}\|_1$、$\|\boldsymbol{A}\|_\infty$和$\|\boldsymbol{A}\|_2$，并分别称为列和范数、行和范数和谱范数.

定理4.3.3 设$\boldsymbol{A}=(a_{ij})\in\mathbb{C}^{m\times n}$和$\boldsymbol{x}\in\mathbb{C}^n$，$\sigma_{\max}(\boldsymbol{A})$是矩阵$\boldsymbol{A}$的最大奇异值，则从属于向量范数$\|\boldsymbol{x}\|_1$、$\|\boldsymbol{x}\|_\infty$和$\|\boldsymbol{x}\|_2$的算子范数分别为

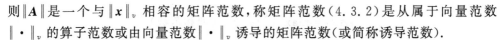

$$\|\boldsymbol{A}\|_1=\max_{1\leqslant j\leqslant n}\sum_{i=1}^{m}|a_{ij}| \quad \text{（列和范数）}$$

$$\|\boldsymbol{A}\|_\infty=\max_{1\leqslant i\leqslant m}\sum_{j=1}^{n}|a_{ij}| \quad \text{（行和范数）}$$

$$\|\boldsymbol{A}\|_2=\sqrt{\lambda_{\max}(\boldsymbol{A}^{\mathrm{H}}\boldsymbol{A})}=\sigma_{\max}(\boldsymbol{A}) \quad \text{（谱范数）}$$

分析：定理 4.3.3 本质上是证明以下三个等式：

$$\max_{\|x\|_1=1}\|\boldsymbol{Ax}\|_1=\max_{1\leqslant j\leqslant n}\sum_{i=1}^{m}|a_{ij}| \tag{4.3.4}$$

$$\max_{\|x\|_\infty=1}\|\boldsymbol{Ax}\|_\infty=\max_{1\leqslant i\leqslant m}\sum_{j=1}^{n}|a_{ij}| \tag{4.3.5}$$

$$\max_{\|x\|_2=1}\|\boldsymbol{Ax}\|_2=\sqrt{\lambda_{\max}(\boldsymbol{A}^{\mathrm{H}}\boldsymbol{A})} \tag{4.3.6}$$

以证明式(4.3.4)为例，证明过程应分为两个步骤：首先证明$\|\boldsymbol{Ax}\|_1\leqslant\|\boldsymbol{A}\|_1$；再证明存在$\|\boldsymbol{x}_0\|_1=1$的向量$\boldsymbol{x}_0$满足$\|\boldsymbol{Ax}_0\|_1=\|\boldsymbol{A}\|_1$.

证明：(1) $\forall\boldsymbol{x}=[x_1,\cdots,x_n]^{\mathrm{T}}\in\mathbb{C}^n$且$\sum_{k=1}^{n}|x_k|=1$，有

$$\begin{aligned}\|\boldsymbol{Ax}\|_1&=\sum_{i=1}^{m}\left|\sum_{k=1}^{n}a_{ik}x_k\right|\leqslant\sum_{i=1}^{m}\sum_{k=1}^{n}(|a_{ik}|\cdot|x_k|)\\&=\sum_{k=1}^{n}\left(|x_k|\sum_{i=1}^{m}|a_{ik}|\right)\leqslant\sum_{k=1}^{n}\left(|x_k|\max_{1\leqslant j\leqslant n}\sum_{i=1}^{m}|a_{ij}|\right)=\|\boldsymbol{A}\|_1\end{aligned}$$

设矩阵$\boldsymbol{A}$的第j^*列对$j=1,\cdots,n$满足

$$\sum_{i=1}^{m}|a_{ij}|\leqslant\sum_{i=1}^{m}|a_{ij^*}|$$

则取$\boldsymbol{x}_0=\boldsymbol{e}_{j^*}$有

$$\|\boldsymbol{Ax}_0\|_1=\sum_{i=1}^{m}|a_{ij^*}|=\|\boldsymbol{A}\|_1$$

上式表明$\|\boldsymbol{Ax}\|_1$的最大值可以取到$\|\boldsymbol{A}\|_1$. 因此，式(4.3.4)成立.

(2) $\forall\boldsymbol{x}=[x_1,\cdots,x_n]^{\mathrm{T}}\in\mathbb{C}^n$且$\max_{1\leqslant k\leqslant n}|x_k|=1$，有

$$\begin{aligned}\|\boldsymbol{Ax}\|_\infty&=\max_{1\leqslant i\leqslant m}\left|\sum_{k=1}^{n}a_{ik}x_k\right|\leqslant\max_{1\leqslant i\leqslant m}\sum_{k=1}^{n}(|a_{ik}||x_k|)\\&\leqslant\max_{1\leqslant i\leqslant m}\sum_{k=1}^{n}|a_{ik}|=\|\boldsymbol{A}\|_\infty\end{aligned}$$

设矩阵$\boldsymbol{A}$的第i^*行满足

$$\sum_{j=1}^{n}|a_{ij}|\leqslant\sum_{j=1}^{n}|a_{i^*j}|,\quad\forall i=1,\cdots,m$$

定义

$$\mu_j=\begin{cases}\dfrac{|a_{i^*j}|}{a_{i^*j}}, & a_{i^*j}\neq 0\\ 1, & a_{i^*j}=0\end{cases},\quad j=1,\cdots,n$$

并取 $\boldsymbol{x}_0=[\mu_1,\cdots,\mu_n]^{\mathrm{T}}$，则 $\|\boldsymbol{x}_0\|_\infty=1$. 由此，考察

$$\|\boldsymbol{Ax}\|_\infty=\max_{1\leqslant i\leqslant n}\left|\sum_{j=1}^n a_{ij}\mu_j\right|=\sum_{j=1}^n |a_{i^*j}|=\|\boldsymbol{A}\|_\infty$$

上式表明 $\|\boldsymbol{Ax}\|_\infty$ 的最大值可以取到 $\|\boldsymbol{A}\|_\infty$. 因此，式(4.3.5)成立.

(3) 设 $\lambda_1\geqslant\lambda_2\geqslant\cdots\geqslant\lambda_n$ 是 Hermite 矩阵 $\boldsymbol{A}^{\mathrm{H}}\boldsymbol{A}$ 的 n 个非负特征值，$\boldsymbol{x}_1,\cdots,\boldsymbol{x}_n$ 是属于特征值 $\lambda_1,\cdots,\lambda_n$ 的单位正交特征向量，则向量组 $\boldsymbol{x}_1,\cdots,\boldsymbol{x}_n$ 是 $\mathbb{C}^n$ 空间的一组标准正交基，且 $\forall\,\boldsymbol{x}\in\mathbb{C}^n$，

$$\boldsymbol{x}=k_1\boldsymbol{x}_1+\cdots+k_n\boldsymbol{x}_n \tag{4.3.7}$$

式中：$[k_1,\cdots,k_n]^{\mathrm{T}}$ 是向量 $\boldsymbol{x}$ 在基 $\boldsymbol{x}_1,\cdots,\boldsymbol{x}_n$ 下的坐标.

将式(4.3.7)代入 $\|\boldsymbol{x}\|_2$，得

$$\|\boldsymbol{x}\|_2=(\boldsymbol{x}^{\mathrm{H}}\boldsymbol{x})^{\frac{1}{2}}=\left(\sum_{i=1}^n |k_i|^2\right)^{\frac{1}{2}}$$

又知

$$\begin{aligned}\|\boldsymbol{Ax}\|_2^2&=\boldsymbol{x}^{\mathrm{H}}\boldsymbol{A}^{\mathrm{H}}\boldsymbol{Ax}=\left(\sum_{i=1}^n k_i\boldsymbol{x}_i\right)^{\mathrm{H}}\boldsymbol{A}^{\mathrm{H}}\boldsymbol{A}\left(\sum_{i=1}^n k_i\boldsymbol{x}_i\right)\\&=\sum_{i=1}^n |k_i|^2\lambda_i^2\leqslant\lambda_1\sum_{k=1}^n |k_i|^2=\lambda_1\|\boldsymbol{x}\|_2^2\end{aligned}$$

由此，$\|\boldsymbol{Ax}\|_2\leqslant\lambda_1\|\boldsymbol{x}\|_2$. 取 $\boldsymbol{x}_1$ 是属于 λ_1 的单位特征向量，则 $\|\boldsymbol{Ax}_1\|_2=\lambda_1$，即不等式 $\|\boldsymbol{Ax}\|_2\leqslant\lambda_1\|\boldsymbol{x}\|_2$ 可以取到等号. 因此，式(4.3.6)成立. 证毕.

注 2：由定理 4.2.3 知，$\|\boldsymbol{A}\|_F$ 与 $\|\boldsymbol{x}\|_2$ 是相容的，而 $\|\boldsymbol{A}\|_2$ 作为从属于 $\|\boldsymbol{x}\|_2$ 的算子范数，自然也是相容的，所以相容于同一向量范数的矩阵范数有多个. 事实上，我们总有 $\|\boldsymbol{A}\|_2\leqslant\|\boldsymbol{A}\|_F$.

注 3：若存在常数 M 使得对任意向量 $\boldsymbol{x}\in\mathbb{C}^n$，有 $\|\boldsymbol{Ax}\|_v\leqslant M\|\boldsymbol{x}\|_v$，则 $\|\boldsymbol{A}\|_v\leqslant M$，即从属于范数 $\|\boldsymbol{x}\|_v$ 的算子范数 $\|\boldsymbol{A}\|_v$ 是使不等式 $\|\boldsymbol{Ax}\|_v\leqslant M\|\boldsymbol{x}\|_v$ 成立的最小常数.

例 4.3.2　设 $\boldsymbol{A}=\begin{bmatrix}2&-1&0\\0&2&3\\1&2&0\end{bmatrix}$，分别计算 $\|\boldsymbol{A}\|_1$、$\|\boldsymbol{A}\|_\infty$、$\|\boldsymbol{A}\|_2$ 和 $\|\boldsymbol{A}\|_F$.

解：由 $\|\boldsymbol{A}\|_1$、$\|\boldsymbol{A}\|_\infty$ 和 $\|\boldsymbol{A}\|_F$ 定义计算得 $\|\boldsymbol{A}\|_1=5$，$\|\boldsymbol{A}\|_\infty=5$，$\|\boldsymbol{A}\|_F=\sqrt{23}$；对于 $\|\boldsymbol{A}\|_2$，有

$$\boldsymbol{A}^{\mathrm{H}}\boldsymbol{A}=\begin{bmatrix}5&0&0\\0&9&6\\0&6&9\end{bmatrix}$$

计算该矩阵特征值分别为 3、5 和 15. 因此，$\|\boldsymbol{A}\|_2=\sqrt{15}$.

由例 4.3.2 看出，$\|\boldsymbol{A}\|_1$、$\|\boldsymbol{A}\|_\infty$ 和 $\|\boldsymbol{A}\|_F$ 比较容易计算，而计算 $\|\boldsymbol{A}\|_2$ 则比较复杂. 不可否认的是，$\|\boldsymbol{A}\|_2$ 对矩阵元素变化比较敏感. 因此，在诸多不等式放缩时常采用谱范数.

注 4： 设 $\lambda_1\geqslant\lambda_2\geqslant\cdots\geqslant\lambda_n$ 是 Hermite 矩阵 $\boldsymbol{A}$ 的 n 个特征值，则由谱范数证明过程知

$$\lambda_n\leqslant R(\boldsymbol{x})\leqslant\lambda_1 \tag{4.3.8}$$

其中 $R(\boldsymbol{x})$ 的定义为

$$R(\boldsymbol{x})=\frac{\boldsymbol{x}^{\mathrm{H}}\boldsymbol{A}\boldsymbol{x}}{\boldsymbol{x}^{\mathrm{H}}\boldsymbol{x}},\quad\forall\,\boldsymbol{x}\neq\boldsymbol{0}$$

称 $R(\boldsymbol{x})$ 为 Hermite 矩阵 $\boldsymbol{A}$ 的 Rayleigh 商.

推论 4.3.1 设 $\lambda_1\geqslant\lambda_2\geqslant\cdots\geqslant\lambda_n$ 是 Hermite 矩阵 $\boldsymbol{A}$ 的 n 个特征值，则

$$\lambda_1=\max_{\forall x\neq 0}R(\boldsymbol{x}),\quad \lambda_n=\min_{\forall x\neq 0}R(\boldsymbol{x})$$

基于 Rayleigh 商，有如下著名的极大极小或极小极大定理.

定理 4.3.4 设 $\lambda_1\geqslant\lambda_2\geqslant\cdots\geqslant\lambda_n$ 是 Hermite 矩阵 $\boldsymbol{A}$ 的 n 个特征值，V_i 是 $\mathbb{C}^n$ 中 i 维子空间，则 $\forall\,i=1,\cdots,n$，

$$\lambda_i=\max_{\forall V_i}\ \min_{\substack{x\in V_i\\ \boldsymbol{x}\neq\boldsymbol{0}}}R(\boldsymbol{x})$$

$$\lambda_i=\min_{\forall V_{n-i+1}}\ \max_{\substack{x\in V_{n-i+1}\\ \boldsymbol{x}\neq\boldsymbol{0}}}R(\boldsymbol{x})$$

证明：这里仅证明 $\lambda_i=\max\limits_{\forall V_i}\min\limits_{\substack{x\in V_i\\ \boldsymbol{x}\neq\boldsymbol{0}}}R(\boldsymbol{x})$，另一公式可采用类似方法证明.

设 V_i 是 $\mathbb{C}^n$ 中任一 i 维子空间，它的一组标准正交基为 $\boldsymbol{y}_1,\cdots,\boldsymbol{y}_i$. 令 $\boldsymbol{x}_1,\cdots,\boldsymbol{x}_n$ 是属于特征值 $\lambda_1,\cdots,\lambda_n$ 的单位正交特征向量，并定义 $(n-i+1)$ 维子空间 W_{n-i+1} 为

$$W_{n-i+1}=\mathrm{span}(\boldsymbol{x}_i,\boldsymbol{x}_{i+1},\cdots,\boldsymbol{x}_n)$$

由于 $\dim(V_i)+\dim(W_{n-i+1})=n+1>n$，则 V_i 和 W_{n-i+1} 的交空间必存在非零向量. 不妨假设 $\tilde{\boldsymbol{x}}_0\in V_i\cap W_{n-i+1}$，则 $\tilde{\boldsymbol{x}}_0$ 可表示为

$$\tilde{\boldsymbol{x}}_0=k_i\boldsymbol{x}_i+k_{i+1}\boldsymbol{x}_{i+1}+\cdots+k_n\boldsymbol{x}_n$$

式中：$k_j\in\mathbb{C}$，$j=i,i+1,\cdots,n$.

相应地，有

$$R(\tilde{\boldsymbol{x}}_0)=\frac{\sum\limits_{j=i}^{n}|k_j|^2\lambda_j}{\sum\limits_{j=i}^{n}|k_j|^2}\leqslant\lambda_i$$

由此，$\min\limits_{\substack{x\in V_i,\\ x\neq 0}}R(\boldsymbol{x})\leqslant\lambda_i$. 另一方面，考虑 V_i 的一种特殊情况：

$$V_i=\mathrm{span}(\boldsymbol{x}_1,\cdots,\boldsymbol{x}_i)$$

则对 V_i 中任意向量 $\boldsymbol{x}$，必存在一组常数 $k_1,\cdots,k_i$ 使得 $\boldsymbol{x}=k_1\boldsymbol{x}_1+\cdots+k_i\boldsymbol{x}_i$，并有

$$R(\boldsymbol{x})=\frac{\sum_{j=1}^{i}|k_j|^2\lambda_j}{\sum_{j=1}^{i}|k_j|^2},\quad j=1,\cdots,i$$

显然，对 V_i 中任意向量 $\boldsymbol{x}$，有 $R(\boldsymbol{x})\geqslant\lambda_i$. 因此，$\lambda_i=\max\limits_{V_i}\min\limits_{\substack{x\in V_i\\ x\neq 0}}R(\boldsymbol{x})$.

【应用】 利用极大极小定理可研究 Hermite 矩阵特征值的扰动问题(讨论 Hermite 矩阵元素发生变化时相应矩阵特征值的变化范围).

定理 4.3.5 设 $\boldsymbol{A}$ 和 $\boldsymbol{E}$ 均为 n 阶 Hermite 复方阵，则对 $i=1,\cdots,n$，有

$$\lambda_i(\boldsymbol{A})+\lambda_n(\boldsymbol{E})\leqslant\lambda_i(\boldsymbol{A}+\boldsymbol{E})\leqslant\lambda_i(\boldsymbol{A})+\lambda_1(\boldsymbol{E})$$

式中：$\lambda_i(\boldsymbol{A})$是矩阵 $\boldsymbol{A}$ 的第 i 大特征值.

证明：设 $\boldsymbol{x}_1,\cdots,\boldsymbol{x}_n$ 分别属于矩阵 $\boldsymbol{A}$ 的特征值 $\lambda_1,\cdots,\lambda_n$ 的单位正交特征向量. 由向量组 $\boldsymbol{x}_1,\cdots,\boldsymbol{x}_n$ 中取前 i 个向量，并定义 $V_{n-i+1}=\mathrm{span}(\boldsymbol{x}_i,\cdots,\boldsymbol{x}_n)$.

根据定理 4.3.4 知，

$$\begin{aligned}\lambda_i(\boldsymbol{A}+\boldsymbol{E})&\leqslant\max_{\substack{x\in V_{n-i+1}\\ x\neq 0}}\frac{\boldsymbol{x}^{\mathrm{H}}(\boldsymbol{A}+\boldsymbol{E})\boldsymbol{x}}{\boldsymbol{x}^{\mathrm{H}}\boldsymbol{x}}\\&\leqslant\max_{\substack{x\in V_{n-i+1}\\ x\neq 0}}\frac{\boldsymbol{x}^{\mathrm{H}}\boldsymbol{A}\boldsymbol{x}}{\boldsymbol{x}^{\mathrm{H}}\boldsymbol{x}}+\max_{\substack{x\in V_{n-i+1}\\ x\neq 0}}\frac{\boldsymbol{x}^{\mathrm{H}}\boldsymbol{E}\boldsymbol{x}}{\boldsymbol{x}^{\mathrm{H}}\boldsymbol{x}}\end{aligned}$$

式中：

$$\max_{\substack{x\in V_{n-i+1}\\ x\neq 0}}\frac{\boldsymbol{x}^{\mathrm{H}}\boldsymbol{A}\boldsymbol{x}}{\boldsymbol{x}^{\mathrm{H}}\boldsymbol{x}}=\lambda_i(\boldsymbol{A})$$

$$\max_{\substack{x\in V_{n-i+1}\\ x\neq 0}}\frac{\boldsymbol{x}^{\mathrm{H}}\boldsymbol{E}\boldsymbol{x}}{\boldsymbol{x}^{\mathrm{H}}\boldsymbol{x}}\leqslant\lambda_1(\boldsymbol{E})$$

因此，$\lambda_i(\boldsymbol{A}+\boldsymbol{E})\leqslant\lambda_i(\boldsymbol{A})+\lambda_1(\boldsymbol{E})$. 另一方面，将该不等式中的 $\boldsymbol{A}$ 用 $\boldsymbol{A}+\boldsymbol{E}$、$\boldsymbol{E}$ 用 $-\boldsymbol{E}$ 替换，于是有

$$\lambda_i(\boldsymbol{A})\leqslant\lambda_i(\boldsymbol{A}+\boldsymbol{E})+\lambda_1(-\boldsymbol{E})$$

式中：$\lambda_1(-\boldsymbol{E})=-\lambda_n(\boldsymbol{E})$. 此时有 $\lambda_i(\boldsymbol{A})+\lambda_n(\boldsymbol{E})\leqslant\lambda_i(\boldsymbol{A}+\boldsymbol{E})$. 证毕.

如无特殊说明，我们遇到矩阵和向量同时出现时，总是假设矩阵范数和向量范数是相容的.

定理 4.3.6 设 $\boldsymbol{A}\in\mathbb{C}^{n\times n}$，$\|\boldsymbol{A}\|$是某一矩阵范数. 若 $\|\boldsymbol{A}\|<1$，证明 $\boldsymbol{I}-\boldsymbol{A}$ 非奇异，且

$$\|(\boldsymbol{I}-\boldsymbol{A})^{-1}\|\leqslant\frac{\|\boldsymbol{I}\|}{1-\|\boldsymbol{A}\|}$$

证明：采用反证法. 假设矩阵 $\boldsymbol{I}-\boldsymbol{A}$ 奇异，则齐次线性方程组$(\boldsymbol{I}-\boldsymbol{A})\boldsymbol{x}=\boldsymbol{0}$ 有非

零解,即存在非零向量 $\boldsymbol{x}_0$ 使得 $(\boldsymbol{I}-\boldsymbol{A})\boldsymbol{x}_0=\boldsymbol{0}$. 进一步整理得

$$\boldsymbol{A}\boldsymbol{x}_0=\boldsymbol{x}_0$$

对上式两端取与矩阵范数 $\|\cdot\|$ 相容的向量范数,得

$$\|\boldsymbol{x}_0\|=\|\boldsymbol{A}\boldsymbol{x}_0\|\leqslant\|\boldsymbol{A}\|\|\boldsymbol{x}_0\|$$

由于 $\boldsymbol{x}_0\neq\boldsymbol{0}$,故 $\|\boldsymbol{x}_0\|\neq 0$. 由此,$\|\boldsymbol{A}\|\geqslant 1$,这与 $\|\boldsymbol{A}\|<1$ 矛盾. 因此,假设不成立,即 $\boldsymbol{I}-\boldsymbol{A}$ 非奇异.

另一方面,根据 $(\boldsymbol{I}-\boldsymbol{A})(\boldsymbol{I}-\boldsymbol{A})^{-1}=\boldsymbol{I}$ 得

$$(\boldsymbol{I}-\boldsymbol{A})^{-1}=\boldsymbol{I}+\boldsymbol{A}(\boldsymbol{I}-\boldsymbol{A})^{-1}$$

对上式两端取矩阵范数,得

$$\begin{aligned}\|(\boldsymbol{I}-\boldsymbol{A})^{-1}\|&=\|\boldsymbol{I}+\boldsymbol{A}(\boldsymbol{I}-\boldsymbol{A})^{-1}\|\\&\leqslant\|\boldsymbol{I}\|+\|\boldsymbol{A}\|\|(\boldsymbol{I}-\boldsymbol{A})^{-1}\|\end{aligned}$$

整理即得结论.

4.4 矩阵扰动分析

为解决科学与工程技术中的实际问题,一般首先依据物理、电学、力学等规律建立数学模型,然后基于数学模型给出求解模型的数值计算方法. 在模型求解过程中,通常存在两类误差影响计算结果的精度:数值计算方法引起的截断误差和计算环境引起的舍入误差. 为分析这些误差对模型解的影响,人们将其归结为原始数据的扰动(或摄动)对解的影响.

例 4.4.1 考察线性方程组 $\boldsymbol{A}\boldsymbol{x}=\boldsymbol{b}$,其中 $\boldsymbol{x}=[x_1,x_2]^{\mathrm{T}}$,

$$\boldsymbol{A}=\begin{bmatrix}1 & 0.99\\0.99 & 0.98\end{bmatrix},\quad \boldsymbol{b}=\begin{bmatrix}1\\1\end{bmatrix}$$

通过计算得,该方程组的精确解为 $x_1=100,x_2=-100$.

若系数矩阵 $\boldsymbol{A}$ 有一扰动 $\begin{bmatrix}0 & 0\\0 & 0.01\end{bmatrix}$,并且右端项 $\boldsymbol{b}$ 也有一扰动 $\begin{bmatrix}0\\0.001\end{bmatrix}$,则扰动后的线性方程组为

$$\begin{bmatrix}1 & 0.99\\0.99 & 0.99\end{bmatrix}\begin{bmatrix}x_1\\x_2\end{bmatrix}=\begin{bmatrix}1\\1.001\end{bmatrix}$$

通过计算得,该方程组的精确解为 $x_1=-\dfrac{1}{10},x_2=\dfrac{10}{9}$.

对比两组解向量知,系数矩阵和右端项的微小扰动会引起解的强烈变化. 同时,注意例 4.4.1 本身并没有截断误差和舍入误差,因此原始数据的扰动对问题解的影响程度取决于问题本身的固有性质.

定义 4.4.1(病态问题) 病态问题是指输出结果相对于输入非常敏感的问题,输入数据中哪怕是极少(或者极微妙)的扰动也会导致输出的较大改变. 相反的,对于

输入不敏感的问题，我们称为良态问题.

矩阵扰动分析就是研究矩阵元素的变化对矩阵问题解的影响，它对矩阵理论和矩阵计算都具有重要意义. 这里仅简要介绍矩阵 $\boldsymbol{A}$ 的逆矩阵，并对以 $\boldsymbol{A}$ 为系数矩阵的线性方程组的解的扰动进行分析. 为讨论方便，假定 $\|\cdot\|$ 为 $\mathbb{C}^{n\times n}$ 上满足 $\|\boldsymbol{I}\|=1$ 的相容矩阵范数.

设矩阵 $\boldsymbol{A}\in\mathbb{C}^{n\times n}$ 并且 $\boldsymbol{A}$ 非奇异，经扰动变为 $\boldsymbol{A}+\boldsymbol{E}$，其中 $\boldsymbol{E}\in\mathbb{C}^{n\times n}$ 称为扰动矩阵. 我们需要解决：

(1) 什么条件下 $\boldsymbol{A}+\boldsymbol{E}$ 非奇异？

(2) 当 $\boldsymbol{A}+\boldsymbol{E}$ 非奇异时，$(\boldsymbol{A}+\boldsymbol{E})^{-1}$ 与 $\boldsymbol{A}^{-1}$ 的近似程度.

定理 4.4.1 设 $\boldsymbol{A}$ 和 $\boldsymbol{E}\in\mathbb{C}^{n\times n}$，$\boldsymbol{B}=\boldsymbol{A}+\boldsymbol{E}$. 若 $\boldsymbol{A}$ 与 $\boldsymbol{B}$ 均非奇异，则

$$\frac{\|\boldsymbol{B}^{-1}-\boldsymbol{A}^{-1}\|}{\|\boldsymbol{A}^{-1}\|}\leqslant\|\boldsymbol{A}\|\|\boldsymbol{B}^{-1}\|\frac{\|\boldsymbol{E}\|}{\|\boldsymbol{A}\|}\tag{4.4.1}$$

证明：由

$$\boldsymbol{B}^{-1}-\boldsymbol{A}^{-1}=\boldsymbol{A}^{-1}(\boldsymbol{A}-\boldsymbol{B})\boldsymbol{B}^{-1}=-\boldsymbol{A}^{-1}\boldsymbol{E}\boldsymbol{B}^{-1}\tag{4.4.2}$$

对式(4.4.2)两端取矩阵范数，得

$$\|\boldsymbol{B}^{-1}-\boldsymbol{A}^{-1}\|\leqslant\|\boldsymbol{A}^{-1}\|\|\boldsymbol{B}^{-1}\|\|\boldsymbol{E}\|$$

于是

$$\frac{\|\boldsymbol{B}^{-1}-\boldsymbol{A}^{-1}\|}{\|\boldsymbol{A}^{-1}\|}\leqslant\|\boldsymbol{B}^{-1}\|\|\boldsymbol{E}\|=\|\boldsymbol{A}\|\|\boldsymbol{B}^{-1}\|\frac{\|\boldsymbol{E}\|}{\|\boldsymbol{A}\|}$$

定理 4.4.2 设 $\boldsymbol{A}\in\mathbb{C}^{n\times n}$ 是非奇异矩阵，$\boldsymbol{E}\in\mathbb{C}^{n\times n}$，且满足条件

$$\|\boldsymbol{A}^{-1}\boldsymbol{E}\|<1\tag{4.4.3}$$

则 $\boldsymbol{A}+\boldsymbol{E}$ 非奇异，并且有

$$\|(\boldsymbol{A}+\boldsymbol{E})^{-1}\|\leqslant\frac{\|\boldsymbol{A}^{-1}\|}{1-\|\boldsymbol{A}^{-1}\boldsymbol{E}\|}\tag{4.4.4}$$

$$\frac{\|(\boldsymbol{A}+\boldsymbol{E})^{-1}-\boldsymbol{A}^{-1}\|}{\|\boldsymbol{A}^{-1}\|}\leqslant\frac{\|\boldsymbol{A}^{-1}\boldsymbol{E}\|}{1-\|\boldsymbol{A}^{-1}\boldsymbol{E}\|}\tag{4.4.5}$$

证明：因为 $\boldsymbol{A}+\boldsymbol{E}=\boldsymbol{A}(\boldsymbol{I}+\boldsymbol{A}^{-1}\boldsymbol{E})$，其中 $\|\boldsymbol{A}^{-1}\boldsymbol{E}\|<1$，则由定理 4.3.6 知，$\boldsymbol{I}+\boldsymbol{A}^{-1}\boldsymbol{E}$ 非奇异. 因此，$\boldsymbol{A}+\boldsymbol{E}$ 也是非奇异矩阵.

另由定理 4.3.6 知

$$\|(\boldsymbol{I}+\boldsymbol{A}^{-1}\boldsymbol{E})^{-1}\|\leqslant\frac{1}{1-\|\boldsymbol{A}^{-1}\boldsymbol{E}\|}$$

则有

$$\begin{aligned}\|(\boldsymbol{A}+\boldsymbol{E})^{-1}\|&=\|(\boldsymbol{I}+\boldsymbol{A}^{-1}\boldsymbol{E})^{-1}\boldsymbol{A}^{-1}\|\\&\leqslant\|(\boldsymbol{I}+\boldsymbol{A}^{-1}\boldsymbol{E})^{-1}\|\|\boldsymbol{A}^{-1}\|\\&\leqslant\frac{\|\boldsymbol{A}^{-1}\|}{1-\|\boldsymbol{A}^{-1}\boldsymbol{E}\|}\end{aligned}$$

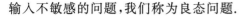

又知

$$(\boldsymbol{A}+\boldsymbol{E})^{-1}-\boldsymbol{A}^{-1}=[(\boldsymbol{I}+\boldsymbol{A}^{-1}\boldsymbol{E})^{-1}-\boldsymbol{I}]\boldsymbol{A}^{-1}$$

则

$$\|(\boldsymbol{A}+\boldsymbol{E})^{-1}-\boldsymbol{A}^{-1}\|\leqslant\|(\boldsymbol{I}+\boldsymbol{A}^{-1}\boldsymbol{E})^{-1}-\boldsymbol{I}\|\|\boldsymbol{A}^{-1}\|$$

由定理 4.4.1 可得

$$\|(\boldsymbol{I}+\boldsymbol{A}^{-1}\boldsymbol{E})^{-1}-\boldsymbol{I}\|\leqslant\|(\boldsymbol{I}+\boldsymbol{A}^{-1}\boldsymbol{E})^{-1}\|\|\boldsymbol{A}^{-1}\boldsymbol{E}\|\leqslant\frac{\|\boldsymbol{A}^{-1}\boldsymbol{E}\|}{1-\|\boldsymbol{A}^{-1}\boldsymbol{E}\|}$$

因此,

$$\|(\boldsymbol{A}+\boldsymbol{E})^{-1}-\boldsymbol{A}^{-1}\|\leqslant\frac{\|\boldsymbol{A}^{-1}\|\|\boldsymbol{A}^{-1}\boldsymbol{E}\|}{1-\|\boldsymbol{A}^{-1}\boldsymbol{E}\|}$$

由于$\|\boldsymbol{A}^{-1}\boldsymbol{E}\|\leqslant\|\boldsymbol{A}^{-1}\|\|\boldsymbol{E}\|$,所以由定理 4.4.2 可得如下推论:

推论 4.4.1 设$\boldsymbol{A}\in\mathbb{C}^{n\times n}$是非奇异矩阵,$\boldsymbol{E}\in\mathbb{C}^{n\times n}$满足条件$\|\boldsymbol{A}^{-1}\|\|\boldsymbol{E}\|<1$,则$\boldsymbol{A}+\boldsymbol{E}$ 非奇异,并且有

$$\frac{\|(\boldsymbol{A}+\boldsymbol{E})^{-1}-\boldsymbol{A}^{-1}\|}{\|\boldsymbol{A}^{-1}\|}\leqslant\frac{\kappa(\boldsymbol{A})\dfrac{\|\boldsymbol{E}\|}{\|\boldsymbol{A}\|}}{1-\kappa(\boldsymbol{A})\dfrac{\|\boldsymbol{E}\|}{\|\boldsymbol{A}\|}}\tag{4.4.6}$$

其中,$\kappa(\boldsymbol{A})=\|\boldsymbol{A}\|\|\boldsymbol{A}^{-1}\|$.

估计式(4.4.6)表明,$\kappa(\boldsymbol{A})$反映了$\boldsymbol{A}^{-1}$ 对于$\boldsymbol{A}$ 的扰动的敏感性. $\kappa(\boldsymbol{A})$愈大,$(\boldsymbol{A}+\boldsymbol{E})^{-1}$与$\boldsymbol{A}^{-1}$ 的相对误差就愈大. 在例 4.4.1 中,当矩阵范数取 1 -范数、2 -范数或∞-范数时,$\kappa(\boldsymbol{A})$均等于 39 601.

定义 4.4.2(条件数) 设 n 阶矩阵$\boldsymbol{A}$ 非奇异,称$\kappa(\boldsymbol{A})=\|\boldsymbol{A}\|\|\boldsymbol{A}^{-1}\|$为$\boldsymbol{A}$ 关于求逆的条件数,也称为求解线性方程组$\boldsymbol{Ax}=\boldsymbol{b}$ 的条件数.

注 1: 条件数就是用来衡量输出相对于输入敏感度的指标. 良态问题和病态问题就是靠这个指标进行区分的: 如果$\kappa(\boldsymbol{A})$很大,则矩阵$\boldsymbol{A}$ 关于求逆是病态的.

现考察线性方程组

$$\boldsymbol{Ax}=\boldsymbol{b}\tag{4.4.7}$$

如果系数矩阵$\boldsymbol{A}$ 和右端项$\boldsymbol{b}$ 分别有扰动$\boldsymbol{E}$ 和$\delta\boldsymbol{b}$,则扰动后方程组为

$$(\boldsymbol{A}+\boldsymbol{E})(\boldsymbol{x}+\delta\boldsymbol{x})=\boldsymbol{b}+\delta\boldsymbol{b}\tag{4.4.8}$$

且有如下定理:

定理 4.4.3 设$\boldsymbol{A}\in\mathbb{C}^{n\times n}$是非奇异矩阵,$\boldsymbol{b}$ 和$\delta\boldsymbol{b}\in\mathbb{C}^{n}$,$\boldsymbol{x}$ 是线性方程组(4.4.7)的解. 如果$\boldsymbol{E}\in\mathbb{C}^{n\times n}$满足条件$\|\boldsymbol{A}^{-1}\|\|\boldsymbol{E}\|<1$,则方程组(4.4.8)有唯一解$\boldsymbol{x}+\delta\boldsymbol{x}$,且有

$$\frac{\|\delta\boldsymbol{x}\|}{\|\boldsymbol{x}\|}\leqslant\frac{\kappa(\boldsymbol{A})}{1-\kappa(\boldsymbol{A})\dfrac{\|\boldsymbol{E}\|}{\|\boldsymbol{A}\|}}\left(\frac{\|\boldsymbol{E}\|}{\|\boldsymbol{A}\|}+\frac{\|\delta\boldsymbol{b}\|}{\|\boldsymbol{b}\|}\right)\tag{4.4.9}$$

证明: 因为$\|\boldsymbol{A}^{-1}\|\|\boldsymbol{E}\|<1$,由推论 4.4.1 知,矩阵$\boldsymbol{A}+\boldsymbol{E}$ 非奇异. 此时方程组(4.4.8)

有唯一解 $\boldsymbol{x}+\delta\boldsymbol{x}$.

由式(4.4.7)和式(4.4.8)分别得，$\boldsymbol{x}=\boldsymbol{A}^{-1}\boldsymbol{b}$ 和 $\boldsymbol{x}+\delta\boldsymbol{x}=(\boldsymbol{A}+\boldsymbol{E})^{-1}(\boldsymbol{b}+\delta\boldsymbol{b})$. 于是

$$\begin{aligned}\delta\boldsymbol{x}&=(\boldsymbol{A}+\boldsymbol{E})^{-1}(\boldsymbol{b}+\delta\boldsymbol{b})-\boldsymbol{x}\\&=(\boldsymbol{A}+\boldsymbol{E})^{-1}\delta\boldsymbol{b}-\boldsymbol{x}+(\boldsymbol{I}+\boldsymbol{A}^{-1}\boldsymbol{E})^{-1}\boldsymbol{A}^{-1}\boldsymbol{b}\\&=(\boldsymbol{A}+\boldsymbol{E})^{-1}\delta\boldsymbol{b}-[\boldsymbol{I}-(\boldsymbol{I}+\boldsymbol{A}^{-1}\boldsymbol{E})^{-1}]\boldsymbol{x}\\&=(\boldsymbol{A}+\boldsymbol{E})^{-1}\delta\boldsymbol{b}-(\boldsymbol{I}+\boldsymbol{A}^{-1}\boldsymbol{E})^{-1}\boldsymbol{A}^{-1}\boldsymbol{E}\boldsymbol{x}\end{aligned}$$

由 $\|\boldsymbol{A}^{-1}\boldsymbol{E}\|\leqslant\|\boldsymbol{A}^{-1}\|\|\boldsymbol{E}\|$、定理 4.3.6 和定理 4.4.2 可得

$$\begin{aligned}\|\delta\boldsymbol{x}\|&\leqslant\frac{\|\boldsymbol{A}^{-1}\|\|\delta\boldsymbol{b}\|}{1-\|\boldsymbol{A}^{-1}\boldsymbol{E}\|}+\frac{\|\boldsymbol{A}^{-1}\boldsymbol{E}\|\|\boldsymbol{x}\|}{1-\|\boldsymbol{A}^{-1}\boldsymbol{E}\|}\\&\leqslant\frac{\|\boldsymbol{A}^{-1}\|\|\boldsymbol{x}\|}{1-\|\boldsymbol{A}^{-1}\|\|\boldsymbol{E}\|}\left(\frac{\|\delta\boldsymbol{b}\|}{\|\boldsymbol{x}\|}+\|\boldsymbol{E}\|\right)\end{aligned}$$

注意到 $\|\boldsymbol{b}\|\leqslant\|\boldsymbol{A}\|\|\boldsymbol{x}\|$，故由上式得

$$\begin{aligned}\frac{\|\delta\boldsymbol{x}\|}{\|\boldsymbol{x}\|}&\leqslant\frac{\|\boldsymbol{A}^{-1}\|}{1-\|\boldsymbol{A}^{-1}\|\|\boldsymbol{E}\|}\left(\frac{\|\delta\boldsymbol{b}\|}{\|\boldsymbol{x}\|}+\|\boldsymbol{E}\|\right)\\&\leqslant\frac{\kappa(\boldsymbol{A})}{1-\kappa(\boldsymbol{A})\dfrac{\|\boldsymbol{E}\|}{\|\boldsymbol{A}\|}}\left(\frac{\|\delta\boldsymbol{b}\|}{\|\boldsymbol{b}\|}+\frac{\|\boldsymbol{E}\|}{\|\boldsymbol{A}\|}\right)\end{aligned}$$

估计式(4.4.9)表明，$\kappa(\boldsymbol{A})$ 反映了线性方程组(4.4.7)的解 $\boldsymbol{x}$ 的相对误差对于 $\boldsymbol{A}$ 和 $\boldsymbol{b}$ 的相对误差的依赖程度. 由定理 4.4.3 知，如果 $\kappa(\boldsymbol{A})$ 很大，则线性方程组(4.4.7)是病态的. 在求矩阵的逆或求解线性方程组时，可以通过变换降低矩阵的条件数，即所谓预处理或预条件.

例 4.4.2 考察线性方程组

$$\begin{bmatrix}1&10^5\\1&1\end{bmatrix}\begin{bmatrix}x_1\\x_2\end{bmatrix}=\begin{bmatrix}10^5\\2\end{bmatrix}$$

的求解问题.

分析：由系数矩阵 $\boldsymbol{A}=\begin{bmatrix}1&10^5\\1&1\end{bmatrix}$，计算得

$$\boldsymbol{A}^{-1}=\frac{1}{10^5-1}\begin{bmatrix}-1&10^5\\1&-1\end{bmatrix}$$

取矩阵行和范数，则

$$\kappa(\boldsymbol{A})=\frac{(1+10^5)^2}{10^5-1}\approx10^5$$

因此矩阵 $\boldsymbol{A}$ 求逆和求解方程组 $\boldsymbol{A}\boldsymbol{x}=\boldsymbol{b}$ 都是病态的. 此时，可用条件数 10^5 除方程组的第一个方程，得

$$\begin{bmatrix}10^{-5}&1\\1&1\end{bmatrix}\begin{bmatrix}x_1\\x_2\end{bmatrix}=\begin{bmatrix}1\\2\end{bmatrix}$$

此时 $\kappa\approx 4$,于是上面方程组是良态的.

注 2: 条件数 $\kappa(\boldsymbol{A})$ 大的两个常见原因：矩阵的列之间的相关性过大(此时矩阵为奇异或接近奇异的,见例 4.4.1)和矩阵的特征值差异大(见例 4.4.2).

4.5 特征值估计

本节讨论矩阵元素的变化对矩阵特征值的影响. 由于一元多项式的根是其系数的连续函数,且矩阵特征多项式的系数是矩阵元素的连续函数,因此矩阵的特征值必然是矩阵元素的连续函数.

定义 4.5.1(谱和谱半径)　给定复方阵 $\boldsymbol{A}\in\mathbb{C}^{n\times n}$,记

$$S_p(\boldsymbol{A})=\{\lambda \mid \lambda \text{ 是 } \boldsymbol{A} \text{ 的特征值}\}$$

则称 $S_p(\boldsymbol{A})$ 是矩阵 $\boldsymbol{A}$ 的谱,称 $\boldsymbol{A}$ 的特征值模的最大值为 $\boldsymbol{A}$ 的谱半径,记为 $\rho(\boldsymbol{A})$.

例 4.5.1　求 $\boldsymbol{A}=\begin{bmatrix}1 & 0\\ 2 & 2\mathrm{i}\end{bmatrix}$ 的谱半径 $\rho(\boldsymbol{A})$.

解：矩阵 $\boldsymbol{A}$ 的特征值为 1 和 2i,所以谱半径 $\rho(\boldsymbol{A})=2$.

【思考】 矩阵的谱半径可定义矩阵范数吗?

分析：矩阵范数的正定性要求范数等于零的充分必要条件是矩阵本身为零矩阵. 考察矩阵 $\boldsymbol{A}=\begin{bmatrix}0 & 1\\ 0 & 0\end{bmatrix}$,其谱半径为 0,但 $\boldsymbol{A}$ 为非零矩阵. 显然,谱半径不可以定义为矩阵范数.

例 4.5.2　计算 $\boldsymbol{A}=\begin{bmatrix}1 & 2\\ 2 & 2\end{bmatrix}$ 的谱半径 $\rho(\boldsymbol{A})$,$\|\boldsymbol{A}\|_1$、$\|\boldsymbol{A}\|_\infty$、$\|\boldsymbol{A}\|_2$ 和 $\|\boldsymbol{A}\|_F$.

解：$\rho(\boldsymbol{A})=3.561\,6$,$\|\boldsymbol{A}\|_1=4$,$\|\boldsymbol{A}\|_\infty=4$,$\|\boldsymbol{A}\|_2=3.561\,6$,$\|\boldsymbol{A}\|_F=3.605$.

由例 4.5.2 计算结果知,矩阵的范数均不小于其谱半径. 这是有理论依据的.

定理 4.5.1　复方阵的谱半径不大于它的任一矩阵范数.

证明：设 λ 是复方阵 $\boldsymbol{A}$ 的任一特征值,$\boldsymbol{x}$ 是属于 λ 的特征向量,则 $\boldsymbol{Ax}=\lambda\boldsymbol{x}$. 对任意矩阵范数 $\|\cdot\|$,有

$$|\lambda|\,\|\boldsymbol{x}\|=\|\lambda\boldsymbol{x}\|=\|\boldsymbol{Ax}\|\leqslant\|\boldsymbol{A}\|\,\|\boldsymbol{x}\|$$

注意到 $\boldsymbol{x}\neq\boldsymbol{0}$,则有 $|\lambda|\leqslant\|\boldsymbol{A}\|$,即 $\rho(\boldsymbol{A})\leqslant\|\boldsymbol{A}\|$. 证毕.

定理 4.5.2　设 $\boldsymbol{A}\in\mathbb{C}^{n\times n}$,任取正常数 ε,则必存在某个矩阵范数 $\|\cdot\|$ 使得 $\|\boldsymbol{A}\|\leqslant\rho(\boldsymbol{A})+\varepsilon$.

证明：由 Jordan 标准形定理知,存在非奇异矩阵 $\boldsymbol{P}\in\mathbb{C}^{n\times n}$ 使得 $\boldsymbol{P}^{-1}\boldsymbol{AP}=\boldsymbol{J}$,其中,$\boldsymbol{J}$ 是矩阵 $\boldsymbol{A}$ 的 Jordan 标准形,其对角线元素为 $\lambda_1,\lambda_2,\cdots,\lambda_n$.

令 $\boldsymbol{\Lambda}=\mathrm{diag}(\lambda_1,\lambda_2,\cdots,\lambda_n)$,并定义 $\widetilde{\boldsymbol{I}}=\boldsymbol{J}-\boldsymbol{\Lambda}$,则有

$$\widetilde{I} = \begin{bmatrix} 0 & \delta_1 & & & \\ & 0 & \delta_2 & & \\ & & \ddots & \ddots & \\ & & & 0 & \delta_{n-1} \\ & & & & 0 \end{bmatrix}$$

式中：$\delta_i=0$ 或 $1, i=1,2,\cdots,n-1$.

对任意正常数 ε，令 $\boldsymbol{Q}=\mathrm{diag}(1,\varepsilon,\cdots,\varepsilon^{n-1})$，则

$$(\boldsymbol{PQ})^{-1}\boldsymbol{A}(\boldsymbol{PQ})=\boldsymbol{Q}^{-1}\boldsymbol{JQ}=\boldsymbol{\Lambda}+\varepsilon\widetilde{\boldsymbol{I}}$$

令 $\boldsymbol{S}=\boldsymbol{PQ}$，则矩阵 $\boldsymbol{S}$ 可逆且有

$$\|\boldsymbol{S}^{-1}\boldsymbol{AS}\|_1=\|\boldsymbol{\Lambda}+\varepsilon\widetilde{\boldsymbol{I}}\|_1\leqslant\rho(\boldsymbol{A})+\varepsilon$$

定义 $\|\boldsymbol{A}\|_m=\|\boldsymbol{S}^{-1}\boldsymbol{AS}\|_1$，容易证明 $\|\boldsymbol{A}\|_m$ 是矩阵范数. 因此，结论成立.

注 1：定理 4.5.2 中构造的矩阵范数与给定的矩阵 $\boldsymbol{A}$ 有关. 因此，当用矩阵 $\boldsymbol{A}$ 构造的矩阵范数来计算矩阵 $\boldsymbol{B}(\boldsymbol{B}\neq\boldsymbol{A})$ 矩阵范数时，不等式 $\|\boldsymbol{B}\|\leqslant\rho(\boldsymbol{B})+\varepsilon$ 不一定成立.

定理 4.5.1 和定理 4.5.2 从不同角度提供了谱半径和矩阵范数之间的关系. 我们常用定理 4.5.1 来粗略估算矩阵的特征值，通常选取易于计算的矩阵列和范数、行和范数或 F-范数，此时可将矩阵的所有特征值限定在复平面的某一圆盘内. 不难发现，这种估计方法简单但也比较粗糙. 为此，引入盖尔圆盘定义和定理来改进特征值的估计方法.

定义 4.5.2（盖尔圆盘） 设 $\boldsymbol{A}=(a_{ij})\in\mathbb{C}^{n\times n}$，令

$$\delta_i=\sum_{j=1,j\neq i}^{n}|a_{ij}|,\quad i=1,\cdots,n$$

并定义

$$G_i=\{z\in\mathbb{C}\mid |z-a_{ii}|\leqslant\delta_i\},\quad i=1,\cdots,n$$

即 G_i 是复平面上以 a_{ii} 为圆心，δ_i 为半径的闭圆盘，称为矩阵 $\boldsymbol{A}$ 的一个盖尔圆盘.

例 4.5.3 计算矩阵 $\boldsymbol{A}=\begin{bmatrix} 1 & 0.02 & 0.11 \\ 0.01 & \mathrm{i} & 0.14 \\ 0.02 & 0.01 & 0.5 \end{bmatrix}$ 的盖尔圆盘.

解：$\boldsymbol{A}$ 的三个盖尔圆盘（见图 4.5.1）分别为

$$G_1=\{z\in\mathbb{C}\mid |z-1|\leqslant 0.13\}$$
$$G_2=\{z\in\mathbb{C}\mid |z-\mathrm{i}|\leqslant 0.15\}$$
$$G_3=\{z\in\mathbb{C}\mid |z-0.5|\leqslant 0.03\}$$

定理 4.5.3（盖尔圆盘定理） 设 $\boldsymbol{A}=(a_{ij})\in\mathbb{C}^{n\times n}$ 的 n 个盖尔圆盘为 $G_1,\cdots,G_n$，则矩阵 $\boldsymbol{A}$ 的任一特征值 $\lambda\in\bigcup_{i=1}^{n}G_i$.

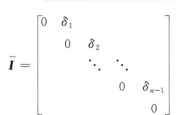

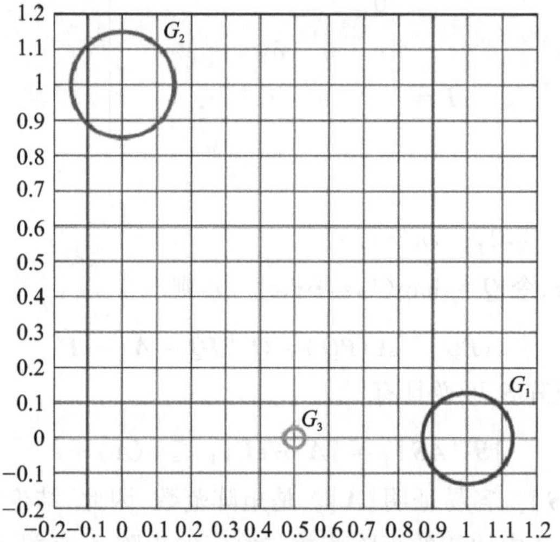

图 4.5.1　例 4.5.3 矩阵 A 的盖尔圆盘图示

证明：设 λ 是矩阵 $\boldsymbol{A}$ 的任一特征值，$\boldsymbol{x}=[x_1,\cdots,x_n]^{\mathrm{T}}$ 是属于特征值 λ 的特征向量，则有

$$a_{i1}x_1+\cdots+a_{in}x_n=\lambda x_i,\quad i=1,\cdots,n \tag{4.5.1}$$

整理式(4.5.1)得

$$(\lambda-a_{ii})x_i=\sum_{k=1,k\neq i}^{n}a_{ik}x_k \tag{4.5.2}$$

定义

$$|x_\sigma|=\max_{1\leqslant i\leqslant n}|x_i|>0,\quad \sigma\in\{1,\cdots,n\}$$

并考察式(4.5.2)的第 σ 个方程，得

$$|\lambda-a_{\sigma\sigma}||x_\sigma|=\left|\sum_{k=1,k\neq\sigma}^{n}a_{\sigma k}x_k\right|$$

注意到 $|x_\sigma|>0$，则上式可改写为

$$|\lambda-a_{\sigma\sigma}|=\left|\sum_{k=1,k\neq\sigma}^{n}a_{\sigma k}\frac{x_k}{|x_\sigma|}\right|$$

$$\leqslant\sum_{k=1,k\neq\sigma}^{n}\left(|a_{\sigma k}|\frac{|x_k|}{|x_\sigma|}\right)\leqslant\sum_{k=1,k\neq\sigma}^{n}|a_{\sigma k}|$$

上式表明，λ 必在 $\boldsymbol{A}$ 的 G_σ 这一盖尔圆中. 因此，$\boldsymbol{A}$ 的任一特征值必在 $\bigcup_{i=1}^{n}G_i$ 内. 证毕.

例 4.5.4　试估计矩阵 $\boldsymbol{A}=\begin{bmatrix}2&-1&-2&0\\-1&3&2\mathrm{i}&0\\0&-\mathrm{i}&10&\mathrm{i}\\-2&0&0&6\mathrm{i}\end{bmatrix}$ 的特征值分布.

解：由盖尔圆盘定理知，$\boldsymbol{A}$ 的特征值 $\lambda \in \bigcup_{i=1}^{4} G_i$，其中 G_1：$|z-2| \leqslant 3$；G_2：$|z-3| \leqslant 3$；G_3：$|z-10| \leqslant 2$；G_4：$|z-6\mathrm{i}| \leqslant 2$，如图 4.5.2 所示.

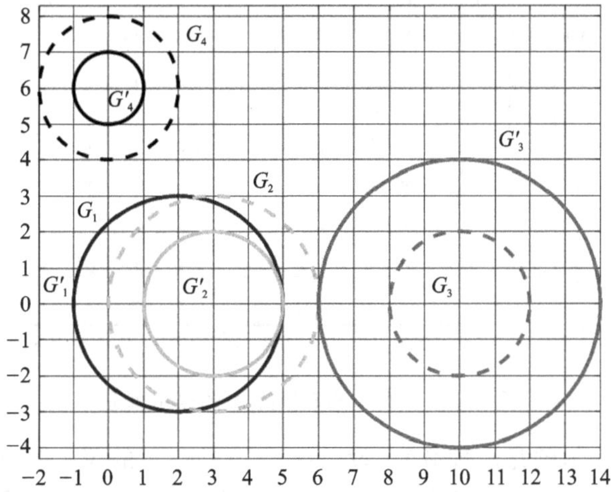

图 4.5.2 例 4.5.4 矩阵 $\boldsymbol{A}$ 与 $\boldsymbol{A}^{\mathrm{T}}$ 的盖尔圆盘

由于 $\boldsymbol{A}^{\mathrm{T}}$ 与 $\boldsymbol{A}$ 具有相同的特征值，故我们还可以利用 $\boldsymbol{A}^{\mathrm{T}}$ 来估计 $\boldsymbol{A}$ 的特征值. 计算 $\boldsymbol{A}^{\mathrm{T}}$ 的 4 个盖尔圆分别为：G_1'：$|z-2| \leqslant 3$；G_2'：$|z-3| \leqslant 2$；G_3'：$|z-10| \leqslant 4$；G_4'：$|z-6\mathrm{i}| \leqslant 1$. 根据盖尔圆盘定理可知，矩阵 $\boldsymbol{A}$ 的 4 个特征值必在 $\bigcup_{i=1}^{4} G'_i$ 中（见图 4.5.2）.

观察图 4.5.2 发现，$\boldsymbol{A}^{\mathrm{T}}$ 与 $\boldsymbol{A}$ 的盖尔圆盘不尽相同，因此矩阵 $\boldsymbol{A}$ 的特征值满足 $\lambda \in (\bigcup_{i=1}^{n} G_i) \cap (\bigcup_{i=1}^{n} G_i')$. 这表明，我们可以结合矩阵的转置操作来提高特征值的估算精度.

注 2：设 $\boldsymbol{A}^{\mathrm{T}}$ 的盖尔圆为 $G_1', \cdots, G_n'$，则 G_i 与 G_i' 有相同的圆心. 因此，矩阵 $\boldsymbol{A}$ 的特征值必满足

$$\lambda \in (\bigcup_{i=1}^{n} G_i) \cap (\bigcup_{i=1}^{n} G_i')$$

【思考】 n 阶复方阵 $\boldsymbol{A}$ 的 n 个特征值是否恰好落入它的 n 个盖尔圆内？

例 4.5.5 考察矩阵 $\boldsymbol{A}=\begin{bmatrix} 0 & -0.4 \\ 0.9 & 1 \end{bmatrix}$，其盖尔圆盘为

$$G_1: |z| \leqslant 0.4, \quad G_2: |z-1| \leqslant 0.9$$

经解析计算矩阵 $\boldsymbol{A}$ 的特征值为 $\lambda_{1,2}=\dfrac{1 \pm \mathrm{i}\sqrt{0.44}}{2}$. 由图 4.5.3 看出，矩阵 $\boldsymbol{A}$ 的所有特征值均在 G_2 内，而 G_1 未包含任何特征值. 所以，并非每个盖尔圆内都恰好有一个特征值.

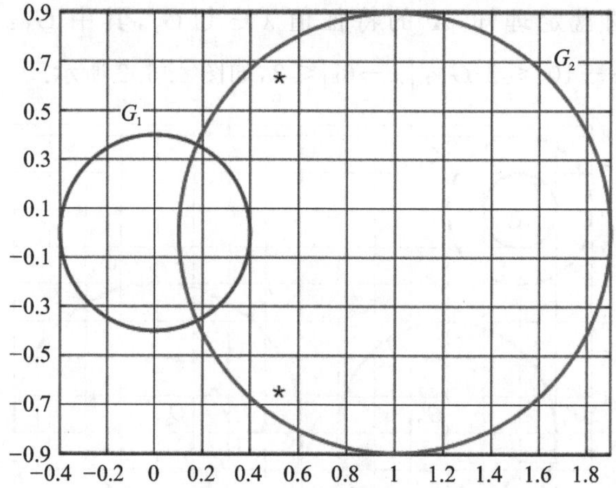

图 4.5.3　例 4.5.5 矩阵 A 的盖尔圆盘

定理 4.5.4(盖尔圆盘定理续)　设 $\boldsymbol{A}=(a_{ij})\in\mathbb{C}^{n\times n}$ 的盖尔圆盘为 $G_1,\cdots,G_n$，若其中的 k 个盖尔圆盘的并集形成一个连通的区域，且该区域与其余 $n-k$ 个圆盘都不相交，则此连通域内恰有 k 个特征值. 特别地，孤立的盖尔圆内有且仅有一个特征值.

证明：设 $\boldsymbol{D}=\mathrm{diag}(a_{11},\cdots,a_{nn})\in\mathbb{C}^{n\times n}$ 和 $\boldsymbol{B}=\boldsymbol{A}-\boldsymbol{D}$，并令 $\boldsymbol{A}(\varepsilon)=\boldsymbol{D}+\varepsilon\boldsymbol{B}$，其中，$\varepsilon\in[0,1]$. 显然，$\boldsymbol{A}(0)=\boldsymbol{D}$，$\boldsymbol{A}(1)=\boldsymbol{A}$，且 $\boldsymbol{A}(\varepsilon)$ 与 $\boldsymbol{A}$ 的盖尔圆有相同的圆心，但前者的半径是后者的 ε 倍. 由于 $\varepsilon\in[0,1]$，故 $\boldsymbol{A}(\varepsilon)$ 的任一盖尔圆盘都在 $\boldsymbol{A}$ 的相应盖尔圆内.

当 ε 从 0 连续地变为 1 时，矩阵 $\boldsymbol{A}(\varepsilon)$ 的 n 个特征值将连续变化，即特征值函数(以 ε 为自变量)在复平面上是 n 条连续的曲线. 每条曲线的起点分别为 $\boldsymbol{A}$(或 $\boldsymbol{D}$)的对角元素，即某一盖尔圆的圆心，曲线终点为 $\boldsymbol{A}$ 的某一特征值. 由定理 4.5.3 知，这 n 条连续曲线不能超出所有的盖尔圆. 因此，$\boldsymbol{A}$ 的 k 个盖尔圆所围的连通区域内有且只有 k 条曲线，即有且只有 $\boldsymbol{A}$ 的 k 个特征值. 当 $k=1$ 时，此连通域内有且仅有一个特征值. 证毕.

推论 4.5.1　设矩阵 $\boldsymbol{A}\in\mathbb{C}^{n\times n}$ 的 n 个盖尔圆盘为 $G_1,\cdots,G_n$，若原点 $0\notin\bigcup\limits_{i=1}^{n}G_i$，则矩阵 $\boldsymbol{A}$ 为非奇异矩阵.

推论 4.5.2　设 $\boldsymbol{A}=(a_{ij})\in\mathbb{C}^{n\times n}$ 是对角占优矩阵，即对 $i=1,\cdots,n$，有

$$|a_{ii}|>\sum_{i=1,j\neq i}^{n}|a_{ij}|\text{(列对角占优)}$$

或

$$|a_{ii}|>\sum_{j=1,j\neq i}^{n}|a_{ij}|\text{(行对角占优)}$$

则矩阵 $\boldsymbol{A}$ 非奇异.

推论 4.5.3　若复方阵 $\boldsymbol{A}$ 有 k 个孤立的盖尔圆，则它至少有 k 个互异特征值. 特

别地，若矩阵 $\boldsymbol{A}$ 的所有盖尔圆两两互不相交，则 $\boldsymbol{A}$ 是单纯矩阵.

推论 4.5.4　若实方阵 $\boldsymbol{A}$ 有 k 个孤立的盖尔圆，则它至少有 k 个互异的实特征值. 特别地，若矩阵 $\boldsymbol{A}$ 的所有盖尔圆两两互不相交，则它有 n 个互异的实特征值.

例 4.5.6　证明 n 阶矩阵 $\boldsymbol{A}$ 是单纯矩阵，其中

$$\boldsymbol{A}=\begin{bmatrix} 2 & \frac{1}{n} & \frac{1}{n} & \cdots & \frac{1}{n} \\ \frac{1}{n} & 4 & \frac{1}{n} & \cdots & \frac{1}{n} \\ \vdots & \vdots & \vdots & & \vdots \\ \frac{1}{n} & \frac{1}{n} & \frac{1}{n} & \cdots & 2n \end{bmatrix}$$

证明：矩阵 $\boldsymbol{A}$ 的 n 个盖尔圆为

$$G_1: |z-2| \leqslant 1-\frac{1}{n}$$

$$G_2: |z-4| \leqslant 1-\frac{1}{n}$$

$$\vdots$$

$$G_n: |z-2n| \leqslant 1-\frac{1}{n}$$

由于矩阵 $\boldsymbol{A}$ 的任意两个盖尔圆的圆心距都大于或等于 2，而它的任一盖尔圆的半径小于 1，故 $\boldsymbol{A}$ 的 n 个盖尔圆均是孤立的. 由盖尔圆盘定理知，矩阵 $\boldsymbol{A}$ 有 n 个互异的实特征值. 因此，$\boldsymbol{A}$ 是单纯矩阵.

例 4.5.7　证明矩阵 $\boldsymbol{A}$ 至少有两个实特征值，其中

$$\boldsymbol{A}=\begin{bmatrix} 9 & 1 & -2 & 1 \\ 0 & 8 & 1 & 1 \\ -1 & 0 & 4 & 0 \\ 1 & 0 & 0 & 1 \end{bmatrix}$$

证明：矩阵 $\boldsymbol{A}$ 的 4 个盖尔圆为 $G_1: |z-9| \leqslant 4$；$G_2: |z-8| \leqslant 2$；$G_3: |z-4| \leqslant 1$ 和 $G_4: |z-1| \leqslant 1$. 如图 4.5.4 所示，G_4 为孤立圆，表明矩阵 $\boldsymbol{A}$ 至少有一个实特征值；$G_1 \cup G_2 \cup G_3$ 中含有矩阵 $\boldsymbol{A}$ 的另外 3 个特征值，这表明矩阵 $\boldsymbol{A}$ 要么有 3 个实特征值，要么有一对共轭复根和 1 个实特征值. 因此，矩阵 $\boldsymbol{A}$ 至少有两个实特征值.

注 3：在使用盖尔圆估计矩阵 $\boldsymbol{A}$ 的特征值时，我们总希望获得更多的孤立圆，这时可采取如下方法：

取合适的非零实数 $d_1, \cdots, d_n$，并令 $\boldsymbol{D}=\mathrm{diag}(d_1, \cdots, d_n)$，则

$$\boldsymbol{B}=\boldsymbol{DAD}^{-1}=\left(a_{ij}\frac{d_i}{d_j}\right)_{n\times n}$$

显然，矩阵 $\boldsymbol{A}$ 与 $\boldsymbol{B}$ 相似，它们具有相同的特征值. 我们可以依据矩阵 $\boldsymbol{B}$ 的盖尔圆

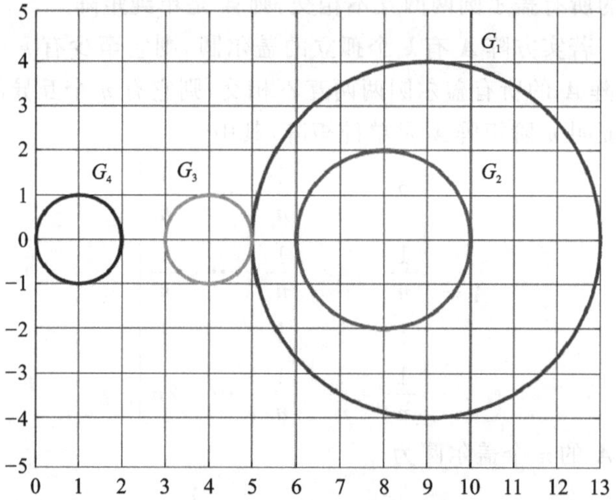

图 4.5.4　例 4.5.7 矩阵 A 的盖尔圆盘

来估计矩阵 $\boldsymbol{A}$ 的特征值.通常 d_i 的选取办法如下：

(1) 若取 $d_i<1$,其余元素为 1,则第 i 个盖尔圆 G_i 会缩小,其余所有盖尔圆会放大；

(2) 若取 $d_i>1$,其余元素为 1,则第 i 个盖尔圆 G_i 会放大,而其余所有盖尔圆会缩小.

例 4.5.8　估计复方阵 $\boldsymbol{A}=\begin{bmatrix}9&1&1\\1&\mathrm{i}&1\\1&1&3\end{bmatrix}$ 的特征值分布范围.

解：矩阵 $\boldsymbol{A}$ 的 3 个盖尔圆为 G_1：$|z-9|\leqslant 2$,G_2：$|z-\mathrm{i}|\leqslant 2$,$G_3$：$|z-3|\leqslant 2$.若选取

$$\boldsymbol{D}=\begin{bmatrix}0.5&0&0\\0&1&0\\0&0&1\end{bmatrix}$$

则有

$$\boldsymbol{B}=\boldsymbol{DAD}^{-1}=\begin{bmatrix}9&0.5&0.5\\2&\mathrm{i}&1\\2&1&3\end{bmatrix}$$

此时,矩阵 $\boldsymbol{B}$ 的 3 个盖尔圆盘分别为 G'_1：$|z-9|\leqslant 1$,G'_2：$|z-\mathrm{i}|\leqslant 3$,$G'_3$：$|z-3|\leqslant 3$.

由图 4.5.5 左图中看出 G'_1 缩小,而其余的盖尔圆盘 G'_2 和 G'_3 在放大.

若选取

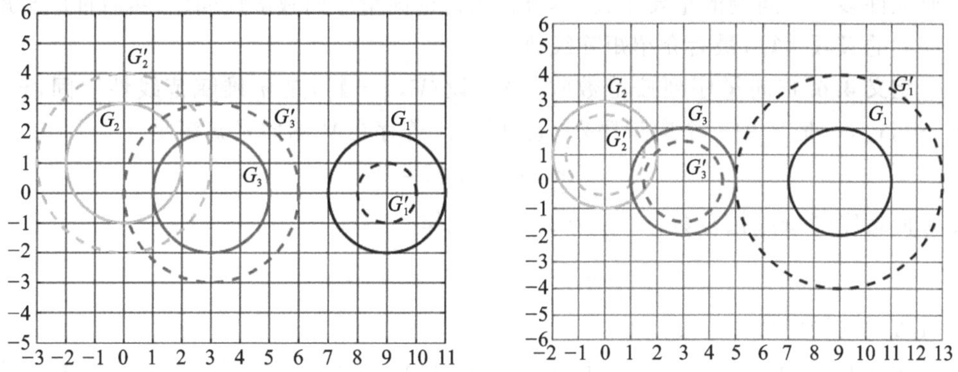

图 4.5.5　例 4.5.8 矩阵 B 的盖尔圆盘

$$\boldsymbol{D}=\begin{bmatrix}2&0&0\\0&1&0\\0&0&1\end{bmatrix}$$

则有

$$\boldsymbol{B}=\boldsymbol{DAD}^{-1}=\begin{bmatrix}9&2&2\\0.5&\mathrm{i}&1\\0.5&1&3\end{bmatrix}$$

此时,$\boldsymbol{B}$ 的 3 个盖尔圆为 G_1':$|z-9|\leqslant 4$,G_2':$|z-\mathrm{i}|\leqslant 1.5$,$G_3'$:$|z-3|\leqslant 1.5$.由图 4.5.5 右图知,尽管 G_1'放大,但 G_2'和 G_3'在缩小,且变成了两个孤立的盖尔圆.此时说明 $\boldsymbol{A}$ 是单纯矩阵.

例 4.5.9　利用盖尔圆盘定理考察矩阵 $\boldsymbol{A}=\begin{bmatrix}0&-1\\1&0\end{bmatrix}$的特征值分布.

解:取 $\boldsymbol{D}=\mathrm{diag}(k,1)$,则有

$$\boldsymbol{B}=\boldsymbol{DAD}^{-1}=\begin{bmatrix}0&-k\\\frac{1}{k}&0\end{bmatrix}$$

矩阵 $\boldsymbol{B}$ 的盖尔圆为 G_1:$|z|\leqslant k$,G_2:$|z|\leqslant\frac{1}{k}$.当 $k>1$ 时,$G_1=G_1\cup G_2$;当 $k<1$ 时,$G_2=G_1\cup G_2$.无论何种情况,$\boldsymbol{B}$ 的盖尔圆都包含 $\boldsymbol{A}$ 的盖尔圆.这说明对于某些特殊的矩阵,利用对角阵 $\boldsymbol{D}$ 来改变矩阵的盖尔圆的这一方法会失效.

对于 Hermite 矩阵的特征值估计可结合定理 4.3.4 和定理 4.3.5 进行讨论.

4.6　矩阵级数

与数学分析一样,矩阵分析理论的建立也是以极限理论为基础的,其内容丰富,

是研究许多工程问题的重要工具.本节首先讨论向量序列敛散性问题,然后推广至矩阵序列的极限运算,最后介绍矩阵级数.

定义 4.6.1(向量序列按范数收敛) 设$(V,\|\cdot\|_\alpha)$是n维赋范线性空间,$\boldsymbol{x}_1,\boldsymbol{x}_2,\cdots,\boldsymbol{x}_k,\cdots$是$V$中一个向量序列,记为$\{\boldsymbol{x}_k\}$.若存在$V$的向量$\boldsymbol{x}$满足

$$\lim_{k\to\infty}\|\boldsymbol{x}_k-\boldsymbol{x}\|_\alpha=0$$

则称向量序列$\{\boldsymbol{x}_k\}$按范数$\|\cdot\|_\alpha$收敛于$\boldsymbol{x}$,记作

$$\lim_{k\to\infty}\boldsymbol{x}_k=\boldsymbol{x}\quad 或\quad \boldsymbol{x}_k\xrightarrow{\alpha}\boldsymbol{x}$$

不收敛的向量序列称为发散的.

例 4.6.1 设$V=\mathbb{R}$,$\|\cdot\|_\alpha$取为绝对值,则定义 4.6.1 中敛散性与高等数学中的相关概念一致.

定理 4.6.1 设$(V,\|\cdot\|)$是n维赋范线性空间,$\{\boldsymbol{x}_k\}$是V的一个向量序列.若序列$\{\boldsymbol{x}_k\}$按某种范数收敛于$\boldsymbol{x}$,则序列$\{\boldsymbol{x}_k\}$按任意范数收敛于$\boldsymbol{x}$,即有限维空间中按范数收敛是等价的.

证明:设$\|\cdot\|_\alpha$和$\|\cdot\|_\beta$是V中任意两种范数,则对V中任意向量$\boldsymbol{y}$存在正常数k使得

$$\|\boldsymbol{y}\|_\beta\leqslant k\|\boldsymbol{y}\|_\alpha$$

由此,

$$0\leqslant\|\boldsymbol{x}_k-\boldsymbol{x}\|_\beta\leqslant k\|\boldsymbol{x}_k-\boldsymbol{x}\|_\alpha$$

若$\lim\limits_{k\to\infty}\|\boldsymbol{x}_k-\boldsymbol{x}\|_\alpha=0$,则由夹逼定理知

$$\lim_{k\to\infty}\|\boldsymbol{x}_k-\boldsymbol{x}\|_\beta=0$$

即序列$\{\boldsymbol{x}_k\}$按β范数收敛于$\boldsymbol{x}$,反之亦然.

定义 4.6.2(向量序列按坐标收敛) 设$(V,\|\cdot\|_\alpha)$是n维赋范线性空间,$\boldsymbol{\zeta}_1,\cdots,\boldsymbol{\zeta}_n$是$V$中一组基,$\{\boldsymbol{x}_k\}$是$V$中一个向量序列,并记向量序列$\{\boldsymbol{x}_k\}$中的任一向量$\boldsymbol{x}_k$在基$\boldsymbol{\zeta}_1,\cdots,\boldsymbol{\zeta}_n$下坐标为$\boldsymbol{\xi}_k=[\xi_1^{(k)},\cdots,\xi_n^{(k)}]^{\mathrm{T}}\in F^n$.若存在向量$\boldsymbol{\xi}=[\xi_1,\cdots,\xi_n]^{\mathrm{T}}\in F^n$满足

$$\lim_{k\to\infty}\xi_i^{(k)}=\xi_i,\quad i=1,\cdots,n$$

则称向量序列$\{\boldsymbol{x}_k\}$按坐标收敛于$\boldsymbol{x}$,其中$\boldsymbol{\xi}$是向量$\boldsymbol{x}$在基$\boldsymbol{\zeta}_1,\cdots,\boldsymbol{\zeta}_n$下坐标.

定理 4.6.2 设$(V,\|\cdot\|)$是n维赋范线性空间,$\{\boldsymbol{x}_k\}$是V中一个向量序列且$\boldsymbol{x}\in V$.向量序列$\{\boldsymbol{x}_k\}$按范数收敛于向量$\boldsymbol{x}$当且仅当它按坐标收敛于$\boldsymbol{x}$.

证明:根据式(4.1.4)定义向量范数

$$\|\boldsymbol{x}_k\|=\sqrt{\sum_{i=1}^{n}|\xi_i^{(k)}|^2}$$

则对任意i有

$$\lim_{k\to\infty}\|\boldsymbol{x}_k-\boldsymbol{x}\|=0\Leftrightarrow\lim_{k\to\infty}\|\boldsymbol{\xi}_k-\boldsymbol{\xi}\|=0\Leftrightarrow\lim_{k\to\infty}\xi_i^{(k)}=\xi_i$$

上式表明，序列$\{\boldsymbol{x}_k\}$按范数收敛于$\boldsymbol{x}$当且仅当它按坐标收敛于$\boldsymbol{x}$. 证毕.

将$m\times n$矩阵看作mn维向量即可定义矩阵序列的敛散性.

定义 4.6.3(矩阵序列按坐标收敛) 设矩阵序列$\{\boldsymbol{A}_k\}$，其中矩阵$\boldsymbol{A}_k=(a_{ij}^{(k)})\in\mathbb{C}^{m\times n}$，$k=1,2,\cdots$，如果当$k\to\infty$时，矩阵$\boldsymbol{A}_k$的每一个元素$a_{ij}^{(k)}$都有极限$a_{ij}^{(0)}$，即

$$\lim_{k\to\infty}a_{ij}^{(k)}=a_{ij}^{(0)},\quad 1\leqslant i\leqslant m, 1\leqslant j\leqslant n$$

则称矩阵序列按元素收敛或按坐标收敛(或简称为矩阵序列$\{\boldsymbol{A}_k\}$收敛)，$\boldsymbol{A}_0=(a_{ij}^{(0)})$称为序列的极限，记为$\lim\limits_{k\to\infty}\boldsymbol{A}_k=\boldsymbol{A}_0$.

例 4.6.2 设$\boldsymbol{A}_k=\begin{bmatrix}\dfrac{2k^2+k+1}{k^2} & \dfrac{\sin k}{k}\\ \mathrm{e}^{-k}\sin k & \left(1+\dfrac{1}{2k}\right)^k\end{bmatrix}$，求极限$\lim\limits_{k\to\infty}\boldsymbol{A}_k$.

解：$\lim\limits_{k\to\infty}a_{11}^{(k)}=2$，$\lim\limits_{k\to\infty}a_{12}^{(k)}=0$，$\lim\limits_{k\to\infty}a_{21}^{(k)}=0$，$\lim\limits_{k\to\infty}a_{22}^{(k)}=\mathrm{e}^{\frac{1}{2}}$. 因此，

$$\lim_{k\to\infty}\boldsymbol{A}_k=\begin{bmatrix}2 & 0\\ 0 & \mathrm{e}^{\frac{1}{2}}\end{bmatrix}$$

命题 4.6.1 设矩阵序列$\{\boldsymbol{A}_k\}$和$\{\boldsymbol{B}_k\}$分别收敛于矩阵$\boldsymbol{A}$和$\boldsymbol{B}$，则对任意c_1，$c_2\in\mathbb{C}$，有

(1) $\lim\limits_{k\to\infty}(c_1\boldsymbol{A}_k+c_2\boldsymbol{B}_k)=c_1\boldsymbol{A}+c_2\boldsymbol{B}$，其中$\boldsymbol{A}_k,\boldsymbol{B}_k\in\mathbb{C}^{m\times n}$；

(2) $\lim\limits_{k\to\infty}(\boldsymbol{A}_k\boldsymbol{B}_k)=\boldsymbol{AB}$，其中$\boldsymbol{A}_k\in\mathbb{C}^{m\times n}$，$\boldsymbol{B}_k\in\mathbb{C}^{n\times p}$；

(3) 若$\boldsymbol{A}_k$和$\boldsymbol{A}$为可逆矩阵，则$\lim\limits_{k\to\infty}\boldsymbol{A}_k^{-1}=\boldsymbol{A}^{-1}$.

推论 4.6.1 设$\|\cdot\|$是$\mathbb{C}^{m\times n}$上任一矩阵范数，$\mathbb{C}^{m\times n}$中矩阵序列$\{\boldsymbol{A}_k\}$收敛于矩阵$\boldsymbol{A}_0$的充分必要条件是$\lim\limits_{k\to\infty}\|\boldsymbol{A}_k-\boldsymbol{A}_0\|=0$.

推论 4.6.1 表明矩阵序列$\{\boldsymbol{A}_k\}$按坐标收敛于$\boldsymbol{A}_0$当且仅当它按范数收敛于$\boldsymbol{A}_0$.

推论 4.6.2 复方阵$\boldsymbol{A}$的某一范数满足$\|\boldsymbol{A}\|<1$，则$\lim\limits_{k\to\infty}\boldsymbol{A}^k=\boldsymbol{O}$.

证明：由不等式$\|\boldsymbol{A}^k\|\leqslant\|\boldsymbol{A}\|^k$知，当$k\to\infty$时，$\|\boldsymbol{A}^k\|\to 0$. 根据推论 4.6.1 得，$\lim\limits_{k\to\infty}\boldsymbol{A}^k=\boldsymbol{O}$.

【思考】 若$\lim\limits_{k\to\infty}\boldsymbol{A}^k=\boldsymbol{O}$，则$\|\boldsymbol{A}\|<1$成立吗？

分析：考察矩阵$\boldsymbol{A}=\begin{bmatrix}0.1 & 0\\ 1 & 0.1\end{bmatrix}$，显然，$\|\boldsymbol{A}\|_1=1.1>1$. 又知

$$\boldsymbol{A}^k=\begin{bmatrix}0.1^k & 0\\ k0.1^{k-1} & 0.1^k\end{bmatrix}$$

当$k\to\infty$，$\boldsymbol{A}^k\to\boldsymbol{O}$. 因此，上述结论不成立.

定理 4.6.3 设$\boldsymbol{A}=(a_{ij})\in\mathbb{C}^{n\times n}$，$\lim\limits_{k\to\infty}\boldsymbol{A}^k=\boldsymbol{O}$的充分必要条件是$\rho(\boldsymbol{A})<1$.

证明：对任一n阶矩阵$\boldsymbol{A}$，必存在可逆矩阵$\boldsymbol{P}$使得$\boldsymbol{P}^{-1}\boldsymbol{AP}=\boldsymbol{J}$，其中$\boldsymbol{J}$为矩阵$\boldsymbol{A}$

的 Jordan 标准形，可表示为 $\boldsymbol{J}=\operatorname{diag}(\boldsymbol{J}_1,\cdots,\boldsymbol{J}_s)$，$\boldsymbol{J}_i(i=1,\cdots,s)$ 为矩阵 $\boldsymbol{A}$ 的 Jordan 块，可表示为

$$\boldsymbol{J}_i=\begin{bmatrix}\lambda_i & 1 & & & \boldsymbol{O}\\ & \lambda_i & 1 & & \\ & & \ddots & \ddots & \\ & & & \lambda_i & 1\\ \boldsymbol{O} & & & & \lambda_i\end{bmatrix}_{n_i\times n_i}$$

此时，$\boldsymbol{A}^k=\boldsymbol{P}\boldsymbol{J}^k\boldsymbol{P}^{-1}$，式中，$\boldsymbol{J}^k=\operatorname{diag}(\boldsymbol{J}_1^k,\cdots,\boldsymbol{J}_s^k)$，$\boldsymbol{J}_i^k(i=1,\cdots,s)$ 满足

$$\boldsymbol{J}_i^k=\begin{bmatrix}\lambda_i^k & C_k^1\lambda_i^{k-1} & C_k^2\lambda_i^{k-2} & \cdots & C_k^{n_i-1}\lambda_i^{k-n_i+1}\\ & \lambda_i^k & C_k^1\lambda_i^{k-1} & \cdots & C_k^{n_i-2}\lambda_i^{k-n_i+2}\\ & & \lambda_i^k & \ddots & \vdots\\ & & & \ddots & C_k^1\lambda_i^{k-1}\\ \boldsymbol{O} & & & & \lambda_i^k\end{bmatrix}$$

当 $k\to\infty$ 时，

$$\lim_{k\to\infty}\boldsymbol{A}^k=\boldsymbol{O}\Leftrightarrow\lim_{k\to\infty}\boldsymbol{J}^k=\boldsymbol{O}\Leftrightarrow\lim_{k\to\infty}\boldsymbol{J}_i^k=\boldsymbol{O},\quad\forall i\Leftrightarrow\rho(\boldsymbol{A})<1$$

例 4.6.3 设 $\boldsymbol{A}=\begin{bmatrix}c & 2c\\ 3c & 2c\end{bmatrix}$，其中 c 为实数. 求 $\lim\limits_{k\to\infty}\boldsymbol{A}^k=\boldsymbol{O}$ 的充分必要条件.

解：由矩阵 $\boldsymbol{A}$ 的特征多项式 $f(\lambda)=(\lambda-4c)(\lambda+c)$ 得，$\boldsymbol{A}$ 的特征值为 $\lambda_1=4c$，$\lambda_2=-c$. 故 $\boldsymbol{A}$ 的谱半径 $\rho(\boldsymbol{A})=|4c|$. 为使 $\lim\limits_{k\to\infty}\boldsymbol{A}^k=\boldsymbol{O}$ 成立，须满足 $\rho(\boldsymbol{A})=|4c|<1$，即 $-\dfrac{1}{4}<c<\dfrac{1}{4}$.

推论 4.6.3 若复方阵 $\boldsymbol{A}$ 的某一矩阵范数满足 $\|\boldsymbol{A}\|<1$，则矩阵序列 $\{\boldsymbol{A}^k\}$ 收敛于零矩阵.

定义 4.6.4（矩阵级数） 设矩阵序列 $\{\boldsymbol{A}_k\in\mathbb{C}^{m\times n}\}$，称 $\sum\limits_{k=1}^{\infty}\boldsymbol{A}_k$ 为矩阵级数. 令 $\boldsymbol{S}_N=\sum\limits_{k=1}^{N}\boldsymbol{A}_k$，称 $\boldsymbol{S}_N$ 为矩阵级数的部分和. 若矩阵序列 $\{\boldsymbol{S}_N\}$ 收敛且有极限 $\boldsymbol{S}$，即 $\lim\limits_{N\to\infty}\boldsymbol{S}_N=\boldsymbol{S}$，则称矩阵级数 $\sum\limits_{k=1}^{\infty}\boldsymbol{A}_k$ 收敛且有和 $\boldsymbol{S}$. 不收敛的矩阵级数称为发散级数.

例 4.6.4 设 $\boldsymbol{A}_k=\begin{bmatrix}\dfrac{1}{k(k+1)} & 0\\ 0 & \dfrac{2k}{3^k}\end{bmatrix}$，$k=1,2,\cdots$. 求级数 $\sum\limits_{k=1}^{\infty}\boldsymbol{A}_k$.

解：首先判断级数 $\sum\limits_{k=1}^{\infty}\boldsymbol{A}_k$ 的敛散性. 令 $a_{11}^{(k)}=\dfrac{1}{k(k+1)}$，$a_{22}^{(k)}=\dfrac{2k}{3^k}$，则有

$$\sum_{k=1}^{\infty} a_{11}^{(k)} = \sum_{k=1}^{\infty} \left(\frac{1}{k} - \frac{1}{k+1}\right) = 1$$

$$\sum_{k=1}^{\infty} a_{22}^{(k)} = \sum_{k=1}^{\infty} \frac{2k}{3^k}$$

回顾当 $|x|<1$ 时,

$$\sum_{k=1}^{\infty} kx^k = \frac{x}{(1-x)^2}$$

进而,

$$\sum_{k=1}^{\infty} \frac{2k}{3^k} = 2\sum_{k=1}^{\infty} k\left(\frac{1}{3}\right)^k = \frac{3}{2}$$

因此, $\sum_{k=1}^{\infty} \boldsymbol{A}_k = \operatorname{diag}\left(1, \frac{3}{2}\right)$.

命题 4.6.2 设 $\boldsymbol{A}_k \in \mathbb{C}^{m\times n}$,则以下命题成立:

(1) $\sum_{k=1}^{\infty} \boldsymbol{A}_k$ 收敛 $\Leftrightarrow mn$ 个数值级数 $\sum_{k=1}^{\infty} a_{ij}^{(k)}$ 收敛;

(2) $\sum_{k=1}^{\infty} \boldsymbol{A}_k$ 发散 $\Leftrightarrow mn$ 个数值级数 $\sum_{k=1}^{\infty} a_{ij}^{(k)}$ 中至少有一个级数发散;

(3) $\sum_{k=1}^{\infty} \boldsymbol{A}_k$ 收敛 $\Rightarrow \lim\limits_{k\to\infty} \boldsymbol{A}_k = \boldsymbol{O}$.

定义 4.6.5(矩阵级数绝对收敛) 设 $\boldsymbol{A}_k \in \mathbb{C}^{m\times n}$,若矩阵级数 $\sum_{k=1}^{\infty} \boldsymbol{A}_k$ 所对应的 mn 个数值级数 $\sum_{k=1}^{\infty} a_{ij}^{(k)}$, $1 \leqslant j \leqslant n, 1 \leqslant i \leqslant m$ 均绝对收敛,则称 $\sum_{k=1}^{\infty} \boldsymbol{A}_k$ 绝对收敛.

命题 4.6.3 设 $\boldsymbol{A}_k \in \mathbb{C}^{m\times n}$,则以下命题成立:

(1) 若 $\sum_{k=1}^{\infty} \boldsymbol{A}_k$ 绝对收敛,则 $\sum_{k=1}^{\infty} \boldsymbol{A}_k$ 收敛. 但 $\sum_{k=1}^{\infty} \boldsymbol{A}_k$ 收敛并不蕴含 $\sum_{k=1}^{\infty} \boldsymbol{A}_k$ 绝对收敛.

(2) 若 $\sum_{k=1}^{\infty} \boldsymbol{A}_k$ 绝对收敛于 $\boldsymbol{S}$,对 $\sum_{k=1}^{\infty} \boldsymbol{A}_k$ 任意重组重排得矩阵级数 $\sum_{k=1}^{\infty} \boldsymbol{B}_k$,则 $\sum_{k=1}^{\infty} \boldsymbol{B}_k$ 绝对收敛于 $\boldsymbol{S}$.

(3) 对任意常矩阵 $\boldsymbol{P} \in \mathbb{C}^{p\times m}$ 和 $\boldsymbol{Q} \in \mathbb{C}^{n\times q}$,若矩阵级数 $\sum_{k=1}^{\infty} \boldsymbol{A}_k$(绝对)收敛,则矩阵级数 $\sum_{k=1}^{\infty} \boldsymbol{P}\boldsymbol{A}_k\boldsymbol{Q}$(绝对)收敛;反之,则不然.

例 4.6.5 考察矩阵级数 $\sum_{k=1}^{\infty} \boldsymbol{A}_k$ 的敛散性,其中

$$\boldsymbol{A}_k = \begin{bmatrix} (-1)^{k+1}\dfrac{1}{k} & 0 \\ 0 & 0 \end{bmatrix}$$

解：$\sum_{k=1}^{\infty}(-1)^{k+1}\frac{1}{k}$ 是交错调和级数，故该级数收敛但不绝对收敛. 因此，$\sum_{k=1}^{\infty}\boldsymbol{A}_k$ 收敛但不绝对收敛.

定理 4.6.4 设 $\boldsymbol{A}_k=(a_{ij}^{(k)})\in\mathbb{C}^{m\times n}$，矩阵级数 $\sum_{k=1}^{\infty}\boldsymbol{A}_k$ 绝对收敛当且仅当对任意矩阵范数，数值级数 $\sum_{k=1}^{\infty}\|\boldsymbol{A}_k\|$ 收敛.

证明：充分性. 由级数 $\sum_{k=1}^{\infty}\|\boldsymbol{A}_k\|_1$ 收敛知，

$$\lim_{N\to\infty}\sum_{k=1}^{N}\left(\max_{1\leqslant j\leqslant n}\sum_{i=1}^{m}|a_{ij}^{(k)}|\right)=0$$

上式表明

$$\lim_{N\to\infty}\sum_{k=1}^{N}|a_{ij}^{(k)}|=0,\quad 1\leqslant j\leqslant n,1\leqslant i\leqslant m$$

即矩阵级数 $\sum_{k=1}^{\infty}\boldsymbol{A}_k$ 绝对收敛.

必要性. 若矩阵级数 $\sum_{k=1}^{\infty}\boldsymbol{A}_k$ 绝对收敛，则容易证明 $\sum_{k=1}^{\infty}\|\boldsymbol{A}_k\|_1$ 收敛. 由范数等价性知，对任意矩阵范数 $\|\cdot\|$ 存在正常数 k_1 满足 $\|\boldsymbol{A}_k\|_1\geqslant k_1\|\boldsymbol{A}_k\|$，进而

$$0\leqslant\sum_{k=1}^{\infty}\|\boldsymbol{A}_k\|\leqslant\frac{1}{k_1}\sum_{k=1}^{\infty}\|\boldsymbol{A}_k\|_1$$

由比较原理得到 $\sum_{k=1}^{\infty}\|\boldsymbol{A}_k\|$ 收敛. 证毕.

例 4.6.6 考察矩阵级数 $\sum_{k=1}^{\infty}\boldsymbol{A}_k$ 的敛散性，其中

$$\boldsymbol{A}_k=\begin{bmatrix}\frac{1}{3^k} & 0\\ 0 & \frac{1}{k(k+1)}\end{bmatrix}$$

解：由 $\|\boldsymbol{A}_k\|_1=\frac{1}{k(k+1)}$ 知，数值级数 $\sum_{k=1}^{\infty}\|\boldsymbol{A}_k\|_1$ 收敛，故矩阵级数 $\sum_{k=1}^{\infty}\boldsymbol{A}_k$ 绝对收敛.

倘若

$$\boldsymbol{A}_k=\begin{bmatrix}(-1)^{k-1}\frac{1}{k} & 0\\ 0 & \frac{1}{k(k+1)}\end{bmatrix}$$

则 $\|\boldsymbol{A}_k\|_1=\frac{1}{k}$. 由于调和级数发散，故矩阵级数 $\sum_{k=1}^{\infty}\boldsymbol{A}_k$ 不绝对收敛. 此时无法利用定

理 4.6.4 判定矩阵级数 $\sum_{k=1}^{\infty}\boldsymbol{A}_k$ 是否收敛，只能利用定义判断该矩阵范数是收敛但不是绝对收敛的.

定义 4.6.6(矩阵幂级数) 设 $\boldsymbol{A}\in\mathbb{C}^{n\times n}$，定义矩阵级数 $\sum_{m=0}^{\infty}c_m\boldsymbol{A}^m$，其中 $\boldsymbol{A}^0=\boldsymbol{I}$，则称该级数为矩阵幂级数.

对于复变量幂级数，我们常用到 Abel 定理判定其敛散性. 这里简单回顾一下.

引理 4.6.1 设 $z\in\mathbb{C}$，若幂级数 $\sum_{m=0}^{\infty}c_m z^m$ 在 $z=z_0$ 点收敛，则对满足不等式 $|z|<|z_0|$ 的幂级数都绝对收敛. 反之，若幂级数 $\sum_{m=0}^{\infty}c_m z^m$ 在 $z=z_0$ 点发散，则对于 $|z|>|z_0|$ 的幂级数都发散.

若存在非负实数或无穷大数 r 满足 $|z|<r$ 时，幂级数 $\sum_{m=0}^{\infty}c_m z^m$ 收敛；而 $|z|>r$ 时，幂级数 $\sum_{m=0}^{\infty}c_m z^m$ 都发散，则称 r 为收敛半径.

定理 4.6.5(Abel 型定理) 设复变量幂级数 $\sum_{m=0}^{\infty}c_m z^m$ 的收敛半径为 r，矩阵 $\boldsymbol{A}\in\mathbb{C}^{n\times n}$ 的谱半径为 $\rho(\boldsymbol{A})$，则

(1) 当 $\rho(\boldsymbol{A})<r$，$\sum_{m=0}^{\infty}c_m\boldsymbol{A}^m$ 绝对收敛；

(2) 当 $\rho(\boldsymbol{A})>r$，$\sum_{m=0}^{\infty}c_m\boldsymbol{A}^m$ 发散.

证明：当 $\rho(\boldsymbol{A})<r$ 时，必存在正常数 ε 使得 $\rho(\boldsymbol{A})+\varepsilon<r$. 又知对于给定的正常数 ε，必存在某一矩阵范数 $\|\cdot\|$ 使得 $\|\boldsymbol{A}\|<\rho(\boldsymbol{A})+\varepsilon$，即 $\|\boldsymbol{A}\|<r$.

由不等式

$$\|c_m\boldsymbol{A}^m\|\leqslant|c_m|\,\|\boldsymbol{A}\|^m<|c_m|r^m$$

和当 $|z|<r$ 时数值幂级数 $\sum_{m=0}^{\infty}c_m z^m$ 收敛知，$\sum_{m=0}^{\infty}\|c_m\boldsymbol{A}^m\|$ 收敛，即 $\sum_{m=0}^{\infty}c_m\boldsymbol{A}^m$ 绝对收敛.

当 $\rho(\boldsymbol{A})>r$ 时，设 $|\lambda_0|=\rho(\boldsymbol{A})$，$\boldsymbol{x}_0$ 为属于 λ_0 的单位特征向量，则有 $\boldsymbol{A}\boldsymbol{x}_0=\lambda_0\boldsymbol{x}_0$. 假设矩阵级数 $\sum_{m=0}^{\infty}c_m\boldsymbol{A}^m$ 收敛，则级数 $\boldsymbol{x}_0^{\mathrm{H}}\left(\sum_{m=0}^{\infty}c_m\boldsymbol{A}^m\right)\boldsymbol{x}_0$ 收敛. 此时，

$$\begin{aligned}\boldsymbol{x}_0^{\mathrm{H}}\left(\sum_{m=0}^{\infty}c_m\boldsymbol{A}^m\right)\boldsymbol{x}_0&=\sum_{m=0}^{\infty}c_m\boldsymbol{x}_0^{\mathrm{H}}\boldsymbol{A}^m\boldsymbol{x}_0\\&=\sum_{m=0}^{\infty}c_m\boldsymbol{x}_0^{\mathrm{H}}\lambda_0^m\boldsymbol{x}_0=\sum_{m=0}^{\infty}c_m\lambda_0^m\end{aligned}$$

【**注意**：数值级数 $\sum_{m=0}^{\infty}c_m\lambda_0^m$ 发散，故级数 $x_0^{\mathrm{H}}\left(\sum_{m=0}^{\infty}c_m\boldsymbol{A}^m\right)\boldsymbol{x}_0$ 发散，这与假设矛盾.

因此,矩阵幂级数$\sum\limits_{m=0}^{\infty} c_m \boldsymbol{A}^m$ 发散.】

注 1: 当 $\rho(\boldsymbol{A})=r$ 时,矩阵幂级数 $\sum\limits_{m=0}^{\infty} c_m \boldsymbol{A}^m$ 的敛散性无法由 Abel 型定理判断,只能根据矩阵级数的定义进行判断.

例 4.6.7 设 $\boldsymbol{A}=\begin{bmatrix}-1 & 1\\ 0 & -1\end{bmatrix}$,判断 $\sum\limits_{k=1}^{\infty} \frac{1}{k}\boldsymbol{A}^k$ 的敛散性.

解:幂级数 $\sum\limits_{k=1}^{\infty} \frac{1}{k} z^k$ 的收敛半径为 1,矩阵 $\boldsymbol{A}$ 的 谱半径也为 1. 因此无法利用 Abel 型定理判断该幂级数的敛散性. 现利用矩阵幂级数敛散性定义进行判定.

由于矩阵 $\boldsymbol{A}$ 是 Jordan 标准型,易求得

$$\boldsymbol{A}^k=\begin{bmatrix}(-1)^k & (-1)^{k+1}k\\ 0 & (-1)^k\end{bmatrix}$$

此时,幂级数 $\sum\limits_{k=1}^{\infty} \frac{1}{k}\boldsymbol{A}^k$ 写为如下表达式:

$$\sum_{k=1}^{\infty} \frac{1}{k}\boldsymbol{A}^k=\begin{bmatrix}\sum\limits_{k=1}^{\infty} \frac{1}{k}(-1)^k & \sum\limits_{k=1}^{\infty}(-1)^{k+1}\\ 0 & \sum\limits_{k=1}^{\infty} \frac{1}{k}(-1)^k\end{bmatrix}$$

式中:$\sum\limits_{k=1}^{\infty} \frac{1}{k}(-1)^k$ 收敛,而$\sum\limits_{k=1}^{\infty}(-1)^{k+1}$ 发散,故$\sum\limits_{k=1}^{\infty} \frac{1}{k}\boldsymbol{A}^k$ 发散.

注 2: 实际上,矩阵级数 $\sum\limits_{k=1}^{\infty} \frac{1}{k}\boldsymbol{A}^k$ 不是标准的矩阵幂级数(矩阵幂级数序列编号从 0 开始),但有限项的缺失或增加并不影响矩阵级数的敛散性. 因此,我们仍可以借助矩阵幂级数的结论来判断非标准形的矩阵幂级数.

推论 4.6.4 若幂级数 $\sum\limits_{m=0}^{\infty} c_m z^m$ 在整个复平面上都收敛,则对任意复方阵 $\boldsymbol{A}$,有矩阵幂级数$\sum\limits_{m=0}^{\infty} c_m \boldsymbol{A}^m$ 收敛.

例 4.6.8 已知 $\mathrm{e}^z=\sum\limits_{k=0}^{\infty} \frac{1}{k!} z^k$ 对任意复数 z 都收敛,则对任意复方阵 $\boldsymbol{A}$,矩阵幂级数$\sum\limits_{k=0}^{\infty} \frac{1}{k!}\boldsymbol{A}^k$ 收敛.

推论 4.6.5(Neumann 级数) 矩阵幂级数 $\sum\limits_{m=0}^{\infty} \boldsymbol{A}^m$ 收敛当且仅当$\rho(\boldsymbol{A})<1$,此时 $\sum\limits_{m=0}^{\infty} \boldsymbol{A}^m=(\boldsymbol{I}-\boldsymbol{A})^{-1}$.

证明：由于幂级数 $\sum_{m=0}^{\infty} z^m$ 的收敛半径为 1，故当 $\rho(\boldsymbol{A}) < 1$ 时，$\sum_{m=0}^{\infty} \boldsymbol{A}^m$ 绝对收敛. 反之，若幂级数 $\sum_{m=0}^{\infty} \boldsymbol{A}^m$ 收敛，必有当 $k \to \infty$ 时，矩阵序列 $\boldsymbol{A}^k \to \boldsymbol{O}$. 又知矩阵序列 $\boldsymbol{A}^k \to \boldsymbol{O}$ 成立的充分必要条件为 $\rho(\boldsymbol{A}) < 1$. 故当矩阵幂级数 $\sum_{m=0}^{\infty} \boldsymbol{A}^m$ 收敛时，必有 $\rho(\boldsymbol{A}) < 1$.

令 $\boldsymbol{S}_N = \sum_{k=0}^{N-1} \boldsymbol{A}^k$，则 $\boldsymbol{S}_N(\boldsymbol{I} - \boldsymbol{A}) = \boldsymbol{I} - \boldsymbol{A}^N$. 又知当 $\rho(\boldsymbol{A}) < 1$ 时，矩阵 $\boldsymbol{I} - \boldsymbol{A}$ 可逆，则有

$$\boldsymbol{S}_N = (\boldsymbol{I} - \boldsymbol{A})^{-1} - \boldsymbol{A}^N(\boldsymbol{I} - \boldsymbol{A})^{-1}$$

注意到当 $N \to \infty$ 时，$\lim_{N\to\infty} \boldsymbol{A}^N = \boldsymbol{O}$. 因此，$\lim_{N\to\infty} \boldsymbol{S}_N = (\boldsymbol{I} - \boldsymbol{A})^{-1}$. 证毕.

注 3：可逆矩阵 $(\boldsymbol{I} - \boldsymbol{A})^{-1}$ 与矩阵 $\boldsymbol{A}$ 的乘积可交换，即 $(\boldsymbol{I} - \boldsymbol{A})^{-1}\boldsymbol{A} = \boldsymbol{A}(\boldsymbol{I} - \boldsymbol{A})^{-1}$. 这是基于幂级数的定义推导的. 实际上，所有可展开成幂级数的矩阵都具有这一性质. 例如，当 $|z| < 1$ 时，有 $\sum_{k=0}^{\infty} kz^k = \dfrac{z}{(1-z)^2}$. 相应地，令 $\rho(\boldsymbol{A}) < 1$，则有矩阵幂级数

$$\sum_{k=0}^{\infty} k\boldsymbol{A}^k = \boldsymbol{A}(\boldsymbol{I} - \boldsymbol{A})^{-2} = (\boldsymbol{I} - \boldsymbol{A})^{-2}\boldsymbol{A} = (\boldsymbol{I} - \boldsymbol{A})^{-1}\boldsymbol{A}(\boldsymbol{I} - \boldsymbol{A})^{-1}$$

例 4.6.9　判断幂级数 $\sum_{m=1}^{\infty} \boldsymbol{A}^m$ 的敛散性，其中

$$\boldsymbol{A} = \begin{bmatrix} 0.2 & 0.5 & 0.2 \\ 0.1 & 0.5 & 0.3 \\ 0.1 & 0.4 & 0.2 \end{bmatrix}$$

解：矩阵 $\boldsymbol{A}$ 的列和范数为 $\|\boldsymbol{A}\|_1 = 0.9$，故 $\rho(\boldsymbol{A}) < 1$. 此时，$\sum_{m=0}^{\infty} \boldsymbol{A}^m$ 收敛.

4.7　矩阵函数

实际上，收敛的矩阵幂级数定义了一种特殊的映射，我们将其称为矩阵函数. 它在控制理论、力学、信号处理等学科具有重要的应用.

定义 4.7.1(矩阵函数)　设幂级数 $\sum_{m=0}^{\infty} c_m z^m$ 的收敛半径为 r，$z \in \mathbb{C}$. 当 $|z| < r$ 时，幂级数收敛于函数 $f(z)$，即

$$f(z) = \sum_{m=0}^{\infty} c_m z^m, \quad |z| < r$$

若复方阵 $\boldsymbol{A}$ 满足 $\rho(\boldsymbol{A}) < r$，称收敛的矩阵幂级数 $\sum_{m=0}^{\infty} c_m \boldsymbol{A}^m$ 为矩阵函数，记为 $f(\boldsymbol{A})$.

常见的矩阵函数有

$$e^{A}=\sum_{m=0}^{\infty}\frac{1}{m!}A^{m},\quad \forall A\in\mathbb{C}^{n\times n}$$

$$\sin A=\sum_{m=0}^{\infty}\frac{(-1)^{m}}{(2m+1)!}A^{2m+1},\quad \forall A\in\mathbb{C}^{n\times n}$$

$$\cos A=\sum_{m=0}^{\infty}\frac{(-1)^{m}}{(2m)!}A^{2m},\quad \forall A\in\mathbb{C}^{n\times n}$$

$$(I-A)^{-1}=\sum_{m=0}^{\infty}A^{m},\quad \forall \rho(A)<1$$

$$\ln(I+A)=\sum_{m=0}^{\infty}\frac{(-1)^{m}}{m+1}A^{m+1},\quad \forall \rho(A)<1$$

我们通常称 e^{A} 为矩阵指数函数，$\sin A$ 为矩阵正弦函数，$\cos A$ 为矩阵余弦函数.

命题 4.7.1 设 $A\in\mathbb{C}^{n\times n}$，则以下结论成立：

(1) $\cos(-A)=\cos A$，$\sin(-A)=-\sin A$；

(2) $e^{iA}=\cos A+i(\sin A)$；

(3) $\cos A=\frac{1}{2}(e^{iA}+e^{-iA})$；

(4) $\sin A=\frac{1}{2i}(e^{iA}-e^{-iA})$.

证明：前两条性质可由矩阵函数定义直接证明，具体如下：

$$\cos(-A)=\sum_{m=0}^{\infty}\frac{(-1)^{m}}{(2m)!}(-A)^{2m}=\sum_{m=0}^{\infty}\frac{(-1)^{m}}{(2m)!}A^{2m}=\cos A$$

$$\sin(-A)=\sum_{m=0}^{\infty}\frac{(-1)^{m}}{(2m+1)!}(-A)^{2m+1}=-\sin A$$

$$e^{iA}=\sum_{m=0}^{\infty}\frac{(-1)^{m}}{(2m)!}A^{2m}+i\sum_{m=0}^{\infty}\frac{(-1)^{m}}{(2m+1)!}A^{2m+1}=\cos A+i(\sin A)$$

根据性质(1)、(2)，有

$$e^{iA}=\cos A+i(\sin A),\quad e^{-iA}=\cos A-i(\sin A)$$

求解上式可得性质(3)、(4).

注 1：尽管指数函数满足 $e^{a}e^{b}=e^{a+b}=e^{b}e^{a}$，但该性质对矩阵指数函数一般不成立.

例 4.7.1 已知 $A=\begin{bmatrix}1&-1\\0&0\end{bmatrix}$ 和 $B=\begin{bmatrix}1&1\\0&0\end{bmatrix}$，分别计算 e^{A}，e^{B}，e^{A+B}，$e^{A}e^{B}$ 和 $e^{B}e^{A}$，并比较 e^{A+B}、$e^{A}e^{B}$ 和 $e^{B}e^{A}$.

解：矩阵 $\boldsymbol{A}$ 和 $\boldsymbol{B}$ 的最小多项式均为 $m_{\boldsymbol{A}}(\lambda)=m_{\boldsymbol{B}}(\lambda)=\lambda(\lambda-1)$，故

$$\boldsymbol{A}(\boldsymbol{A}-\boldsymbol{I})=\boldsymbol{O},\quad \boldsymbol{B}(\boldsymbol{B}-\boldsymbol{I})=\boldsymbol{O}$$

即 $\boldsymbol{A}^k=\boldsymbol{A},\boldsymbol{B}^k=\boldsymbol{B},k=1,2,\cdots$.

因此，根据矩阵指数函数的定义得

$$\begin{aligned}\mathrm{e}^{\boldsymbol{A}}&=\sum_{m=0}^{\infty}\frac{1}{m!}\boldsymbol{A}^m=\boldsymbol{I}+\sum_{m=1}^{\infty}\frac{1}{m!}\boldsymbol{A}\\&=\boldsymbol{I}+(\mathrm{e}-1)\boldsymbol{A}=\begin{bmatrix}\mathrm{e}&1-\mathrm{e}\\0&1\end{bmatrix}\end{aligned}$$

同理可得

$$\mathrm{e}^{\boldsymbol{B}}=\boldsymbol{I}+(\mathrm{e}-1)\boldsymbol{B}=\begin{bmatrix}\mathrm{e}&\mathrm{e}-1\\0&1\end{bmatrix}$$

由此，$\mathrm{e}^{\boldsymbol{A}}\mathrm{e}^{\boldsymbol{B}}=\begin{bmatrix}\mathrm{e}^2&(\mathrm{e}-1)^2\\0&1\end{bmatrix}$，$\mathrm{e}^{\boldsymbol{B}}\mathrm{e}^{\boldsymbol{A}}=\begin{bmatrix}\mathrm{e}^2&-(\mathrm{e}-1)^2\\0&1\end{bmatrix}$.

又知 $\boldsymbol{A}+\boldsymbol{B}=\mathrm{diag}(2,0)$，易求得 $\forall m\geqslant 1$，

$$(\boldsymbol{A}+\boldsymbol{B})^m=\begin{bmatrix}2^m&0\\0&0\end{bmatrix}$$

故 $\mathrm{e}^{\boldsymbol{A}+\boldsymbol{B}}=\mathrm{diag}(\mathrm{e}^2,1)$. 显然，$\mathrm{e}^{\boldsymbol{A}+\boldsymbol{B}}$、$\mathrm{e}^{\boldsymbol{A}}\mathrm{e}^{\boldsymbol{B}}$ 和 $\mathrm{e}^{\boldsymbol{B}}\mathrm{e}^{\boldsymbol{A}}$ 互不相等.

注 2：矩阵函数的定义式提供了一种计算矩阵函数的方法. 在采用定义法计算矩阵函数时应巧妙地应用矩阵的最小多项式进行简化计算.

定理 4.7.1 设 $\boldsymbol{A},\boldsymbol{B}\in\mathbb{C}^{n\times n}$，若 $\boldsymbol{AB}=\boldsymbol{BA}$，则 $\mathrm{e}^{\boldsymbol{A}}\mathrm{e}^{\boldsymbol{B}}=\mathrm{e}^{\boldsymbol{B}}\mathrm{e}^{\boldsymbol{A}}=\mathrm{e}^{\boldsymbol{A}+\boldsymbol{B}}$.

证明：因 $\boldsymbol{AB}=\boldsymbol{BA}$，所以二项式定理成立，故有

$$(\boldsymbol{A}+\boldsymbol{B})^m=\sum_{k=0}^{m}\mathrm{C}_m^k\boldsymbol{A}^{m-k}\boldsymbol{B}^k$$

所以

$$\begin{aligned}\mathrm{e}^{\boldsymbol{A}+\boldsymbol{B}}&=\sum_{m=0}^{\infty}\frac{1}{m!}\sum_{k=0}^{m}\mathrm{C}_m^k\boldsymbol{A}^{m-k}\boldsymbol{B}^k\\&=\sum_{m=0}^{\infty}\sum_{k=0}^{m}\frac{1}{k!\ (m-k)!}\boldsymbol{A}^{m-k}\boldsymbol{B}^k\\&=\left(\sum_{m=0}^{\infty}\frac{1}{m!}\boldsymbol{A}^m\right)\left(\sum_{k=0}^{\infty}\frac{1}{k!}\boldsymbol{B}^k\right)=\mathrm{e}^{\boldsymbol{A}}\mathrm{e}^{\boldsymbol{B}}\end{aligned}$$

由定理 4.7.1 可得以下推论.

推论 4.7.1 设 $\boldsymbol{A}\in\mathbb{C}^{n\times n}$，则 $\mathrm{e}^{\boldsymbol{A}}\mathrm{e}^{-\boldsymbol{A}}=\mathrm{e}^{-\boldsymbol{A}}\mathrm{e}^{\boldsymbol{A}}=\boldsymbol{I}$，即 $(\mathrm{e}^{\boldsymbol{A}})^{-1}=\mathrm{e}^{-\boldsymbol{A}}$.

推论 4.7.2 设 $\boldsymbol{A}\in\mathbb{C}^{n\times n}$，则 $\sin^2\boldsymbol{A}+\cos^2\boldsymbol{A}=\boldsymbol{I}$.

注 3：推论 4.7.1 表明无论矩阵 $\boldsymbol{A}$ 是否可逆，矩阵指数函数 $\mathrm{e}^{\boldsymbol{A}}$ 必可逆，且其逆矩阵为 $\mathrm{e}^{-\boldsymbol{A}}$.

若矩阵函数 $f(\boldsymbol{A})$ 的自变量由矩阵 $\boldsymbol{A}$ 换成 $\boldsymbol{A}t$，其中 t 为标量参数，则有矩阵函数

表达式为

$$f(\boldsymbol{A}t)=\sum_{m=0}^{\infty}c_m(\boldsymbol{A}t)^m=\sum_{m=0}^{\infty}c_m t^m\boldsymbol{A}^m,\quad |t|\rho(\boldsymbol{A})<r$$

我们称之为含参矩阵函数.这类矩阵函数在线性常微分方程求解等应用中常会遇到.

例 4.7.2 设 $\boldsymbol{A}=\begin{bmatrix}0&1\\-1&0\end{bmatrix}$,求 $\mathrm{e}^{\boldsymbol{A}t}$.

解:由 $|\lambda\boldsymbol{I}-\boldsymbol{A}|=\lambda^2+1$ 知,$\boldsymbol{A}^2+\boldsymbol{I}=\boldsymbol{O}$.由此,可得

$$\boldsymbol{A}^2=-\boldsymbol{I},\quad \boldsymbol{A}^3=-\boldsymbol{A},\quad \boldsymbol{A}^4=\boldsymbol{I},\quad \boldsymbol{A}^5=\boldsymbol{A},\cdots$$

进而写出递归关系式 $\boldsymbol{A}^{2k}=(-1)^k\boldsymbol{I},\boldsymbol{A}^{2k+1}=(-1)^k\boldsymbol{A},k=1,2,\cdots$.

此时,

$$\begin{aligned}\mathrm{e}^{\boldsymbol{A}t}&=\sum_{k=0}^{\infty}\frac{1}{k!}(\boldsymbol{A}t)^k\\&=\left(1-\frac{t^2}{2!}+\frac{t^4}{4!}-\cdots\right)\boldsymbol{I}+\left(t-\frac{t^3}{3!}+\frac{t^5}{5!}-\cdots\right)\boldsymbol{A}\\&=(\cos t)\boldsymbol{I}+(\sin t)\boldsymbol{A}=\begin{bmatrix}\cos t&\sin t\\-\sin t&\cos t\end{bmatrix}\end{aligned}$$

从上例可以看出,尽管矩阵函数 $f(\boldsymbol{A})$ 是关于矩阵 $\boldsymbol{A}$ 的幂级数,但由于矩阵 $\boldsymbol{A}$ 最小多项式 $m_{\boldsymbol{A}}(\lambda)$ 的存在,矩阵函数 $f(\boldsymbol{A})$ 总可以表示成 $\boldsymbol{I},\boldsymbol{A},\boldsymbol{A}^2,\cdots,\boldsymbol{A}^{l-1}$ 这 l 个矩阵的线性组合,其中 $l=\deg(m_{\boldsymbol{A}}(\lambda))$.比如在例 4.7.2 中,$\mathrm{e}^{\boldsymbol{A}t}=(\cos t)\boldsymbol{I}+(\sin t)\boldsymbol{A}$.当然,若矩阵 $\boldsymbol{A}$ 的最小多项式 $m_{\boldsymbol{A}}(\lambda)$ 未知,则同样可利用矩阵 $\boldsymbol{A}$ 特征多项式 $f(\lambda)$ 甚至它的任一零化多项式进行化简.

例 4.7.3 设 $\boldsymbol{A}\in\mathbb{C}^{4\times4}$,其特征值分别为 π、$-\pi$ 和 0(代数重数为 2),求 $\sin\boldsymbol{A}$ 和 $\cos\boldsymbol{A}$.

解:由矩阵 $\boldsymbol{A}$ 的特征多项式 $|\lambda\boldsymbol{I}-\boldsymbol{A}|=\lambda^2(\lambda-\pi)(\lambda+\pi)=\lambda^4-\pi^2\lambda^2$ 知,$\boldsymbol{A}^4=\pi^2\boldsymbol{A}^2$.所以对 $m=1,2,\cdots$,有 $\boldsymbol{A}^{2m+1}=\pi^{2(m-1)}\boldsymbol{A}^3$,并将该式代入 $\sin\boldsymbol{A}$ 的定义式,得

$$\begin{aligned}\sin\boldsymbol{A}&=\sum_{m=0}^{\infty}\frac{(-1)^m}{(2m+1)!}\boldsymbol{A}^{2m+1}\\&=\boldsymbol{A}+\sum_{m=1}^{\infty}\frac{(-1)^m\pi^{2(m-1)}}{(2m+1)!}\boldsymbol{A}^3\\&=\boldsymbol{A}-\frac{1}{\pi^2}\boldsymbol{A}^3+\frac{1}{\pi^2}\sum_{m=0}^{\infty}\frac{(-1)^m\pi^{2(m+1)}}{(2m+1)!}\boldsymbol{A}^3\\&=\boldsymbol{A}+\frac{\sin\pi-\pi}{\pi^3}\boldsymbol{A}^3=\boldsymbol{A}-\pi^{-2}\boldsymbol{A}^3\end{aligned}$$

同理可求得 $\cos\boldsymbol{A}=\boldsymbol{I}-\dfrac{2}{\pi^2}\boldsymbol{A}^2$.

尽管定义法结合矩阵的零化多项式可简化矩阵函数的计算,但该方法还是比较

烦琐. 计算矩阵函数有两种常见方法：方法一是利用矩阵的相似变换，方法二是利用谱上一致性. 这里首先介绍方法一.

定理 4.7.2　设复方阵 $\boldsymbol{A}$ 与 $\boldsymbol{B}$ 相似，即存在可逆矩阵 $\boldsymbol{P}$ 使得 $\boldsymbol{P}^{-1}\boldsymbol{A}\boldsymbol{P}=\boldsymbol{B}$. 若 $f(\boldsymbol{A})$ 是矩阵函数，则 $f(\boldsymbol{A})=\boldsymbol{P}f(\boldsymbol{B})\boldsymbol{P}^{-1}$.

证明：直接利用矩阵函数 $f(\boldsymbol{A})$ 定义进行证明. 根据矩阵函数 $f(\boldsymbol{A})$ 定义知

$$f(\boldsymbol{A})=\sum_{m=0}^{\infty}c_m\boldsymbol{A}^m=\sum_{m=0}^{\infty}c_m(\boldsymbol{P}\boldsymbol{B}\boldsymbol{P}^{-1})^m$$

$$=\boldsymbol{P}\left(\sum_{m=0}^{\infty}c_m\boldsymbol{B}^m\right)\boldsymbol{P}^{-1}=\boldsymbol{P}f(\boldsymbol{B})\boldsymbol{P}^{-1}$$

基于定理 4.7.2，我们对矩阵 $\boldsymbol{A}$ 分两种情况讨论：(1) $\boldsymbol{A}$ 为单纯矩阵；(2) $\boldsymbol{A}$ 不是单纯矩阵.

(1) 若 $\boldsymbol{A}$ 是单纯矩阵，则存在可逆矩阵 $\boldsymbol{P}$ 使得 $\boldsymbol{P}^{-1}\boldsymbol{A}\boldsymbol{P}=\mathrm{diag}(\lambda_1,\cdots,\lambda_n)$，进而

$$f(\boldsymbol{A})=\boldsymbol{P}\,\mathrm{diag}(f(\lambda_1),\cdots,f(\lambda_n))\boldsymbol{P}^{-1} \tag{4.7.1}$$

$$f(\boldsymbol{A}t)=\boldsymbol{P}\,\mathrm{diag}(f(\lambda_1t),\cdots,f(\lambda_nt))\boldsymbol{P}^{-1} \tag{4.7.2}$$

此时，矩阵函数 $f(\boldsymbol{A})$ 和含参矩阵函数 $f(\boldsymbol{A}t)$ 仍是单纯矩阵. 特别地，

$$\mathrm{e}^{\boldsymbol{A}}=\boldsymbol{P}\,\mathrm{diag}(\mathrm{e}^{\lambda_1},\cdots,\mathrm{e}^{\lambda_n})\boldsymbol{P}^{-1}$$

$$\sin\boldsymbol{A}=\boldsymbol{P}\,\mathrm{diag}(\sin\lambda_1,\cdots,\sin\lambda_n)\boldsymbol{P}^{-1}$$

例 4.7.4　设矩阵 $\boldsymbol{A}=\begin{bmatrix}1&2\\0&2\end{bmatrix}$，求矩阵函数 $\sin\boldsymbol{A}$.

解：由于 $\lambda_1=1,\lambda_2=2$，故矩阵 $\boldsymbol{A}$ 是单纯矩阵. 分别计算变换矩阵及其逆矩阵为

$$\boldsymbol{P}=\begin{bmatrix}1&2\\0&1\end{bmatrix},\quad \boldsymbol{P}^{-1}=\begin{bmatrix}1&-2\\0&1\end{bmatrix}$$

因此，

$$\sin\boldsymbol{A}=\begin{bmatrix}1&2\\0&1\end{bmatrix}\begin{bmatrix}\sin 1&0\\0&\sin 2\end{bmatrix}\begin{bmatrix}1&-2\\0&1\end{bmatrix}$$

$$=\begin{bmatrix}\sin 1&2\sin 2-2\sin 1\\0&\sin 2\end{bmatrix}$$

注 4： 利用单纯矩阵的谱分解式也可以方便地计算矩阵函数. 设单纯矩阵 $\boldsymbol{A}$ 有如下谱分解式：

$$\boldsymbol{A}=\sum_{i=1}^{k}\lambda_i\boldsymbol{E}_i \tag{4.7.3}$$

式中：$\lambda_1,\cdots,\lambda_k$ 是矩阵 $\boldsymbol{A}$ 的 k 个互异特征值，$\boldsymbol{E}_1,\cdots,\boldsymbol{E}_k$ 是对应的谱阵.

将谱分解式(4.7.3)代入矩阵函数 $f(\boldsymbol{A})$ 的定义式，得

$$f(\boldsymbol{A})=\sum_{m=0}^{\infty}c_m\boldsymbol{A}^m=\sum_{i=1}^{k}f(\lambda_i)\boldsymbol{E}_i \tag{4.7.4}$$

相比于式(4.7.1)，式(4.7.4)不需要求解变换矩阵，也不需要三个矩阵相乘. 利

用谱分解再次考察例 4.7.4，由推论 3.7.2 可计算出矩阵 $\boldsymbol{A}$ 的谱阵，分别为

$$\boldsymbol{E}_1=\frac{1}{1-2}(\boldsymbol{A}-2\boldsymbol{I})=\begin{bmatrix}1 & -2\\ 0 & 0\end{bmatrix}$$

$$\boldsymbol{E}_2=\frac{1}{2-1}(\boldsymbol{A}-\boldsymbol{I})=\begin{bmatrix}0 & 2\\ 0 & 1\end{bmatrix}$$

因此，

$$\begin{aligned}\sin\boldsymbol{A}&=(\sin 1)\boldsymbol{E}_1+(\sin 2)\boldsymbol{E}_2\\&=\begin{bmatrix}\sin 1 & 2\sin 2-2\sin 1\\ 0 & \sin 2\end{bmatrix}\end{aligned}$$

(2) 若矩阵 $\boldsymbol{A}$ 为非单纯矩阵，则存在可逆矩阵 $\boldsymbol{P}$ 使得 $\boldsymbol{P}^{-1}\boldsymbol{AP}=\boldsymbol{J}$，其中 $\boldsymbol{J}$ 为矩阵 $\boldsymbol{A}$ 的 Jordan 标准形，可表示为 $\boldsymbol{J}=\operatorname{diag}(\boldsymbol{J}_1,\cdots,\boldsymbol{J}_s)$，$\boldsymbol{J}_i(i=1,\cdots,s)$ 为 Jordan 块，可表示为

$$\boldsymbol{J}_i=\begin{bmatrix}\lambda_i & 1 & & & \\ & \lambda_i & 1 & \boldsymbol{O} & \\ & & \ddots & \ddots & \\ & & & \lambda_i & 1\\ & \boldsymbol{O} & & & \lambda_i\end{bmatrix}_{n_i\times n_i} \tag{4.7.5}$$

此时，$\boldsymbol{A}^k=\boldsymbol{PJ}^k\boldsymbol{P}^{-1}$，式中，$\boldsymbol{J}^k=\operatorname{diag}(\boldsymbol{J}_1^k,\cdots,\boldsymbol{J}_s^k)$，$\boldsymbol{J}_i^k(i=1,\cdots,s)$ 满足

$$\boldsymbol{J}_i^k=\begin{bmatrix}\lambda_i^k & C_k^1\lambda_i^{k-1} & C_k^2\lambda_i^{k-2} & \cdots & C_k^{n_i-1}\lambda_i^{k-n_i+1}\\ & \lambda_i^k & C_k^1\lambda_i^{k-1} & \cdots & C_k^{n_i-2}\lambda_i^{k-n_i+2}\\ & & \ddots & \ddots & \vdots\\ & & & \lambda_i^k & C_k^1\lambda_i^{k-1}\\ & \boldsymbol{O} & & & \lambda_i^k\end{bmatrix}$$

将上式代入矩阵函数 $f(\boldsymbol{A})=\sum\limits_{m=0}^{\infty}c_m\boldsymbol{A}^m$，得

$$f(\boldsymbol{A})=\boldsymbol{P}\operatorname{diag}(f(\boldsymbol{J}_1),\cdots,f(\boldsymbol{J}_s))\boldsymbol{P}^{-1}$$

$$f(\boldsymbol{J}_i)=\begin{bmatrix}\sum\limits_{m=0}^{\infty}c_m\lambda_i^m & \sum\limits_{m=0}^{\infty}c_m C_m^1\lambda_i^{m-1} & \cdots & \sum\limits_{m=0}^{\infty}c_m C_m^{n_i-1}\lambda_i^{m-n_i+1}\\ & \sum\limits_{m=0}^{\infty}c_m\lambda_i^m & \ddots & \vdots\\ & & \ddots & \sum\limits_{m=0}^{\infty}c_m\lambda_i^{m-1}\\ \boldsymbol{O} & & & \sum\limits_{m=0}^{\infty}c_m\lambda_i^m\end{bmatrix}$$

注意到当 $j<m$ 时，$\sum_{m=0}^{\infty} c_m C_m^j \lambda_i^{m-j}=0$；否则

$$\sum_{m=0}^{\infty} c_m C_m^j \lambda_i^{m-j}=\frac{1}{j!}f^{(j)}(\lambda_i)$$

因此，

$$f(\boldsymbol{A})=\boldsymbol{P}\begin{bmatrix} f(J_1) & \cdots & 0 \\ \vdots & & \vdots \\ 0 & \cdots & f(J_s) \end{bmatrix}\boldsymbol{P}^{-1} \tag{4.7.6}$$

$$f(\boldsymbol{J}_i)=\begin{bmatrix} f(\lambda_i) & f'(\lambda_i) & \cdots & \frac{1}{(n_i-1)!}f^{n_i-1}(\lambda_i) \\ & f(\lambda_i) & \ddots & \vdots \\ & & \ddots & f'(\lambda_i) \\ \boldsymbol{O} & & & f(\lambda_i) \end{bmatrix}_{n_i\times n_i} \tag{4.7.7}$$

式(4.7.6)和式(4.7.7)称为 *Sylvester* 公式.

例 4.7.5 设矩阵 $\boldsymbol{A}=\begin{bmatrix} 0 & 1 & 0 \\ 0 & 0 & 1 \\ 2 & -5 & 4 \end{bmatrix}$,求矩阵函数 $e^{\boldsymbol{A}}$.

解：由 $|\lambda \boldsymbol{I}-\boldsymbol{A}|=(\lambda-1)^2(\lambda-2)$ 知,矩阵 $\boldsymbol{A}$ 的特征值为 $\lambda_1=\lambda_2=1,\lambda_3=2$. 又知 $\mathrm{rank}(\boldsymbol{I}-\boldsymbol{A})=2$,故 λ_1 的几何重数为 1. 因此,矩阵 $\boldsymbol{A}$ 不是单纯矩阵.

依次求得 $\boldsymbol{A}$ 的 Jordan 标准形 $\boldsymbol{J}$ 及变换矩阵 $\boldsymbol{P}$ 为

$$\boldsymbol{J}=\begin{bmatrix} 2 & 0 & 0 \\ 0 & 1 & 1 \\ 0 & 0 & 1 \end{bmatrix}, \quad \boldsymbol{P}=\begin{bmatrix} 1 & 1 & 0 \\ 2 & 1 & 1 \\ 4 & 1 & 2 \end{bmatrix}, \quad \boldsymbol{P}^{-1}=\begin{bmatrix} 1 & -2 & 1 \\ 0 & 2 & -1 \\ -2 & 3 & -1 \end{bmatrix}$$

由 Sylvester 公式,得

$$f(\boldsymbol{J}_1)=e^2, \quad f(\boldsymbol{J}_2)=\begin{bmatrix} e & e \\ 0 & e \end{bmatrix}$$

因此，

$$f(\boldsymbol{A})=\boldsymbol{P}\begin{bmatrix} f(\boldsymbol{J}_1) & \boldsymbol{O} \\ \boldsymbol{O} & f(\boldsymbol{J}_2) \end{bmatrix}\boldsymbol{P}^{-1}=\begin{bmatrix} e^2-2e & -2e^2+5e & e^2-2e \\ 2e^2-4e & -4e^2+8e & 2e^2-3e \\ 4e^2-6e & -8e^2+11e & 4e^2-4e \end{bmatrix}$$

推论 4.7.3 设矩阵 $\boldsymbol{A}\in\mathbb{C}^{n\times n}$ 的特征值为 $\lambda_1,\cdots,\lambda_n$，$f(z)=\sum_{m=0}^{\infty}c_m z^m$ 的收敛半径为 r. 当 $\rho(\boldsymbol{A})<r$ 时,矩阵函数 $f(\boldsymbol{A})$ 的特征值为 $f(\lambda_1),\cdots,f(\lambda_n)$.

推论 4.7.4 设矩阵 $\boldsymbol{A}\in\mathbb{C}^{n\times n}$ 有分解式 $\boldsymbol{A}=\boldsymbol{PJP}^{-1}$,其中 $\boldsymbol{J}=\mathrm{diag}(\boldsymbol{J}_1,\cdots,\boldsymbol{J}_s)$，$\boldsymbol{J}_i(i=1,\cdots,s)$ 如式(4.7.5)所示,幂级数 $f(z)=\sum_{m=0}^{\infty}c_m z^m$ 的收敛半径为 r. 当

$t\rho(\boldsymbol{A})<r$ 时，含参矩阵函数 $f(\boldsymbol{A}t)=\boldsymbol{P}\mathrm{diag}(f(\boldsymbol{J}_1(\lambda_1 t)),\cdots,f(\boldsymbol{J}_s(\lambda_s t)))\boldsymbol{P}^{-1}$，其中

$$f(\boldsymbol{J}_i(\lambda_i t))=\begin{bmatrix} f(\lambda_i t) & tf'(\lambda_i t) & \cdots & \dfrac{t^{n_i-1}}{(n_i-1)!}f^{n_i-1}(\lambda_i t) \\ & f(\lambda_i t) & \ddots & \vdots \\ & & \ddots & tf'(\lambda_i t) \\ \boldsymbol{O} & & & f(\lambda_i t) \end{bmatrix}_{n_i\times n_i} \tag{4.7.8}$$

例 4.7.6 设矩阵 $\boldsymbol{A}=\begin{bmatrix}2 & 1\\0 & 2\end{bmatrix}$，求矩阵函数 $\cos(\boldsymbol{A}t)$.

解：已知 $f(\lambda_i t)=\cos 2t$，$tf'(\lambda_i t)=t\dfrac{\mathrm{d}}{\mathrm{d}x}\cos x|_{x=2t}=-t\sin 2t$，故由推论 4.7.4 知

$$\cos(\boldsymbol{A}t)=\begin{bmatrix}\cos 2t & -t\sin 2t\\ 0 & \cos 2t\end{bmatrix}$$

尽管 Sylvester 公式非常漂亮，但利用 Sylvester 公式计算矩阵函数有一定的计算难度，主要表现在：(1) 相似变换矩阵 $\boldsymbol{P}$ 及其逆 $\boldsymbol{P}^{-1}$ 难求；(2) 3 个矩阵相乘 $\boldsymbol{P}f(\boldsymbol{J})\boldsymbol{P}^{-1}$ 计算烦琐. 为解决这一问题，我们换个角度考虑矩阵函数的计算问题. 我们已知晓任一矩阵函数(须有定义)总可以表示为不超过 $(l-1)$ 次矩阵多项式. 该矩阵多项式由 l 个系数唯一确定，若能确定这 l 个系数，我们自然就可以确定出矩阵函数. 这就是矩阵函数的第二种计算方法.

定理 4.7.3 设矩阵 $\boldsymbol{A}\in\mathbb{C}^{n\times n}$ 的最小多项式次数为 l，幂级数 $f(z)=\sum\limits_{m=0}^{\infty}c_m z^m$ 的收敛半径为 r. 若 $\rho(\boldsymbol{A})<r$，定义矩阵函数 $f(\boldsymbol{A})$，则必存在唯一的 $(l-1)$ 次矩阵多项式 $p(\boldsymbol{A})=\beta_0\boldsymbol{I}+\beta_1\boldsymbol{A}+\cdots+\beta_{l-1}\boldsymbol{A}^{l-1}$ 使得 $f(\boldsymbol{A})=p(\boldsymbol{A})$.

证明：对于多项式 $f(\lambda)=\lambda^m$ 和 $m_{\boldsymbol{A}}(\lambda)$，必存在 $q_m(\lambda)$ 以及 $p_m(\lambda)$ 使得

$$\lambda^m=m_{\boldsymbol{A}}(\lambda)q_m(\lambda)+p_m(\lambda)$$

式中，$\deg(p_m(\lambda))<l$.

因此，

$$\boldsymbol{A}^m=m_{\boldsymbol{A}}(\boldsymbol{A})q_m(\boldsymbol{A})+p_m(\boldsymbol{A})=p_m(\boldsymbol{A})$$

将上式代入矩阵函数 $f(\boldsymbol{A})$ 的定义式，得

$$f(\boldsymbol{A})=\sum_{m=0}^{\infty}c_m\boldsymbol{A}^m=\sum_{m=0}^{\infty}c_m p_m(\boldsymbol{A}) \tag{4.7.9}$$

由于矩阵函数 $f(\boldsymbol{A})$ 绝对收敛，所以对式(4.7.9)右端级数改变求和顺序仍会绝对收敛. 因此，对式(4.7.9)右端矩阵多项式按 $\boldsymbol{I},\boldsymbol{A},\cdots,\boldsymbol{A}^{l-1}$ 分别求和，整理得

$$f(\boldsymbol{A})=\beta_0\boldsymbol{I}+\beta_1\boldsymbol{A}+\cdots+\beta_{l-1}\boldsymbol{A}^{l-1} \tag{4.7.10}$$

式中,系数 $\beta_0,\beta_1,\cdots,\beta_{l-1}$ 必存在.这表明必存在$(l-1)$次矩阵多项式 $p(\boldsymbol{A})=\beta_0\boldsymbol{I}+\beta_1\boldsymbol{A}+\cdots+\beta_{l-1}\boldsymbol{A}^{l-1}$ 使得 $f(\boldsymbol{A})=p(\boldsymbol{A})$.

现证明矩阵多项式 $p(\boldsymbol{A})$的唯一性.假设存在两个$(l-1)$次矩阵多项式 $p(\boldsymbol{A})$和 $q(\boldsymbol{A})$满足 $f(\boldsymbol{A})=p(\boldsymbol{A})$和 $f(\boldsymbol{A})=q(\boldsymbol{A})$,则 $p(\boldsymbol{A})=q(\boldsymbol{A})$.

定义 $g(\lambda)=p(\lambda)-q(\lambda)$,则 $g(\lambda)$是矩阵$\boldsymbol{A}$ 的零化多项式,其次数为$(l-1)$,这显然与 $\boldsymbol{A}$ 的最小多项式次数为 l 相矛盾.因此假设不成立,即 $p(\boldsymbol{A})$唯一.

定理 4.7.3 从理论上保证了$(l-1)$次矩阵多项式 $p(\boldsymbol{A})$的存在性和唯一性.为确定矩阵多项式 $p(\boldsymbol{A})$的系数,须至少列出 l 个方程.为此,引入谱上给定和谱上一致概念.

定义 4.7.2(谱上给定) 设 $\lambda_1,\cdots,\lambda_s$ 是 n 阶复方阵 $\boldsymbol{A}$ 的 s 个互异特征值,

$$m_{\boldsymbol{A}}(\lambda)=(\lambda-\lambda_1)^{n_1}(\lambda-\lambda_2)^{n_2}\cdot\cdots\cdot(\lambda-\lambda_s)^{n_s}$$

是 $\boldsymbol{A}$ 的最小多项式,$\deg(m_{\boldsymbol{A}}(\lambda))=l$.若复函数 $f(z)$及其各阶导数 $f^{(j)}(z)$在 $z=\lambda_i$ 处的 n_i 个值 $f^{(j)}(\lambda_i)$均有界,$j=0,1,\cdots,n_i-1$,则称 $f(z)$在矩阵$\boldsymbol{A}$ 的谱上给定(或谱上有定义),并称 $\lambda_1,\cdots,\lambda_s$ 为谱点,$f^{(j)}(\lambda_i)$为 $f(z)$在矩阵$\boldsymbol{A}$ 上的谱值.

例 4.7.7 考察函数 $f(z)$在矩阵$\boldsymbol{A}$ 的谱上是否有定义,其中

$$f(z)=\frac{1}{(z-3)(z-4)},\quad \boldsymbol{A}=\begin{bmatrix}2&0&0\\0&1&1\\0&0&1\end{bmatrix}$$

解:矩阵 $\boldsymbol{A}$ 的最小多项式为 $m_{\boldsymbol{A}}(\lambda)=(\lambda-2)(\lambda-1)^2$,其谱点分别为 $\lambda_1=2$,$\lambda_2=1$;相应的谱值为

$$f(2)=\frac{1}{2},\quad f(1)=\frac{1}{6},\quad f'(1)=\frac{5}{36}$$

因此,$f(z)$在矩阵$\boldsymbol{A}$ 的谱上给定.

若将例 4.7.7 中矩阵 $\boldsymbol{A}$ 替换为

$$\boldsymbol{A}=\begin{bmatrix}3&1&0\\0&3&0\\0&0&1\end{bmatrix}$$

则矩阵 $\boldsymbol{A}$ 的最小多项式为 $m_{\boldsymbol{A}}(\lambda)=(\lambda-1)(\lambda-3)^2$,其谱点分别为 $\lambda_1=1$,$\lambda_2=3$;相应谱值为 $f(1)=\dfrac{1}{6}$,$f(3)$无界.所以 $f(z)$在 $\boldsymbol{A}$ 的谱上无定义.

定义 4.7.3(谱上一致) 设复方阵 $\boldsymbol{A}$ 的最小多项式为

$$m_{\boldsymbol{A}}(\lambda)=(\lambda-\lambda_1)^{n_1}(\lambda-\lambda_2)^{n_2}\cdot\cdots\cdot(\lambda-\lambda_s)^{n_s},\quad \deg(m_{\boldsymbol{A}}(\lambda))=l$$

若函数 $f(\lambda)$与 $p(\lambda)$在 $\boldsymbol{A}$ 的谱上给定且满足

$$\begin{cases} f(\lambda_i)=p(\lambda_i) \\ f'(\lambda_i)=p'(\lambda_i) \\ \quad\vdots \\ f^{(n_i-1)}(\lambda_i)=p^{(n_i-1)}(\lambda_i) \end{cases}, \quad i=1,2,\cdots,s$$

则称函数 $f(\lambda)$ 与 $p(\lambda)$ 在矩阵 $\boldsymbol{A}$ 的谱上一致.

例 4.7.8 考察函数 $f(z)$ 与 $p(z)$ 在矩阵 $\boldsymbol{A}$ 的谱上一致条件,其中

$$f(z)=\mathrm{e}^z, \quad p(z)=\beta_0+\beta_1 z, \quad \boldsymbol{A}=\begin{bmatrix}1 & 0\\ 0 & 2\end{bmatrix}$$

解:矩阵 $\boldsymbol{A}$ 的最小多项式为 $m_{\boldsymbol{A}}(\lambda)=(\lambda-1)(\lambda-2)$,其谱点分别为 $\lambda_1=1,\lambda_2=2$;相应谱值为 $f(1)=\mathrm{e},f(2)=\mathrm{e}^2$;$p(1)=\beta_0+\beta_1,p(2)=\beta_0+2\beta_1$.

根据谱上一致条件,得

$$\begin{cases}\beta_0+\beta_1=\mathrm{e} \\ \beta_0+2\beta_1=\mathrm{e}^2\end{cases}$$

解得 $\beta_0=2\mathrm{e}-\mathrm{e}^2,\beta_1=\mathrm{e}^2-\mathrm{e}$. 此时,

$$f(\boldsymbol{A})=\begin{bmatrix}\mathrm{e} & 0\\ 0 & \mathrm{e}^2\end{bmatrix}=p(\boldsymbol{A})$$

定理 4.7.4 设 $\boldsymbol{A}\in\mathbb{C}^{n\times n}$,幂级数 $f(z)=\sum_{m=0}^{\infty}c_m z^m$ 与多项式 $p(z)=\sum_{i=0}^{k}\beta_i z^i$ 在矩阵 $\boldsymbol{A}$ 的谱上给定,则 $f(\boldsymbol{A})=p(\boldsymbol{A})$ 的充分必要条件是 $f(z)$ 与 $p(z)$ 在矩阵 $\boldsymbol{A}$ 的谱上一致.

证明:设矩阵 $\boldsymbol{A}$ 有分解式 $\boldsymbol{A}=\boldsymbol{PJP}^{-1}$,其中,$\boldsymbol{J}=\mathrm{diag}(\boldsymbol{J}_1,\cdots,\boldsymbol{J}_s)$,$\boldsymbol{J}_i(i=1,\cdots,s)$为 Jordan 块,如式(4.7.5)所示. 于是

$$f(\boldsymbol{A})=p(\boldsymbol{A})\Leftrightarrow \mathrm{diag}(f(\boldsymbol{J}_1),\cdots,f(\boldsymbol{J}_s))=\mathrm{diag}(p(\boldsymbol{J}_1),\cdots,p(\boldsymbol{J}_s))$$

即对 $i=1,\cdots,s$,有

$$f(\boldsymbol{J}_i)=p(\boldsymbol{J}_i) \tag{4.7.11}$$

由 Sylvester 公式知,式(4.7.11)成立的充分必要条件为

$$\begin{bmatrix} f(\lambda_i) & \cdots & \frac{1}{(n_i-1)!}f^{n_i-1}(\lambda_i) \\ & \ddots & \vdots \\ \boldsymbol{O} & & f(\lambda_i)\end{bmatrix}=\begin{bmatrix} p(\lambda_i) & \cdots & \frac{1}{(n_i-1)!}p^{n_i-1}(\lambda_i) \\ & \ddots & \vdots \\ \boldsymbol{O} & & p(\lambda_i)\end{bmatrix}$$

进而,对 $i=1,2,\cdots,s$,有

$$\begin{cases} f(\lambda_i)=p(\lambda_i) \\ f'(\lambda_i)=p'(\lambda_i) \\ \quad\vdots \\ f^{(n_i-1)}(\lambda_i)=p^{(n_i-1)}(\lambda_i) \end{cases}$$

上式表明 $f(z)$ 与 $p(z)$ 在矩阵 **A** 是谱上一致的. 证毕.

根据定理 4.7.4 的谱上一致性条件,可列出 l 个独立方程. 由此可求解出定理 4.7.3 中的 l 个系数 $\beta_0,\beta_1,\cdots,\beta_{l-1}$. 这就是计算矩阵函数的第二种方法,我们称之为谱上一致性方法.

例 4.7.9 设矩阵 $\mathbf{A}=\begin{bmatrix}1&0&0\\0&2&0\\0&0&3\end{bmatrix}$,求矩阵函数 $e^{\mathbf{A}}$.

解:由矩阵 **A** 的最小多项式 $m_{\mathbf{A}}(\lambda)=(\lambda-3)(\lambda-2)(\lambda-1)$ 定义多项式

$$p(\lambda)=a_2\lambda^2+a_1\lambda+a_0$$

根据谱上一致性条件,得

$$\begin{cases}f(1)=p(1)\\f(2)=p(2)\\f(3)=p(3)\end{cases}\Rightarrow\begin{cases}a_2+a_1+a_0=e\\4a_2+2a_1+a_0=e^2\\8a_2+3a_1+a_0=e^3\end{cases}$$

将其代入 $p(\mathbf{A})$,得

$$p(\mathbf{A})=\begin{bmatrix}a_2+a_1+a_0&0&0\\0&4a_2+2a_1+a_0&0\\0&0&8a_2+3a_1+a_0\end{bmatrix}=\begin{bmatrix}e&0&0\\0&e^2&0\\0&0&e^3\end{bmatrix}$$

因此,$f(\mathbf{A})=\mathrm{diag}(e,e^2,e^3)$.

例 4.7.10 设矩阵 $\mathbf{A}=\begin{bmatrix}0&1&0\\0&0&1\\2&-5&4\end{bmatrix}$,求矩阵函数 $e^{\mathbf{A}}$.

解:由矩阵 **A** 的最小多项式 $m_{\mathbf{A}}(\lambda)=(\lambda-2)(\lambda-1)^2$ 定义多项式

$$p(\lambda)=a_2\lambda^2+a_1\lambda+a_0$$

根据谱上一致性条件,得

$$\begin{cases}f(2)=p(2)\\f(1)=p(1)\\f'(1)=p'(1)\end{cases}\Rightarrow\begin{cases}4a_2+2a_1+a_0=e^2\\a_2+a_1+a_0=e\\2a_2+a_1=e\end{cases}$$

解得

$$\begin{cases}a_2=e^2-2e\\a_1=-2e^2+5e.\\a_0=e^2-2e\end{cases}$$

因此,

$$\begin{aligned}p(\mathbf{A})&=a_2\mathbf{A}^2+a_1\mathbf{A}+a_0\boldsymbol{I}\\&=\begin{bmatrix}a_0&a_1&a_2\\2a_2&-5a_2+a_0&4a_2+a_1\\8a_2+2a_1&-18a_2-5a_1&11a_2+4a_1+a_0\end{bmatrix}\end{aligned}$$

$$
=\begin{bmatrix} e^2-2e & -2e^2+5e & e^2-2e \\ 2e^2-4e & -4e^2+8e & 2e^2-3e \\ 4e^2-6e & -8e^2+11e & 4e^2-4e \end{bmatrix}
$$

注 5：利用谱上一致性方法计算矩阵函数不仅适用于单纯矩阵，也适用于非单纯矩阵. 若需计算含参矩阵函数时，我们仍可以利用谱上一致性方法计算. 相关结论如下.

设 $f(\boldsymbol{A}t)=\sum_{m=0}^{\infty}c'_m\boldsymbol{A}^m$，其中，$c'_m=c_m t^m$. 故含参矩阵函数 $f(\boldsymbol{A}t)$ 仍可以唯一地由 $l-1$ 次矩阵多项式 $p_t(\boldsymbol{A})$ 表示，即

$$
f(\boldsymbol{A}t)=\alpha_0(t)\boldsymbol{I}+\alpha_1(t)\boldsymbol{A}+\cdots+\alpha_{l-1}(t)\boldsymbol{A}^{l-1}=p_t(\boldsymbol{A})
$$

式中，$\alpha_i(t)(i=0,1,\cdots,l-1)$ 为待定含参系数.

利用 Sylvester 公式，可得如下方程组：

$$
p_t^{(j)}(\lambda_i)=t^j f^{(j)}(\lambda_i t),\quad j=0,\cdots,n_i-1,i=1,\cdots,s \tag{4.7.12}
$$

通过求解方程组(4.7.12)可确定待定的 l 个系数 $\alpha_i(t)$，$i=0,1,\cdots,l-1$.

例 4.7.11 设矩阵 $\boldsymbol{A}=\begin{bmatrix} 2 & 1 & 0 \\ 0 & 2 & 1 \\ 0 & 0 & 2 \end{bmatrix}$，求矩阵函数 $e^{\boldsymbol{A}t}$.

解：由矩阵 $\boldsymbol{A}$ 的最小多项式 $m_{\boldsymbol{A}}(\lambda)=(\lambda-2)^3$ 定义 $f(\lambda t)=e^{\lambda t}$ 和多项式

$$
p_t(\lambda)=\alpha_0(t)+\alpha_1(t)\lambda+\alpha_2(t)\lambda^2
$$

依据式(4.7.12)建立如下方程组：

$$
\begin{cases} \alpha_0(t)+2\alpha_1(t)+4\alpha_2(t)=e^{2t} \\ \alpha_1(t)+4\alpha_2(t)=te^{2t} \\ 2\alpha_2(t)=t^2e^{2t} \end{cases}
$$

解得 $\alpha_2(t)=\dfrac{t^2}{2}e^{2t}$，$\alpha_1(t)=e^{2t}(t-2t^2)$，$\alpha_0(t)=e^{2t}(1-2t+2t^2)$. 故

$$
\begin{aligned}
e^{\boldsymbol{A}t}&=\alpha_0(t)\boldsymbol{I}_3+\alpha_1(t)\boldsymbol{A}+\alpha_2(t)\boldsymbol{A}^2 \\
&=\begin{bmatrix} \alpha_0+2\alpha_1+4\alpha_2 & \alpha_1+4\alpha_2 & \alpha_2 \\ 0 & \alpha_0+2\alpha_1+4\alpha_2 & \alpha_1+4\alpha_2 \\ 0 & 0 & \alpha_0+2\alpha_1+4\alpha_2 \end{bmatrix} \\
&=\begin{bmatrix} e^{2t} & te^{2t} & \dfrac{t^2}{2}e^{2t} \\ 0 & e^{2t} & te^{2t} \\ 0 & 0 & e^{2t} \end{bmatrix}
\end{aligned}
$$

注 6：利用谱上一致性方法计算矩阵函数时，可不选用矩阵的最小多项式，而选用矩阵的任一零化多项式. 此时须把选用的零化多项式当作矩阵的最小多项式，然后

仿照上面的方法求解即可.

再次考虑例 4.7.3. 由矩阵特征多项式 $g(\lambda)=\lambda^4-\pi^2\lambda^2$ 得,令 $f(\lambda)=\sin\lambda$ 和 $p(\lambda)=\beta_0+\beta_1\lambda+\beta_2\lambda^2+\beta_3\lambda^3$,则有

$$\begin{cases}\beta_0+\beta_1\pi+\beta_2\pi^2+\beta_3\pi^3=0\\ \beta_0-\beta_1\pi+\beta_2\pi^2-\beta_3\pi^3=0\\ \beta_0=\sin 0\\ \beta_1=\cos 0\end{cases}$$

解得 $\beta_0=0,\beta_1=1,\beta_2=0,\beta_3=-\dfrac{1}{\pi^2}$. 因此,$\sin\mathbf{A}=\mathbf{A}-\dfrac{1}{\pi^2}\mathbf{A}^3$.

例 4.7.12 设函数 $f(z)=\dfrac{1}{z}$,矩阵 $\mathbf{A}=\begin{bmatrix}2&1&0\\0&2&1\\0&0&2\end{bmatrix}$,求 $f(\mathbf{A})$.

分析:因为 $f(z)$ 无法在 $z=0$ 处展开成幂级数形式,所以无法根据定义 4.7.1 计算 $f(\mathbf{A})$. 换而言之,在定义 4.7.1 下,$f(\mathbf{A})$ 不能称为矩阵函数.

如果忽略定义 4.7.1 中对矩阵函数的收敛性要求,分别采用方法一 Sylvester 公式和方法二谱上一致性方法进行计算.

方法一:Sylvester 公式. 由 Sylvester 公式知,

$$f(2)=\frac{1}{2},\quad f'(2)=-\frac{1}{z^2}\bigg|_{z=2}=-\frac{1}{4}$$

$$\frac{1}{(3-1)!}f^2(2)=\frac{1}{z^3}\bigg|_{z=2}=\frac{1}{8}$$

因此,

$$f(\mathbf{A})=\begin{bmatrix}\frac{1}{2}&-\frac{1}{4}&\frac{1}{8}\\0&\frac{1}{2}&-\frac{1}{4}\\0&0&\frac{1}{2}\end{bmatrix}$$

方法二:谱上一致性方法. 由矩阵 $\mathbf{A}$ 的最小多项式 $m_{\mathbf{A}}(\lambda)=(\lambda-2)^3$ 定义多项式

$$p(z)=\alpha_0+\alpha_1 z+\alpha_2 z^2$$

则根据谱上一致性条件可得如下方程组:

$$\begin{cases}\alpha_0+2\alpha_1+4\alpha_2=\dfrac{1}{2}\\ \alpha_1+4\alpha_2=-\dfrac{1}{4}\\ 2\alpha_2=\dfrac{1}{4}\end{cases}$$

解得 $\alpha_0=\frac{3}{2},\alpha_1=-\frac{3}{4}$ 和 $\alpha_2=\frac{1}{8}$. 故

$$f(\boldsymbol{A})=\frac{3}{2}\boldsymbol{I}-\frac{3}{4}\boldsymbol{A}+\frac{1}{8}\boldsymbol{A}^2=\begin{bmatrix}\frac{1}{2} & -\frac{1}{4} & \frac{1}{8}\\ 0 & \frac{1}{2} & -\frac{1}{4}\\ 0 & 0 & \frac{1}{2}\end{bmatrix}$$

由上述计算结果知，两种方法都可以求解出相同的 $f(\boldsymbol{A})$，且求得的 $f(\boldsymbol{A})$ 就是矩阵 $\boldsymbol{A}$ 的逆矩阵. 这表明例 4.7.12 定义的 $f(\boldsymbol{A})$ 也是有意义的，也可以称为矩阵函数. 同时也说明定义 4.7.1 是有局限性的. 该定义要求函数 $f(z)$ 能够在 $z=0$ 处展开为幂级数，即要求满足以下两个条件：

(1) $f^{(k)}(0)$ 存在，$k=0,1,\cdots$；

(2) $\lim\limits_{k\to\infty}\frac{f^{(k+1)}(\xi)}{(k+1)!}z^{k+1}=0$.

Sylvester 公式和谱上一致性方法所需条件为 $f(z)$ 在矩阵 $\boldsymbol{A}$ 的谱上给定（尽管在定义或结论中仍要求矩阵的谱半径小于收敛半径，实际上我们可移除这一条件）. 谱上给定条件比定义 4.7.1 的幂级数要求弱. 因此，可拓宽定义 4.7.1 矩阵函数的定义.

定义 4.7.4（矩阵函数） 设复方阵 $\boldsymbol{A}$ 的最小多项式为

$$m_{\boldsymbol{A}}(\lambda)=(\lambda-\lambda_1)^{n_1}(\lambda-\lambda_2)^{n_2}\cdot\cdots\cdot(\lambda-\lambda_s)^{n_s},\deg(m_{\boldsymbol{A}}(\lambda))=l$$

若函数 $f(\lambda)$ 在矩阵 $\boldsymbol{A}$ 的谱上给定，则矩阵函数 $f(\boldsymbol{A})$ 定义为 $f(\boldsymbol{A})=p(\boldsymbol{A})$，式中，$p(\boldsymbol{A})=\beta_0\boldsymbol{I}+\beta_1\boldsymbol{A}+\cdots+\beta_{l-1}\boldsymbol{A}^{l-1}$，$l$ 个系数 $\beta_0,\beta_1,\cdots,\beta_{l-1}$ 由以下方程组确定：

$$\begin{cases}f(\lambda_i)=p(\lambda_i)\\ f'(\lambda_i)=p'(\lambda_i)\\ \quad\vdots\\ f^{(n_i-1)}(\lambda_i)=p^{(n_i-1)}(\lambda_i)\end{cases},\quad i=1,2,\cdots,s$$

注 7：矩阵函数也可以利用 Sylvester 公式定义，这里就不再赘述了. 特别地，当函数 $f(z)$ 能够展开为“z”的幂级数时，矩阵函数的定义 4.7.1 和定义 4.7.4 一致.

例 4.7.13 考察齐次线性差分方程

$$u_{k+3}+u_{k+2}-u_{k+1}-u_k=0$$

当 $k<0$ 时，$u_k=0$ 且有 $u_1=0,u_2=1,u_3=0$. 求 $\{u_k\}$.

解：定义

$$x_k=\begin{bmatrix}u_k\\u_{k+1}\\u_{k+2}\end{bmatrix}\in\mathbb{R}^3,\quad A=\begin{bmatrix}0&1&0\\0&0&1\\1&1&-1\end{bmatrix}$$

则有

$$x_{k+1}=Ax_k,\quad x_1=[0,1,0]^{\mathrm{T}}$$

对上述进行迭代得

$$x_{k+1}=A^kx_1,\quad k=1,2,\cdots$$

由于 A 是友矩阵，可直接写出它的最小多项式为 $m_A(\lambda)=(\lambda+1)^2(\lambda-1)$. 现利用谱上一致性求解矩阵函数 A^k. 定义 $f(\lambda)=\lambda^k$ 和 $p(\lambda)=a_2\lambda^2+a_1\lambda+a_0$，则有如下方程组：

$$\begin{gathered}a_2+a_1+a_0=1\\a_2-a_1+a_0=(-1)^k\\-2a_2+a_1=k(-1)^{k-1}\end{gathered}$$

解得 $a_2=\frac{1}{4}-\frac{1}{4}(1-2k)(-1)^k$，$a_1=\frac{1}{2}-\frac{1}{2}(-1)^k$，$a_0=\frac{1}{4}+\frac{1}{4}(3-2k)(-1)^k$. 由此，求得

$$A^k=\begin{bmatrix}a_0&a_2+a_1&2a_2\\-2a_2&3a_2+a_0&a_1\\-a_2-a_1&-3a_2+a_1&-a_2+a_1+a_0\end{bmatrix}$$

于是，

$$x_k=A^{k-1}x_1=\begin{bmatrix}a_2+a_1\\3a_2+a_0\\-3a_2+a_1\end{bmatrix}$$

因此，

$$u_k=a_2+a_1=\frac{3}{4}-\frac{1}{4}(3-2k)(-1)^k$$

4.8　函数矩阵

定义 4.8.1（函数矩阵）　以变量 t 的函数为元素的矩阵 $A(t)=(a_{ij}(t))_{m\times n}$ 称为函数(值)矩阵；若矩阵 $A(t)$ 每个元素 $a_{ij}(t)$ 在 $[a,b]$ 上是连续、可微或可积时，则称 $A(t)$ 在 $[a,b]$ 上连续、可微或可积，并定义

$$A'(t)=\frac{\mathrm{d}}{\mathrm{d}t}A(t)=(a'_{ij}(t))_{m\times n}$$

$$\int_a^bA(t)\,\mathrm{d}t=\left(\int_a^ba_{ij}(t)\,\mathrm{d}t\right)_{m\times n}$$

例 4.8.1 求函数矩阵 $\boldsymbol{A}(t)=\begin{bmatrix}\sin t & \cos t & t\\ e^{t} & e^{2t} & e^{3t}\\ 0 & 1 & t^{2}\end{bmatrix}$ 的导数.

解：

$$\frac{d}{dt}\boldsymbol{A}(t)=\begin{bmatrix}\cos t & -\sin t & 1\\ e^{t} & 2e^{2t} & 3e^{3t}\\ 0 & 0 & 2t\end{bmatrix}$$

命题 4.8.1 设 $\boldsymbol{A}(t)$ 和 $\boldsymbol{B}(t)$ 是适当阶的可微矩阵，则

(1) $\frac{d}{dt}(\boldsymbol{A}(t)+\boldsymbol{B}(t))=\frac{d}{dt}\boldsymbol{A}(t)+\frac{d}{dt}\boldsymbol{B}(t)$；

(2) $\lambda(t)$ 为可微函数，$\frac{d}{dt}(\lambda(t)\boldsymbol{A}(t))=\frac{d\lambda(t)}{dt}\boldsymbol{A}(t)+\lambda(t)\frac{d}{dt}\boldsymbol{A}(t)$；

(3) $\frac{d}{dt}(\boldsymbol{A}(t)\boldsymbol{B}(t))=\frac{d\boldsymbol{A}(t)}{dt}\boldsymbol{B}(t)+\boldsymbol{A}(t)\frac{d\boldsymbol{B}(t)}{dt}$；

(4) 当 $u=f(t)$ 可微时，$\frac{d}{dt}(\boldsymbol{A}(u))=f'(t)\frac{d}{dt}\boldsymbol{A}(t)$；

(5) 当 $\boldsymbol{A}(t)$ 是可逆矩阵时，有 $\frac{d}{dt}(\boldsymbol{A}^{-1}(t))=-\boldsymbol{A}^{-1}(t)\left(\frac{d}{dt}\boldsymbol{A}(t)\right)\boldsymbol{A}^{-1}(t)$.

证明：(1) 令 $\boldsymbol{A}(t)=(a_{ij}(t))_{m\times n}$，$\boldsymbol{B}(t)=(b_{ij}(t))_{m\times n}$，则

$$\begin{aligned}\frac{d}{dt}(\boldsymbol{A}(t)+\boldsymbol{B}(t))&=\frac{d}{dt}[(a_{ij}(t))_{m\times n}+(b_{ij}(t))_{m\times n}]\\&=(a'(t))_{m\times n}+(b'(t))_{m\times n}\\&=\frac{d}{dt}\boldsymbol{A}(t)+\frac{d}{dt}\boldsymbol{B}(t)\end{aligned}$$

(2) 令 $\boldsymbol{A}(t)=(a_{ij}(t))_{m\times n}$，则

$$\begin{aligned}\frac{d}{dt}(\lambda(t)\boldsymbol{A}(t))&=\frac{d}{dt}(\lambda(t)a_{ij}(t))_{m\times n}\\&=\frac{d\lambda(t)}{dt}(a_{ij}(t))_{m\times n}+\lambda(t)(a'_{ij}(t))_{m\times n}\\&=\frac{d\lambda(t)}{dt}\boldsymbol{A}(t)+\lambda(t)\frac{d}{dt}\boldsymbol{A}(t)\end{aligned}$$

(3) 令 $\boldsymbol{A}(t)=(a_{ij}(t))_{m\times n}$，$\boldsymbol{B}(t)=(b_{ij}(t))_{n\times p}$，则

$$\begin{aligned}\frac{d}{dt}(\boldsymbol{A}(t)\boldsymbol{B}(t))&=\frac{d}{dt}\left(\sum_{k=1}^{n}a_{ik}(t)b_{kj}(t)\right)_{m\times p}\\&=\left(\sum_{k=1}^{n}\left(\frac{d}{dt}a_{ik}(t)\right)b_{kj}(t)+\sum_{k=1}^{n}a_{ik}(t)\left(\frac{d}{dt}b_{kj}(t)\right)\right)_{m\times p}\\&=\frac{d\boldsymbol{A}(t)}{dt}\boldsymbol{B}(t)+\boldsymbol{A}(t)\frac{d\boldsymbol{B}(t)}{dt}\end{aligned}$$

(4) $\frac{\mathrm{d}}{\mathrm{d}t}(\boldsymbol{A}(u))=(a_{ij}'(u))_{m\times n}=u'(a'(t))_{m\times n}=f'(t)\frac{\mathrm{d}}{\mathrm{d}t}\boldsymbol{A}(t)$.

(5) 等式 $\boldsymbol{A}(t)\boldsymbol{A}^{-1}(t)=\boldsymbol{I}$($\boldsymbol{A}(t)$ 为方阵)两端对 t 求导,得

$$\left(\frac{\mathrm{d}}{\mathrm{d}t}\boldsymbol{A}(t)\right)\boldsymbol{A}^{-1}(t)+\boldsymbol{A}(t)\left(\frac{\mathrm{d}}{\mathrm{d}t}\boldsymbol{A}^{-1}(t)\right)=\boldsymbol{O}$$

从而

$$\left(\frac{\mathrm{d}}{\mathrm{d}t}\boldsymbol{A}^{-1}(t)\right)=-\boldsymbol{A}^{-1}(t)\left(\frac{\mathrm{d}}{\mathrm{d}t}\boldsymbol{A}(t)\right)\boldsymbol{A}^{-1}(t)$$

命题 4.8.2 设 $\boldsymbol{A}\in\mathbb{C}^{n\times n}$,则有

(1) $\frac{\mathrm{d}}{\mathrm{d}t}\mathrm{e}^{\boldsymbol{A}t}=\boldsymbol{A}\mathrm{e}^{\boldsymbol{A}t}=\mathrm{e}^{\boldsymbol{A}t}\boldsymbol{A}$;

(2) $\frac{\mathrm{d}}{\mathrm{d}t}\sin\boldsymbol{A}t=\boldsymbol{A}\cos\boldsymbol{A}t=(\cos\boldsymbol{A}t)\boldsymbol{A}$;

(3) $\frac{\mathrm{d}}{\mathrm{d}t}\cos\boldsymbol{A}t=-\boldsymbol{A}\sin\boldsymbol{A}t=-(\sin\boldsymbol{A}t)\boldsymbol{A}$.

推论 4.8.1 设 $\boldsymbol{A}\in\mathbb{C}^{n\times n}$,则有

(1) $\int_{t_0}^{t}\boldsymbol{A}\mathrm{e}^{\boldsymbol{A}s}\mathrm{d}s=\mathrm{e}^{\boldsymbol{A}t}-\mathrm{e}^{\boldsymbol{A}t_0}$;

(2) $\int_{t_0}^{t}\boldsymbol{A}\sin\boldsymbol{A}s\,\mathrm{d}s=\cos\boldsymbol{A}t_0-\cos\boldsymbol{A}t$;

(3) $\int_{t_0}^{t}\boldsymbol{A}\cos\boldsymbol{A}s\,\mathrm{d}s=\sin\boldsymbol{A}t_0-\sin\boldsymbol{A}t$.

命题 4.8.3 设 $\boldsymbol{A}(t)$ 和 $\boldsymbol{B}(t)$ 是 $[a,b]$ 上适当阶的可积矩阵,$\lambda\in\mathbb{C}$,则有

(1) $\int_a^b(\boldsymbol{A}(t)+\boldsymbol{B}(t))\,\mathrm{d}t=\int_a^b\boldsymbol{A}(t)\,\mathrm{d}t+\int_a^b\boldsymbol{B}(t)\,\mathrm{d}t$;

(2) $\int_a^b\lambda\boldsymbol{A}(t)\,\mathrm{d}t=\lambda\int_a^b\boldsymbol{A}(t)\,\mathrm{d}t$;

(3) 若 $\boldsymbol{A}(t)$ 在 $[a,b]$ 上连续,则 $\forall t\in(a,b)$ 有 $\frac{\mathrm{d}}{\mathrm{d}t}\left(\int_a^t\boldsymbol{A}(\tau)\,\mathrm{d}\tau\right)=\boldsymbol{A}(t)$;

(4) 若 $\boldsymbol{A}(t)$ 在 $[a,b]$ 上可微,则有 $\int_a^b\boldsymbol{A}'(\tau)\,\mathrm{d}\tau=\boldsymbol{A}(b)-\boldsymbol{A}(a)$.

定义 4.8.2(矩阵对矩阵的导数) 设 $\boldsymbol{F}(\boldsymbol{X})=(f_{ij}(\boldsymbol{X}))\in\mathbb{C}^{m\times n}$ 是 $\boldsymbol{X}\in\mathbb{C}^{p\times q}$ 的函数矩阵,$f_{ij}(\boldsymbol{X})(i=1,\cdots,m;j=1,\cdots,n)$ 作为 $\boldsymbol{X}\in\mathbb{C}^{p\times q}$ 的多元函数是可微的. 令

$$\frac{\mathrm{d}\boldsymbol{F}(\boldsymbol{X})}{\mathrm{d}\boldsymbol{X}}=\left(\frac{\partial\boldsymbol{F}}{\partial x_{ij}}\right)_{mp\times nq}=\begin{bmatrix}\frac{\partial\boldsymbol{F}}{\partial x_{11}} & \frac{\partial\boldsymbol{F}}{\partial x_{12}} & \cdots & \frac{\partial\boldsymbol{F}}{\partial x_{1q}}\\ \frac{\partial\boldsymbol{F}}{\partial x_{21}} & \frac{\partial\boldsymbol{F}}{\partial x_{22}} & \cdots & \frac{\partial\boldsymbol{F}}{\partial x_{2q}}\\ \vdots & \vdots & & \vdots\\ \frac{\partial\boldsymbol{F}}{\partial x_{p1}} & \frac{\partial\boldsymbol{F}}{\partial x_{p2}} & \cdots & \frac{\partial\boldsymbol{F}}{\partial x_{pq}}\end{bmatrix}$$

式中：$\frac{\partial \boldsymbol{F}}{\partial x_{ij}}=\left(\frac{\partial f_{kl}(\boldsymbol{X})}{\partial x_{ij}}\right)(k=1,\cdots,m;l=1,\cdots,n)$，称$\frac{\mathrm{d}\boldsymbol{F}(\boldsymbol{X})}{\mathrm{d}\boldsymbol{X}}$为$\boldsymbol{F}(\boldsymbol{X})$对$\boldsymbol{X}$的导数.

注 1： 定义 4.8.2 既是对定义 4.8.1 中矩阵函数导数的扩展，也隐含着向量对向量、向量对矩阵、矩阵对向量和矩阵对矩阵的导数定义.

例 4.8.2 设 $f(\boldsymbol{x})=f(x_1,\cdots,x_n)$是$n$元实可微函数，则

$$\frac{\mathrm{d}f}{\mathrm{d}\boldsymbol{x}}=\left[\frac{\partial f}{\partial x_1},\frac{\partial f}{\partial x_2},\cdots,\frac{\partial f}{\partial x_n}\right]$$

式中：$\boldsymbol{x}=[x_1,\cdots,x_n]$. 我们常称$\frac{\mathrm{d}f}{\mathrm{d}\boldsymbol{x}}$为$f$的梯度向量，常记为$\nabla(f)$.

例 4.8.3 设 $\boldsymbol{f}(\boldsymbol{x})=[f_1,f_2,\cdots,f_m]^{\mathrm{T}}\in F^m$ 是n元可微向量函数，即每个n元函数 $f_i(\boldsymbol{x})=f_i(x_1,\cdots,x_n)$，$1\leqslant i\leqslant m$ 均为可微函数，其中 $\boldsymbol{x}=[x_1,\cdots,x_n]$为行向量.

$$\frac{\mathrm{d}\boldsymbol{f}}{\mathrm{d}\boldsymbol{x}}=\begin{bmatrix}\frac{\partial f_1}{\partial x_1} & \frac{\partial f_1}{\partial x_2} & \cdots & \frac{\partial f_1}{\partial x_n}\\ \frac{\partial f_2}{\partial x_1} & \frac{\partial f_2}{\partial x_2} & \cdots & \frac{\partial f_2}{\partial x_n}\\ \vdots & \vdots & & \vdots\\ \frac{\partial f_m}{\partial x_1} & \frac{\partial f_m}{\partial x_2} & \cdots & \frac{\partial f_m}{\partial x_n}\end{bmatrix}$$

矩阵$\frac{\mathrm{d}\boldsymbol{f}}{\mathrm{d}\boldsymbol{x}}$常称为向量函数$\boldsymbol{f}$的 Jacobian 矩阵.

例 4.8.4 设常矩阵 $\boldsymbol{A}\in\mathbb{R}^{n\times n}$ 和未定元向量 $\boldsymbol{x}\in\mathbb{R}^n$，求$\frac{\mathrm{d}\boldsymbol{A}\boldsymbol{x}}{\mathrm{d}\boldsymbol{x}^{\mathrm{T}}}$.

解：令 $\boldsymbol{y}=\boldsymbol{A}\boldsymbol{x}=[y_1,\cdots,y_n]^{\mathrm{T}}$，$\boldsymbol{x}=[x_1,\cdots,x_n]^{\mathrm{T}}$，其中 $y_i=\sum_{j=1}^{n}a_{ij}x_j$，则

$$\frac{\mathrm{d}\boldsymbol{y}}{\mathrm{d}\boldsymbol{x}^{\mathrm{T}}}=\begin{bmatrix}\frac{\partial y_1}{\partial x_1} & \cdots & \frac{\partial y_1}{\partial x_n}\\ \vdots & & \vdots\\ \frac{\partial y_n}{\partial x_1} & \cdots & \frac{\partial y_n}{\partial x_n}\end{bmatrix}=\begin{bmatrix}a_{11} & \cdots & a_{1n}\\ \vdots & & \vdots\\ a_{n1} & \cdots & a_{nn}\end{bmatrix}=\boldsymbol{A}$$

例 4.8.5 设常矩阵 $\boldsymbol{A}\in\mathbb{R}^{n\times n}$，$\boldsymbol{x}$ 和 $\boldsymbol{b}\in\mathbb{R}^n$，求$\frac{\mathrm{d}}{\mathrm{d}\boldsymbol{x}}(\boldsymbol{b}^{\mathrm{T}}\boldsymbol{x})$和$\frac{\mathrm{d}}{\mathrm{d}\boldsymbol{x}}(\boldsymbol{x}^{\mathrm{T}}\boldsymbol{A}\boldsymbol{x})$.

解：设 $\boldsymbol{x}=[x_1,\cdots,x_n]^{\mathrm{T}}$，$\boldsymbol{b}=[b_1,\cdots,b_n]^{\mathrm{T}}$，$\boldsymbol{A}=(a_{ij})$，则

$$\boldsymbol{b}^{\mathrm{T}}\boldsymbol{x}=\sum_{i=1}^{n}b_ix_i$$

$$\boldsymbol{x}^{\mathrm{T}}\boldsymbol{A}\boldsymbol{x}=\sum_{i,j=1}^{n}a_{ij}x_ix_j$$

于是，

$$\frac{\mathrm{d}}{\mathrm{d}\boldsymbol{x}}(\boldsymbol{b}^{\mathrm{T}}\boldsymbol{x})=\begin{bmatrix}\dfrac{\partial(\boldsymbol{b}^{\mathrm{T}}\boldsymbol{x})}{\partial x_1}\\ \dfrac{\partial(\boldsymbol{b}^{\mathrm{T}}\boldsymbol{x})}{\partial x_2}\\ \vdots\\ \dfrac{\partial(\boldsymbol{b}^{\mathrm{T}}\boldsymbol{x})}{\partial x_n}\end{bmatrix}=\begin{bmatrix}b_1\\ b_2\\ \vdots\\ b_n\end{bmatrix}=\boldsymbol{b}$$

$$\frac{\mathrm{d}}{\mathrm{d}\boldsymbol{x}}(\boldsymbol{x}^{\mathrm{T}}\boldsymbol{A}\boldsymbol{x})=\begin{bmatrix}\dfrac{\partial(\boldsymbol{x}^{\mathrm{T}}\boldsymbol{A}\boldsymbol{x})}{\partial x_1}\\ \dfrac{\partial(\boldsymbol{x}^{\mathrm{T}}\boldsymbol{A}\boldsymbol{x})}{\partial x_2}\\ \vdots\\ \dfrac{\partial(\boldsymbol{x}^{\mathrm{T}}\boldsymbol{A}\boldsymbol{x})}{\partial x_n}\end{bmatrix}=\begin{bmatrix}\sum\limits_{i=1}^{n}a_{i1}x_i+\sum\limits_{j=1}^{n}a_{1j}x_j\\ \sum\limits_{i=1}^{n}a_{i2}x_i+\sum\limits_{j=1}^{n}a_{2j}x_j\\ \vdots\\ \sum\limits_{i=1}^{n}a_{in}x_i+\sum\limits_{j=1}^{n}a_{nj}x_j\end{bmatrix}=(\boldsymbol{A}^{\mathrm{T}}+\boldsymbol{A})\boldsymbol{x}$$

【应用】 求解最小二乘问题：

$$\min_{\boldsymbol{x}\in\mathbb{R}^n}\|\boldsymbol{A}\boldsymbol{x}-\boldsymbol{b}\|_2^2=\|\boldsymbol{A}\boldsymbol{\lambda}-\boldsymbol{b}\|_2^2 \tag{4.8.1}$$

式中：$\boldsymbol{A}\in\mathbb{R}^{m\times n}$ 和 $\boldsymbol{b}\in\mathbb{R}^m$ 给定，$\boldsymbol{x}\in\mathbb{R}^n$ 为待定向量.

引理 4.8.1（无约束极值的必要条件） 设 $\boldsymbol{X}\in\mathbb{R}^{m\times n}$，$f(\boldsymbol{X})$是关于矩阵变量 $\boldsymbol{X}$ 的二阶连续可导函数.若 $\boldsymbol{X}_0$ 是 $f(\boldsymbol{X})$的一个极值点，则

$$\left.\frac{\mathrm{d}f(\boldsymbol{X})}{\mathrm{d}\boldsymbol{X}}\right|_{\boldsymbol{X}=\boldsymbol{X}_0}=\boldsymbol{O}$$

若 $f(\boldsymbol{X})$还是关于矩阵变量 $\boldsymbol{X}$ 的凸函数，则 $f(\boldsymbol{X})$的极值点必是最值点.

由引理 4.8.1 知，最小二乘问题(4.8.1)的极小值点须满足

$$\frac{\mathrm{d}}{\mathrm{d}x}(\|\boldsymbol{A}\boldsymbol{x}-\boldsymbol{b}\|_2^2)=0$$

整理得

$$\frac{\mathrm{d}}{\mathrm{d}\boldsymbol{x}}(\boldsymbol{x}^{\mathrm{T}}\boldsymbol{A}^{\mathrm{T}}\boldsymbol{A}\boldsymbol{x}-2\boldsymbol{b}^{\mathrm{T}}\boldsymbol{A}\boldsymbol{x}+\boldsymbol{b}^{\mathrm{T}}\boldsymbol{b})=0 \tag{4.8.2}$$

式中：

$$\frac{\mathrm{d}}{\mathrm{d}\boldsymbol{x}}(\boldsymbol{x}^{\mathrm{T}}\boldsymbol{A}^{\mathrm{T}}\boldsymbol{A}\boldsymbol{x})=2\boldsymbol{A}^{\mathrm{T}}\boldsymbol{A}\boldsymbol{x}$$

$$\frac{\mathrm{d}}{\mathrm{d}\boldsymbol{x}}(\boldsymbol{b}^{\mathrm{T}}\boldsymbol{A}\boldsymbol{x})=\boldsymbol{A}^{\mathrm{T}}\boldsymbol{b}$$

故式(4.8.2)等价为

$$\boldsymbol{A}^{\mathrm{T}}\boldsymbol{A}\boldsymbol{x}=\boldsymbol{A}^{\mathrm{T}}\boldsymbol{b} \tag{4.8.3}$$

因此,最小二乘问题(4.8.1)的解必满足方程(4.8.3).

【思考】 某些时候,求解最小二乘问题的方程(4.8.3)是病态的(常见情况是 $\boldsymbol{A}$ 为列满秩,因计算 $(\boldsymbol{A}^{\mathrm{T}}\boldsymbol{A})^{-1}$ 导致方程(4.8.3)的解有较大误差),此时如何获得最小二乘问题更可靠的解?

提示:若 $\boldsymbol{A}$ 为列满秩,可考虑对矩阵 $\boldsymbol{A}$ 进行 QR 分解.

【应用】 考察一阶线性常系数微分方程组的求解问题:

$$\begin{cases}\dfrac{\mathrm{d}x_1(t)}{\mathrm{d}t}=a_{11}x_1(t)+\cdots+a_{1n}x_n(t)+f_1(t)\\ \qquad\vdots\\ \dfrac{\mathrm{d}x_n(t)}{\mathrm{d}t}=a_{n1}x_1(t)+\cdots+a_{nn}x_n(t)+f_n(t)\end{cases}\tag{4.8.4}$$

方程(4.8.4)满足初始条件 $x_i(t_0)=c_i,i=1,\cdots,n$.由微分方程的理论知,上述方阵的解存在且唯一.

方程(4.8.4)可改写为

$$\begin{cases}\dfrac{\mathrm{d}\boldsymbol{x}(t)}{\mathrm{d}t}=\boldsymbol{A}\boldsymbol{x}(t)+\boldsymbol{f}(t)\\ \boldsymbol{x}(t_0)=\boldsymbol{c}\end{cases}\tag{4.8.5}$$

式中:$\boldsymbol{x}(t)=[x_1(t),\cdots,x_n(t)]^{\mathrm{T}},\boldsymbol{f}(t)=[f_1(t),\cdots,f_n(t)]^{\mathrm{T}},\boldsymbol{c}=[c_1,\cdots,c_n]^{\mathrm{T}}$ 和 $\boldsymbol{A}=(a_{ij})_{n\times n}$.

对式(4.8.5)积分得

$$\int_{t_0}^{t}\frac{\mathrm{d}(\mathrm{e}^{-\boldsymbol{A}t}\boldsymbol{x}(t))}{\mathrm{d}t}\mathrm{d}t=\int_{t_0}^{t}\mathrm{e}^{-\boldsymbol{A}t}\boldsymbol{f}(t)\mathrm{d}t\tag{4.8.6}$$

即

$$\mathrm{e}^{-\boldsymbol{A}t}\boldsymbol{x}(t)-\mathrm{e}^{-\boldsymbol{A}t_0}\boldsymbol{x}(t_0)=\int_{t_0}^{t}\mathrm{e}^{-\boldsymbol{A}t}\boldsymbol{f}(t)\mathrm{d}t$$

由此,方程(4.8.5)的解为

$$\boldsymbol{x}(t)=\mathrm{e}^{\boldsymbol{A}(t-t_0)}\boldsymbol{c}+\mathrm{e}^{\boldsymbol{A}t}\int_{t_0}^{t}\mathrm{e}^{-\boldsymbol{A}t}\boldsymbol{f}(t)\mathrm{d}t\tag{4.8.7}$$

或

$$\boldsymbol{x}(t)=\mathrm{e}^{\boldsymbol{A}(t-t_0)}\boldsymbol{c}+\int_{t_0}^{t}\mathrm{e}^{\boldsymbol{A}(t-\tau)}\boldsymbol{f}(\tau)\mathrm{d}\tau\tag{4.8.8}$$

特别地,当 $\boldsymbol{f}(t)\equiv\boldsymbol{0}$ 时,即齐次线性方程组的解为

$$\boldsymbol{x}(t)=\mathrm{e}^{\boldsymbol{A}(t-t_0)}\boldsymbol{c}\tag{4.8.9}$$

例 4.8.6 已知方程(4.8.5)中的参数分别为

$$\boldsymbol{A}=\begin{bmatrix}2&0&0\\1&1&1\\1&-1&3\end{bmatrix},\quad \boldsymbol{f}(t)=[1,-t,t]^{\mathrm{T}},\quad \boldsymbol{c}=[1,0,-1]^{\mathrm{T}}$$

求该方程组的解.

解：由 $\lambda\boldsymbol{I}-\boldsymbol{A}\cong\begin{bmatrix}1 & 0 & 0\\ 0 & \lambda-2 & 0\\ 0 & 0 & (\lambda-2)^2\end{bmatrix}$ 知，$m_{\boldsymbol{A}}(\lambda)=(\lambda-2)^2$.

令 $p_t(\lambda)=\alpha_0(t)+\alpha_1(t)\lambda$，则有 $\alpha_0(t)+2\alpha_1(t)=\mathrm{e}^{2t}$，$\alpha_1(t)=t\mathrm{e}^{2t}$，并解得 $\alpha_0(t)=(1-2t)\mathrm{e}^{2t}$，$\alpha_1(t)=t\mathrm{e}^{2t}$. 因此，

$$\mathrm{e}^{\boldsymbol{A}t}=\alpha_0(t)\boldsymbol{I}+\alpha_1(t)\boldsymbol{A}=\mathrm{e}^{2t}\begin{bmatrix}1 & 0 & 0\\ t & 1-t & t\\ t & -t & 1+t\end{bmatrix}$$

此时，方程的解为

$$\boldsymbol{x}(t)=\mathrm{e}^{2t}\begin{bmatrix}\dfrac{3}{2}-\dfrac{1}{2}2\mathrm{e}^{-2t}\\ \dfrac{1}{2}(t^2+t-2)+\left(-\dfrac{t^2}{2}+\dfrac{3t}{2}+1\right)\mathrm{e}^{-2t}\\ \left(2t^2+t+\dfrac{1}{2}\right)\mathrm{e}^{-2t}-\dfrac{3}{2}\end{bmatrix}$$

再考察 n 阶常系数微分方程的求解问题：

$$y^{(n)}+a_{n-1}y^{(n-1)}+\cdots+a_0y=u(t) \tag{4.8.10}$$

式中，$a_0,\cdots,a_{n-1}$ 为常数，$u(t)$为已知函数. 若 $u(t)\neq 0$ 时，称方程(4.8.10)为非齐次微分方程，否则称为齐次微分方程.

定义

$$\begin{cases}x_1=y\\ x_2=\dot{y}\\ \vdots\\ x_n=y^{(n-1)}\end{cases} \tag{4.8.11}$$

由此，得到如下方程：

$$\dot{\boldsymbol{x}}=\boldsymbol{A}\boldsymbol{x}+\boldsymbol{f}(\boldsymbol{x}) \tag{4.8.12}$$

式中：

$$\boldsymbol{x}(t)=\begin{bmatrix}x_1(t)\\ \vdots\\ x_n(t)\end{bmatrix}\in\mathbb{R}^n$$

$$\boldsymbol{A}=\begin{bmatrix}0 & 1 & 0 & \cdots & 0\\ 0 & 0 & 1 & \cdots & 0\\ \vdots & \vdots & \vdots & & 0\\ 0 & 0 & 0 & \cdots & 1\\ -a_0 & -a_1 & -a_2 & \cdots & -a_{n-1}\end{bmatrix}$$

$$f(t)=\begin{bmatrix}0\\ \vdots\\ 0\\ u(t)\end{bmatrix}$$

式(4.8.12)在现代控制理论中称为状态方程，$\boldsymbol{x}(t)$称为状态向量，$\boldsymbol{A}$ 为系统矩阵. 此时，可将 n 阶常系数微分方程(4.8.10)转化为状态方程(4.8.12)进行求解.

例 4.8.7 求解非齐次微分方程组

$$y^{(3)}-6\ddot{y}+11\dot{y}-6y=\sin t$$

式中：$\ddot{y}(0)=\dot{y}(0)=y(0)=0$.

解：令 $y=x_1,\dot{y}=x_2,\ddot{y}=x_3$，则原方程可改写为 $\dot{\boldsymbol{x}}=\boldsymbol{Ax}+\boldsymbol{f}(\boldsymbol{x})$，其中 $\boldsymbol{x}(t)=[x_1(t),x_2(t),x_3(t)]^{\mathrm{T}}$ 且 $\boldsymbol{x}(0)=[0,0,0]^{\mathrm{T}}$，

$$\boldsymbol{A}=\begin{bmatrix}0&1&0\\0&0&1\\6&-11&6\end{bmatrix},\quad \boldsymbol{f}(\boldsymbol{x})=\begin{bmatrix}0\\0\\\sin t\end{bmatrix}$$

由此，

$$\boldsymbol{x}(t)=\mathrm{e}^{\boldsymbol{A}t}\boldsymbol{x}(0)+\int_0^t \mathrm{e}^{\boldsymbol{A}(t-\tau)}\boldsymbol{f}(\tau)\,\mathrm{d}\tau=\int_0^t \mathrm{e}^{\boldsymbol{A}(t-\tau)}\begin{bmatrix}0\\0\\\sin\tau\end{bmatrix}\mathrm{d}\tau$$

计算矩阵函数 $\mathrm{e}^{\boldsymbol{A}t}$ 得

$$\mathrm{e}^{\boldsymbol{A}t}=\begin{bmatrix}1&1&1\\1&2&3\\1&4&9\end{bmatrix}\begin{bmatrix}\mathrm{e}^t&0&0\\0&\mathrm{e}^{2t}&0\\0&0&\mathrm{e}^{3t}\end{bmatrix}\begin{bmatrix}3&-2.5&0.5\\-3&4&-1\\1&-1.5&0.5\end{bmatrix}$$

因此，

$$\boldsymbol{x}(t)=\frac{1}{20}\begin{bmatrix}5\mathrm{e}^t-4\mathrm{e}^{2t}+\mathrm{e}^{3t}-2\cos t\\5\mathrm{e}^t-8\mathrm{e}^{2t}+3\mathrm{e}^{3t}+2\sin t\\5\mathrm{e}^t-16\mathrm{e}^{2t}+9\mathrm{e}^{3t}+2\cos t\end{bmatrix}$$

即 $y(t)=x_1(t)=\dfrac{1}{20}(5\mathrm{e}^t-4\mathrm{e}^{2t}+\mathrm{e}^{3t}-2\cos t)$.

【应用】 系统的可控性是指对任意给定的系统初始状态，均存在一个合适控制输入使得系统状态在有限时间转移至状态零点. 它表征了系统输入对系统状态的有效控制能力，是现代控制理论的基础性概念. 例 4.8.8 即为线性定常系统(即采用线性常微分方程描述的系统)可控的充分必要条件.

例 4.8.8 n 阶 Hermite 矩阵 $\boldsymbol{W}(0,t_1)$是正定的，当且仅当矩阵 $\operatorname{rank}(\boldsymbol{C})=n$，其中

$$\boldsymbol{W}(0,t_1)=\int_0^{t_1}\mathrm{e}^{-\boldsymbol{A}t}\boldsymbol{BB}^{\mathrm{T}}\mathrm{e}^{-\boldsymbol{A}^{\mathrm{T}}t}\,\mathrm{d}t$$

$$C=[B,AB,\cdots,A^{n-1}B]$$

$A\in\mathbb{R}^{n\times n}$ 是线性定常系统的系统矩阵，$B\in\mathbb{R}^{n\times p}$ 是线性定常系统的输入矩阵，t_1 是给定的正常数.

证明：充分性. 采用反证法证明. 假设矩阵 $W(0,t_1)$ 不是正定的. 由 $W(0,t_1)$ 表达式知，对任意非零向量 $x\in\mathbb{R}^n$，有

$$x^{\mathrm{T}}W(0,t_1)x=\int_0^{t_1}(B^{\mathrm{T}}\mathrm{e}^{-A^{\mathrm{T}}t}x,B^{\mathrm{T}}\mathrm{e}^{-A^{\mathrm{T}}t}x)\,\mathrm{d}t\geqslant 0$$

因此，必存在一非零向量 α 满足 $\alpha^{\mathrm{T}}W(0,t_1)\alpha=0$，于是

$$\int_0^{t_1}(B^{\mathrm{T}}\mathrm{e}^{-A^{\mathrm{T}}t}\alpha,B^{\mathrm{T}}\mathrm{e}^{-A^{\mathrm{T}}t}\alpha)\,\mathrm{d}t=0$$

即对 $t\in[0,t_1]$，

$$\alpha^{\mathrm{T}}\mathrm{e}^{-At}B=0$$

对上式求导直至 $n-1$ 次后，再令 $t=0$ 得(此处也可以利用 4.7.4 矩阵函数定义进行讨论)

$$\alpha^{\mathrm{T}}A^iB=0,\quad i=0,1,\cdots,n-1$$

进一步整理得 $\alpha^{\mathrm{T}}C=0$，即 $C^{\mathrm{T}}\alpha=0$. 这意味着齐次线性方程组 $C^{\mathrm{T}}\alpha=0$ 有非零解，由亏加秩定理知，$\mathrm{rank}(C)<n$. 这与已知矛盾，故矩阵 $W(0,t_1)$ 是正定的.

必要性. 假设 $\mathrm{rank}(C)<n$，则必存在一非零向量 α 满足 $\alpha^{\mathrm{T}}C=0$. 于是有

$$\alpha^{\mathrm{T}}A^iB=0,\quad i=0,1,\cdots,n-1$$

由定义 4.7.4 知，

$$\mathrm{e}^{-At}=\beta_0(t)I+\beta_1(t)A+\cdots+\beta_{n-1}(t)A^{n-1}$$

式中：$\beta_i(t)(i=0,1,\cdots,n-1)$ 由矩阵 A 唯一确定.

此时，

$$\alpha^{\mathrm{T}}\mathrm{e}^{-At}B=\beta_0(t)\alpha^{\mathrm{T}}B+\cdots+\beta_{n-1}(t)A\alpha^{\mathrm{T}n-1}B=0$$

即

$$\int_0^{t_1}(B^{\mathrm{T}}\mathrm{e}^{-A^{\mathrm{T}}t}\alpha,B^{\mathrm{T}}\mathrm{e}^{-A^{\mathrm{T}}t}\alpha)\,\mathrm{d}t=0$$

这表明矩阵 $W(0,t_1)$ 不是正定的，与已知矛盾. 故 $\mathrm{rank}(C)=n$. 证毕.

4.9　应用：主元分析法

算法的复杂度和数据维数往往有着密切关系，甚至与数据维数呈指数关联. 实际中，处理成千上万甚至几十万维的数据情况也并不罕见，此时的消耗可能难以接受，需要对数据进行降维. 数据降维直观的好处是降低维数便于计算和可视化，更深层次的意义在于有效信息的提取、综合及无用信息的摈弃.

主元分析法是一种常用的数据降维方法，其目的是在“信息损失”较小的前提下，将高维数据转换到低维. 基于此，我们给出这一问题的数学描述.

假设一组数据有 n 表示样本数，即 $\boldsymbol{x}_1,\cdots,\boldsymbol{x}_n$，其中，$\boldsymbol{x}_i\in\mathbb{R}^p$ 表示每个样本向量(或随机变量)．设降维后的样本向量为 $\boldsymbol{y}_i\in\mathbb{R}^q$（$q<p$，否则失去降维的意义），则线性空间 $\mathrm{span}(\boldsymbol{y}_1,\cdots,\boldsymbol{y}_n)$ 应与线性空间 $\mathrm{span}(\boldsymbol{x}_1,\cdots,\boldsymbol{x}_n)$ 同构．由此，存在同构映射 f 使得原像 $\boldsymbol{x}_i$ 与像 $\boldsymbol{y}_i$ 满足

$$\boldsymbol{y}_i=f(\boldsymbol{x}_i)$$

式中：f 为待定映射．由于 f 是线性映射，故上述可等价表示为

$$\boldsymbol{y}_i=\boldsymbol{W}\boldsymbol{x}_i=\begin{bmatrix}\boldsymbol{w}_1^{\mathrm{T}}\boldsymbol{x}_i\\ \vdots\\ \boldsymbol{w}_p^{\mathrm{T}}\boldsymbol{x}_i\end{bmatrix}$$

式中：矩阵 $\boldsymbol{W}\in\mathbb{R}^{q\times p}$，$\boldsymbol{w}_i\in\mathbb{R}^p$ 为待定向量．

考察表达式 $\boldsymbol{w}_k^{\mathrm{T}}\boldsymbol{x}_i$．在欧氏空间中，

$$\boldsymbol{w}_k^{\mathrm{T}}\boldsymbol{x}_i=(\boldsymbol{w}_k,\boldsymbol{x}_i)$$

若选取 $\|\boldsymbol{w}_k\|=1$，则上式表示向量 $\boldsymbol{x}_i$ 在向量 $\boldsymbol{w}_k$ 的正交投影的长度．由此，我们选定 $\boldsymbol{w}_i(i=1,\cdots,q)$ 长度为 1，则 $\boldsymbol{y}_i$ 的每一个分量即是原像 $\boldsymbol{x}_i$ 在矩阵 $\boldsymbol{W}$ 行向量的正交投影．为了保证像 $\boldsymbol{y}_i$ 尽量继承原始变量的特征，应选择 $\boldsymbol{w}_i(i=1,\cdots,q)$ 是正交向量组．所以，矩阵 $\boldsymbol{W}$ 是行正交规范矩阵，即向量组 $\boldsymbol{w}_i,i=1,\cdots,q$ 是单位正交向量组．

为刻画“信息损失”较小，我们考察二维平面的一个例子．在图 4.9.1 中，点 $\boldsymbol{x}_1$，$\boldsymbol{x}_2$，$\boldsymbol{x}_3$，$\boldsymbol{x}_4$ 表示样本向量；若将样本向量降为一维，则待定向量(组)$\boldsymbol{w}$ 是二维平面的一条过原点的直线．当直线 $\boldsymbol{w}$ 绕原点旋转时，样本向量 $\boldsymbol{x}_1,\boldsymbol{x}_2,\boldsymbol{x}_3,\boldsymbol{x}_4$ 在直线 $\boldsymbol{w}$ 上的正交投影也会随之变化．当 $\boldsymbol{w}$ 取为直线 $\boldsymbol{w}_1$ 时，样本向量 $\boldsymbol{x}_1,\boldsymbol{x}_2,\boldsymbol{x}_3,\boldsymbol{x}_4$ 在直线 $\boldsymbol{w}$ 上的正交投影重叠为一点，此时降维后的样本没有意义了(只剩下一个样本向量，而其他样本信息全部丢失)．所以，我们应反其道而行之，要保证信息损失最小就要使得它在直线 $\boldsymbol{w}$ 上的正交投影尽可能地“散开”．显然，当 $\boldsymbol{w}$ 取为直线 $\boldsymbol{w}_2$ 时，样本向量 $\boldsymbol{x}_1,\boldsymbol{x}_2$，$\boldsymbol{x}_3,\boldsymbol{x}_4$ 在直线 $\boldsymbol{w}$ 上的正交投影“散开”最大．

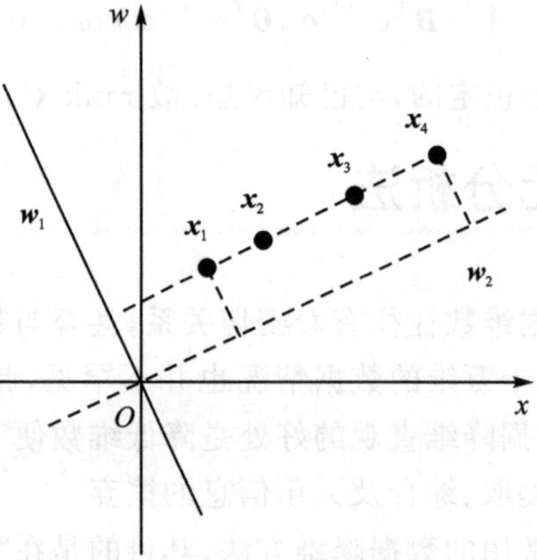

图 4.9.1　二维平面信息损失示例

在数学上,可以用方差来表述样本分散的程度.于是,优化目标可表达为

$$\hat{w}=\underset{w}{\operatorname{argmax}} \frac{1}{n} \sum_{i=1}^{n}\left(\boldsymbol{w}^{\mathrm{T}} \boldsymbol{x}_{i}-\mu\right)^{2} \tag{4.9.1}$$

式中:μ 是样本投用的均值,其定义式为

$$\mu=\frac{1}{n} \sum_{i=1}^{n} \boldsymbol{w}^{\mathrm{T}} \boldsymbol{x}_{i}$$

注意到

$$\begin{aligned}
\sigma^{2} & =\frac{1}{n} \sum_{i=1}^{n}\left(\boldsymbol{w}^{\mathrm{T}} \boldsymbol{x}_{i}-\mu\right)^{2} \\
& =\frac{1}{n} \sum_{i=1}^{n}\left[\boldsymbol{w}^{\mathrm{T}}\left(\boldsymbol{x}_{i}-\overline{\boldsymbol{x}}\right)\right]^{2} \\
& =\frac{1}{n} \sum_{i=1}^{n} \boldsymbol{w}^{\mathrm{T}}\left(\boldsymbol{x}_{i}-\overline{\boldsymbol{x}}\right)\left(\boldsymbol{x}_{i}-\overline{\boldsymbol{x}}\right)^{\mathrm{T}} \boldsymbol{w} \\
& =\boldsymbol{w}^{\mathrm{T}}\left[\frac{1}{n} \sum_{i=1}^{n}\left(\boldsymbol{x}_{i}-\overline{\boldsymbol{x}}\right)\left(\boldsymbol{x}_{i}-\overline{\boldsymbol{x}}\right)^{\mathrm{T}}\right] \boldsymbol{w}
\end{aligned}$$

并定义矩阵

$$\boldsymbol{x}=\left[\boldsymbol{x}_{1}-\overline{\boldsymbol{x}}, \boldsymbol{x}_{2}-\overline{\boldsymbol{x}}, \cdots, \boldsymbol{x}_{n}-\overline{\boldsymbol{x}}\right] \in \mathbb{R}^{p \times n}$$

则方差 σ^2 可进一步改写为

$$\sigma^{2}=\boldsymbol{w}^{\mathrm{T}}\left[\frac{1}{n} \sum_{i=1}^{n}\left(\boldsymbol{x}_{i}-\overline{\boldsymbol{x}}\right)\left(\boldsymbol{x}_{i}-\overline{\boldsymbol{x}}\right)^{\mathrm{T}}\right] \boldsymbol{w}=\boldsymbol{w}^{\mathrm{T}} \boldsymbol{C} \boldsymbol{w} \tag{4.9.2}$$

式中:$\boldsymbol{C}=\frac{1}{n}\boldsymbol{x}\boldsymbol{x}^{\mathrm{T}} \in \mathbb{R}^{p\times p}$ 是随机变量 $\boldsymbol{x}_1,\cdots,\boldsymbol{x}_n$ 的协方差矩阵.

由引理 3.9.2 知,$\boldsymbol{C}$ 是半正定实对称矩阵,故

$$\sigma^{2}=R(\boldsymbol{w}) \tag{4.9.3}$$

式中:$R(\boldsymbol{w})$是协方差矩阵 $\boldsymbol{C}$ 的 Rayleigh 商.

方法一.为讨论方便,设 $\lambda_1>\lambda_2>\cdots>\lambda_m$ 是矩阵 $\boldsymbol{C}$ 的 m 个互异特征值,其代数重数分别为 $d_1,d_2,\cdots,d_l$ 且有 $d_1+d_2+\cdots+d_l=p$.根据定理 4.3.4 知,

$$R(\boldsymbol{w}) \leqslant \lambda_1$$

上式等号成立的条件为向量 $\boldsymbol{w}$ 取为属于特征值λ_1 的 d_1 个单位正交特征向量组中的一个向量.由此,我们找到了 d_1 个 $\boldsymbol{w}$ 向量.那么余下的 $q-d_1$ 个 $\boldsymbol{w}$ 向量应如何确定呢?

应在特征值为 $\lambda_2,\cdots,\lambda_m$ 的特征子空间的和空间来寻找(为什么?请读者思考),即

$$\hat{\boldsymbol{w}}=\arg \max _{\boldsymbol{w} \in\left(\underset{i=2, \cdots, m}{\oplus E(\lambda_i)}\right)} R(\boldsymbol{w}) \tag{4.9.4}$$

根据定理 4.3.4 知,

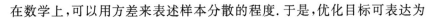

$$\max_{w\in\left(\underset{i=2,\cdots,m}{\oplus E(\lambda_i)}\right)} R(w)\leqslant\lambda_2$$

上式等号成立的条件为向量 $\boldsymbol{w}$ 取为属于特征值 λ_2 的 d_2 个单位正交特征向量组中的一个向量.由此,我们找到了 d_2 个 $\boldsymbol{w}$ 向量.依此类推,我们可以找到 q 个满足要求的向量 $\boldsymbol{w}$.这 q 个向量 $\boldsymbol{w}$ 恰好是协方差矩阵 $\boldsymbol{C}$ 的属于前 q 最大个特征值(计重数)的单位正交特征向量即可得到.

方法二.由 Lagrange 乘子法构造目标函数:

$$L(\boldsymbol{w},\lambda)=\boldsymbol{w}^{\mathrm{T}}\boldsymbol{C}\boldsymbol{w}+\lambda(1-\boldsymbol{w}^{\mathrm{T}}\boldsymbol{w})\tag{4.9.5}$$

对 $L(\boldsymbol{w},\mu)$ 求偏导数,得

$$\frac{\partial L(\boldsymbol{w},\mu)}{\partial\boldsymbol{w}}=2\boldsymbol{C}\boldsymbol{w}-2\lambda\boldsymbol{w}$$

令上式为零,得以下极值条件

$$\boldsymbol{C}\boldsymbol{w}=\lambda\boldsymbol{w}$$

上式表明,λ 是协方差矩阵 $\boldsymbol{C}$ 的特征值,$\boldsymbol{w}$ 是属于特征值 λ 的单位特征向量.

求解目标函数 $\boldsymbol{C}\boldsymbol{w}=\lambda\boldsymbol{w}$,得

$$\sigma^2=\lambda\tag{4.9.6}$$

为保证方差最大,只要我们对矩阵 $\boldsymbol{C}$ 的特征值进行排序,然后选取属于前 q 最大特征值(计重数)的单位正交特征向量即可得到 $\boldsymbol{W}$.式(4.9.6)表明投影后的方程就是协方差矩阵的特征值.

MINST 数据库(见 http://yann.lecun.com/exdb/mnist/)是由 Yann 提供的手写数字数据库文件,训练数据集包含 60 000 个样本,测试数据集包含 10 000 样本.数据集中的每张图片由 28×28 个像素点构成,每个像素点用一个灰度值表示.为说明主元分析性对降维的影响,选取 28×28 像素进行列展开,得到样本列向量 $\boldsymbol{x}_i(i=1,\cdots,60\,000)$.选取 $q=87$(此时,前 87 个特征值之与 $\boldsymbol{C}$ 的所有特征值之和的比值超过 0.9).利用 K-近邻算法将训练好后的模型在测试集上识别,准确率为 97.28%,识别所有测试样本所需时间为 85.34 s;若直接用 K-近邻算法进行训练,得出训练好后的模型在测试集上的识别准确率为 96.88%,识别所有测试样所需时间为 688.90 s.这表明主元分析法对原始图像的降维处理不仅能提高识别速度,还能提高识别效率,减少过拟合现象.

本章习题

1. 证明 $\lim\limits_{p\to\infty}\|\boldsymbol{x}\|_p=\|\boldsymbol{x}\|_\infty$.

2. 设 $\|\boldsymbol{x}\|_\alpha$ 是 $\mathbb{C}^m$ 上的向量范数,给定矩阵 $\boldsymbol{A}\in\mathbb{C}^{m\times n}$,定义

$$\|\boldsymbol{x}\|_\beta=\|\boldsymbol{A}\boldsymbol{x}\|_\alpha,\quad \boldsymbol{x}\in\mathbb{C}^n$$

问 $\|\cdot\|_\beta$ 是 $\mathbb{C}^n$ 上的向量范数吗?若是,请给出证明;若不是,请补充对矩阵 $\boldsymbol{A}$ 的

要求使其成为$\mathbb{C}^n$上的向量范数,并证明之.

3. 设$\boldsymbol{x}\in\mathbb{C}^n$,证明

$$\|\boldsymbol{x}\|_\infty \leqslant \|\boldsymbol{x}\|_1 \leqslant n\|\boldsymbol{x}\|_\infty$$
$$\|\boldsymbol{x}\|_2 \leqslant \|\boldsymbol{x}\|_1 \leqslant \sqrt{n}\|\boldsymbol{x}\|_2$$
$$\|\boldsymbol{x}\|_\infty \leqslant \|\boldsymbol{x}\|_2 \leqslant \sqrt{n}\|\boldsymbol{x}\|_\infty$$

4. 设$\boldsymbol{A}=(a_{ij})\in\mathbb{C}^{n\times n}$,$\|\boldsymbol{A}\|_{v1}=\sum\limits_{i,j=1}^{n}|a_{ij}|$是矩阵范数吗? 请说明理由.

5. 设$\boldsymbol{A}=(a_{ij})\in\mathbb{C}^{n\times n}$,$\|\boldsymbol{A}\|_{m\infty}=n\max\limits_{i,j}|a_{ij}|$是矩阵范数吗?请说明理由.

6. 设$\boldsymbol{A}\in\mathbb{C}^{n\times n}$,证明$\|\boldsymbol{A}\|_2\leqslant\|\boldsymbol{A}\|_F$.

7. 试证明对于任何矩阵$\boldsymbol{A}\in\mathbb{C}^{m\times n}$,有

(1) $\|\boldsymbol{A}^{\mathrm{H}}\|_1=\|\boldsymbol{A}^{\mathrm{T}}\|_1=\|\boldsymbol{A}\|_\infty$;

(2) $\|\boldsymbol{A}^{\mathrm{H}}\|_2=\|\boldsymbol{A}^{\mathrm{T}}\|_2=\|\boldsymbol{A}\|_2$;

(3) $\|\boldsymbol{A}^{\mathrm{H}}\boldsymbol{A}\|_2=\|\boldsymbol{A}\|_2^2$;

(4) $\|\boldsymbol{A}\|_2^2\leqslant\|\boldsymbol{A}\|_1\|\boldsymbol{A}\|_\infty$.

8. 若$\boldsymbol{L}_1$和$\boldsymbol{L}_2$是两个无向无权图的拉普拉斯矩阵,且0均是这两个矩阵的单特征值,证明:

$$\lambda_{n-1}(\boldsymbol{L}_1+\boldsymbol{L}_2)\geqslant\lambda_{n-1}(\boldsymbol{L}_1)+\lambda_{n-1}(\boldsymbol{L}_2)$$

式中:$\lambda_{n-1}(\boldsymbol{L}_1)$是矩阵$\boldsymbol{L}_1$的次小特征值.

9. 设$\boldsymbol{A}$和$\boldsymbol{B}\in\mathbb{C}^{n\times n}$且$\boldsymbol{A}$可逆,若$\|\boldsymbol{A}^{-1}\boldsymbol{B}\|<1$,证明:

(1) $(\boldsymbol{A}+\boldsymbol{B})$可逆;

(2) $\|\boldsymbol{I}-(\boldsymbol{I}+\boldsymbol{A}^{-1}\boldsymbol{B})^{-1}\|\leqslant\dfrac{\|\boldsymbol{A}^{-1}\boldsymbol{B}\|}{1-\|\boldsymbol{A}^{-1}\boldsymbol{B}\|}$,其中$\|\boldsymbol{I}\|=1$.

10. 当矩阵范数取定为谱范数时,求线性方程组$\boldsymbol{Ax}=\boldsymbol{b}$的条件数.

11. 设$\boldsymbol{A}\in\mathbb{C}^{n\times n}$,$\|\boldsymbol{A}\|$是矩阵范数.若$\|\boldsymbol{A}\|<1$,试利用盖尔圆盘定理证明$\boldsymbol{I}-\boldsymbol{A}$非奇异.

12. 设$\boldsymbol{A}=\begin{bmatrix}\frac{1}{4}&\frac{1}{4}&\frac{1}{4}&\frac{1}{4}\\ \frac{1}{5}&\frac{2}{5}&\frac{1}{5}&\frac{1}{5}\\ \frac{1}{6}&\frac{1}{6}&\frac{3}{6}&\frac{1}{6}\\ \frac{1}{7}&\frac{1}{7}&\frac{1}{7}&\frac{3}{7}\end{bmatrix}$,$\boldsymbol{B}=\begin{bmatrix}\frac{1}{4}&\frac{1}{4}&\frac{1}{4}&\frac{1}{4}\\ \frac{1}{5}&\frac{2}{5}&\frac{1}{5}&\frac{1}{5}\\ \frac{1}{6}&\frac{1}{6}&\frac{3}{6}&\frac{1}{6}\\ \frac{1}{7}&\frac{1}{7}&\frac{1}{7}&\frac{4}{7}\end{bmatrix}$,证明$\rho(\boldsymbol{A})<1$,$\rho(\boldsymbol{B})=1$.

13. 设$\boldsymbol{A}=\begin{bmatrix}20&3&2.8\\ 4&10&2\\ 0.5&1&10\mathrm{i}\end{bmatrix}$,试用盖尔圆盘定理证明该矩阵是单纯矩阵.

14. 设 $\boldsymbol{A}\in\mathbb{C}^{n\times n}$ 且 $\rho(\boldsymbol{A})<1$,试求 $\sum\limits_{k=1}^{\infty}k\boldsymbol{A}^k$ 及 $\sum\limits_{k=1}^{\infty}k^2\boldsymbol{A}^k$.

15. 若 $\boldsymbol{A}=\begin{bmatrix}-2&1&-1\\0&1&0\\1&1&0\end{bmatrix}$,试讨论 $\sum\limits_{k=1}^{\infty}k^2\boldsymbol{A}^k$ 的敛散性.

16. 设 $\boldsymbol{A}=\begin{bmatrix}\frac{1}{2}&0\\0&\frac{2}{3}\end{bmatrix}$,判断 $\sum\limits_{k=1}^{\infty}\frac{1}{k}\boldsymbol{A}^k$ 的敛散性.

17. 设 $\boldsymbol{A}=\begin{bmatrix}-1&0\\2&-1\end{bmatrix}$,判断 $\sum\limits_{k=1}^{\infty}\frac{1}{k^2}\boldsymbol{A}^k$ 的敛散性.

18. 证明 $|\mathrm{e}^{\boldsymbol{A}}|=\mathrm{e}^{\mathrm{tr}(\boldsymbol{A})}$.

19. 试用定义 4.7.1 计算矩阵函数 $\arcsin\frac{\boldsymbol{A}}{4}$,其中 $\boldsymbol{A}=\begin{bmatrix}0&-1\\4&4\end{bmatrix}$.

20. 试分别用 Sylvester 公式和谱上一致性对以下矩阵函数:

(1) $\boldsymbol{A}=\begin{bmatrix}2&1&0\\0&0&1\\0&1&0\end{bmatrix}$,求 $\boldsymbol{A}^{\frac{1}{2}}$ 和 $\ln\boldsymbol{A}$;

(2) $\boldsymbol{A}=\begin{bmatrix}0&-1\\4&4\end{bmatrix}$,求 $\arcsin\frac{\boldsymbol{A}}{4}$.

21. 求 $\frac{\mathrm{d}}{\mathrm{d}t}(\mathrm{e}^{\boldsymbol{A}t}\boldsymbol{Q}\mathrm{e}^{\boldsymbol{A}^{\mathrm{H}}t})$,其中 $\boldsymbol{A}$ 和 $\boldsymbol{Q}$ 为常复方阵.

22. 设矩阵函数 $\boldsymbol{A}(t)=\begin{bmatrix}\sin t&\cos t&0\\t&\mathrm{e}^t&t^2\\1&0&t^3\end{bmatrix}$,求 $\frac{\mathrm{d}\boldsymbol{A}(t)}{\mathrm{d}t}$,$\frac{\mathrm{d}|\boldsymbol{A}(t)|}{\mathrm{d}t}$,$\left|\frac{\mathrm{d}\boldsymbol{A}(t)}{\mathrm{d}t}\right|$.

23. 设 $\boldsymbol{X}\in\mathbb{R}^{n\times n}$,求 $\frac{\mathrm{d}}{\mathrm{d}\boldsymbol{X}}\mathrm{tr}(\boldsymbol{X})$,$\frac{\mathrm{d}}{\mathrm{d}\boldsymbol{X}}\mathrm{tr}(\boldsymbol{X}\boldsymbol{X}^{\mathrm{T}})$,$\frac{\mathrm{d}}{\mathrm{d}\boldsymbol{X}}\mathrm{tr}(\boldsymbol{X}^{\mathrm{T}}\boldsymbol{X})$,$\frac{\mathrm{d}}{\mathrm{d}\boldsymbol{X}}\mathrm{tr}(\boldsymbol{A}\boldsymbol{X})$,$\frac{\mathrm{d}}{\mathrm{d}\boldsymbol{X}}\mathrm{tr}(\boldsymbol{X}^{\mathrm{T}}\boldsymbol{B}\boldsymbol{X})$.

24. $\begin{cases}\frac{\mathrm{d}\boldsymbol{x}(t)}{\mathrm{d}t}=\boldsymbol{A}\boldsymbol{x}(t)\\\boldsymbol{x}(0)=[0,1]^{\mathrm{T}}\end{cases}$,$\boldsymbol{A}=\begin{bmatrix}0&1\\-2&-3\end{bmatrix}$,求 $\boldsymbol{x}(t)$.

25. 在主元分析法中,优化目标为 $\max\limits_{\boldsymbol{w}}\frac{1}{n}\boldsymbol{w}^{\mathrm{T}}\boldsymbol{x}\boldsymbol{x}^{\mathrm{T}}\boldsymbol{w}$. 若对 $\boldsymbol{x}$ 作奇异值分解,则主元分析法结果会有何异同?

第 5 章

广义逆矩阵

在线性代数中,我们就清楚地知道只有行列式不为零的方阵才可逆.可逆矩阵的存在让我们在解决诸多矩阵问题时可类似地引入“除法”运算(当然,矩阵并不存在除法运算).例如,可逆方阵在求解线性方程组时就非常简单,只需在方程组两端同时左乘系数矩阵的逆(可理解为方程组两端“除以”系数矩阵)即可得到方程组的解.然而,对于一般的 $m\times n$ 阶系数矩阵 $\boldsymbol{A}$,就难以利用可逆方阵的“除法”方便地求解线性方程组.本章引入的广义逆矩阵概念就是扩展了可逆矩阵的概念.

广义逆矩阵是矩阵理论的一个重要分支,已广泛地应用于控制理论、系统识别、优化理论和密码学等领域.本章主要介绍广义逆矩阵的定义,然后依次介绍四种典型的广义逆矩阵(减号逆、极小范数广义逆、最小二乘广义逆和加号逆)及其在线性方程组、正交投影等方面的应用.

5.1 基本概念

定义 5.1.1(广义逆矩阵) 设 $\boldsymbol{A}\in\mathbb{C}^{m\times n}$,若 $\boldsymbol{X}\in\mathbb{C}^{n\times m}$ 满足以下 4 个 Penrose 方程的全部或者部分,则称矩阵 $\boldsymbol{X}$ 是矩阵 $\boldsymbol{A}$ 的广义逆矩阵.

(1) $\boldsymbol{AXA}=\boldsymbol{A}$;

(2) $\boldsymbol{XAX}=\boldsymbol{X}$;

(3) $(\boldsymbol{AX})^{\mathrm{H}}=\boldsymbol{AX}$;

(4) $(\boldsymbol{XA})^{\mathrm{H}}=\boldsymbol{XA}$.

注 1: 满足定义 5.1.1 中一个、两个、三个或四个 Penrose 方程的广义逆矩阵共计 15 种.若矩阵 $\boldsymbol{G}$ 是满足第 i 个 Penrose 方程的广义逆矩阵,则记为

$$\boldsymbol{G}=\boldsymbol{A}^{(i)},\quad i=1,2,3,4$$

若矩阵 $\boldsymbol{G}$ 是满足第 i 和第 j 个 Penrose 方程的广义逆矩阵,则记为

$$\boldsymbol{G}=\boldsymbol{A}^{(i,j)},\quad i,j=1,2,3,4 \text{ 且 } i\neq j$$

若矩阵 $\boldsymbol{G}$ 是满足第 i、第 j 个和第 k 个 Penrose 方程的广义逆矩阵，则记为

$$\boldsymbol{G}=\boldsymbol{A}^{(i,j,k)},\quad i,j,k=1,2,3,4 \text{ 且 } i,j,k \text{ 互不相等}$$

若矩阵 $\boldsymbol{G}$ 满足全部 4 个 Penrose 方程，则记为

$$\boldsymbol{G}=\boldsymbol{A}^{(1,2,3,4)} \text{ 或 } \boldsymbol{A}^{+}$$

并将其称为加号逆或伪逆，或 Moore-Penrose 广义逆. 我们将在后续章节中说明，矩阵 $\boldsymbol{A}$ 的加号逆唯一，其余各类广义逆矩阵一般不唯一.

每一广义逆矩阵都包含一类矩阵，分别用集合记为 $\boldsymbol{A}\{i\}$、$\boldsymbol{A}\{i,j\}$、$\boldsymbol{A}\{i,j,k\}$ 表示. 故有 $\boldsymbol{A}^{(i)}\in\boldsymbol{A}\{i\}$，$\boldsymbol{A}^{(i,j)}\in\boldsymbol{A}\{i,j\}$，$\boldsymbol{A}^{(i,j,k)}\in\boldsymbol{A}\{i,j,k\}$.

常见的广义逆有 $\boldsymbol{A}^{(1)}$、$\boldsymbol{A}^{(1,3)}$、$\boldsymbol{A}^{(1,4)}$ 和 $\boldsymbol{A}^{+}$，其中 $\boldsymbol{A}^{(1)}$ 称为减号逆，记为 $\boldsymbol{A}^{-}$；$\boldsymbol{A}^{(1,3)}$ 称为最小二乘广义逆，记为 $\boldsymbol{A}_l^{-}$；$\boldsymbol{A}^{(1,4)}$ 为极小范数广义逆，记为 $\boldsymbol{A}_m^{-}$.

5.2 矩阵方程 $\boldsymbol{AXB}=\boldsymbol{D}$

讨论广义逆矩阵面临的基础问题是其存在性问题. 对此，本节主要讨论一般的矩阵方程 $\boldsymbol{AXB}=\boldsymbol{D}$ 的求解问题.

已知矩阵 $\boldsymbol{A}\in\mathbb{C}_{r_A}^{m\times n}$，$\boldsymbol{B}\in\mathbb{C}_{r_B}^{p\times q}$，$\boldsymbol{D}\in\mathbb{C}_{r_D}^{m\times q}$，待定矩阵 $\boldsymbol{X}\in\mathbb{C}_{r_X}^{n\times p}$，定义矩阵方程

$$\boldsymbol{AXB}=\boldsymbol{D} \tag{5.2.1}$$

定义 5.2.1（相容方程） 若存在矩阵 $\boldsymbol{X}\in\mathbb{C}_{r_X}^{n\times p}$ 使矩阵方程(5.2.1)成立，则称方程(5.2.1)相容，否则称为不相容方程或矛盾方程.

下面采用三类不同方法讨论方程(5.2.1)的求解问题.

方法一：利用矩阵分解求解.

由于矩阵 $\boldsymbol{A}$、$\boldsymbol{B}$ 和 $\boldsymbol{D}$ 是适当阶数的任意矩阵，所以在利用矩阵分解求解方程(5.2.1)时，应优先考虑相抵分解、满秩分解或奇异值分解. 注意到矩阵 $\boldsymbol{A}$、$\boldsymbol{B}$ 和 $\boldsymbol{D}$ 并无关联，因此在利用矩阵分解求解一般的矩阵方程(5.2.1)比较困难. 为讨论方便，这里仅考察 $r_A=r_B$ 这一情况.

假设 $r_A=r_B=r$，并对矩阵 $\boldsymbol{A}$ 和 $\boldsymbol{B}$ 进行相抵分解得

$$\boldsymbol{P}_A\boldsymbol{A}\boldsymbol{Q}_A=\begin{bmatrix}\boldsymbol{I}_r & \boldsymbol{O}\\ \boldsymbol{O} & \boldsymbol{O}\end{bmatrix},\quad \boldsymbol{P}_B\boldsymbol{B}\boldsymbol{Q}_B=\begin{bmatrix}\boldsymbol{I}_r & \boldsymbol{O}\\ \boldsymbol{O} & \boldsymbol{O}\end{bmatrix} \tag{5.2.2}$$

式中：$\boldsymbol{P}_A$、$\boldsymbol{Q}_A$、$\boldsymbol{P}_B$ 和 $\boldsymbol{Q}_B$ 是适当阶数的可逆矩阵.

将式(5.2.2)代入式(5.2.1)，得

$$\begin{bmatrix}\boldsymbol{I}_r & \boldsymbol{O}\\ \boldsymbol{O} & \boldsymbol{O}\end{bmatrix}\boldsymbol{Q}_A^{-1}\boldsymbol{X}\boldsymbol{P}_B^{-1}\begin{bmatrix}\boldsymbol{I}_r & \boldsymbol{O}\\ \boldsymbol{O} & \boldsymbol{O}\end{bmatrix}=\boldsymbol{P}_A\boldsymbol{D}\boldsymbol{Q}_B \tag{5.2.3}$$

定义 $\boldsymbol{Y}=\boldsymbol{Q}_A^{-1}\boldsymbol{X}\boldsymbol{P}_B^{-1}$ 和 $\boldsymbol{J}=\boldsymbol{P}_A\boldsymbol{D}\boldsymbol{Q}_B$，并对其分块得

$$\boldsymbol{Y}=\begin{bmatrix}\boldsymbol{Y}_{11} & \boldsymbol{Y}_{12}\\ \boldsymbol{Y}_{21} & \boldsymbol{Y}_{22}\end{bmatrix},\quad \boldsymbol{J}=\begin{bmatrix}\boldsymbol{J}_{11} & \boldsymbol{J}_{12}\\ \boldsymbol{J}_{21} & \boldsymbol{J}_{22}\end{bmatrix}$$

式中：$\boldsymbol{Y}_{11}$ 和 $\boldsymbol{J}_{11}\in\mathbb{C}^{r\times r}$.

由此，式(5.2.3)化简为

$$\begin{bmatrix}\boldsymbol{Y}_{11} & \boldsymbol{O}\\ \boldsymbol{O} & \boldsymbol{O}\end{bmatrix}=\begin{bmatrix}\boldsymbol{J}_{11} & \boldsymbol{J}_{12}\\ \boldsymbol{J}_{21} & \boldsymbol{J}_{22}\end{bmatrix}$$

因此，我们有如下定理：

定理 5.2.1　考察矩阵方程(5.2.1)，如果存在非奇异矩阵 $\boldsymbol{P}_i$ 和 $\boldsymbol{Q}_i$ $(i=\boldsymbol{A},\boldsymbol{B})$ 满足式(5.2.2)，则方程(5.2.1)相容的充分必要条件是

$$\boldsymbol{P}_{\boldsymbol{A}}\boldsymbol{D}\boldsymbol{Q}_{\boldsymbol{B}}=\begin{bmatrix}\boldsymbol{J}_{11} & \boldsymbol{O}\\ \boldsymbol{O} & \boldsymbol{O}\end{bmatrix}$$

此时，方程(5.2.1)的解为

$$\boldsymbol{X}=\boldsymbol{Q}_{\boldsymbol{A}}\begin{bmatrix}\boldsymbol{J}_{11} & \boldsymbol{Y}_{12}\\ \boldsymbol{Y}_{21} & \boldsymbol{Y}_{22}\end{bmatrix}\boldsymbol{P}_{\boldsymbol{B}}$$

式中：$\boldsymbol{J}_{11}\in\mathbb{C}^{r\times r}$；$\boldsymbol{Y}_{12}$、$\boldsymbol{Y}_{21}$ 和 $\boldsymbol{Y}_{22}$ 是适当阶数的任意矩阵.

注 1：若 $r_{\boldsymbol{A}}=r_{\boldsymbol{B}}=r$，由定理 5.2.1 知，方程(5.2.1)相容的必要条件为 $r_{\boldsymbol{D}}\leqslant r$.

利用定理 5.2.1 可求解 Penrose 方程(1)，并有如下推论.

推论 5.2.1　考察矩阵方程 $\boldsymbol{AXA}=\boldsymbol{A}$，存在非奇异矩阵 $\boldsymbol{P}$ 和 $\boldsymbol{Q}$ 使得 $\boldsymbol{PAQ}=\begin{bmatrix}\boldsymbol{I}_r & \boldsymbol{O}\\ \boldsymbol{O} & \boldsymbol{O}\end{bmatrix}$，则 $\boldsymbol{G}$ 是该方程解的充分必要条件是

$$\boldsymbol{G}=\boldsymbol{Q}\begin{bmatrix}\boldsymbol{I}_r & \boldsymbol{K}\\ \boldsymbol{L} & \boldsymbol{M}\end{bmatrix}\boldsymbol{P}$$

式中：$\boldsymbol{K}$、$\boldsymbol{L}$ 和 $\boldsymbol{M}$ 是适当阶数的任意矩阵. 当 $\boldsymbol{A}$ 为可逆矩阵时，$\boldsymbol{G}$ 唯一.

注 2：推论 5.2.1 表明矩阵方程 $\boldsymbol{AXA}=\boldsymbol{A}$ 的解一定存在.

例 5.2.1　求解矩阵方程 $\boldsymbol{AXA}=\boldsymbol{A}$，其中 $\boldsymbol{A}=\begin{bmatrix}1 & 0 & 1\\ 0 & 1 & 1\end{bmatrix}$.

解：

$$\begin{bmatrix}\boldsymbol{A} & \boldsymbol{I}\\ \boldsymbol{I} & *\end{bmatrix}=\begin{bmatrix}1 & 0 & 1 & 1 & 0\\ 0 & 1 & 1 & 0 & 1\\ 1 & 0 & 0 & * & *\\ 0 & 1 & 0 & * & *\\ 0 & 0 & 1 & * & *\end{bmatrix}\xrightarrow{\text{初等变换}}\begin{bmatrix}1 & 0 & 0 & 1 & 0\\ 0 & 1 & 0 & 0 & 1\\ 1 & 0 & -1 & * & *\\ 0 & 1 & -1 & * & *\\ 0 & 0 & 1 & * & *\end{bmatrix}$$

其中 $*$ 为任意复数.

由此，解得

$$\boldsymbol{P}=\begin{bmatrix}1 & 0\\ 0 & 1\end{bmatrix},\quad \boldsymbol{Q}=\begin{bmatrix}1 & 0 & -1\\ 0 & 1 & -1\\ 0 & 0 & 1\end{bmatrix}$$

故方程 $AXA=A$ 的解可表示为

$$G=Q\begin{bmatrix}1&0\\0&1\\a&b\end{bmatrix}P=\begin{bmatrix}1-a&-b\\-a&1-b\\a&b\end{bmatrix}$$

式中：a、b 为任意数.

注 3： 推论 5.2.1 中可逆矩阵 P 和 Q 可通过初等变换求解，即

$$\begin{bmatrix}P&O\\O&I\end{bmatrix}\begin{bmatrix}A&I\\I&*\end{bmatrix}\begin{bmatrix}Q&O\\O&I\end{bmatrix}=\begin{bmatrix}PAQ&P\\Q&*\end{bmatrix}$$

同样地，利用奇异值分解也可以方便地求解 $r_A=r_B$ 时的矩阵方程(5.2.1)，并有如下结论：

定理 5.2.2 考察矩阵方程(5.2.1)，若矩阵 A 和 B 有奇异值分解

$$A=U_A\begin{bmatrix}\Sigma_r&O\\O&O\end{bmatrix}V_A^{\mathrm{H}},\quad B=U_B\begin{bmatrix}\Lambda_r&O\\O&O\end{bmatrix}V_B^{\mathrm{H}}$$

则方程(5.2.1)相容的充分必要条件是

$$U_A^{\mathrm{H}}DV_B=\begin{bmatrix}J_{11}&O\\O&O\end{bmatrix}$$

此时，方程(5.2.1)的解为

$$X=V_A\begin{bmatrix}\Sigma_r^{-1}J_{11}\Lambda_r^{-1}&Y_{12}\\Y_{21}&Y_{22}\end{bmatrix}U_B^{\mathrm{H}}$$

式中：Σ_r 和 Λ_r 均为 r 阶对角矩阵，其对角线元素分别为矩阵 A 和 B 的正奇异值；$J_{11}\in\mathbb{C}^{r\times r}$；$Y_{12}$，$Y_{21}$ 和 Y_{22} 是适当阶数的任意矩阵.

推论 5.2.2 考察矩阵方程 $AXA=A$，若矩阵 A 有奇异值分解 $A=U\begin{bmatrix}\Sigma_r&O\\O&O\end{bmatrix}V^{\mathrm{H}}$，则矩阵 G 是该方程解的充分必要条件是

$$G=V\begin{bmatrix}\Sigma_r^{-1}&K\\L&M\end{bmatrix}U^{\mathrm{H}}$$

式中：Σ_r 是 r 阶对角矩阵，其对角线元素是矩阵 A 的 r 个正奇异值；K、L、M 是适当阶数的任意矩阵. 当 A 为可逆矩阵时，G 唯一.

具体证明留作课后习题，这里不再赘述了.

再考察例 5.2.1. 将矩阵 A 进行奇异值分解，得

$$A=\begin{bmatrix}\frac{\sqrt{2}}{2}&\frac{\sqrt{2}}{2}\\-\frac{\sqrt{2}}{2}&\frac{\sqrt{2}}{2}\end{bmatrix}\begin{bmatrix}1&0&0\\0&\sqrt{3}&0\end{bmatrix}\begin{bmatrix}\frac{\sqrt{2}}{2}&\frac{\sqrt{6}}{6}&\frac{\sqrt{3}}{3}\\-\frac{\sqrt{2}}{2}&\frac{\sqrt{6}}{6}&\frac{\sqrt{3}}{3}\\0&\frac{\sqrt{6}}{3}&-\frac{\sqrt{3}}{3}\end{bmatrix}^{\mathrm{H}}$$

则矩阵 $\boldsymbol{A}$ 的减号逆可写为

$$\boldsymbol{G}=\begin{bmatrix}\frac{\sqrt{2}}{2} & \frac{\sqrt{6}}{6} & \frac{\sqrt{3}}{3}\\ -\frac{\sqrt{2}}{2} & \frac{\sqrt{6}}{6} & \frac{\sqrt{3}}{3}\\ 0 & \frac{\sqrt{6}}{3} & -\frac{\sqrt{3}}{3}\end{bmatrix}\begin{bmatrix}1 & 0\\ 0 & \frac{\sqrt{3}}{3}\\ \frac{\sqrt{6}}{2}(a-b) & \frac{\sqrt{6}}{2}(a+b)\end{bmatrix}\begin{bmatrix}\frac{\sqrt{2}}{2} & \frac{\sqrt{2}}{2}\\ -\frac{\sqrt{2}}{2} & \frac{\sqrt{2}}{2}\end{bmatrix}^{\mathrm{H}}$$

$$=\begin{bmatrix}-\frac{2}{3}+a & -\frac{1}{3}+b\\ -\frac{1}{3}+a & \frac{2}{3}+b\\ \frac{1}{3}-a & \frac{1}{3}-b\end{bmatrix}$$

式中：a、b 为任意数.

方法二：利用 Penrose 定理求解.

定理 5.2.3（Penrose 定理） 矩阵方程（5.2.1）相容的充分必要条件为 $\boldsymbol{AA}^{(1)}\boldsymbol{DB}^{(1)}\boldsymbol{B}=\boldsymbol{D}$，其中 $\boldsymbol{A}^{(1)}\in\boldsymbol{A}\{1\}$，$\boldsymbol{B}^{(1)}\in\boldsymbol{B}\{1\}$；此时方程（5.2.1）的通解为

$$\boldsymbol{X}=\boldsymbol{A}^{(1)}\boldsymbol{DB}^{(1)}+\boldsymbol{Y}-\boldsymbol{A}^{(1)}\boldsymbol{AYBB}^{(1)}$$

式中：$\boldsymbol{Y}$ 为任一 $n\times p$ 矩阵.

证明：若 $\boldsymbol{AA}^{(1)}\boldsymbol{DB}^{(1)}\boldsymbol{B}=\boldsymbol{D}$ 成立，则 $\boldsymbol{X}=\boldsymbol{A}^{(1)}\boldsymbol{DB}^{(1)}$ 是方程（5.2.1）的一个解，故矩阵方程相容（相容充分性）. 若方程（5.2.1）相容，不妨设 X 是其一个解. 由推论 5.2.1 知，任一矩阵的减号逆必存在，故存在 $\boldsymbol{A}^{(1)}$ 和 $\boldsymbol{B}^{(1)}$ 满足

$$\boldsymbol{AA}^{(1)}\boldsymbol{A}=\boldsymbol{A},\quad \boldsymbol{BB}^{(1)}\boldsymbol{B}=\boldsymbol{B} \tag{5.2.4}$$

将式（5.2.4）代入方程（5.2.1），得

$$\boldsymbol{AA}^{(1)}\boldsymbol{AXBB}^{(1)}\boldsymbol{B}=\boldsymbol{D} \tag{5.2.5}$$

再将方程（5.2.1）代入式（5.2.5）得，$\boldsymbol{AA}^{(1)}\boldsymbol{DB}^{(1)}\boldsymbol{B}=\boldsymbol{D}$. 必要性得证.

通解的充分性. 将解 $\boldsymbol{X}=\boldsymbol{A}^{(1)}\boldsymbol{DB}^{(1)}+\boldsymbol{Y}-\boldsymbol{A}^{(1)}\boldsymbol{AYBB}^{(1)}$ 代入方程（5.2.1）左端得

$$\begin{aligned}\boldsymbol{AXB}&=\boldsymbol{AA}^{(1)}\boldsymbol{DB}^{(1)}\boldsymbol{B}+\boldsymbol{AYB}-\boldsymbol{AA}^{(1)}\boldsymbol{AYBB}^{(1)}\boldsymbol{B}\\&=\boldsymbol{D}+\boldsymbol{AYB}-\boldsymbol{AYB}=\boldsymbol{D}\end{aligned}$$

故 $\boldsymbol{X}=\boldsymbol{A}^{(1)}\boldsymbol{DB}^{(1)}+\boldsymbol{Y}-\boldsymbol{A}^{(1)}\boldsymbol{AYBB}^{(1)}$ 是方程（5.2.1）的解.

通解的必要性. 设 $\boldsymbol{X}$ 是方程（5.2.1）的任一解，则

$$\boldsymbol{X}=\boldsymbol{A}^{(1)}\boldsymbol{DB}^{(1)}+\boldsymbol{X}-\boldsymbol{A}^{(1)}\boldsymbol{DB}^{(1)} \tag{5.2.6}$$

将方程（5.2.1）代入式（5.2.6）得

$$\boldsymbol{X}=\boldsymbol{A}^{(1)}\boldsymbol{DB}^{(1)}+\boldsymbol{X}-\boldsymbol{A}^{(1)}\boldsymbol{AXBB}^{(1)} \tag{5.2.7}$$

显然，方程（5.2.1）的任一解均可写成定理 5.2.3 中的通解形式. 证毕.

【应用】 利用 Penrose 定理可求解非齐次线性方程组和矩阵的减号逆.

推论 5.2.3 非齐次线性方程组 $\boldsymbol{Ax}=\boldsymbol{b}$ 相容的充分必要条件是 $\boldsymbol{AA}^{(1)}\boldsymbol{b}=\boldsymbol{b}$，其通解为 $\boldsymbol{x}=\boldsymbol{A}^{(1)}\boldsymbol{b}+(\boldsymbol{I}-\boldsymbol{A}^{(1)}\boldsymbol{A})\boldsymbol{y}$，$\forall \boldsymbol{y}\in\mathbb{C}^n$.

推论 5.2.4 齐次线性方程组 $\boldsymbol{Ax}=\boldsymbol{0}$ 的通解为 $\boldsymbol{x}=(\boldsymbol{I}-\boldsymbol{A}^{(1)}\boldsymbol{A})y$，$\forall \boldsymbol{y}\in\mathbb{C}^n$.

推论 5.2.5 设 $\boldsymbol{A}\in\mathbb{C}^{m\times n}$，则 $\boldsymbol{A}\{1\}=\boldsymbol{A}^{(1)}+\boldsymbol{Z}-\boldsymbol{A}^{(1)}\boldsymbol{AZAA}^{(1)}$，其中，$\boldsymbol{Z}$ 为任一 $n\times m$ 阶矩阵.

证明：令式(5.2.1)中 $\boldsymbol{B}=\boldsymbol{D}=\boldsymbol{A}$，并由 Penrose 定理得 $\boldsymbol{X}$ 的通解为

$$\boldsymbol{X}=\boldsymbol{A}^{(1)}\boldsymbol{AA}^{(1)}+\boldsymbol{Y}-\boldsymbol{A}^{(1)}\boldsymbol{AYAA}^{(1)},\quad \forall \boldsymbol{Y}\in\mathbb{C}^{n\times m}$$

对任意 $\boldsymbol{Z}\in\mathbb{C}^{n\times m}$，令 $\boldsymbol{Y}=\boldsymbol{A}^{(1)}+\boldsymbol{Z}$ 并代入上式得

$$\boldsymbol{A}\{1\}=\boldsymbol{A}^{(1)}+\boldsymbol{Z}-\boldsymbol{A}^{(1)}\boldsymbol{AZAA}^{(1)}$$

特别注意的是，结论中出现的 $\boldsymbol{A}^{(1)}$ 是指矩阵 $\boldsymbol{A}$ 的任一确定减号逆，该减号逆可通过推论 5.2.1 和推论 5.2.2 求解. 尽管选定的减号逆可能不同，但并不影响结论.

例 5.2.2 求线性方程组 $\begin{cases}x_1+x_3=1\\x_2+x_3=2\end{cases}$ 的通解.

解：令 $\boldsymbol{A}=\begin{bmatrix}1&0&1\\0&1&1\end{bmatrix}$，$\boldsymbol{b}=\begin{bmatrix}1\\2\end{bmatrix}$.

方法一：由例 5.2.1 计算知，

$$\boldsymbol{A}^{(1)}=\begin{bmatrix}1&0\\0&1\\0&0\end{bmatrix}$$

又知

$$\boldsymbol{AA}^{(1)}\boldsymbol{b}=\begin{bmatrix}1&0&1\\0&1&1\end{bmatrix}\begin{bmatrix}1&0\\0&1\\0&0\end{bmatrix}\begin{bmatrix}1\\2\end{bmatrix}=\begin{bmatrix}1\\2\end{bmatrix}=\boldsymbol{b}$$

故方程组相容. 此时，该方程组的通解为

$$\boldsymbol{x}=\begin{bmatrix}1\\2\\0\end{bmatrix}+\begin{bmatrix}0&0&-1\\0&0&-1\\0&0&1\end{bmatrix}\begin{bmatrix}c_1\\c_2\\c_3\end{bmatrix}=\begin{bmatrix}1-c_3\\2-c_3\\c_3\end{bmatrix}$$

式中：c_1、c_2、c_3 为任意数.

方法二：根据推论 5.2.2 计算出 $\boldsymbol{A}$ 的一个减号逆为

$$\boldsymbol{A}^{(1)}=\begin{bmatrix}\frac{2}{3}&-\frac{1}{3}\\-\frac{1}{3}&\frac{2}{3}\\\frac{1}{3}&\frac{1}{3}\end{bmatrix}$$

则有

$$AA^{(1)}b=\begin{bmatrix}1&0&1\\0&1&1\end{bmatrix}\begin{bmatrix}\frac{2}{3}&-\frac{1}{3}\\-\frac{1}{3}&\frac{2}{3}\\\frac{1}{3}&\frac{1}{3}\end{bmatrix}\begin{bmatrix}1\\2\end{bmatrix}=\begin{bmatrix}1\\2\end{bmatrix}=b$$

故方程组相容.此时,该方程组的通解为

$$\tilde{x}=\begin{bmatrix}0\\1\\1\end{bmatrix}+\begin{bmatrix}\frac{1}{3}&\frac{1}{3}&-\frac{1}{3}\\\frac{1}{3}&\frac{1}{3}&-\frac{1}{3}\\-\frac{1}{3}&-\frac{1}{3}&\frac{1}{3}\end{bmatrix}\begin{bmatrix}k_1\\k_2\\k_3\end{bmatrix}=\begin{bmatrix}\frac{1}{3}(k_1+k_2-k_3)\\1+\frac{1}{3}(k_1+k_2-k_3)\\1-\frac{1}{3}(k_1+k_2-k_3)\end{bmatrix}$$

式中:k_1、k_2、k_3 为任意数.注意比较上述两种方法得到的通解是等价的.

方法三:利用直积和矩阵拉直求解.

定义 5.2.2(Kronecker 积)　设 $A=(a_{ij})\in\mathbb{C}^{m\times n}$,$B=(b_{ij})\in\mathbb{C}^{p\times q}$,称如下分块矩阵:

$$A\otimes B=\begin{bmatrix}a_{11}B&a_{12}B&\cdots&a_{1n}B\\a_{21}B&a_{22}B&\cdots&a_{2n}B\\\vdots&\vdots&&\vdots\\a_{m1}B&a_{m2}B&\cdots&a_{mn}B\end{bmatrix}\in\mathbb{C}^{mp\times nq}$$

为 A 与 B 的 Kronecker 积(或直积、张量积),简记为 $A\otimes B=(a_{ij}B)$.

例 5.2.3　计算 $A\otimes B$ 和 $B\otimes A$,其中

$$A=\begin{bmatrix}1&-1\\0&1\end{bmatrix},\quad B=[-1\quad 1]$$

解:$A\otimes B=\begin{bmatrix}-1&1&1&-1\\0&0&-1&1\end{bmatrix}$, $B\otimes A=\begin{bmatrix}-1&1&1&-1\\0&-1&0&1\end{bmatrix}$.

由上例可以看出,尽管 $A\otimes B$ 与 $B\otimes A$ 是同阶矩阵,但一般来说 $A\otimes B\neq B\otimes A$,即 Kronecker 积不满足交换律.

命题 5.2.1(直积的性质)　矩阵的 Kronecker 积具有以下性质:

(1) 对任意复数 k,$(kA)\otimes B=A\otimes(kB)=k(A\otimes B)$;

(2) $(A\otimes B)\otimes C=A\otimes(B\otimes C)$;

(3) $A\otimes(B+C)=A\otimes B+A\otimes C$;

(4) $(A\otimes B)^{\mathrm{H}}=A^{\mathrm{H}}\otimes B^{\mathrm{H}}$;

(5) 若矩阵 A 和 C,矩阵 B 和 D 均可相乘,则 $(A\otimes B)(C\otimes D)=(AC)\otimes(BD)$;

(6) $\operatorname{rank}(A\otimes B)=\operatorname{rank}(A)\operatorname{rank}(B)$;

(7) $(A\otimes B)^{+}=A^{+}\otimes B^{+}$.

定理 5.2.4 设 $f(x,y)=\sum_{i,j=0}^{k} c_{ij}x^i y^j$ 是变量 x,y 的复二元多项式,对任意矩阵 $\boldsymbol{A}\in\mathbb{C}^{m\times m}$ 和 $\boldsymbol{B}\in\mathbb{C}^{n\times n}$,定义矩阵

$$f(\boldsymbol{A},\boldsymbol{B})=\sum_{i,j=0}^{k} c_{ij}(\boldsymbol{A}^i\otimes\boldsymbol{B}^j)\in\mathbb{C}^{mn\times mn}$$

式中:$\boldsymbol{A}^0=\boldsymbol{I}_m,\boldsymbol{B}^0=\boldsymbol{I}_n$. 若 $\boldsymbol{A}$ 和 $\boldsymbol{B}$ 的特征值分别为 $\lambda_1,\cdots,\lambda_m$ 和 $\mu_1,\cdots,\mu_n$,则 $f(\boldsymbol{A},\boldsymbol{B})$ 的特征值为 $f(\lambda_i,\mu_j)$,$i=1,\cdots,m,j=1,\cdots,n$.

证明:由 Schur 引理知,存在酉矩阵 $\boldsymbol{P}$ 和 $\boldsymbol{Q}$ 使得 $\boldsymbol{P}^{\mathrm{H}}\boldsymbol{A}\boldsymbol{P}=\boldsymbol{A}_1$ 和 $\boldsymbol{Q}^{\mathrm{H}}\boldsymbol{B}\boldsymbol{Q}=\boldsymbol{B}_1$,其中,$\boldsymbol{A}_1$ 和 $\boldsymbol{B}_1$ 分别是对角元素为 $\lambda_1,\cdots,\lambda_m$ 和 $\mu_1,\cdots,\mu_n$ 的上三角矩阵. 于是,

$$\begin{aligned}(\boldsymbol{P}\otimes\boldsymbol{Q})^{\mathrm{H}}f(\boldsymbol{A},\boldsymbol{B})(\boldsymbol{P}\otimes\boldsymbol{Q})&=\sum_{i,j=0}^{k}c_{ij}(\boldsymbol{P}\otimes\boldsymbol{Q})^{\mathrm{H}}(\boldsymbol{A}^i\otimes\boldsymbol{B}^j)(\boldsymbol{P}\otimes\boldsymbol{Q})\\&=\sum_{i,j=0}^{k}c_{ij}(\boldsymbol{P}^{\mathrm{H}}\boldsymbol{A}^i\boldsymbol{P})\otimes(\boldsymbol{Q}^{\mathrm{H}}\boldsymbol{B}^j\boldsymbol{Q})\\&=\sum_{i,j=0}^{k}c_{ij}(\boldsymbol{A}_1^i\otimes\boldsymbol{B}_1^j)=f(\boldsymbol{A}_1,\boldsymbol{B}_1)\end{aligned}$$

式中:$f(\boldsymbol{A}_1,\boldsymbol{B}_1)$ 是上三角矩阵,且与 $f(\boldsymbol{A},\boldsymbol{B})$ 有相同的特征值. 又因为

$$\boldsymbol{A}_1^i\otimes\boldsymbol{B}_1^j=\begin{bmatrix}\lambda_1^i\boldsymbol{B}_1^j & * & * \\ & \ddots & * \\ \boldsymbol{O} & & \lambda_m^i\boldsymbol{B}_1^j\end{bmatrix}$$

$$\lambda_p^i\boldsymbol{B}_1^j=\begin{bmatrix}\lambda_p^i\mu_1^j & * & * \\ & \ddots & * \\ \boldsymbol{O} & & \lambda_p^i\mu_n^j\end{bmatrix}$$

其中,$p=1,\cdots,m$.

所以,$f(\boldsymbol{A},\boldsymbol{B})$ 的特征值为 $f(\lambda_i,\mu_j)$,$i=1,\cdots,m,j=1,\cdots,n$. 证毕.

由定理 5.2.4 可得以下常用结论:

推论 5.2.6 设 $\boldsymbol{A}\in\mathbb{C}^{m\times m},\boldsymbol{B}\in\mathbb{C}^{n\times n}$,其特征值分别为 $\lambda_1,\cdots,\lambda_m$ 和 $\mu_1,\cdots,\mu_n$,则有

(1) $\boldsymbol{A}\otimes\boldsymbol{B}$ 的特征值为 $\lambda_i\mu_j$,$i=1,\cdots,m,j=1,\cdots,n$.

(2) $\boldsymbol{A}\otimes\boldsymbol{I}_n+\boldsymbol{I}_m\otimes\boldsymbol{B}$ 的特征值为 $\lambda_i+\mu_j$,$i=1,\cdots,m,j=1,\cdots,n$.

定义 5.2.3(列拉直) 设 $\boldsymbol{A}=(a_{ij})\in\mathbb{C}^{m\times n}$,并记 $\boldsymbol{a}_i=[a_{1i},a_{2i},\cdots,a_{mi}]^{\mathrm{T}}$,$i=1,2,\cdots,n$. 令

$$\mathrm{vec}(\boldsymbol{A})=\begin{bmatrix}\boldsymbol{a}_1\\\boldsymbol{a}_2\\\vdots\\\boldsymbol{a}_n\end{bmatrix}$$

则称 vec($\boldsymbol{A}$)为矩阵 $\boldsymbol{A}$ 的列拉直(或列展开).

类似地,可定义矩阵的行拉直(行展开).

定理 5.2.5 设 $\boldsymbol{A}\in\mathbb{C}^{m\times n}$,$\boldsymbol{B}\in\mathbb{C}^{n\times p}$ 和 $\boldsymbol{C}\in\mathbb{C}^{p\times q}$,则

$$\mathrm{vec}(\boldsymbol{ABC})=(\boldsymbol{C}^{\mathrm{T}}\otimes\boldsymbol{A})\,\mathrm{vec}(\boldsymbol{B})$$

证明:记 $\boldsymbol{B}=[\boldsymbol{b}_1,\boldsymbol{b}_2,\cdots,\boldsymbol{b}_p]$,$\boldsymbol{C}=[\boldsymbol{c}_1,\boldsymbol{c}_2,\cdots,\boldsymbol{c}_q]$,则

$$\mathrm{vec}(\boldsymbol{ABC})=\mathrm{vec}(\boldsymbol{ABc}_1,\boldsymbol{ABc}_2,\cdots,\boldsymbol{ABc}_q)=\begin{bmatrix}\boldsymbol{ABc}_1\\ \boldsymbol{ABc}_2\\ \vdots\\ \boldsymbol{ABc}_q\end{bmatrix}$$

而 $\boldsymbol{ABc}_i=c_{1i}\boldsymbol{Ab}_1+c_{2i}\boldsymbol{Ab}_2+\cdots+c_{pi}\boldsymbol{Ab}_p=[c_{1i}\boldsymbol{A},c_{2i}\boldsymbol{A},\cdots,c_{pi}\boldsymbol{A}]\,\mathrm{vec}(\boldsymbol{B})$,故

$$\begin{aligned}\mathrm{vec}(\boldsymbol{ABC})&=\begin{bmatrix}c_{11}\boldsymbol{A} & c_{21}\boldsymbol{A} & \cdots & c_{p1}\boldsymbol{A}\\ c_{21}\boldsymbol{A} & c_{22}\boldsymbol{A} & \cdots & c_{p2}\boldsymbol{A}\\ \vdots & \vdots & & \vdots\\ c_{1q}\boldsymbol{A} & c_{2q}\boldsymbol{A} & \cdots & c_{pq}\boldsymbol{A}\end{bmatrix}\mathrm{vec}(\boldsymbol{B})\\ &=(\boldsymbol{C}^{\mathrm{T}}\otimes\boldsymbol{A})\,\mathrm{vec}(\boldsymbol{B})\end{aligned}$$

根据上述定义和结论,有如下定理:

定理 5.2.6 矩阵方程(5.2.1)相容的充分必要条件为

$$\mathrm{rank}(\boldsymbol{B}^{\mathrm{T}}\otimes\boldsymbol{A},\mathrm{vec}(\boldsymbol{D}))=\mathrm{rank}(\boldsymbol{B}^{\mathrm{T}}\otimes\boldsymbol{A})$$

证明:对矩阵方程(5.2.1)等式两端拉直,并利用定理 5.2.5,有

$$(\boldsymbol{B}^{\mathrm{T}}\otimes\boldsymbol{A})\,\mathrm{vec}(\boldsymbol{X})=\mathrm{vec}(\boldsymbol{D})\tag{5.2.8}$$

定义 $\boldsymbol{x}=\mathrm{vec}(\boldsymbol{X})$,$\boldsymbol{G}=(\boldsymbol{B}^{\mathrm{T}}\otimes\boldsymbol{A})$,则式(5.2.8)可简写为 $\boldsymbol{Gx}=\mathrm{vec}(\boldsymbol{D})$. 显然,该方程组相容的充分必要条件为 $\mathrm{rank}(\boldsymbol{G},\mathrm{vec}(\boldsymbol{D}))=\mathrm{rank}(\boldsymbol{G})$. 证毕.

注 4: 定理 5.2.3 和定理 5.2.6 分别给出了矩阵方程(5.2.1)相容的充分必要条件. 显然,这两个条件应该是互为等价的. 为讨论方便,我们利用 $\boldsymbol{A}^{+}$ 进行讨论(关于加号逆的具体性质详见 5.6 节). 选取 $\boldsymbol{A}^{+}$ 作为 $\boldsymbol{A}$ 的一个已知减号逆,由推论 5.2.3 知,线性方程组 $\boldsymbol{Ax}=\boldsymbol{b}$ 相容的充分必要条件为 $\boldsymbol{AA}^{+}\boldsymbol{b}=\boldsymbol{b}$,其通解为

$$\boldsymbol{x}=\boldsymbol{A}^{+}\boldsymbol{b}+(\boldsymbol{I}-\boldsymbol{A}^{+}\boldsymbol{A})\boldsymbol{y},\quad \forall\,\boldsymbol{y}\in\mathbb{C}^{n}$$

由此,线性方程组(5.2.8)相容的充分必要条件为

$$(\boldsymbol{B}^{\mathrm{T}}\otimes\boldsymbol{A})(\boldsymbol{B}^{\mathrm{T}}\otimes\boldsymbol{A})^{+}\,\mathrm{vec}(\boldsymbol{D})=\mathrm{vec}(\boldsymbol{D})$$

由命题 5.2.1 得

$$\mathrm{vec}(\boldsymbol{D})=((\boldsymbol{B}^{+}\boldsymbol{B})^{\mathrm{T}}\otimes(\boldsymbol{AA}^{+}))\,\mathrm{vec}(\boldsymbol{D})=\mathrm{vec}(\boldsymbol{AA}^{+}\boldsymbol{DB}^{+}\boldsymbol{B})$$

即 $\boldsymbol{AA}^{+}\boldsymbol{DB}^{+}\boldsymbol{B}=\boldsymbol{D}$. 该条件与定理 5.2.3 相容的充分必要条件一致.

由线性方程组 $\boldsymbol{Ax}=\boldsymbol{b}$ 通解得到方程(5.2.8)的通解为

$$\begin{aligned}\mathrm{vec}(\boldsymbol{X})&=(\boldsymbol{B}^{\mathrm{T}}\otimes\boldsymbol{A})^{+}\,\mathrm{vec}(\boldsymbol{D})+(\boldsymbol{I}-(\boldsymbol{B}^{\mathrm{T}}\otimes\boldsymbol{A})^{+}(\boldsymbol{B}^{\mathrm{T}}\otimes\boldsymbol{A}))\,\mathrm{vec}(\boldsymbol{Y})\\ &=((\boldsymbol{B}^{+})^{\mathrm{T}}\otimes\boldsymbol{A}^{+})\mathrm{vec}(\boldsymbol{D})+\mathrm{vec}(\boldsymbol{Y})-((\boldsymbol{B}^{+}\boldsymbol{B})^{\mathrm{T}}\otimes(\boldsymbol{AA}^{+}))\,\mathrm{vec}(\boldsymbol{Y})\end{aligned}$$

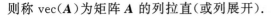

$$=\mathrm{vec}(\boldsymbol{A}^{+}\boldsymbol{D}\boldsymbol{B}^{+})+\mathrm{vec}(\boldsymbol{Y})-\mathrm{vec}(\boldsymbol{A}\boldsymbol{A}^{+}\boldsymbol{D}\boldsymbol{B}^{+}\boldsymbol{B})$$

因此，方程(5.2.8)的通解式为 $\boldsymbol{X}=\boldsymbol{A}^{+}\boldsymbol{D}\boldsymbol{B}^{+}+\boldsymbol{Y}-\boldsymbol{A}\boldsymbol{A}^{+}\boldsymbol{D}\boldsymbol{B}^{+}\boldsymbol{B}$，该条件与定理 5.2.3 一致.

【应用】 Lyapunov 矩阵方程定义为

$$\boldsymbol{A}\boldsymbol{X}+\boldsymbol{X}\boldsymbol{A}^{\mathrm{H}}=-\boldsymbol{Q} \tag{5.2.9}$$

方程(5.2.9)在控制理论、通信和动力系统中起着非常重要的作用. 我们常根据 Lyapunov 矩阵方程的解来检测系统的稳定性、可控性和可观测性等问题.

定理 5.2.7 设 $\boldsymbol{A}\in\mathbb{C}^{n\times n}$，$\boldsymbol{Q}\in\mathbb{C}^{n\times n}$，若矩阵 $\boldsymbol{A}$ 的所有特征值均具有负实部，则矩阵方程(5.2.9)有唯一解，且解 $\boldsymbol{X}\in\mathbb{C}^{n\times n}$ 可表示为

$$\boldsymbol{X}=\int_{0}^{+\infty}\mathrm{e}^{\boldsymbol{A}t}\boldsymbol{Q}\mathrm{e}^{\boldsymbol{A}^{\mathrm{H}}t}\mathrm{d}t \tag{5.2.10}$$

进一步，若 $\boldsymbol{Q}$ 是(半正定、正定)Hermite 矩阵，则解 $\boldsymbol{X}$ 也是(半正定、正定)Hermite 矩阵.

证明：对矩阵方程(5.2.9)两端进行列展开，得

$$(\boldsymbol{I}_n\otimes\boldsymbol{A}+\boldsymbol{A}^{\mathrm{H}}\otimes\boldsymbol{I}_n)\mathrm{vec}(\boldsymbol{X})=-\mathrm{vec}(\boldsymbol{Q}) \tag{5.2.11}$$

由于矩阵 $(\boldsymbol{I}_n\otimes\boldsymbol{A}+\boldsymbol{A}\otimes\boldsymbol{I}_n)$ 的特征值为矩阵 $\boldsymbol{A}$ 的任意两个特征值之和(推论 5.2.6)，故 $(\boldsymbol{I}_n\otimes\boldsymbol{A}+\boldsymbol{A}\otimes\boldsymbol{I}_n)$ 的特征值均具有负实部. 相应地，矩阵 $(\boldsymbol{I}_n\otimes\boldsymbol{A}+\boldsymbol{A}\otimes\boldsymbol{I}_n)$ 必可逆，方程(5.2.11)有唯一解.

又知

$$\frac{\mathrm{d}}{\mathrm{d}t}(\mathrm{e}^{\boldsymbol{A}t}\boldsymbol{Q}\mathrm{e}^{\boldsymbol{A}^{\mathrm{H}}t})=\boldsymbol{A}\mathrm{e}^{\boldsymbol{A}t}\boldsymbol{Q}\mathrm{e}^{\boldsymbol{A}^{\mathrm{H}}t}+\mathrm{e}^{\boldsymbol{A}t}\boldsymbol{Q}\mathrm{e}^{\boldsymbol{A}^{\mathrm{H}}t}\boldsymbol{A}^{\mathrm{H}}$$

两端对 t 从 0 到∞积分，得

$$(\mathrm{e}^{\boldsymbol{A}t}\boldsymbol{Q}\mathrm{e}^{\boldsymbol{A}^{\mathrm{H}}t})\Big|_{0}^{+\infty}=\boldsymbol{A}\int_{0}^{+\infty}\mathrm{e}^{\boldsymbol{A}t}\boldsymbol{Q}\mathrm{e}^{\boldsymbol{A}^{\mathrm{H}}t}\mathrm{d}t+\int_{0}^{+\infty}\mathrm{e}^{\boldsymbol{A}t}\boldsymbol{Q}\mathrm{e}^{\boldsymbol{A}^{\mathrm{H}}t}\boldsymbol{A}^{\mathrm{H}}\mathrm{d}t$$

经整理可得到矩阵方程(5.2.9)，这表明式(5.2.10)是矩阵方程(5.2.9)的解.

若 $\boldsymbol{Q}$ 是 Hermite 矩阵，则由 $(\mathrm{e}^{\boldsymbol{A}t})^{\mathrm{H}}=\mathrm{e}^{\boldsymbol{A}^{\mathrm{H}}t}$ 及式(5.2.10)知，解 $\boldsymbol{X}$ 也是 Hermite 矩阵. 若 $\boldsymbol{Q}$ 是(非负定、正定)Hermite 矩阵且 $\mathrm{e}^{\boldsymbol{A}t}$ 是可逆矩阵，则 $\mathrm{e}^{\boldsymbol{A}t}\boldsymbol{Q}\mathrm{e}^{\boldsymbol{A}^{\mathrm{H}}t}$ 是(非负定、正定)Hermite 矩阵. 因此，解 $\boldsymbol{X}$ 也是(半正定、正定)Hermite 矩阵. 证毕.

实际上，利用直积和矩阵拉直方法也可讨论诸如 $\boldsymbol{A}\boldsymbol{X}+\boldsymbol{X}\boldsymbol{B}=\boldsymbol{C}$ 和 $\boldsymbol{X}-\boldsymbol{A}\boldsymbol{X}\boldsymbol{B}=\boldsymbol{C}$ 等矩阵方程的求解问题. 有兴趣的读者可自行求解，这里就不再赘述.

5.3 减号逆

推论 5.2.1 和推论 5.2.2 给出了矩阵减号逆的存在性结论，并指出任一矩阵的减号逆必存在. 推论 5.2.3 也提供了矩阵减号逆的通解. 此外，还可以利用满秩分解给出减号逆的一个特解. 特别地，若 $\boldsymbol{A}\in\mathbb{C}_{n}^{m\times n}$，则 $\boldsymbol{A}$ 的左逆 $(\boldsymbol{A}^{\mathrm{H}}\boldsymbol{A})^{-1}\boldsymbol{A}^{\mathrm{H}}\in\boldsymbol{A}\{1\}$；若

$A \in \mathbb{C}_m^{m\times n}$，则 A 的右逆$A^{H}(AA^{H})^{-1} \in A\{1\}$.

例 5.3.1　求矩阵 $A=\begin{bmatrix}1 & 0 & 1\\ 0 & 1 & 1\end{bmatrix}$ 的一个减号逆.

解：由于 A 是行满秩矩阵，则$A^{H}(AA^{H})^{-1} \in A\{1\}$.

$$A^{H}(AA^{H})^{-1}=\begin{bmatrix}\frac{2}{3} & -\frac{1}{3}\\ -\frac{1}{3} & \frac{2}{3}\\ \frac{1}{3} & \frac{1}{3}\end{bmatrix}$$

尽管利用奇异值分解或满秩分解（如例 5.3.1）求解矩阵的减号逆表达比较简洁，但利用相抵分解（如例 5.2.1）求解的计算量相对较小.

命题 5.3.1（减号逆的性质）

(1) $\text{rank}(A) \leqslant \text{rank}(A^{-})$；

(2) AA^{-} 和 $A^{-}A$ 均为幂等矩阵，且 $\text{rank}(AA^{-})=\text{rank}(A^{-}A)=\text{rank}(A)$；

(3) 若 $B=P^{-1}AQ^{-1}$，则 $QA^{-}P \in B\{1\}$.

【应用】　考察非齐次线性方程组

$$Ax=b \tag{5.3.1}$$

式中，$A \in \mathbb{C}^{m\times n}$ 和 $b \in \mathbb{C}^{m}$ 给定，$x \in \mathbb{C}^{n}$ 为待定向量.

首先讨论 $A^{(1)}$ 与方程组 $Ax=b$ 相容性的关系.

命题 5.3.2（线性方程组相容条件）　设 $A \in \mathbb{C}^{m\times n}$，$b \in \mathbb{C}^{m}$，则以下表达等价：

(1) $\text{rank}(A)=\text{rank}(A,b)$；

(2) $b \in R(A)$；

(3) $AA^{(1)}b=b$.

命题 5.3.2 中的 3 个命题均是方程(5.3.1)相容的充分必要条件，其中，条件(1)是众所周知的方程相容条件，该条件亦可用条件(2)表示；条件(3)是推论 5.2.1 给出的充分必要条件. 下面简单说明条件(3)与条件(2)等价. 由命题 5.3.1 知，$AA^{(1)}$ 是幂等矩阵. 根据定理 3.7.4 知，$b \in R(A)$ 当且仅当 $AA^{(1)}b=b$. 即条件(2)和式(3)等价.

定理 5.3.1（减号逆与方程解的关系）　设 $A \in \mathbb{C}^{m\times n}$，则 $G \in A\{1\}$ 的充分必要条件为 $x=Gb$ 是相容方程组 $Ax=b$ 的解.

证明：必要性. 若 $G \in A\{1\}$，则方程组 $Ax=b$ 相容的充分必要条件为 $AGb=b$. 这表明 $x=Gb$ 必为相容方程组 $Ax=b$ 的解.

充分性. 由于方程组 $Ax=b$ 相容的，故 $b \in R(A)$. 换而言之，必存在向量 $y \in \mathbb{C}^{n}$ 使得 $b=Ay$. 已知条件表明，对任意向量 $b \in \mathbb{C}^{m}$，$x=Gb$ 是相容方程组 $Ax=b$ 的解. 因此，对任意向量 $y \in \mathbb{C}^{n}$，$x=GAy$ 是相容方程组 $Ax=b$ 的解. 将其代入相容方程组 $Ax=b$，得

$$AGAy = Ay \tag{5.3.2}$$

注意：式(5.3.2)对$\mathbb{C}^n$中任意向量$\boldsymbol{y}$都成立.因此,$\boldsymbol{AGA}=\boldsymbol{A}$,即$\boldsymbol{G}\in\boldsymbol{A}\{1\}$.

【思考】 定理5.3.1表明了具有$\boldsymbol{x}=\boldsymbol{Gb}$形式的解与减号逆的关系.那么,相容方程组(5.3.1)的解是否一定可以表示为$\boldsymbol{x}=\boldsymbol{Gb}$这种形式呢?

分析：由推论5.2.3知,相容方程组(5.3.1)的通解式为

$$\boldsymbol{x}=\boldsymbol{A}^{(1)}\boldsymbol{b}+(\boldsymbol{I}-\boldsymbol{A}^{(1)}\boldsymbol{A})\boldsymbol{y},\quad \forall \boldsymbol{y}\in\mathbb{C}^n \tag{5.3.3}$$

从式(5.3.3)看,相容方程组(5.3.1)的解似乎并不一定可表示为$\boldsymbol{x}=\boldsymbol{Gb}$这种形式,因为式(5.3.3)还包含了$(\boldsymbol{I}-\boldsymbol{A}^{(1)}\boldsymbol{A})\boldsymbol{y}$.对此,定义$\boldsymbol{G}=\boldsymbol{A}^{(1)}+\boldsymbol{Z}-\boldsymbol{A}^{(1)}\boldsymbol{AZAA}^{(1)}$和$\boldsymbol{x}=\boldsymbol{Gb}$,则有

$$\begin{aligned}\boldsymbol{x}&=\boldsymbol{A}^{(1)}\boldsymbol{b}+\boldsymbol{Zb}-\boldsymbol{A}^{(1)}\boldsymbol{AZAA}^{(1)}\boldsymbol{b}\\&=\boldsymbol{A}^{(1)}\boldsymbol{b}+(\boldsymbol{I}-\boldsymbol{A}^{(1)}\boldsymbol{A})\boldsymbol{Zb}\end{aligned} \tag{5.3.4}$$

其中,$\boldsymbol{Z}$为任一$n\times m$矩阵.

显然,若对任意给定向量$\boldsymbol{y}$和$\boldsymbol{b}$,方程$\boldsymbol{Zb}=\boldsymbol{y}$都能找到解矩阵$\boldsymbol{Z}$.因此,式(5.3.4)等价于相容方程(5.3.1)的通解式(5.3.3);此时相容方程(5.3.1)的解一定可以表示为$\boldsymbol{x}=\boldsymbol{Gb}$的形式,其中$\boldsymbol{G}\in\boldsymbol{A}\{1\}$.

根据定理5.2.3知,方程$\boldsymbol{Zb}=\boldsymbol{y}$相容当且仅当$\boldsymbol{yb}^{(1)}\boldsymbol{b}=\boldsymbol{y}$.又知$\boldsymbol{b}^{(1)}\boldsymbol{b}=1$当且仅当$\boldsymbol{b}\neq\boldsymbol{0}$.故方程$\boldsymbol{Zb}=\boldsymbol{y}$相容的充分必要条件为$\boldsymbol{b}\neq\boldsymbol{0}$,并有如下推论：

推论5.3.1 设$\boldsymbol{A}\in\mathbb{C}^{m\times n}$,非零向量$\boldsymbol{b}\in\mathbb{C}^m$,则相容方程组$\boldsymbol{Ax}=\boldsymbol{b}$的解一定可以用$\boldsymbol{x}=\boldsymbol{Gb}$表示,其中$\boldsymbol{G}\in\boldsymbol{A}\{1\}$.

例5.3.2 考察$\boldsymbol{x}=\boldsymbol{A}^{(1)}\boldsymbol{b}$与相容方程组$\boldsymbol{Ax}=\boldsymbol{b}$解的关系,其中

$$\boldsymbol{A}=\begin{bmatrix}1&0&0\\0&1&0\end{bmatrix},\quad \boldsymbol{b}=\begin{bmatrix}1\\0\end{bmatrix}$$

解：由于$\boldsymbol{b}\in R(\boldsymbol{A})$,故方程组$\boldsymbol{Ax}=\boldsymbol{b}$相容.易求得该方程组的解为$\boldsymbol{x}=[1,0,c]^{\mathrm{T}}$,$\forall c\in\mathbb{C}$.

另由减号逆定义求得

$$\boldsymbol{A}^{(1)}=\begin{bmatrix}1&0\\0&1\\a&d\end{bmatrix},\quad \forall a,d\in\mathbb{C}$$

则有$\boldsymbol{x}=\boldsymbol{A}^{(1)}\boldsymbol{b}=[1,0,a]^{\mathrm{T}}$.因此,相容方程组$\boldsymbol{Ax}=\boldsymbol{b}$的解一定可以表示为$\boldsymbol{x}=\boldsymbol{A}^{(1)}\boldsymbol{b}$.

若$\boldsymbol{b}=\boldsymbol{0}$,则不论$\boldsymbol{A}^{(1)}$取何矩阵,方程解为$\boldsymbol{x}=\boldsymbol{A}^{(1)}\boldsymbol{b}=\boldsymbol{0}$;而齐次方程组的解为$\boldsymbol{x}=[0,0,c]^{\mathrm{T}}$,$\forall c\in\mathbb{C}$.此时,相容方程组$\boldsymbol{Ax}=\boldsymbol{b}$不能用$\boldsymbol{x}=\boldsymbol{A}^{(1)}\boldsymbol{b}$表示.

定理5.3.2(相容线性方程组唯一解条件) 设$\boldsymbol{A}\in\mathbb{C}^{m\times n}$,$\boldsymbol{A}^{(1)}\boldsymbol{A}=\boldsymbol{I}_n$当且仅当矩阵$\boldsymbol{A}$是列满秩的.此时,相容方程组$\boldsymbol{Ax}=\boldsymbol{b}$有唯一解.

证明：充分性.$\boldsymbol{A}^{(1)}\boldsymbol{A}$是幂等矩阵,其特征值只能是0或1.由$\boldsymbol{A}$是列满秩矩阵知,$\boldsymbol{A}^{(1)}\boldsymbol{A}$是可逆矩阵.故$\boldsymbol{A}^{(1)}\boldsymbol{A}$无零特征值,所有特征值均为1.由此,$\boldsymbol{A}^{(1)}\boldsymbol{A}$相似于

单位矩阵，即 $\boldsymbol{A}^{(1)}\boldsymbol{A}=\boldsymbol{I}_n$.

必要性. 由 $\boldsymbol{A}^{(1)}\boldsymbol{A}=\boldsymbol{I}_n$ 知，矩阵 $\boldsymbol{A}$ 有左逆 $\boldsymbol{A}^{(1)}$. 根据定理 3.2.3，$\boldsymbol{A}$ 是列满秩矩阵. 证毕.

注 1：当矩阵 $\boldsymbol{A}$ 是列满秩矩阵，此时它的任一减号逆 $\boldsymbol{A}^{(1)}$ 都是 $\boldsymbol{A}$ 的左逆. 同理，当矩阵 $\boldsymbol{A}$ 是行满秩矩阵，则它的任一减号逆 $\boldsymbol{A}^{(1)}$ 都是 $\boldsymbol{A}$ 的右逆.

例 5.3.3 求向量 $\boldsymbol{b}\in\mathbb{C}^m$ 在 $R(\boldsymbol{A})$ 上的正交投影，其中 $\boldsymbol{A}\in\mathbb{C}^{m\times n}$.

分析：回顾例 3.7.2，若 $\boldsymbol{A}$ 为列满秩矩阵，则向量 $\boldsymbol{b}$ 在 $R(\boldsymbol{A})$ 上的正交投影为

$$\mathrm{Proj}_{R(\boldsymbol{A})}\boldsymbol{b}=\boldsymbol{A}(\boldsymbol{A}^{\mathrm{H}}\boldsymbol{A})^{-1}\boldsymbol{A}^{\mathrm{H}}\boldsymbol{b}$$

而本例并未限定 $\boldsymbol{A}$ 为列满秩矩阵，故 $(\boldsymbol{A}^{\mathrm{H}}\boldsymbol{A})^{-1}$ 不一定存在，进而无法定义正交投影矩阵为 $\boldsymbol{A}(\boldsymbol{A}^{\mathrm{H}}\boldsymbol{A})^{-1}\boldsymbol{A}^{\mathrm{H}}$. 现将正交投影矩阵中的求逆运算改为减号逆，并定义

$$\boldsymbol{P}=\boldsymbol{A}^{\mathrm{H}}(\boldsymbol{A}\boldsymbol{A}^{\mathrm{H}})^{-}\boldsymbol{A} \tag{5.3.5}$$

显然，若式(5.3.5)中的 $\boldsymbol{P}$ 是正交投影矩阵，则 $\boldsymbol{Pb}$ 必是向量 $\boldsymbol{b}$ 在 $R(\boldsymbol{A})$ 空间上的正交投影.

定理 5.3.3 对任意矩阵 $\boldsymbol{A}\in\mathbb{C}^{m\times n}$，$\boldsymbol{A}(\boldsymbol{A}^{\mathrm{H}}\boldsymbol{A})^{-}\boldsymbol{A}^{\mathrm{H}}$ 是正交投影矩阵.

证明：设矩阵 $\boldsymbol{A}$ 有奇异值分解：$\boldsymbol{A}=\boldsymbol{U}\begin{bmatrix}\boldsymbol{\Sigma}_r & \boldsymbol{O}\\ \boldsymbol{O} & \boldsymbol{O}\end{bmatrix}\boldsymbol{V}^{\mathrm{H}}$，则 $\boldsymbol{A}^{\mathrm{H}}\boldsymbol{A}=\boldsymbol{V}\begin{bmatrix}\boldsymbol{\Sigma}_r^2 & \boldsymbol{O}\\ \boldsymbol{O} & \boldsymbol{O}\end{bmatrix}\boldsymbol{V}^{\mathrm{H}}$，其中，$\boldsymbol{U}$、$\boldsymbol{V}$ 分别为 m 阶和 n 阶的酉矩阵，$\boldsymbol{\Sigma}_r$ 是 r 阶正定对角矩阵.

再由推论 5.2.2 知，$\boldsymbol{A}^{\mathrm{H}}\boldsymbol{A}$ 的任一减号逆矩阵必可以表示为

$$\boldsymbol{G}=\boldsymbol{V}\begin{bmatrix}(\boldsymbol{\Sigma}_r^2)^{-1} & \boldsymbol{K}\\ \boldsymbol{L} & \boldsymbol{M}\end{bmatrix}\boldsymbol{V}^{\mathrm{H}}$$

式中：$\boldsymbol{K}$、$\boldsymbol{L}$ 和 $\boldsymbol{M}$ 是适当阶数的任意矩阵.

由此，

$$\boldsymbol{AGA}^{\mathrm{H}}=\boldsymbol{U}\begin{bmatrix}\boldsymbol{I}_r & \boldsymbol{O}\\ \boldsymbol{O} & \boldsymbol{O}\end{bmatrix}\boldsymbol{U}^{\mathrm{H}}$$

即 $\boldsymbol{AGA}^{\mathrm{H}}$ 是 Hermite 幂等矩阵；换而言之，$\boldsymbol{A}(\boldsymbol{A}^{\mathrm{H}}\boldsymbol{A})^{-}\boldsymbol{A}^{\mathrm{H}}$ 是正交投影矩阵.

注 2：对一般的矩阵 $\boldsymbol{A}$，$(\boldsymbol{A}\boldsymbol{A}^{\mathrm{H}})^{-}\neq(\boldsymbol{A}^{\mathrm{H}})^{-}\boldsymbol{A}^{-}$.

推论 5.3.2 对任意矩阵 $\boldsymbol{A}\in\mathbb{C}^{m\times n}$，$\boldsymbol{A}(\boldsymbol{A}^{\mathrm{H}}\boldsymbol{A})^{-}\boldsymbol{A}^{\mathrm{H}}\boldsymbol{A}=\boldsymbol{A}$.

证明：将矩阵 $\boldsymbol{A}$ 进行列分块，并记为 $\boldsymbol{A}=[\boldsymbol{a}_1,\cdots,\boldsymbol{a}_n]$，则 $\boldsymbol{a}_i\in R(\boldsymbol{A})$，$i=1,\cdots,m$. 由 $\boldsymbol{A}(\boldsymbol{A}^{\mathrm{H}}\boldsymbol{A})^{-}\boldsymbol{A}^{\mathrm{H}}$ 是幂等矩阵知，$\boldsymbol{A}(\boldsymbol{A}^{\mathrm{H}}\boldsymbol{A})^{-}\boldsymbol{A}^{\mathrm{H}}\boldsymbol{a}_i=\boldsymbol{a}_i$. 因此，

$$\boldsymbol{A}(\boldsymbol{A}^{\mathrm{H}}\boldsymbol{A})^{-}\boldsymbol{A}^{\mathrm{H}}[\boldsymbol{a}_1,\cdots,\boldsymbol{a}_n]=[\boldsymbol{a}_1,\cdots,\boldsymbol{a}_n]$$

即 $\boldsymbol{A}(\boldsymbol{A}^{\mathrm{H}}\boldsymbol{A})^{-}\boldsymbol{A}^{\mathrm{H}}\boldsymbol{A}=\boldsymbol{A}$.

例 5.3.4(最小二乘问题) 考察线性方程组(5.3.1)，其中，矩阵 $\boldsymbol{A}\in\mathbb{C}^{m\times n}$ 和向量 $\boldsymbol{b}\in\mathbb{C}^m$ 给定，向量 $\boldsymbol{x}\in\mathbb{C}^n$ 待定. 求向量 $\boldsymbol{x}$ 使得 $\|\boldsymbol{Ax}-\boldsymbol{b}\|_2$ 最小.

解：由例 3.7.4 知，求向量 $\boldsymbol{x}$ 使得 $\|\boldsymbol{Ax}-\boldsymbol{b}\|_2$ 最小可等价转化为求解方程组

$$\boldsymbol{Ax}=\mathrm{Proj}_{R(\boldsymbol{A})}\boldsymbol{b} \tag{5.3.6}$$

式中，$\boldsymbol{b}$ 在 $R(\boldsymbol{A})$ 的正交投影为 $\mathrm{Proj}_{R(\boldsymbol{A})}\boldsymbol{b}=\boldsymbol{A}(\boldsymbol{A}^{\mathrm{H}}\boldsymbol{A})^{-}\boldsymbol{A}^{\mathrm{H}}\boldsymbol{b}$.

因此，式(5.3.6)可等价写为

$$\boldsymbol{Ax}=\boldsymbol{A}(\boldsymbol{A}^{\mathrm{H}}\boldsymbol{A})^{-}\boldsymbol{A}^{\mathrm{H}}\boldsymbol{b} \tag{5.3.7}$$

显然，$\boldsymbol{x}=(\boldsymbol{A}^{\mathrm{H}}\boldsymbol{A})^{-}\boldsymbol{A}^{\mathrm{H}}\boldsymbol{b}$ 是方程(5.3.7)的一个解，故该方程是相容的(也可以利用相容充分必要条件验证). 其通解为

$$\boldsymbol{x}=\boldsymbol{A}^{-}\boldsymbol{A}(\boldsymbol{A}^{\mathrm{H}}\boldsymbol{A})^{-}\boldsymbol{A}^{\mathrm{H}}\boldsymbol{b}+(\boldsymbol{I}-\boldsymbol{A}^{-}\boldsymbol{A})\boldsymbol{y},\quad \forall\,\boldsymbol{y}\in\mathbb{C}^{n} \tag{5.3.8}$$

回顾例 3.7.4 得到的使 $\|\boldsymbol{Ax}-\boldsymbol{b}\|_2$ 最小的等价方程组为

$$\boldsymbol{A}^{\mathrm{H}}\boldsymbol{Ax}=\boldsymbol{A}^{\mathrm{H}}\boldsymbol{b} \tag{5.3.9}$$

实际上，方程组(5.3.7)、(5.3.9)均相容且为同解方程组. 这是一个非常有趣的结果. 尽管线性方程组 $\boldsymbol{Ax}=\boldsymbol{b}$ 不一定相容，但方程两端同时左乘 $\boldsymbol{A}^{\mathrm{H}}$，得新方程(5.3.9)必相容，且该方程的任一解 $\boldsymbol{x}$ 左乘以矩阵 $\boldsymbol{A}$ 得到的向量恰为向量 $\boldsymbol{b}$ 在 $R(\boldsymbol{A})$ 空间的正交投影.

5.4 极小范数广义逆

$\boldsymbol{A}^{(1,4)}$ 是矩阵 $\boldsymbol{A}$ 的极小范数广义逆，其存在性有如下结论：

定理 5.4.1 设矩阵 $\boldsymbol{A}\in\mathbb{C}^{m\times n}$ 的奇异值分解为

$$\boldsymbol{A}=\boldsymbol{U}\begin{bmatrix}\boldsymbol{\Sigma}_r & \boldsymbol{O}\\ \boldsymbol{O} & \boldsymbol{O}\end{bmatrix}\boldsymbol{V}^{\mathrm{H}}$$

则 $\boldsymbol{G}\in\boldsymbol{A}\{1,4\}$ 的充分必要条件是

$$\boldsymbol{G}=\boldsymbol{V}\begin{bmatrix}\boldsymbol{\Sigma}_r^{-1} & \boldsymbol{K}\\ \boldsymbol{O} & \boldsymbol{M}\end{bmatrix}\boldsymbol{U}^{\mathrm{H}}$$

式中：$\boldsymbol{K}$ 和 $\boldsymbol{M}$ 为适当阶数的任意矩阵.

定理 5.4.1 利用奇异值分解给出了矩阵 $\boldsymbol{A}$ 的极小范数广义逆的矩阵通式(请思考能否利用相抵分解给出极小范数广义逆的通式). 该定理表明矩阵的极小范数广义逆一定存在，且通常不唯一.

注 1：若 $\boldsymbol{A}\in\mathbb{C}_n^{m\times n}$，则 $(\boldsymbol{A}^{\mathrm{H}}\boldsymbol{A})^{-1}\boldsymbol{A}^{\mathrm{H}}\in\boldsymbol{A}\{1,4\}$；若 $\boldsymbol{A}\in\mathbb{C}_m^{m\times n}$，则 $\boldsymbol{A}^{\mathrm{H}}(\boldsymbol{AA}^{\mathrm{H}})^{-1}\in\boldsymbol{A}\{1,4\}$.

【思考】 能否利用 Penrose 定理求解矩阵的极小范数广义逆？

分析：$\boldsymbol{A}^{(1,4)}$ 同时满足 $\boldsymbol{AA}^{(1,4)}\boldsymbol{A}=\boldsymbol{A}$ 和 $(\boldsymbol{A}^{(1,4)}\boldsymbol{A})^{\mathrm{H}}=\boldsymbol{A}^{(1,4)}\boldsymbol{A}$ 两个方程，其中第一个方程可由 Penrose 定理求解，而另一方程则难以直接利用 Penrose 定理. 为解决这一问题，引入下面的定理：

定理 5.4.2 设 $\boldsymbol{A}\in\mathbb{C}^{m\times n}$，则 $\boldsymbol{A}\{1,4\}=\{\boldsymbol{X}\in\mathbb{C}^{n\times m}\mid\boldsymbol{XA}=\boldsymbol{A}_m^{-}\boldsymbol{A}\}$.

证明：设矩阵 $\boldsymbol{X}$ 满足 $\boldsymbol{XA}=\boldsymbol{A}_m^{-}\boldsymbol{A}$，则有 $\boldsymbol{AXA}=\boldsymbol{AA}_m^{-}\boldsymbol{A}=\boldsymbol{A}$.

又知 $(\boldsymbol{XA})^{\mathrm{H}}=(\boldsymbol{A}_m^{-}\boldsymbol{A})^{\mathrm{H}}=\boldsymbol{A}_m^{-}\boldsymbol{A}=\boldsymbol{XA}$，从而得到 $\boldsymbol{X}\in\boldsymbol{A}\{1,4\}$. 另一方面，若 $\boldsymbol{X}\in$

$\boldsymbol{A}\{1,4\}$，则有

$$\boldsymbol{A}_m^-\boldsymbol{A}=\boldsymbol{A}_m^-\boldsymbol{A}\boldsymbol{X}\boldsymbol{A}=(\boldsymbol{A}_m^-\boldsymbol{A})^{\mathrm{H}}(\boldsymbol{X}\boldsymbol{A})^{\mathrm{H}}=\boldsymbol{A}^{\mathrm{H}}(\boldsymbol{A}_m^-)^{\mathrm{H}}\boldsymbol{A}^{\mathrm{H}}\boldsymbol{X}^{\mathrm{H}}=(\boldsymbol{X}\boldsymbol{A})^{\mathrm{H}}=\boldsymbol{X}\boldsymbol{A}$$

综上所述，$\boldsymbol{A}\{1,4\}=\{\boldsymbol{X}\in\mathbb{C}^{n\times m}\mid \boldsymbol{X}\boldsymbol{A}=\boldsymbol{A}_m^-\boldsymbol{A}\}$.

定理 5.4.3　设 $\boldsymbol{A}_m^-\in\boldsymbol{A}\{1,4\}$，则 $\boldsymbol{A}\{1,4\}=\{\boldsymbol{A}_m^-+\boldsymbol{Z}(\boldsymbol{I}-\boldsymbol{A}\boldsymbol{A}_m^-)\mid \boldsymbol{Z}\in\mathbb{C}^{n\times m}\}$.

证明：由 Penrose 定理得方程 $\boldsymbol{X}\boldsymbol{A}=\boldsymbol{A}_m^-\boldsymbol{A}$ 的通解为

$$\boldsymbol{X}=\boldsymbol{A}_m^-\boldsymbol{A}\boldsymbol{A}_m^-+\boldsymbol{Y}-\boldsymbol{Y}\boldsymbol{A}\boldsymbol{A}_m^-,\quad \forall \boldsymbol{Y}\in\mathbb{C}^{n\times m}$$

设 $\boldsymbol{Z}$ 是 $\mathbb{C}^{n\times m}$ 中任意矩阵，将 $\boldsymbol{Y}=\boldsymbol{A}_m^-+\boldsymbol{Z}$ 代入上式得

$$\boldsymbol{X}=\boldsymbol{A}_m^-+\boldsymbol{Z}(\boldsymbol{I}-\boldsymbol{A}\boldsymbol{A}_m^-)$$

因此，$\boldsymbol{A}\{1,4\}=\{\boldsymbol{A}_m^-+\boldsymbol{Z}(\boldsymbol{I}-\boldsymbol{A}\boldsymbol{A}_m^-)\mid \boldsymbol{Z}\in\mathbb{C}^{n\times m}\}$.

【应用】　矩阵的极小范数广义逆与相容线性方程组的解有密切关系. 考察相容线性方程组

$$\boldsymbol{A}\boldsymbol{x}=\boldsymbol{b}\tag{5.4.1}$$

式中：$\boldsymbol{A}\in\mathbb{C}^{m\times n}$ 和 $\boldsymbol{b}\in\mathbb{C}^m$ 给定，$\boldsymbol{x}\in\mathbb{C}^n$ 为待定向量.

当相容方程组(5.4.1)有多个解时，往往需从中挑选一个合适的解. 此时，一般挑选所有解中范数最小的解(或其中之一)，即定义如下优化问题：

$$\min_{\substack{\boldsymbol{A}\boldsymbol{x}=\boldsymbol{b}\\ \boldsymbol{A}\boldsymbol{A}^{(1)}\boldsymbol{b}=\boldsymbol{b}}}\|\boldsymbol{x}\|_2\tag{5.4.2}$$

我们将满足优化问题(5.4.2)的解称为相容线性方程组(5.4.1)的极小范数解.

已知相容方程(5.4.1)的通解为 $\boldsymbol{x}=\boldsymbol{A}^{(1)}\boldsymbol{b}+(\boldsymbol{I}-\boldsymbol{A}^{(1)}\boldsymbol{A})\boldsymbol{y},\ \forall\,\boldsymbol{y}\in\mathbb{C}^n$，则优化问题(5.4.2)可等价为求矩阵 $\boldsymbol{A}$ 的某一(类)特定减号逆 $\boldsymbol{G}$ 使得 $\|\boldsymbol{G}\boldsymbol{b}+(\boldsymbol{I}-\boldsymbol{G}\boldsymbol{A})\boldsymbol{y}\|_2$ 最小.

为此，定义矩阵 $\boldsymbol{G}$ 是矩阵 $\boldsymbol{A}$ 的某一待定减号逆，则方程(5.4.1)的通解可表示为

$$\boldsymbol{x}=\boldsymbol{G}\boldsymbol{b}+(\boldsymbol{I}-\boldsymbol{G}\boldsymbol{A})\boldsymbol{y},\quad \forall\,\boldsymbol{y}\in\mathbb{C}^n\tag{5.4.3}$$

将式(5.4.3)代入 $\|\boldsymbol{x}\|_2^2$，得

$$\begin{aligned}\|\boldsymbol{x}\|_2^2=&\|\boldsymbol{G}\boldsymbol{b}\|_2^2+\|(\boldsymbol{I}-\boldsymbol{G}\boldsymbol{A})\boldsymbol{y}\|_2^2+\\&(\boldsymbol{G}\boldsymbol{b})^{\mathrm{H}}(\boldsymbol{I}-\boldsymbol{G}\boldsymbol{A})\boldsymbol{y}+((\boldsymbol{I}-\boldsymbol{G}\boldsymbol{A})\boldsymbol{y})^{\mathrm{H}}\boldsymbol{G}\boldsymbol{b}\end{aligned}\tag{5.4.4}$$

注意：等式(5.4.4)右端第一项和第二项均为非负实数，而由于向量 $\boldsymbol{y}$ 的任意性导致无法判断第三项和第四项之和的正负. 对此，考察条件

$$(\boldsymbol{G}\boldsymbol{b})^{\mathrm{H}}(\boldsymbol{I}-\boldsymbol{G}\boldsymbol{A})=\boldsymbol{0}\tag{5.4.5}$$

由于方程组(5.4.1)是相容的，则对任意 $\boldsymbol{b}\in R(\boldsymbol{A})$，必存在 $\boldsymbol{z}\in\mathbb{C}^n$ 使得 $\boldsymbol{A}\boldsymbol{z}=\boldsymbol{b}$. 将其代入式(5.4.5)，得

$$\boldsymbol{G}\boldsymbol{A}\boldsymbol{z}=\boldsymbol{A}^{\mathrm{H}}\boldsymbol{G}^{\mathrm{H}}\boldsymbol{G}\boldsymbol{A}\boldsymbol{z}\tag{5.4.6}$$

式中：向量 $\boldsymbol{z}$ 未知.

不难得到式(5.4.6)成立的一个充分条件为

$$\boldsymbol{G}\boldsymbol{A}=\boldsymbol{A}^{\mathrm{H}}\boldsymbol{G}^{\mathrm{H}}\boldsymbol{G}\boldsymbol{A}\tag{5.4.7}$$

由式(5.4.7)易得 $\boldsymbol{G}\boldsymbol{A}=(\boldsymbol{G}\boldsymbol{A})^{\mathrm{H}}$，即 $\boldsymbol{G}\in\boldsymbol{A}\{1,4\}$ 当且仅当式(5.4.7)成立. 因此，

我们选用 $G\in A\{1,4\}$ 表示相容方程组(5.4.1)的通解,则有

$$\|x\|_2^2=\|Gb\|_2^2+\|(I-GA)y\|_2^2 \tag{5.4.8}$$

显然,$\|x\|_2\geqslant\|Gb\|_2$,等号成立条件为当且仅当 $y=0$. 这表明 $x=Gb$ 是相容方程组(5.4.1)的一个极小范数解,并有如下定理:

定理 5.4.4 矩阵 $G\in A\{1,4\}$ 的充分必要条件为 $x=Gb$ 是相容方程组(5.4.1)的极小范数解.

证明:必要性证明可根据上述分析整理.这里仅给出充分性证明.

若 $x=Gb$ 是相容方程组(5.4.1)的极小范数解,则由定理 5.3.1 知,$G\in A\{1\}$. 又知 Gb 是相容方程组(5.4.1)的极小范数解,则对任意向量 b 和 y,有

$$\|Gb\|_2\leqslant\|Gb+(I-GA)y\|_2 \tag{5.4.9}$$

令 $b=Az,z\in\mathbb{C}^n$,则式(5.4.9)改写为

$$\|GAz\|_2\leqslant\|GAz+(I-GA)y\|_2 \tag{5.4.10}$$

将等式(5.4.10)两端平方后,整理得

$$\|(I-GA)y\|_2^2+(GAz)^{\mathrm{H}}(I-GA)y+((I-GA)y)^{\mathrm{H}}GAz\geqslant 0 \tag{5.4.11}$$

欲使不等式(5.4.11)对任意向量 z 和 y 恒成立,有如下充分必要条件:

$$(GA)^{\mathrm{H}}(I-GA)=O \tag{5.4.12}$$

由式(5.4.12)容易证得 $G\in A\{1,4\}$. 证毕.

尽管定理 5.4.4 解决了相容方程组(5.4.1)的极小范数解的存在性问题.但也很容易引发疑问:选取不同的极小范数广义逆 G 所计算的 $\|Gb\|_2$ 结果相同吗?若不相同,是否还须从集合 $A\{1,4\}$ 再选取某一特定 $G\in A\{1,4\}$ 使得 $\|Gb\|_2$ 最小.下面推论给出解答.

推论 5.4.1 相容方程(5.4.1)的极小范数解是唯一的.

证明:设 G_1b 和 G_2b 是方程(5.4.1)的极小范数解,则 $G_1,G_2\in A\{1,4\}$. 又知方程(5.4.1)是相容的,则对任意向量 $b\in R(A)$,必存在向量 $z\in\mathbb{C}^n$ 使得 $Az=b$. 此时有

$$G_1b=G_1Az,\quad G_2b=G_2Az$$

根据定理 5.4.2 知,$G_1A=G_2A$. 因此,$G_1b=G_2b$,即相容方程(5.4.1)的极小范数解是唯一的.证毕.

例 5.4.1 求相容方程组 $Ax=b$ 的极小范数解,其中

$$A=\begin{bmatrix}1&2&0\\2&0&2\end{bmatrix},\quad b=\begin{bmatrix}1\\1\end{bmatrix}$$

解:方法一:由于矩阵 A 行满秩,故 $A^{\mathrm{H}}(AA^{\mathrm{H}})^{-1}\in A\{1,4\}$.

$$A^{\mathrm{H}}(AA^{\mathrm{H}})^{-1}=\begin{bmatrix}\frac{1}{9}&\frac{2}{9}\\\frac{4}{9}&-\frac{1}{9}\\-\frac{1}{9}&\frac{5}{18}\end{bmatrix}$$

此时，$x=Gb=\left[\frac{1}{3},\frac{1}{3},\frac{1}{6}\right]^{\mathrm{T}}$ 是方程组的极小范数解.

方法二：对矩阵 A 进行奇异值分解，得

$$A=\begin{bmatrix}\frac{1}{\sqrt{5}} & \frac{2}{\sqrt{5}}\\ \frac{2}{\sqrt{5}} & -\frac{1}{\sqrt{5}}\end{bmatrix}\begin{bmatrix}3 & 0 & 0\\ 0 & 2 & 0\end{bmatrix}\begin{bmatrix}\frac{\sqrt{5}}{3} & 0 & -\frac{2}{3}\\ \frac{2\sqrt{5}}{15} & \frac{2\sqrt{5}}{5} & \frac{1}{3}\\ \frac{4\sqrt{5}}{15} & -\frac{\sqrt{5}}{5} & \frac{2}{3}\end{bmatrix}^{\mathrm{H}}$$

于是，A 的一个极小范数解为

$$G=\begin{bmatrix}\frac{\sqrt{5}}{3} & 0 & -\frac{2}{3}\\ \frac{2\sqrt{5}}{15} & \frac{2\sqrt{5}}{5} & \frac{1}{3}\\ \frac{4\sqrt{5}}{15} & -\frac{\sqrt{5}}{5} & \frac{2}{3}\end{bmatrix}\begin{bmatrix}\frac{1}{3} & 0\\ 0 & \frac{1}{2}\\ 0 & 0\end{bmatrix}\begin{bmatrix}\frac{1}{\sqrt{5}} & \frac{2}{\sqrt{5}}\\ \frac{2}{\sqrt{5}} & -\frac{1}{\sqrt{5}}\end{bmatrix}^{\mathrm{H}}=\begin{bmatrix}\frac{1}{9} & \frac{2}{9}\\ \frac{4}{9} & -\frac{1}{9}\\ -\frac{1}{9} & \frac{5}{18}\end{bmatrix}$$

此时，$x=Gb=\left[\frac{1}{3},\frac{1}{3},\frac{1}{6}\right]^{\mathrm{T}}$ 是方程组的极小范数解.

例 5.4.2 求向量 $b\in\mathbb{C}^m$ 在 $R(A^{\mathrm{H}})$ 上的正交投影，其中 $A\in\mathbb{C}^{m\times n}$.

解：由定理 5.3.3 定义正交投影矩阵 $P=A^{\mathrm{H}}(AA^{\mathrm{H}})^{-}A$. 则向量 $b\in\mathbb{C}^m$ 在$R(A^{\mathrm{H}})$ 上的正交投影为

$$\mathrm{Proj}_{R(A^{\mathrm{H}})}b=Pb=A^{\mathrm{H}}(AA^{\mathrm{H}})^{-}Ab \tag{5.4.13}$$

现对矩阵 A 进行奇异值分解，即 $A=U\begin{bmatrix}\Sigma_r & O\\ O & O\end{bmatrix}V^{\mathrm{H}}$. 则 AA^{H} 的任一极小范数广义逆可表示为

$$(AA^{\mathrm{H}})^{-}=U\begin{bmatrix}\Sigma_r^{-2} & K\\ O & M\end{bmatrix}U^{\mathrm{H}}$$

式中：K 和 M 为适当阶数的任意矩阵.

由此，正交投影矩阵 P 为

$$P=V\begin{bmatrix}I_r & O\\ O & O\end{bmatrix}V^{\mathrm{H}}$$

又知 A 的任一极小范数广义逆可表示为

$$A_m^{-}=V\begin{bmatrix}\Sigma_r^{-1} & L\\ O & N\end{bmatrix}U^{\mathrm{H}}$$

进而

$$A_m^- A = V \begin{bmatrix} I_r & O \\ O & O \end{bmatrix} V^{\mathrm{H}}$$

式中：L 和 N 为适当阶数的任意矩阵.

因此，$P = A_m^- A$. 也就是说，向量 $b \in \mathbb{C}^m$ 在 $R(A^{\mathrm{H}})$ 上的正交投影可以用 A 的极小范数广义逆表示，即

$$\mathrm{Proj}_{R(A)} b = A_m^- A b$$

5.5 最小二乘广义逆

$A^{(1,3)}$ 是矩阵 A 的最小二乘广义逆，其存在性有如下结论：

定理 5.5.1 设 $A \in \mathbb{C}_r^{m\times n}$ 的奇异值分解为

$$A = U \begin{bmatrix} \Sigma_r & O \\ O & O \end{bmatrix} V^{\mathrm{H}}$$

则 $G \in A\{1,3\}$ 的充分必要条件是

$$G = V \begin{bmatrix} \Sigma_r^{-1} & O \\ L & M \end{bmatrix} U^{\mathrm{H}}$$

式中：L 和 M 为适当阶数的任意矩阵.

定理 5.5.1 利用奇异值分解给出了矩阵 A 的最小二乘广义逆的矩阵通式. 该定理表明矩阵的最小二乘广义逆一定存在，且通常不唯一.

注 1： 若 $A \in \mathbb{C}_n^{m\times n}$，则 $(A^{\mathrm{H}}A)^{-1}A^{\mathrm{H}} \in A\{1,3\}$；若 $A \in \mathbb{C}_m^{m\times n}$，则 $A^{\mathrm{H}}(AA^{\mathrm{H}})^{-1} \in A\{1,3\}$.

在利用 Penrose 定理求解矩阵最小二乘广义逆通式时，我们遇到了与求解极小范数广义逆类似的问题. 对此，引入以下定理：

定理 5.5.2 设 $A \in \mathbb{C}^{m\times n}$，则 $A\{1,3\} = \{X \in \mathbb{C}^{n\times m} \mid AX = AA_l^-\}$.

证明：假设矩阵 X 满足 $AX = AA_l^-$，则有 $AXA = AA_l^- A = A$. 又知 $(AX)^{\mathrm{H}} = (AA_l^-)^{\mathrm{H}} = AA_l^- = AX$，从而 $X \in A\{1,3\}$.

另一方面，

$$AA_l^- = AXAA_l^- = (AX)^{\mathrm{H}}(AA_l^-)^{\mathrm{H}} = X^{\mathrm{H}}A^{\mathrm{H}}(A_l^-)^{\mathrm{H}}A^{\mathrm{H}} = (AX)^{\mathrm{H}} = AX$$

综上所述，$A\{1,3\} = \{X \in \mathbb{C}^{n\times m} \mid AX = AA_l^-\}$.

定理 5.5.3 设 $A_l^- \in A\{1,3\}$，则 $A\{1,3\} = \{A_l^- + (I - A_l^- A)Z \mid Z \in \mathbb{C}^{n\times m}\}$.

证明：由 Penrose 定理得方程 $AX = AA_l^-$ 的通解为

$$X = A_l^- AA_l^- + Y - A_l^- AY, \quad \forall Y \in \mathbb{C}^{n\times m}$$

令 Z 是 $\mathbb{C}^{n\times m}$ 中任意矩阵，将 $Y = A_l^- + Z$ 代入上式得

$$X = A_l^- + (I - A_l^- A)Z$$

因此，$A\{1,3\} = \{A_l^- + (I - A_l^- A)Z \mid Z \in \mathbb{C}^{n\times m}\}$.

【应用】 矩阵的最小二乘广义逆与最小二乘问题有着密切关系.考察线性方程组

$$\boldsymbol{Ax}=\boldsymbol{b} \tag{5.5.1}$$

式中：$\boldsymbol{A}\in\mathbb{C}^{m\times n}$和$\boldsymbol{b}\in\mathbb{C}^{m}$给定，$\boldsymbol{x}\in\mathbb{C}^{n}$为待定向量.

若方程组(5.5.1)不相容，则它没有通常意义的解.对此，我们退而求其次，求使得残量范数(向量2范数)最小的解，即求向量$\boldsymbol{x}$使得$\|\boldsymbol{Ax}-\boldsymbol{b}\|_2$最小.通常将这一优化问题称为线性最小二乘问题(例1.5.8和例3.7.4已分别讨论)，向量$\boldsymbol{x}$为不相容方程组(5.5.1)的最小二乘解.

从几何角度看，求解不相容方程组(5.5.1)的最小二乘解的核心问题是求解向量$\boldsymbol{b}$在$R(\boldsymbol{A})$的正交投影.由例5.3.4知，向量$\boldsymbol{b}$在$R(\boldsymbol{A})$的正交投影可由矩阵$\boldsymbol{A}$的减号逆表示，即$\mathrm{Proj}_{R(\boldsymbol{A})}\boldsymbol{b}=\boldsymbol{A}(\boldsymbol{A}^{\mathrm{H}}\boldsymbol{A})^{-}\boldsymbol{A}^{\mathrm{H}}\boldsymbol{b}$.这里采用矩阵的最小二乘广义逆来表示正交投影矩阵.

定理5.5.4 对任意矩阵$\boldsymbol{A}\in\mathbb{C}^{m\times n}$，$\boldsymbol{AA}_l^{-}$是正交投影矩阵.

证明：由于$\boldsymbol{A}_l^{-}$是$\boldsymbol{A}$的一个减号逆且$\boldsymbol{AA}^{-}$是幂等矩阵，故$\boldsymbol{AA}_l^{-}$是幂等矩阵.又知$\boldsymbol{AA}_l^{-}=(\boldsymbol{AA}_l^{-})^{\mathrm{H}}$，故$\boldsymbol{AA}_l^{-}$是正交投影矩阵.

推论5.5.1 向量$\boldsymbol{b}$在$R(\boldsymbol{A})$的正交投影为$\boldsymbol{AA}_l^{-}\boldsymbol{b}$，其中$\boldsymbol{A}\in\mathbb{C}^{m\times n}$和$\boldsymbol{b}\in\mathbb{C}^{m}$.

推论5.5.2 给定$\boldsymbol{A}\in\mathbb{C}^{m\times n}$和$\boldsymbol{b}\in\mathbb{C}^{m}$，$\boldsymbol{A}(\boldsymbol{A}^{\mathrm{H}}\boldsymbol{A})^{-}\boldsymbol{A}^{\mathrm{H}}\boldsymbol{b}=\boldsymbol{AA}_l^{-}\boldsymbol{b}$.

定理5.5.5 矩阵$\boldsymbol{G}\in\boldsymbol{A}\{1,3\}$的充分必要条件为$\boldsymbol{x}=\boldsymbol{Gb}$是不相容方程(5.5.1)的最小二乘解.

证明：必要性.设$\boldsymbol{G}\in\boldsymbol{A}\{1,3\}$，则$\forall\,\boldsymbol{x}\in\mathbb{C}^{n}$，有

$$\begin{aligned}\|\boldsymbol{Ax}-\boldsymbol{b}\|_2^2&=\|(\boldsymbol{AGb}-\boldsymbol{b})+\boldsymbol{A}(\boldsymbol{x}-\boldsymbol{Gb})\|_2^2\\&=\|\boldsymbol{Ax}-\boldsymbol{AGb}\|_2^2+\|\boldsymbol{b}-\boldsymbol{AGb}\|_2^2+\\&\quad(\boldsymbol{Ax}-\boldsymbol{AGb})^{\mathrm{H}}(\boldsymbol{b}-\boldsymbol{AGb})+\\&\quad(\boldsymbol{b}-\boldsymbol{AGb})^{\mathrm{H}}(\boldsymbol{Ax}-\boldsymbol{AGb})\end{aligned} \tag{5.5.2}$$

由于$\boldsymbol{G}\in\boldsymbol{A}\{1,3\}$，则$\boldsymbol{A}^{\mathrm{H}}=(\boldsymbol{AGA})^{\mathrm{H}}=\boldsymbol{A}^{\mathrm{H}}(\boldsymbol{AG})^{\mathrm{H}}=\boldsymbol{A}^{\mathrm{H}}\boldsymbol{GA}$.由此，

$$(\boldsymbol{Ax}-\boldsymbol{AGb})^{\mathrm{H}}(\boldsymbol{b}-\boldsymbol{AGb})=(\boldsymbol{x}-\boldsymbol{Gb})^{\mathrm{H}}\boldsymbol{A}^{\mathrm{H}}(\boldsymbol{I}-\boldsymbol{AG})\boldsymbol{b}=0$$

对上式左右两端进行共轭转置得

$$(\boldsymbol{b}-\boldsymbol{AGb})^{\mathrm{H}}(\boldsymbol{Ax}-\boldsymbol{AGb})=0$$

因此，

$$\|\boldsymbol{Ax}-\boldsymbol{b}\|_2^2=\|\boldsymbol{Ax}-\boldsymbol{AGb}\|_2^2+\|\boldsymbol{b}-\boldsymbol{AGb}\|_2^2\geqslant\|\boldsymbol{b}-\boldsymbol{AGb}\|_2^2$$

这表明$\boldsymbol{x}=\boldsymbol{Gb}$是不相容方程组$\boldsymbol{Ax}=\boldsymbol{b}$的最小二乘解.

充分性.若$\boldsymbol{x}=\boldsymbol{Gb}$是不相容方程组$\boldsymbol{Ax}=\boldsymbol{b}$的最小二乘解，则对任意向量$\boldsymbol{x}\in\mathbb{C}^{n}$和$\boldsymbol{b}\in\mathbb{C}^{m}$，有

$$\|\boldsymbol{Ax}-\boldsymbol{b}\|_2\geqslant\|\boldsymbol{AGb}-\boldsymbol{b}\|_2$$

对上述不等式两端平方，并由式(5.5.2)知，上述不等式恒成立的充分必要条件

是对任意向量 $x\in\mathbb{C}^n$ 和 $b\in\mathbb{C}^m$，$(Ax-AGb)^{\mathrm{H}}(b-AGb)=0$. 由向量 b 和向量 $x-Gb$ 的任意性，可得 $A^{\mathrm{H}}=A^{\mathrm{H}}GA$，进而 $G\in A\{1,3\}$. 证毕.

推论 5.5.3 向量 x 是不相容方程(5.5.1)的最小二乘解当且仅当 x 是相容方程组 $Ax=AA_l^-b$ 的解，且 $Ax=b$ 的最小二乘解的通式为

$$x=A_l^-b+(I-A_l^-A)y,\quad \forall y\in\mathbb{C}^n$$

注 2：方程组 $Ax=AA_l^-b$，$Ax=A(A^{\mathrm{H}}A)^-A^{\mathrm{H}}b$ 和 $A^{\mathrm{H}}Ax=A^{\mathrm{H}}b$ 均是相容同解方程组.

例 5.5.1 求方程组 $Ax=b$ 的最小二乘解通式，其中

$$A=\begin{bmatrix}1&2&0\\2&4&0\end{bmatrix},\quad b=\begin{bmatrix}1\\1\end{bmatrix}$$

解：矩阵 A 的奇异值分解为

$$A=\begin{bmatrix}-\frac{\sqrt5}{5}&\frac{2\sqrt5}{5}\\-\frac{2\sqrt5}{5}&\frac{\sqrt5}{5}\end{bmatrix}\begin{bmatrix}5&0&0\\0&0&0\end{bmatrix}\begin{bmatrix}-\frac{\sqrt5}{5}&-\frac{2\sqrt5}{5}&0\\-\frac{2\sqrt5}{5}&\frac{\sqrt5}{5}&0\\0&0&1\end{bmatrix}^{\mathrm{H}}$$

则取 A 的最小二乘广义逆为

$$A_l^-=\begin{bmatrix}-\frac{\sqrt5}{5}&-\frac{2\sqrt5}{5}&0\\-\frac{2\sqrt5}{5}&\frac{\sqrt5}{5}&0\\0&0&1\end{bmatrix}\begin{bmatrix}\frac{1}{5}&0\\0&0\\0&0\end{bmatrix}\begin{bmatrix}-\frac{\sqrt5}{5}&\frac{2\sqrt5}{5}\\-\frac{2\sqrt5}{5}&\frac{\sqrt5}{5}\end{bmatrix}^{\mathrm{H}}=\begin{bmatrix}\frac{1}{25}&\frac{2}{25}\\\frac{2}{25}&\frac{4}{25}\\0&0\end{bmatrix}$$

由此，方程组的最小二乘通解为

$$x=A_l^-b+(I-A_l^-A)y=\begin{bmatrix}\frac{3}{25}\\\frac{6}{25}\\0\end{bmatrix}+\begin{bmatrix}\frac{4}{5}&-\frac{2}{5}&0\\-\frac{2}{5}&\frac{1}{5}&0\\0&0&1\end{bmatrix}\begin{bmatrix}y_1\\y_2\\y_3\end{bmatrix}$$

式中：y_1、y_2 和 y_3 为任意数.

定理 5.5.6 不相容方程组 $Ax=b$ 具有唯一的最小二乘解当且仅当 A 是列满秩矩阵.

证明：由定理 5.3.1 知，A 是列满秩矩阵当且仅当相容方程组 $Ax=AA_l^-b$ 有唯一解. 再由推论 5.5.3 知，A 是列满秩矩阵当且仅当不相容方程组 $Ax=b$ 具有唯一的最小二乘解.

例 5.5.2 求方程组 $Ax=b$ 最小二乘解的通式，其中

$$A=\begin{bmatrix}1&2\\2&1\\1&1\end{bmatrix},\quad b=\begin{bmatrix}1\\0\\0\end{bmatrix}$$

解：由 $\mathrm{rank}(A)=2$，$\mathrm{rank}(A\,|\,b)=3$ 知，方程组不相容. 又因为 A 是列满秩矩阵，故 $Ax=b$ 具有唯一的最小二乘解. 因此，

$$(A^{\mathrm{H}}A)^{-1}A^{\mathrm{H}}=\begin{bmatrix}-\frac{4}{11}&\frac{7}{11}&\frac{1}{11}\\\frac{7}{11}&-\frac{4}{11}&\frac{1}{11}\end{bmatrix}\in A\{1,3\}$$

方程组的最小二乘解为

$$x=(A^{\mathrm{H}}A)^{-1}A^{\mathrm{H}}b=\begin{bmatrix}-\frac{4}{11}\\\frac{7}{11}\\0\end{bmatrix}$$

5.6 加号逆

$A^{(1,2,3,4)}$ 是矩阵 A 的最小二乘广义逆，其存在性有如下结论：

定理 5.6.1(加号逆存在性定理) 设矩阵 $A\in\mathbb{C}_r^{m\times n}$ 的奇异值分解为

$$A=U\begin{bmatrix}\Sigma_r&O\\O&O\end{bmatrix}V^{\mathrm{H}}$$

则

$$G=V\begin{bmatrix}\Sigma_r^{-1}&O\\O&O\end{bmatrix}U^{\mathrm{H}}$$

是 A 的一个加号逆.

证明：将矩阵 A 和 G 依次代入 4 个 Penrose 方程，得

$$AGA=U\begin{bmatrix}\Sigma_r&O\\O&O\end{bmatrix}V^{\mathrm{H}}=A$$

$$GAG=V\begin{bmatrix}\Sigma_r^{-1}&O\\O&O\end{bmatrix}U^{\mathrm{H}}=G$$

$$(AG)^{\mathrm{H}}=U\begin{bmatrix}I&O\\O&O\end{bmatrix}U^{\mathrm{H}}=AG$$

$$(GA)^{\mathrm{H}}=V\begin{bmatrix}I&O\\O&O\end{bmatrix}V^{\mathrm{H}}=GA$$

因此，矩阵 G 是矩阵 A 的一个加号逆.

定理 5.6.1 利用奇异值分解给出了矩阵 $\boldsymbol{A}$ 的最小二乘广义逆的一个特解.该定理表明矩阵的加号逆一定存在,这也表明矩阵的任一广义逆矩阵都存在.

定理 5.6.2(加号逆唯一性定理)　任给矩阵 $\boldsymbol{A}\in\mathbb{C}^{m\times n}$,其加号逆 $\boldsymbol{A}^{+}$ 唯一.

证明:$\boldsymbol{A}^{+}$ 存在性由定理 5.6.1 给出.这里假设矩阵 $\boldsymbol{A}$ 的加号逆不唯一,即矩阵 $\boldsymbol{X}$ 和 $\boldsymbol{Y}$ 均满足 4 个 Penrose 方程,则

$$\begin{aligned}\boldsymbol{X}&=\boldsymbol{XAX}=\boldsymbol{XAYAX}=(\boldsymbol{XA})^{\mathrm{H}}(\boldsymbol{YA})^{\mathrm{H}}\boldsymbol{X}=\boldsymbol{A}^{\mathrm{H}}\boldsymbol{X}^{\mathrm{H}}\boldsymbol{A}^{\mathrm{H}}\boldsymbol{Y}^{\mathrm{H}}\boldsymbol{X}=(\boldsymbol{AXA})^{\mathrm{H}}\boldsymbol{Y}^{\mathrm{H}}\boldsymbol{X}\\&=\boldsymbol{A}^{\mathrm{H}}\boldsymbol{Y}^{\mathrm{H}}\boldsymbol{X}=\boldsymbol{YAX}=\boldsymbol{YAYAX}=\boldsymbol{Y}(\boldsymbol{AY})^{\mathrm{H}}(\boldsymbol{AX})^{\mathrm{H}}=\boldsymbol{YY}^{\mathrm{H}}\boldsymbol{A}^{\mathrm{H}}\boldsymbol{X}^{\mathrm{H}}\boldsymbol{A}^{\mathrm{H}}\\&=\boldsymbol{YY}^{\mathrm{H}}(\boldsymbol{AXA})^{\mathrm{H}}=\boldsymbol{YY}^{\mathrm{H}}\boldsymbol{A}^{\mathrm{H}}=\boldsymbol{YAY}=\boldsymbol{Y}\end{aligned}$$

下面分别利用奇异值分解和满秩分解来计算矩阵的加号逆.

方法一.利用奇异值分解计算.定理 5.6.1 已提供了基于奇异值分解的加号逆计算方法.现对这一结果作进一步改进,并有如下定理:

定理 5.6.3　设矩阵 $\boldsymbol{A}=(a_{ij})\in\mathbb{C}_r^{m\times n}$,则

$$\boldsymbol{A}^{+}=\boldsymbol{V}_1(\boldsymbol{\Sigma}_r^2)^{-1}\boldsymbol{V}_1^{\mathrm{H}}\boldsymbol{A}^{\mathrm{H}}$$

其中,$\boldsymbol{\Sigma}_r=\mathrm{diag}(\sigma_1,\cdots,\sigma_r)$,$\sigma_1,\cdots,\sigma_r$ 是矩阵 $\boldsymbol{A}$ 的 r 个正奇异值,$\boldsymbol{V}_1\in\mathbb{C}^{n\times r}$ 是由 $\boldsymbol{A}^{\mathrm{H}}\boldsymbol{A}$ 的属于特征值 $\sigma_1^2,\cdots,\sigma_r^2$ 的 r 个单位正交特征向量构成.

证明:设 $\boldsymbol{V}_2\in\mathbb{C}^{n\times(n-r)}$ 是由 $\boldsymbol{A}^{\mathrm{H}}\boldsymbol{A}$ 的属于特征值 0 的 $(n-r)$ 个单位正交特征向量构成,并定义 $\boldsymbol{V}=(\boldsymbol{V}_1,\boldsymbol{V}_2)$,则矩阵 $\boldsymbol{A}\in\mathbb{C}_r^{m\times n}$ 的奇异值分解为

$$\boldsymbol{A}=[\boldsymbol{U}_1,\boldsymbol{U}_2]\begin{bmatrix}\boldsymbol{\Sigma}_r&\boldsymbol{O}\\\boldsymbol{O}&\boldsymbol{O}\end{bmatrix}\begin{bmatrix}\boldsymbol{V}_1^{\mathrm{H}}\\\boldsymbol{V}_2^{\mathrm{H}}\end{bmatrix}\tag{5.6.1}$$

式中,$\boldsymbol{U}_1=\boldsymbol{AV}_1\boldsymbol{\Sigma}_r^{-1}$,$\boldsymbol{U}_2\in\mathbb{C}^{m\times(m-r)}$ 是由 $\boldsymbol{AA}^{\mathrm{H}}$ 的属于特征值 0 的 $(m-r)$ 个单位正交特征向量组成.

根据定理 5.6.1 知,

$$\boldsymbol{A}^{+}=[\boldsymbol{V}_1,\boldsymbol{V}_2]\begin{bmatrix}\boldsymbol{\Sigma}_r^{-1}&\boldsymbol{O}\\\boldsymbol{O}&\boldsymbol{O}\end{bmatrix}\begin{bmatrix}\boldsymbol{U}_1^{\mathrm{H}}\\\boldsymbol{U}_2^{\mathrm{H}}\end{bmatrix}=\boldsymbol{V}_1\boldsymbol{\Sigma}_r^{-1}\boldsymbol{U}_1^{\mathrm{H}}=\boldsymbol{V}_1(\boldsymbol{\Sigma}_r^2)^{-1}\boldsymbol{V}_1^{\mathrm{H}}\boldsymbol{A}^{\mathrm{H}}$$

例 5.6.1　已知矩阵 $\boldsymbol{A}=\begin{bmatrix}-1&0&1\\2&0&-2\end{bmatrix}$,求 $\boldsymbol{A}^{+}$.

解:矩阵 $\boldsymbol{A}$ 的奇异值分解为

$$\boldsymbol{A}=\begin{bmatrix}-\dfrac{\sqrt{5}}{5}&\dfrac{2\sqrt{5}}{5}\\\dfrac{2\sqrt{5}}{5}&\dfrac{\sqrt{5}}{5}\end{bmatrix}\begin{bmatrix}\sqrt{10}&0&0\\0&0&0\end{bmatrix}\begin{bmatrix}\dfrac{\sqrt{2}}{2}&-\dfrac{\sqrt{2}}{2}&0\\0&0&1\\-\dfrac{\sqrt{2}}{2}&-\dfrac{\sqrt{2}}{2}&0\end{bmatrix}^{\mathrm{H}}$$

则矩阵 $\boldsymbol{A}$ 的加号逆为

$$A^{+}=\begin{bmatrix}\frac{\sqrt{2}}{2} & -\frac{\sqrt{2}}{2} & 0\\ 0 & 0 & 1\\ -\frac{\sqrt{2}}{2} & -\frac{\sqrt{2}}{2} & 0\end{bmatrix}\begin{bmatrix}\frac{\sqrt{10}}{10} & 0\\ 0 & 0\\ 0 & 0\end{bmatrix}\begin{bmatrix}-\frac{\sqrt{5}}{5} & \frac{2\sqrt{5}}{5}\\ \frac{2\sqrt{5}}{5} & \frac{\sqrt{5}}{5}\end{bmatrix}^{H}=\frac{1}{10}\begin{bmatrix}-1 & 2\\ 0 & 0\\ 1 & -2\end{bmatrix}$$

考察一种特殊情况：$A\in\mathbb{C}_1^{m\times n}$，则矩阵 A 有且仅有一个正奇异值，不妨设 $\sigma_1>0$，则 σ_1^2 是矩阵 A^HA 唯一的非零特征值，且 $(\Sigma_r^2)^{-1}=\sigma_1^{-2}$.

另一方面，根据特征值与矩阵迹的关系，得

$$\sigma_1^2=\mathrm{tr}(A^HA)=\sum_{i,j}|a_{ij}|^2$$

将上式代入 $A^{+}=V_1(\Sigma_r^2)^{-1}V_1^HA^H$，得

$$A^{+}=\frac{1}{\sum\limits_{i,j}|a_{ij}|^2}V_1V_1^HA^H$$

由于 $A^HAV_2=O$，故 $AV_2=O$. 又知 $V_1V_1^H+V_2V_2^H=I_n$，则

$$A^H=(V_1V_1^H+V_2V_2^H)A^H=V_1V_1^HA^H$$

因此，$A^{+}=\dfrac{1}{\sum\limits_{i,j}|a_{ij}|^2}A^H$，并有如下推论：

推论 5.6.1（秩 1 公式）　设 $A=(a_{ij})\in\mathbb{C}_1^{m\times n}$，$A^{+}=\dfrac{1}{\sum\limits_{i,j}|a_{ij}|^2}A^H$.

由推论 5.6.1 知，例 5.6.1 中的加号逆 A^{+} 可直接写出来：

$$A^{+}=\frac{1}{10}\begin{bmatrix}-1 & 2\\ 0 & 0\\ 1 & -2\end{bmatrix}$$

方法二. 利用满秩分解计算.

定理 5.6.4　设矩阵 $A\in\mathbb{C}_r^{m\times n}$ 有满秩分解 $A=BC$，其中，$B\in\mathbb{C}_r^{m\times r}$，$C\in\mathbb{C}_r^{r\times n}$，则 $A^{+}=C^H(CC^H)^{-1}(B^HB)^{-1}B^H=C^H(B^HAC^H)^{-1}B^H$.

证明：将 $A=BC$ 和 $G=C^H(CC^H)^{-1}(B^HB)^{-1}B^H$ 依次代入 4 个 Penrose 方程，得

$$AGA=BC=A$$
$$GAG=C^H(CC^H)^{-1}(B^HB)^{-1}B^H=G$$
$$(AG)^H=B(B^HB)^{-1}B^H=AG$$
$$(GA)^H=C^H(CC^H)^{-1}C=GA$$

因此，矩阵 G 是矩阵 A 的加号逆.

推论 5.6.2　若 $A\in\mathbb{C}_n^{m\times n}$，$A^{+}=(A^HA)^{-1}A^H$；若 $A\in\mathbb{C}_m^{m\times n}$，$A^{+}=A^H(AA^H)^{-1}$.

例 5.6.2 求 $\boldsymbol{A}=\begin{bmatrix}1&2&1&2\\2&4&2&4\\1&0&0&2\end{bmatrix}$ 的伪逆.

解：对矩阵 $\boldsymbol{A}$ 进行满秩分解为

$$\boldsymbol{A}=\begin{bmatrix}1&2\\2&4\\1&0\end{bmatrix}\begin{bmatrix}1&0&0&2\\0&1&\frac{1}{2}&0\end{bmatrix}$$

由此，矩阵 $\boldsymbol{A}$ 的加号逆为

$$\boldsymbol{A}^{+}=\boldsymbol{C}^{\mathrm{H}}(\boldsymbol{B}^{\mathrm{H}}\boldsymbol{A}\boldsymbol{C}^{\mathrm{H}})^{-1}\boldsymbol{B}^{\mathrm{H}}=\begin{bmatrix}0&0&\frac{1}{5}\\\frac{2}{25}&\frac{4}{25}&-\frac{2}{5}\\\frac{1}{25}&\frac{2}{25}&-\frac{1}{5}\\0&0&\frac{2}{5}\end{bmatrix}$$

命题 5.6.1（加号逆的性质） 设 $\boldsymbol{A}\in\mathbb{C}^{m\times n}$，则

(1) $(\boldsymbol{A}^{+})^{+}=\boldsymbol{A}$；

(2) $(\boldsymbol{A}^{\mathrm{H}})^{+}=(\boldsymbol{A}^{+})^{\mathrm{H}}$；

(3) $(\boldsymbol{A}^{\mathrm{T}})^{+}=(\boldsymbol{A}^{+})^{\mathrm{T}}$；

(4) $\mathrm{rank}(\boldsymbol{A}^{+})=\mathrm{rank}(\boldsymbol{A})$；

(5) $(\boldsymbol{A}^{\mathrm{H}}\boldsymbol{A})^{+}=\boldsymbol{A}^{+}(\boldsymbol{A}^{\mathrm{H}})^{+}$，$(\boldsymbol{A}\boldsymbol{A}^{\mathrm{H}})^{+}=(\boldsymbol{A}^{\mathrm{H}})^{+}\boldsymbol{A}^{+}$；

(6) $\boldsymbol{A}^{+}=(\boldsymbol{A}^{\mathrm{H}}\boldsymbol{A})^{+}\boldsymbol{A}^{\mathrm{H}}=\boldsymbol{A}^{\mathrm{H}}(\boldsymbol{A}\boldsymbol{A}^{\mathrm{H}})^{+}$.

证明：性质(1)～(4)和(6)均可利用加号逆的定义进行证明，这里仅以性质(5)为例进行说明.

由于

$$\begin{aligned}\boldsymbol{A}^{\mathrm{H}}\boldsymbol{A}(\boldsymbol{A}^{+}(\boldsymbol{A}^{\mathrm{H}})^{+})\boldsymbol{A}^{\mathrm{H}}\boldsymbol{A}&=\boldsymbol{A}^{\mathrm{H}}(\boldsymbol{A}\boldsymbol{A}^{+})^{\mathrm{H}}(\boldsymbol{A}^{+})^{\mathrm{H}}\boldsymbol{A}^{\mathrm{H}}\boldsymbol{A}\\&=(\boldsymbol{A}\boldsymbol{A}^{+}\boldsymbol{A})^{\mathrm{H}}(\boldsymbol{A}\boldsymbol{A}^{+})^{\mathrm{H}}\boldsymbol{A}=\boldsymbol{A}^{\mathrm{H}}\boldsymbol{A}\boldsymbol{A}^{+}\boldsymbol{A}=\boldsymbol{A}^{\mathrm{H}}\boldsymbol{A}\end{aligned}$$

$$\begin{aligned}(\boldsymbol{A}^{+}(\boldsymbol{A}^{\mathrm{H}})^{+})\boldsymbol{A}^{\mathrm{H}}\boldsymbol{A}(\boldsymbol{A}^{+}(\boldsymbol{A}^{\mathrm{H}})^{+})&=\boldsymbol{A}^{+}(\boldsymbol{A}\boldsymbol{A}^{+})^{\mathrm{H}}(\boldsymbol{A}\boldsymbol{A}^{+})^{\mathrm{H}}(\boldsymbol{A}^{+})^{\mathrm{H}}\\&=\boldsymbol{A}^{+}\boldsymbol{A}\boldsymbol{A}^{+}(\boldsymbol{A}^{+}\boldsymbol{A}\boldsymbol{A}^{+})^{\mathrm{H}}=\boldsymbol{A}^{+}(\boldsymbol{A}^{+})^{\mathrm{H}}=\boldsymbol{A}^{+}(\boldsymbol{A}^{\mathrm{H}})^{+}\end{aligned}$$

故 $\boldsymbol{A}^{+}(\boldsymbol{A}^{\mathrm{H}})^{+}\in(\boldsymbol{A}^{\mathrm{H}}\boldsymbol{A})^{\{1,2\}}$.

又知

$$(\boldsymbol{A}^{\mathrm{H}}\boldsymbol{A}\boldsymbol{A}^{+}(\boldsymbol{A}^{\mathrm{H}})^{+})^{\mathrm{H}}=\boldsymbol{A}^{+}(\boldsymbol{A}^{\mathrm{H}})^{+}\boldsymbol{A}^{\mathrm{H}}\boldsymbol{A}=\boldsymbol{A}^{+}(\boldsymbol{A}\boldsymbol{A}^{+})^{\mathrm{H}}\boldsymbol{A}=\boldsymbol{A}^{+}\boldsymbol{A}\boldsymbol{A}^{+}\boldsymbol{A}=\boldsymbol{A}^{+}\boldsymbol{A}$$

$$\boldsymbol{A}^{\mathrm{H}}\boldsymbol{A}\boldsymbol{A}^{+}(\boldsymbol{A}^{\mathrm{H}})^{+}=\boldsymbol{A}^{\mathrm{H}}(\boldsymbol{A}\boldsymbol{A}^{+})^{\mathrm{H}}(\boldsymbol{A}^{\mathrm{H}})^{+}=(\boldsymbol{A}^{+}\boldsymbol{A}\boldsymbol{A}^{+}\boldsymbol{A})^{\mathrm{H}}=\boldsymbol{A}^{+}\boldsymbol{A}$$

故 $(\boldsymbol{A}^{\mathrm{H}}\boldsymbol{A}\boldsymbol{A}^{+}(\boldsymbol{A}^{\mathrm{H}})^{+})^{\mathrm{H}}=\boldsymbol{A}^{\mathrm{H}}\boldsymbol{A}\boldsymbol{A}^{+}(\boldsymbol{A}^{\mathrm{H}})^{+}$，即 $\boldsymbol{A}^{+}(\boldsymbol{A}^{\mathrm{H}})^{+}\in(\boldsymbol{A}^{\mathrm{H}}\boldsymbol{A})^{\{3\}}$.

$$(\boldsymbol{A}^{+}(\boldsymbol{A}^{\mathrm{H}})^{+}\boldsymbol{A}^{\mathrm{H}}\boldsymbol{A})^{\mathrm{H}}=\boldsymbol{A}^{\mathrm{H}}\boldsymbol{A}\boldsymbol{A}^{+}(\boldsymbol{A}^{+})^{\mathrm{H}}=\boldsymbol{A}^{\mathrm{H}}(\boldsymbol{A}\boldsymbol{A}^{+})^{\mathrm{H}}(\boldsymbol{A}^{+})^{\mathrm{H}}$$

$$=(A^+AA^+A)^H=A^+AA^+(A^H)^+A^HA$$
$$=A^+AA^+A=A^+A$$

故$(A^+(A^H)^+A^HA)^H=A^+(A^H)^+A^HA$，即$A^+(A^H)^+\in(A^HA)^{\{4\}}$.

综上所述，$A^+(A^H)^+=(A^HA)^+$. 同理可证$(AA^H)^+=(A^H)^+A^+$.

注 1： 对于一般的矩阵 A 和 B，$(AB)^+\neq B^+A^+$，$A^+A\neq AA^+\neq I$.

【应用】 加号逆与线性方程组的关系. 考察线性方程组

$$Ax=b \tag{5.6.2}$$

式中：$A\in\mathbb{C}^{m\times n}$和$b\in\mathbb{C}^m$给定，$x\in\mathbb{C}^n$为待定向量.

由前面章节内容，总结以下结论：

推论 5.6.3 线性方程(5.6.2)相容的充分必要条件为$AA^+b=b$，此时通解为

$$x=A^+b+(I-A^+A)y,\quad \forall y\in\mathbb{C}^n \tag{5.6.3}$$

若方程(5.6.2)不相容，则式(5.6.3)为其最小二乘解通式.

一般而言，方程(5.6.2)的最小二乘解并不唯一，我们通常把范数最小的一个解称为方程(5.6.2)的极小(范数)最小二乘解(或最佳逼近解).

定理 5.6.5 向量$x=A^+b$既是相容方程(5.6.2)的唯一极小范数解，也是不相容方程(5.6.2)的唯一最佳逼近解.

证明：$A^+\in A\{1.4\}$，故$x=A^+b$是相容方程(5.6.2)的唯一极小范数解.

由推论5.5.3知，不相容方程(5.6.2)的最小二乘解当且仅当是相容方程$Ax=AA^+b$的解. 又知相容方程$Ax=AA^+b$的极小范数解唯一且可表示为

$$x=A^+AA^+b=A^+b$$

因此，$x=A^+b$是不相容方程组(5.6.2)的唯一最佳逼近解. 证毕.

例 5.6.3 求线性方程(5.6.2)的极小范数解或最佳逼近解，其中

$$A=\begin{bmatrix}1&0&-1&1\\0&2&2&2\\-1&4&5&3\end{bmatrix},\quad b=\begin{bmatrix}4\\-2\\-2\end{bmatrix}$$

解：A的满秩分解为

$$A=FG=\begin{bmatrix}1&0\\0&2\\-1&4\end{bmatrix}\begin{bmatrix}1&0&-1&1\\0&1&1&1\end{bmatrix}$$

于是

$$A^+=G^H(GG^H)^{-1}(F^HF)^{-1}F^H=\frac{1}{18}\begin{bmatrix}5&2&-1\\1&1&1\\-4&-1&2\\6&3&0\end{bmatrix}$$

由于$AA^+b=[3,0,-3]^T\neq b$，所以方程$Ax=b$不相容，它的最佳逼近解为

$$x_0=A^+b=[1,0,-1,1]^T$$

例 5.6.4 求向量 $\boldsymbol{b}\in\mathbb{C}^n$ 在 $R(\boldsymbol{A})$ 和 $N(\boldsymbol{A})$ 上的正交投影，其中 $\boldsymbol{A}\in\mathbb{C}^{n\times n}$.

解：由于 $\boldsymbol{A}\boldsymbol{A}^+$ 是正交投影矩阵，且 $\boldsymbol{A}\boldsymbol{A}^+\boldsymbol{b}\in R(\boldsymbol{A})$，故 $\mathrm{Proj}_{R(\boldsymbol{A})}\boldsymbol{b}=\boldsymbol{A}\boldsymbol{A}^+\boldsymbol{b}$. 又知 $N(\boldsymbol{A})\oplus R(\boldsymbol{A}^{\mathrm{H}})=\mathbb{C}^n$ 是正交直和分解，则 $\boldsymbol{b}\in\mathbb{C}^n$ 在 $N(\boldsymbol{A})$ 上的正交投影为

$$\mathrm{Proj}_{N(\boldsymbol{A})}\boldsymbol{b}=(\boldsymbol{I}-\boldsymbol{A}^{\mathrm{H}}(\boldsymbol{A}^{\mathrm{H}})^+)\boldsymbol{b}=(\boldsymbol{I}-\boldsymbol{A}^+\boldsymbol{A})\boldsymbol{b}$$

5.7 应用：区间线性规划

线性规划模型诞生于 20 世纪 40 年代，最早时被称为生产组织与计划中的数学方法. 60 年代初，康托洛维奇和库伯曼斯应用线性规划模型提出了资源最优分配理论，并凭此荣获诺贝尔经济学奖；自此，线性规划模型受到诸多科学和工程领域的广泛关注.

区间线性规划模型（带双边约束的线性规划模型）作为线性规划模型的一种特殊形式，更适用于解决部分拥有特殊性质的规划问题. 例如在交通规划问题中：若给定了一个道路集，我们要限制各条道路上的车总量不能过多，否则会造成该集中道路的拥堵，同时也不能让这个道路集上的车过少，这样才能为其他道路集疏解压力. 我们可以定义约束条件中过多部分为资源分配问题，即要求所有个体所占用的资源和要小于总资源数；定义约束条件中过少部分为成本收益问题，即要求每个个体的贡献和要大于某一成本. 既要考虑资源分配，又需考虑成本收益的问题，我们都可以称之为带双边约束的规划问题，并可以通过区间线性规划模型进行求解.

定义 5.7.1（区间线性规划） 设 $\boldsymbol{A}=(a_{ij})\in\mathbb{R}^{m\times n}$，$\boldsymbol{a}=[a_1,\cdots,a_m]^{\mathrm{T}}$ 和 $\boldsymbol{b}=[b_1,\cdots,b_m]^{\mathrm{T}}\in\mathbb{R}^m$，$\boldsymbol{c}$ 和 $\boldsymbol{x}\in\mathbb{R}^n$，则线性规划问题

$$\max\ \boldsymbol{c}^{\mathrm{T}}\boldsymbol{x} \tag{5.7.1}$$

$$\text{s.t. } a_i\leqslant\sum_{j=1}^{n}a_{ij}x_j\leqslant b_i,\quad i=1,\cdots,m$$

称为区间线性规划（或带双边约束的线性规划）.

若用 $\boldsymbol{a}\leqslant\boldsymbol{b}$ 表示 $a_i\leqslant b_i$，$i=1,\cdots,m$，则该线性规划问题可简记为

$$\max\ \boldsymbol{c}^{\mathrm{T}}\boldsymbol{x} \tag{5.7.2}$$

$$\text{s.t. } \boldsymbol{a}\leqslant\boldsymbol{A}\boldsymbol{x}\leqslant\boldsymbol{b}$$

若向量 $\boldsymbol{x}$ 满足约束条件 $\boldsymbol{a}\leqslant\boldsymbol{A}\boldsymbol{x}\leqslant\boldsymbol{b}$，则称 $\boldsymbol{x}$ 为规划问题(5.7.2)的一个可行解. 记

$$S=\{\boldsymbol{x}\in\mathbb{R}^n\mid\boldsymbol{a}\leqslant\boldsymbol{A}\boldsymbol{x}\leqslant\boldsymbol{b}\}$$

称 S 为规划问题(5.7.2)的可行解集. 若 S 非空，则称该规划问题是可行的. 若

$$\max\{\boldsymbol{c}^{\mathrm{T}}\boldsymbol{x},\boldsymbol{x}\in S\}<\infty$$

则称该规划问题是有界的；若存在 $\boldsymbol{x}_0\in S$ 使得

$$\boldsymbol{c}^{\mathrm{T}}\boldsymbol{x}_0=\max\{\boldsymbol{c}^{\mathrm{T}}\boldsymbol{x},\boldsymbol{x}\in S\}$$

则称 $\boldsymbol{x}_0$ 为区间线性规划问题(5.7.2)的最优解.

下面两个定理通过广义逆矩阵刻画了规划问题(5.7.2)的有界性及最优解集.

定理 5.7.1 区间线性规划问题(5.7.2)有界,当且仅当 $\boldsymbol{c}\in R(\boldsymbol{A}^{\mathrm{T}})$,或等价地,$\boldsymbol{c}^{\mathrm{T}}\boldsymbol{A}^{-}\boldsymbol{A}=\boldsymbol{c}^{\mathrm{T}}$.

证明:设 $\boldsymbol{x}$ 为任一可行解,$\boldsymbol{u}\in N(\boldsymbol{A})$,则容易验证 $\boldsymbol{x}+\boldsymbol{u}\in S$. 这表明

$$S+N(\boldsymbol{A})=S$$

进一步,有

$$\max\{\boldsymbol{c}^{\mathrm{T}}\boldsymbol{x},\boldsymbol{x}\in S\}=\max\{\boldsymbol{c}^{\mathrm{T}}\boldsymbol{x},\boldsymbol{x}\in[S+N(\boldsymbol{A})]\}$$

又知

$$\boldsymbol{c}^{\mathrm{T}}\boldsymbol{x}=\boldsymbol{c}^{\mathrm{T}}\boldsymbol{A}^{+}\boldsymbol{A}\boldsymbol{x}+\boldsymbol{c}^{\mathrm{T}}(\boldsymbol{I}-\boldsymbol{A}^{+}\boldsymbol{A})\boldsymbol{x}$$

则

$$\max\{\boldsymbol{c}^{\mathrm{T}}\boldsymbol{x},\boldsymbol{x}\in[S+N(\boldsymbol{A})]\}=l_1+l_2$$

式中:

$$l_1=\max\{\boldsymbol{c}^{\mathrm{T}}\boldsymbol{A}^{+}\boldsymbol{A}\boldsymbol{x},\boldsymbol{x}\in S\}$$

$$l_2=\max\{\boldsymbol{c}^{\mathrm{T}}(\boldsymbol{I}-\boldsymbol{A}^{+}\boldsymbol{A})\boldsymbol{x},\boldsymbol{x}\in N(\boldsymbol{A})\}$$

显然,l_1 是有限的. 另一方面,l_2 有限$\Leftrightarrow\forall\boldsymbol{x}\in N(\boldsymbol{A}),\boldsymbol{c}^{\mathrm{T}}\boldsymbol{x}=0\Leftrightarrow\boldsymbol{c}\in N(\boldsymbol{A})^{\perp}$. 由定理 1.5.3 知,$N(\boldsymbol{A})^{\perp}=R(\boldsymbol{A}^{\mathrm{T}})$. 故区间线性规划问题(5.7.2)有界,当且仅当 $\boldsymbol{c}\in R(\boldsymbol{A}^{\mathrm{T}})$. 根据命题 5.3.2 知,$\boldsymbol{c}\in R(\boldsymbol{A}^{\mathrm{T}})$等价于 $\boldsymbol{c}^{\mathrm{T}}\boldsymbol{A}^{-}\boldsymbol{A}=\boldsymbol{c}^{\mathrm{T}}$. 证毕.

定理 5.7.2 假设区间线性规划问题(5.7.2)是可行有解的,$\mathrm{rank}(\boldsymbol{A})=m$,则该问题的最优解集为

$$\boldsymbol{x}=\boldsymbol{A}^{-}\boldsymbol{u}+(\boldsymbol{I}-\boldsymbol{A}^{-}\boldsymbol{A})\boldsymbol{v} \tag{5.7.3}$$

式中,向量$\boldsymbol{v}\in\mathbb{R}^n$任意,$\boldsymbol{u}=[u_1,\cdots,u_m]^{\mathrm{T}}\in\mathbb{R}^m$满足

$$u_i=\begin{cases}a_i, & \text{若}(\boldsymbol{c}^{\mathrm{T}}\boldsymbol{A}^{-})_i<0\\ b_i, & \text{若}(\boldsymbol{c}^{\mathrm{T}}\boldsymbol{A}^{-})_i>0\\ \theta_i a_i+(1-\theta_i)b_i, & \text{若}(\boldsymbol{c}^{\mathrm{T}}\boldsymbol{A}^{-})_i=0\end{cases} \tag{5.7.4}$$

$(\boldsymbol{c}^{\mathrm{T}}\boldsymbol{A}^{-})_i$ 表示行向量 $\boldsymbol{c}^{\mathrm{T}}\boldsymbol{A}^{-}$ 的第 i 个分量,$0\leqslant\theta_i\leqslant1$.

证明:由于 $\boldsymbol{A}^{-}\boldsymbol{A}$ 是幂等矩阵,故 $R(\boldsymbol{A}^{-}\boldsymbol{A})\dot{+}R(\boldsymbol{I}-\boldsymbol{A}^{-}\boldsymbol{A})=\mathbb{R}^n$. 由此,$\mathbb{R}^n$ 的任一向量 $\boldsymbol{x}$ 都可以表示为

$$\boldsymbol{x}=\boldsymbol{A}^{-}\boldsymbol{A}\boldsymbol{w}+(\boldsymbol{I}-\boldsymbol{A}^{-}\boldsymbol{A})\boldsymbol{v}$$

式中:$\boldsymbol{w}\in\mathbb{R}^n,\boldsymbol{v}\in\mathbb{R}^n$.

根据该规划问题的有界性,利用定理 5.7.1 知,$\boldsymbol{c}\in R(\boldsymbol{A}^{\mathrm{T}})$,于是

$$\boldsymbol{c}^{\mathrm{T}}(\boldsymbol{I}-\boldsymbol{A}^{-}\boldsymbol{A})\boldsymbol{v}=\boldsymbol{0}$$

进一步,

$$\boldsymbol{c}^{\mathrm{T}}\boldsymbol{x}=\boldsymbol{c}^{\mathrm{T}}[\boldsymbol{A}^{-}\boldsymbol{A}\boldsymbol{w}+(\boldsymbol{I}-\boldsymbol{A}^{-}\boldsymbol{A})\boldsymbol{v}]=\boldsymbol{c}^{\mathrm{T}}\boldsymbol{A}^{-}\boldsymbol{A}\boldsymbol{w}$$

由于 $\mathrm{rank}(\boldsymbol{A})=m$,故 $\boldsymbol{A}\boldsymbol{A}^{-}=\boldsymbol{I}_m$. 此时,

$$\boldsymbol{A}\boldsymbol{A}^{-}\boldsymbol{u}=\boldsymbol{u}$$

上式表明若向量 $\boldsymbol{u}$ 已知,方程组 $\boldsymbol{A}\boldsymbol{w}=\boldsymbol{u}$ 是相容方程组.

定义 $\boldsymbol{u}=\boldsymbol{A}\boldsymbol{w}$，则 $\boldsymbol{c}^{\mathrm{T}}\boldsymbol{x}=\boldsymbol{c}^{\mathrm{T}}\boldsymbol{A}^{-}\boldsymbol{u}$. 此时易知，$\boldsymbol{u}$ 选取如式(5.7.4)所示，则 $\boldsymbol{c}^{\mathrm{T}}\boldsymbol{x}$ 取最大值；相应地，对于给定如式(5.7.4)所示的向量 $\boldsymbol{u}$，必可以找到向量 $\boldsymbol{w}$. 这表明 $\boldsymbol{c}^{\mathrm{T}}\boldsymbol{x}$ 的最大值可以取到. 证毕.

关于广义逆在一般规划问题中应用得更广泛的结果，请读者参阅文献[24]及其后引用文献.

例 5.7.1 为缓解交通压力，某市政府对 A、B、C 3 个区进行交通管控. 已知 A 区有 1 条高速路，2 条普通公路；B 区有 2 条高速路，4 条普通公路；C 区有 3 条高速路，5 条普通公路. 假设 3 个区高速路上车辆数量相同，3 个区普通公路上数量也相同. 现分别要求 A、B、C 的车辆承载量分别为 [20,30]，[30,40]，[40,80]，求此市所能容纳的最大车辆数.

解：上述问题可转化为区间线性规划问题(5.7.1)，其中 $\boldsymbol{a}=[20,30,40]^{\mathrm{T}}$，$\boldsymbol{b}=[30,40,80]^{\mathrm{T}}$，$\boldsymbol{c}=[6,11]^{\mathrm{T}}$，

$$\boldsymbol{A}=\begin{bmatrix}1 & 2\\ 2 & 4\\ 3 & 5\end{bmatrix}$$

由此求出矩阵 $\boldsymbol{A}$ 的一个减号逆 $\boldsymbol{A}^{-}$ 为

$$\boldsymbol{A}^{-}=\begin{bmatrix}-5 & 0 & 2\\ 3 & 0 & -1\end{bmatrix}$$

经计算

$$\boldsymbol{c}^{\mathrm{T}}\boldsymbol{A}^{-}\boldsymbol{A}=\boldsymbol{c}^{\mathrm{T}}=[6,11]$$

故该区间线性规划问题有界. 又知 $\boldsymbol{c}^{\mathrm{T}}\boldsymbol{A}^{-}=[3,0,1]$，由定理 5.7.2 得

$$\boldsymbol{u}=\begin{bmatrix}30\\ 30\theta_2+40(1-\theta_2)\\ 80\end{bmatrix}$$

由式(5.7.3)可得该问题的最优解为 $\boldsymbol{x}_0=[10,10]^{\mathrm{T}}$，此时该市所能容纳的最大车辆数为 $\boldsymbol{c}^{\mathrm{T}}\boldsymbol{x}_0=170$.

本章习题

1. 矩阵左逆和右逆是广义逆矩阵吗？请说明理由.
2. 证明推论 5.2.2.
3. 试用满秩分解给出矩阵方程. $\boldsymbol{AXA}=\boldsymbol{A}$ 的一个特解.
4. 证明命题 5.2.1.
5. 设 $\boldsymbol{X}\in\mathbb{C}^{n\times n}$，$\boldsymbol{A}=\begin{bmatrix}1 & -1\\ -1 & 1\end{bmatrix}$，$\boldsymbol{B}=\begin{bmatrix}1 & 0 & -1\\ 2 & 1 & 0\end{bmatrix}$，$\boldsymbol{D}=\begin{bmatrix}0 & 1 & -1\\ -1 & 0 & 1\end{bmatrix}$. 试采用不同方法判断矩阵方程 $\boldsymbol{AXB}=\boldsymbol{D}$ 是否相容；若相容，求其通解.

6. 求解矩阵方程 $\boldsymbol{XA}=\boldsymbol{B}$，其中

$$\boldsymbol{A}=\begin{bmatrix}1 & 1 & -1\\0 & 2 & 2\\1 & -1 & 0\end{bmatrix},\quad \boldsymbol{B}=\begin{bmatrix}1 & -1 & 1\\1 & 1 & 0\\2 & 1 & 1\end{bmatrix}$$

7. 试用两种不同方法求矩阵 $\boldsymbol{A}=\begin{bmatrix}2 & 1 & 0 & 1\\1 & 0 & 1 & 1\\1 & 0 & 1 & 1\end{bmatrix}$ 的一个减号逆.

8. 求 $\boldsymbol{Ax}=\boldsymbol{b}$ 的通解，其中

$$\boldsymbol{A}=\begin{bmatrix}2 & 1 & 0 & 1\\1 & 0 & 1 & 1\\1 & 0 & 1 & 1\end{bmatrix},\quad \boldsymbol{b}=[2,1,1]^{\mathrm{T}}.$$

9. 证明命题 5.3.1.

10. 若矩阵 $\boldsymbol{A}\in\mathbb{C}_m^{m\times n}$，证明 $\boldsymbol{AA}^{-}=\boldsymbol{I}_m$.

11. 证明方程组(5.3.7)与方程组(5.3.9)是相容的，且是同解方程组.

12. 设 $\boldsymbol{A}\in\mathbb{C}^{m\times n}$，若 $\boldsymbol{A}$ 行满秩，证明其极小范数广义逆唯一.

13. 试用不同方法求矩阵 $\boldsymbol{A}=\begin{bmatrix}2 & 1 & 0 & 1\\1 & 0 & 1 & 1\\1 & 0 & 1 & 1\end{bmatrix}$ 的一个极小范数广义逆.

14. 试利用满秩分解给出矩阵的一个极小范数广义逆.

15. 求方程组 $\boldsymbol{Ax}=\boldsymbol{b}$ 的极小范数解，其中

$$\boldsymbol{A}=\begin{bmatrix}2 & 1 & 0 & 1\\1 & 0 & 1 & 1\\1 & 0 & 1 & 1\end{bmatrix},\quad \boldsymbol{b}=[2,1,1]^{\mathrm{T}}$$

16. 设有一组实验数据 $(x_1,y_1),(x_2,y_2),\cdots,(x_n,y_n)$，希望由实验数据拟合曲线使其误差

$$E(a,b)=\sum_{i=1}^{n}(y_i-ax_i-b)^2$$

最小，假定拟合曲线为 $y=ax+b$. 试求 a 和 b.

17. 证明 $\boldsymbol{Ax}=\boldsymbol{AA}_l^{-}\boldsymbol{b}$ 和 $\boldsymbol{A}^{\mathrm{H}}\boldsymbol{Ax}=\boldsymbol{A}^{\mathrm{H}}\boldsymbol{b}$ 是相容的，且为同解方程组.

18. 证明 $\boldsymbol{AA}_l^{-}=\boldsymbol{A}(\boldsymbol{A}^{\mathrm{H}}\boldsymbol{A})^{-}\boldsymbol{A}^{\mathrm{H}}$.

19. 设 $\boldsymbol{A}\in\mathbb{C}^{m\times n}$，证明 $\boldsymbol{A}^{+}=\boldsymbol{A}^{(1,4)}\boldsymbol{AA}^{(1,3)}$.

20. 设 $\boldsymbol{A}\in\mathbb{C}^{n\times n}$ 是正规矩阵，证明 $\boldsymbol{A}^{+}\boldsymbol{A}=\boldsymbol{AA}^{+}$.

21. 若 $\boldsymbol{AB}=\boldsymbol{O}$，证明 $\boldsymbol{B}^{+}\boldsymbol{A}^{+}=\boldsymbol{O}$.

22. 某养鸡场现有 1 000 只小鸡，用黄豆和玉米混合饲料喂养. 每只鸡每天吃1～1.3 kg 饲料. 从营养角度看，每只鸡每天需要 0.004～0.006 kg 的钙，并至少需要 0.21～0.23 kg 的蛋白质. 已知黄豆的蛋白质含量为 48%～52%，钙含量为 0.5%～

0.8%，其价格为 0.38～0.42 元/kg；玉米的的蛋白质含量为 8.5%～11.5%，钙含量为 0.3%，其价格为 0.2 元/kg. 问每天如何配料最节省？

23. 解非线性方程组常采用 Newton 迭代法，其中所需的 Jacobi 矩阵要满足可逆条件. 若 Jacobi 矩阵不可逆，能否用广义逆矩阵来代替它的普通逆？请大家思考并尝试解决.

参考文献

[1] Horn R A，Johnson C R. Matrix Analysis. Cambridge：Cambridge University Press，2012.

[2] 张绍飞，赵迪. 矩阵论教程. 2 版. 北京：机械工业出版社，2012.

[3] 戴华. 矩阵论. 北京：科学出版社，2001.

[4] 张跃辉. 矩阵理论与应用. 北京：科学出版社，2011.

[5] Lay D C，Lay S R，McDonald J J. 线性代数及其应用. 刘深泉，张万芹，陈玉珍，等译. 北京：机械工业出版社，2018.

[6] 张贤达. 矩阵分析与应用. 2 版. 北京：清华大学出版社，2013.

[7] 程云鹏，张凯院，徐仲. 矩阵论. 西安：西北工业大学出版社，1999.

[8] 陈祖明，周家胜. 矩阵论引论. 北京：北京航空航天大学出版社，1998.

[9] 庞晶，周凤玲，张余. 矩阵论. 北京：化学工业出版社，2013.

[10] 陈公宁. 矩阵理论与应用. 北京：高等教育出版社，1990.

[11] 徐树方. 矩阵计算的理论与方法. 北京：北京大学出版社，1995.

[12] 史荣昌，魏丰. 矩阵分析. 3 版. 北京：北京理工大学出版社，2010.

[13] 李乔，张晓东. 矩阵论十讲. 合肥：中国科学技术大学出版社，2015.

[14] 胡寿松. 自动控制原理. 6 版. 北京：科学出版社，2013.

[15] 冯康，等. 数值计算方法. 北京：国防工业出版社，1978.

[16] 林成森. 数值计算方法. 2 版. 北京：科学出版社，2005.

[17] Bapat R B. 图与矩阵. 吴少川，译. 哈尔滨：哈尔滨工业大学出版社，2014.

[18] 殷剑宏，吴开亚. 图论及其算法. 合肥：中国科学技术大学出版社，2003.

[19] Denton Peter B，Parke Stephen J，Tao Terence，et al. Eigenvectors from Eigenvalues：a survey of a basic identity in linear algebra，arXiv：1908. 03795v3. (2020-3-4) [2020-3-20]. https://arxiv. org/abs/1908. 03795? context = math. RA.

[20] Belkin M, Niyogi P. Laplacian Eigenmaps for Dimensionality Reduction and Data Representation. Neural Computation, 2003, 15(6): 1373-1396.

[21] Girvan M, Newman M E J. Community structure in social and biological networks//Proceedings of the National Academy of Sciences of the United States of America, 2001, 99(12): 7821-7826.

[22] Newman M E J. Fast algorithm for detecting community structure in networks. Physical Review E, 2004, 69(6): 066-133.

[23] Gene G, Frank U. The QR algorithm: 50 years later its genesis by John Francis and Vera Kublanovskaya and subsequent developments. IMA Journal of Numerical Analysis, 2009, 29: 467-485.

[24] 王松桂，杨振海. 广义逆矩阵及其应用. 北京：北京工业大学出版社，2006.

[25] Nashed M Z. Generalized inversres to and applications. New York: Academic Press, 1976.

[26] Noble B, Daniel J W. Applied linear algebra. 3rd ed. Englewood Cliffs: Prentice-Hall, 1988.

汉英名称索引

N

O

P

Q

R

S

T

V

W